böhlau

Jan Röhnert (Hg.)

TECHNISCHE **BESCHLEUNIGUNG –** ÄSTHETISCHE **VERLANGSAMUNG?**

Mobile Inszenierung in Literatur, Film, Musik, Alltag und Politik

2015

BÖHLAU VERLAG KÖLN WEIMAR WIEN

Gefördert mit Mitteln der Heyne-Juniorprofessur sowie durch eine Spende der BMW AG

Bibliografische Information der Deutschen Nationalbibliothek:
Die Deutsche Nationalbibliothek verzeichnet diese Publikation in der Deutschen Nationalbibliografie; detaillierte bibliografische Daten sind im Internet über http://portal.dnb.de abrufbar.

Umschlagabbildung:
Robert Rauschenberg, BMW 635 CSi (1986)

Ursulaplatz 1, D-50668 Köln, www.boehlau-verlag.com

Korrektorat: Anja Borkam, Jena
Satz: Reemers Publishing Services, Krefeld
Einbandgestaltung: Satz + Layout Werkstatt Kluth, Erftstadt
Druck: Strauss, Mörlenbach
Gedruckt auf chlor- und säurefreiem Papier
Printed in the EU

ISBN 978-3-412-50150-1

Inhalt

Jan Röhnert

Mobilität in der ästhetischen Reflexion oder: Beschleunigung im Wahrnehmungsmodus der Verlangsamung

Die Fahrplanminuten sind es, die uns ordnen.
Günter Eich, *Geometrie und Algebra*[1]

1

Technische Beschleunigung – ästhetische Verlangsamung? Die Frage, die vorliegendem Sammelband das Motto verleiht, suggeriert eine dialektische Zusammengehörigkeit. Und so ist es ja zunächst auch gemeint: Die technische Beschleunigung, die kulturdiagnostisch betrachtet zum Signum der Neuzeit und ihrer sich entfesselnden gesellschaftlichen Produktivkräfte gehört und insbesondere für die von leiblicher Bewegung abgekoppelte technisch-mediale Bewegungsrevolution der Moderne gilt, kann ohnehin nur von einem anderen, langsameren Standpunkt aus als solche wahrgenommen werden. Insofern sind Beschleunigung und Verlangsamung zwei Seiten einer spezifisch modernen Daseinserfahrung, die uns seit dem späten 18. Jahrhundert bis heute nicht mehr verlassen hat und alle Bereiche des Lebens und der Kultur umfasst. Die Beschleunigung scheint dabei wesentlich technischer, ökonomischer und sozialer Natur zu sein – berühmt ist Karl Marx' Formel vom „allseitigen Verkehr" –,[2] während

1 Günter Eich: Maulwürfe. In: ders.: Gesammelte Werke I. Die Gedichte. Die Maulwürfe. Frankfurt a.M. 1973, S. 330.

2 Uneingedenk ihrer in die Jahre gekommenen Terminologie bleibt ihr diagnostischer Wert in Zeiten der Globalisierung unverkennbar, vgl. den Kontext des Begriffs am Beginn des *Kommunistischen Manifests* – Marx attestiert hier dem Kapitalismus in aller Prägnanz seine den Raum dynamisierende Tendenz zur Beschleunigung: „Die große Industrie hat den Weltmarkt hergestellt, den die Entdeckung Amerikas vorbereitete. Der Weltmarkt hat dem Handel, der Schiffahrt, den Landkommunikationen eine unermeßliche Entwicklung gegeben. Diese hat wieder auf die Ausdehnung der Industrie zurückgewirkt, und in demselben Maße, worin Industrie, Handel, Schiffahrt, Eisenbahnen sich ausdehnten, in demselben Maße entwickelte sich die Bourgeoisie, vermehrte sie ihre Kapitalien, drängte sie alle vom Mittelalter her überlieferten Klassen in den Hintergrund. […] Das Bedürfnis nach einem stets ausgedehnteren Absatz für ihre Produkte jagt die Bourgeoisie über die ganze Erdkugel. Überall muß sie sich einnisten, überall anbauen, überall Verbindungen herstellen. Die Bourgeoisie hat durch ihre Exploitation des Weltmarkts die Produktion und Konsumption aller Länder kosmopolitisch gestaltet. Sie hat zum großen Bedauern der Reaktionäre den nationalen Boden der Industrie unter den Füßen weggezogen.

der Impuls der Verlangsamung als direkter oder indirekter Gegenreaktion darauf am ehesten den kontemplativen Bereichen der Kunst und Literatur zugesprochen wird: Die Ästhetik wäre dann gewissermaßen das noch verbliebene oder vorstellbare Korrektiv eines in allumfassender Beschleunigung sich selber entgleitenden Lebens. Noch Hartmut Rosa geht in seinem soziologischen Bestseller *Beschleunigung* von einem ähnlichen Theorem aus: Der Imperativ fortwährender Beschleunigung, dem wir in der spätkapitalistischen Ökonomie unterworfen sind, verwehre uns die Chance, uns als unabhängige Individuen mit einem kohärenten Lebenslauf zu empfinden – im permanenten Dauerlauf der Beschleunigung entgleite uns die eigene Biografie damit einspruchslos und könne höchstens durch Momente und Rituale der Verlangsamung, wie sie in Kunst, Literatur und Kontemplation gefunden werden können, wieder erfahrbar gemacht werden.[3]

Nicht zuletzt Hartmut Rosas Buch hat die Diskussion in der Öffentlichkeit sowie in der akademischen Forschung um den Begriff der Beschleunigung erneut genährt, nachdem bereits in den achtziger und neunziger Jahren des vergangenen Jahrhunderts beschleunigungsskeptische Medien- und Kulturkritiker wie Paul Virilio mit ihren Schriften die Auseinandersetzung damit befeuert hatten.[4] Was Rosa für vernachlässigenswert hält, wird die Virilio-Schule nicht müde hervorzuheben: die technischen

Die uralten nationalen Industrien sind vernichtet worden und werden noch täglich vernichtet. Sie werden verdrängt durch neue Industrien, deren Einführung eine Lebensfrage für alle zivilisierten Nationen wird, durch Industrien, die nicht mehr einheimische Rohstoffe, sondern den entlegensten Zonen angehörige Rohstoffe verarbeiten und deren Fabrikate nicht nur im Lande selbst, sondern in allen Weltteilen zugleich verbraucht werden. An die Stelle der alten, durch Landeserzeugnisse befriedigten Bedürfnisse treten neue, welche die Produkte der entferntesten Länder und Klimate zu ihrer Befriedigung erheischen. An die Stelle der alten lokalen und nationalen Selbstgenügsamkeit und Abgeschlossenheit tritt ein allseitiger Verkehr, eine allseitige Abhängigkeit der Nationen voneinander. Und wie in der materiellen, so auch in der geistigen Produktion. Die geistigen Erzeugnisse der einzelnen Nationen werden Gemeingut. Die nationale Einseitigkeit und Beschränktheit wird mehr und mehr unmöglich, und aus den vielen nationalen und lokalen Literaturen bildet sich eine Weltliteratur." Marx/Engels: Werke. Bd. 4. Berlin 1974, S. 459–493, hier S. 463f., 466f. – Zur Aktualität von Marx unter den Voraussetzungen der neoliberalen Ökonomie vgl. David Harvey: The New Imperialism. Oxford 2003.

3 Vgl. Hartmut Rosa: Beschleunigung. Die Veränderung der Zeitstrukturen in der Moderne. Frankfurt a.M. 2005 sowie von ders.: Beschleunigung und Entfremdung. Entwurf einer kritischen Theorie spätmoderner Zeitlichkeit. Aus dem Englischen von Robin Celikates. Frankfurt a.M. 2014.

4 Vgl. von Paul Virilio besonders die beschleunigungsskeptischen Schriften: Der negative Horizont. Bewegung/Geschwindigkeit/Beschleunigung. München 1989; Revolutionen der Geschwindigkeit. Berlin 1993 sowie Rasender Stillstand. Frankfurt a.M. 1997, die in der Akzeleration von Bewegung sowohl im verkehrstechnisch-maschinellen als auch im medial-kommunikativen Bereich den Grund für ein zunehmendes Verschwinden leiblich-sinnlicher Realpräsenz sehen: stattdessen drohe das Abgleiten in die Scheinpräsenz des virtuellen Raums.

und technologischen Aspekte beschleunigter Mobilität, die die dem Spätkapitalismus unterstellte soziale und sozioökonomische Beschleunigung erst ermöglichten. Daran zeigt sich, dass der Begriff der Beschleunigung selber ein auch ideologisch nicht ganz unbesetztes Terrain bespielt. Auf der Grundlage der Analyse unumkehrbar erscheinender technologischer Beschleunigungsprozesse als Begleitphänomenen des neuzeitlichen Lebenswandels[5] hat sich um den Begriff der Beschleunigung eine wild von allen Seiten der öffentlichen Meinung und akademischen Forschung wuchernde Metaphorik herausgebildet, die kaum mehr von seiner ursprünglichen, technisch verankerten Bedeutung zu trennen ist. Mit „Beschleunigung" als Mode- oder Kampfbegriff ist in der Konsequenz kaum mehr wertfrei eine Diskussion zu führen. Statt sich nun jedoch von ihm zu verabschieden und ihn kampflos den Agitatoren oder Wellnessmanagern zu überlassen, scheint es – ganz im Sinne von Michel Foucaults Diskursforschung – für die nachrückende kulturwissenschaftliche Beschleunigungsforschung vielmehr angeraten, die subkutan mitschwingenden metaphorischen und ideologischen Besetzungen und Gegenbesetzungen des Begriffs offenzulegen, um auf diese Weise ‚aufgeklärt' mit ihnen operieren zu können.

Vor allem aber ist es notwendig, bei der Argumentation über Beschleunigung auf die technische Wurzel des Begriffs zu verweisen: Die technische Beschleunigung ist Ausgangspunkt aller übrigen Beschleunigungsdiskurse; ohne den technischen Impuls gäbe es schlicht keine Metaphorik der Beschleunigung im sozioökonomischen und medialen Bereich. Unter Einbeziehung der handfesten technischen und technologischen Implikationen von Beschleunigung kann es jedoch gelingen – im Wissen um die um ihren Begriff herum blühende Metaphorik –, den technischen Impuls an technisch gesehen so naheliegende Forschungsfelder wie Verkehr, Mobilität und Raum zu binden, die lange Zeit kulturwissenschaftlich unterbelichtet waren und erst in jüngster Zeit, nicht zuletzt in Verbindung mit dem *spatial turn* der Geisteswissenschaften, wieder in den Blick gerückt sind. In diesem Sinne verstehen sich die hier vorgelegten Studien zu einer Ästhetik der Beschleunigung auch als Beiträge zu einer interdisziplinär angelegten, kultur-, medien- und literaturwissenschaftlichen Verkehrs-,[6] Mobi-

5 Vgl. polemisch zurückhaltender als Virilio Peter Borscheid: Das Tempo-Virus. Eine Kulturgeschichte der Beschleunigung. Frankfurt a. M./New York 2004.

6 Vgl. Christoph Neubert/Gabriele Schabacher (Hg.): Verkehrsgeschichte und Kulturwissenschaft. Analysen an der Schnittstelle von Technik, Kultur und Medien. Bielefeld 2013. In ihrer facettenreichen, bibliografisch umfangreich recherchierten Einleitung sprechen die Herausgeber folgerichtig vom Verkehr als der „Wiedergewinnung eines Forschungsfeldes" (vgl. ebd., S. 7–45, hier S. 7–12). – Weniger theoretisch ambitioniert, jedoch verkehrs- und mobilitätsgeschichtlich faktenreich: Hendrik Ammoser: Das Buch vom Verkehr. Die faszinierende Welt von Mobilität und Logistik. Darmstadt 2014.

litäts-[7] und Raumforschung.[8] Je nach Schwerpunktsetzung wird die Benennung des jeweiligen Forschungsfeldes zwischen Termini wie den genannten changieren; in der Rückbindung an den Begriff der Beschleunigung scheint mir jedoch – zumindest im hier präsentierten Rahmen – ein gemeinsamer Nenner gefunden zu sich, von dem sich die verschiedenen Forschungsansätze herleiten.

Auch die lebhafte Resonanz auf den Aufruf zur gleichnamigen, im September 2014 an der TU Braunschweig stattfindenden Tagung und die intensive Beteiligung von Referenten und Zuhörerschaft zeigten schließlich, dass mit dem Begriffspaar von Beschleunigung und Verlangsamung ein heißes Eisen angepackt worden war. Doch eine nach anfänglicher Skizzierung noch einfach und plausibel wirkende Teilung in technische, von Markt, Politik und Lebensbedürfnissen befeuerte Beschleunigung des Lebens auf der einen Seite, welcher sich die Subjekte mehr oder weniger ohnmächtig unterwerfen, und eine mögliche, von der Beschleunigung als Gegenreaktion losgetretene ästhetische Verlangsamung auf der anderen Seite, die in den wenigen verbliebenen Rückzugsgebieten des Ästhetischen noch kultiviert werde, kann nur mit einem Fragezeichen versehen werden. Die Relationen von Technik und Ästhetik sowie Beschleunigung und Verlangsamung, weit davon entfernt, als bloße Gegensatz-Relationen verstanden zu werden, sind ja nicht von vornherein ausgemacht und festgeschrieben. Sie wollen anhand verschiedenartigster Fallstudien aus unterschiedlichen Bereichen, wie sie auf der Tagung zusammengetragen wurden, erst einmal gründlich hinterfragt sein.

Es muss zunächst einmal geklärt werden, was im jeweils konkreten Fall mit Begriffen wie Beschleunigung und Verlangsamung überhaupt gemeint ist. Um es noch einmal diskurstheoretisch zu formulieren: Mit Michel Foucault wäre im Kontext technischer Akzeleration und ihrer Metaphorik am besten vom Dispositiv[9] der Beschleunigung zu sprechen, einem technisch, medial, sprachlich oder sozial sanktionierten Wahrnehmungsraster, das unterschiedlichste Diskurse ermöglicht und hervorbringt. Die Frage, wie wir also über Beschleunigung reden bzw. wie Literatur, Film und andere Künste Beschleunigung darstellen und inszenieren, ist inwendiger Teil dieses Begriffes selbst und der Art und Weise, wie wir ihn gebrauchen, und nicht erst von diesem abgeleitet. Der Begriff der Beschleunigung konstituiert sich umgekehrt erst in und

7 Vgl. Tim Cresswell: On the Move: Mobility in the Western World. New York 2006; Tim Cresswell/Peter Merriman (Hg.): Geographies of Mobilities: Practices, Spaces, Subjects. Farnham 2012.

8 Vgl. exemplarisch die eine Brücke zwischen Beschleunigungs-, Mobilitäts- und Verkehrsforschung schlagende Studie von Thomas Zeller: Straße, Bahn, Panorama. Verkehrswege und Landschaftsveränderung in Deutschland von 1930 bis 1990. Frankfurt a. M./New York 2002.

9 Vgl. Michel Foucault: Archäologie des Wissens. Aus dem Französischen von Ulrich Köppen. Frankfurt a.M. 1981.

aus den Bildern, Medien und Diskursen, in denen er proteusartig verkörpert ist – damit gilt es zu begreifen, dass er in sich selber dynamisch, flexibel und wandelbar ist.

Zwischen dem Alltagsbegriff, mit dem wir uns über die gefühlte Beschleunigung des Lebens beklagen, der physikalischen Größe, mit welcher die Techniker arbeiten, um Bewegungsabläufe zu optimieren, der Kulturkritik entfesselter materieller und medialer Dynamik und der sozialpsychologischen Diagnose des Erfahrungsverlustes, der mit beschleunigter oder gesteigerter Mobilität einhergeht, zieht sich die Spur des Dispositivs, das sich anbietet als ein Wahrnehmungsraster für die mobilen Prozesse der Gegenwart und der ihr vorausgehenden Moderne. In diesem Sinne wäre auch die Verlangsamung nichts ihr diametral Entgegengesetztes, sondern ein Aspekt desselben Dispositivs ‚Beschleunigung', weil sie sich als Diskursfigur ausdrücklich oder unterschwellig auf diese bezieht bzw. sich dieser als aus ihr abgeleiteter ästhetischer Dimension eigentlich erst verdankt.

Mit anderen Worten: Die leibliche Empfindung bzw. das faktische Vorhandensein von Beschleunigung schafft eigentlich erst die Voraussetzung für ein Bewusstsein von Verlangsamung, dafür also, dass Verlangsamung als besondere Qualität oder durch Verzögerung gesteigerte Intensität von Bewegung bzw. als besonders wertvoller, gefährdeter und zugleich schützenswerter Modus sinnlichen Erlebens emphatisch wahrgenommen werden kann. Der Platz für diese Wahrnehmung scheint nun in privilegierter Weise im Sektor der ästhetischen Weltaneignung und -repräsentation vorhanden zu sein – abgesehen davon, dass Wahrnehmung ja nicht nur etymologisch die Wurzel des Ästhetischen ist, liefert sie als sinnlicher Rezeptionsmechanismus des Individuums erst die Voraussetzung, dass Bewegung als solche sowie als unterschiedlich intensive, aktive oder passive Art von Bewegung überhaupt empfunden, vermittelt und dargestellt werden kann.

Das Innewerden von Bewegung und ihrer spezifischen Qualitäten im Akt der Wahrnehmung und erst recht im Versuch ihrer literarischen oder künstlerischen Darstellung als ästhetische Akte oder auch ihrer philosophischen Reflexion beinhaltet an sich schon ein Moment der Verzögerung, das die Beschleunigung zu einer potentiellen Kippfigur macht und in ihr zugleich immer auch das Andere, die Verlangsamung, offenbart: Der ästhetische Akt, welcher der erfahrenen Beschleunigung gewahr wird, stellt sie zugleich still oder verlangsamt sie, indem er sie in seiner spezifischen Darstellungsart reflektiert, wiederholt und transparent macht. Dies lässt sich an zahlreichen Beispielen und Konstellationen aus der neueren Philosophie, Kunst und Literatur nachvollziehen, von denen einige in diesem Sammelband vorgestellt werden: Die vielfältigen Begleitphänomene von Beschleunigung, gesteigerter technischer Bewegung und zunehmender Mobilität in ihren unterschiedlichsten Facetten sind der Literatur, dem Film und der Kunst auf mannigfache Art inhärent.

Damit lässt sich die Hauptintention der vorliegenden Studien auf den Punkt bringen: Es geht in den hier versammelten Beiträgen aus jeweils verschiedenem

Blickwinkel darum, die Mechanismen und Zusammenhänge darzustellen, in denen das Moment technischer Beschleunigung (einschließlich seiner geopolitischen wie sozioökonomischen Indikatoren) sich in den Kontext ästhetischer Repräsentationen ein- und diese fortschreibt – z.B. als rhetorische, syntaktische oder semiotische Figur der Beschleunigung in literarischen Texten, in filmischen Kamera- und Schnitttechniken, musikalischer Rhythmus- und Frequenzgenerierung, aber auch der Zeichenwelt der Alltagsästhetik – und wo und wie dieses Moment der Beschleunigung gegebenenfalls (einem Vexierbild gleich) in den Modus der Verlangsamung ‚kippt', z.B. als auf der Zeichenebene verschieden realisierte Verzögerungstechnik oder im Verweis auf eine je andere, vom Imperativ der Beschleunigung sich abgrenzende Praxis der Mobilität, die das jeweilige ästhetische Subjekt auf seine Weise kultiviert.

Unter dem Titel *Rapidità* widmet Italo Calvino der Schnelligkeit eine seiner sechs geplanten amerikanischen Vorlesungen *Vorschläge für ein neues Jahrtausend.* Dabei betont er einerseits die diagnostischen Fähigkeiten der Literatur, die Beschleunigungsrevolution nicht nur darzustellen, sondern, wie er an einer Novelle John de Quinceys zeigt, bereits *in statu nascendi* vorwegzunehmen; und andererseits hebt er ihr sich durch Digressionen, Verzögerungen, Zeitlupen, Pausen, Wiederholungen, Dehnungen, Stasis auszeichnendes Potential hervor, sich dem Diktat der Beschleunigung und Gegenwärtigkeit ebenso wieder entziehen und eine alternative Zeitlichkeit und Rhythmik begründen zu können. Dadurch wird die Literatur für Calvino zum Agenten einer Langsamkeit im weitesten Sinne, welche dem Automatismus mobiler Beschleunigung die Eigenzeit der verbal-ästhetischen Imagination entgegenhält.

In einer Epoche, in welcher andere *Medien* von viel größerer Schnelligkeit und viel weiterem Radius den Sieg davontragen und jede Unterhaltung mit einer uniformen, gleichartigen Kruste zu überziehen drohen, ist es die Funktion der Literatur, das Verschiedene in seiner Verschiedenheit zu vermitteln, ohne dabei weder den Unterschied zu trüben noch zu übersteigern, entsprechend dem der Schriftsprache innewohnenden Beruf,[10] fordert er. Wenn mit Calvino der Literatur im Massenzeitalter die Aufgabe zukommt, individuellen Ausdruck und subjektive Anschauung zu bewahren, so heißt das auch, dass sie das Vermögen hat, an den Knotenpunkten des Massentransports umzusteigen auf individuelle Fortbewegungsarten und -wege, deren Physiognomie und Ästhetik sie jeweils nachzeichnet, um auf diese Weise gleichsam alternative Formen von Mobilität inmitten der gewohnten Mobilität darzustellen. Es ist kein

10 Italo Calvino: Rapidità. In: ders.: Lezioni americane. Sei proposte per il prossimo millenio. Milano 2014, S. 33–55, hier S. 47. Die von mir übersetzte Stelle lautet im Original: „in un epoca in cui altri media velocissimi e di estesissimo raggio trionfano, e rischiano d'appiattire ogni communicazione in una crosta uniforme e omogenea, la funzione della letteratura è la communicazione tra ciò che è diverso, non ottundendone bensì esaltandone la differenza, secondo la vocazione propria del linguaggio scritto".

Zufall, dass viele der hier zusammengetragenen Beiträge genau darum kreisen, sei es am Beispiel von W. G. Sebalds Apologie der Langsamkeit oder etwa der abgelegenen Pfade, nicht unähnlich Heideggers *Holzwegen*, auf denen man Ernst Jünger in seinen späten Tagebüchern folgen kann, die dennoch – etwa während Flugreisen – immer wieder von den Wegen der beschleunigten Massenkultur gekreuzt werden.

In der literarischen Imagination werden so plötzlich Strukturen einer diachronen Mobilität abgebildet, nicht nur durch die mögliche Bevorzugung antiquiert erscheinender Bewegungsarten wie Spaziergengehen und Wandern, sondern auch durch die Möglichkeit, eine individuelle, alternative mobile Infrastruktur darzustellen, wie dies etwa Julien Gracq in seinem *Tagebuch eines Wanderers* mit seiner emphatischen Orientierung am mittelalterlichen Wegenetz Westeuropas oder im konsequent auf die Wahrnehmung – besser: die Erinnerung – des Fußgängers zugeschnittenen Panorama des bretonischen Nantes in *Die Form einer Stadt* tut.[11] Auf diese Weise sichern die Literatur und mit ihr der Film sowie andere darstellende und bildende Künste ein unerschöpfliches Reservoir mobiler Praktiken in Zeit und Raum, die ansonsten dem Rationalisierungswahn einer auf ‚Beschleunigung' im Sinne reiner Zweckmäßigkeit und Nützlichkeit eingeschworenen Gegenwart zum Opfer fielen.

An dieser Stelle will ich nicht versäumen darauf hinzuweisen, dass dieses Kompendium Teil eines Projektes ist, welches sich der Inszenierung von Mobilität in Literatur und Künsten der Gegenwart widmet. Zunächst stand vor diesem Hintergrund bereits die *Metaphorik der Autobahn* im Blickpunkt, eine Recherche, deren Ergebnis im gleichnamigen Sammelband dokumentiert ist.[12] Inszenierung von Mobilität – das meint sowohl die ästhetische Darstellung wie auch die performative Praxis von Mobilität, wie sie von den verschiedenen Medien und Spielarten der Kunst betrieben oder auch in anderen Lebensbereichen ästhetisch praktiziert wird. Mobilität ist nicht nur ein durchgehendes Thema und Motiv gegenwärtiger Literaturen und Künste, sondern auch eine ihr immanente Modalität und Praxis der Darstellung und Inszenierung, z.B. wenn das Auto oder die Straße selber als Kunstwerk angesehen und ihr funktionaler, technischer Aspekt ästhetisch umgedeutet und verfremdet wird – oder wenn die am funktionalen technischen Konstrukt wahrgenommenen ästhetischen Potentiale künstlerisch freizusetzen versucht werden.[13] Auch davon handeln mehrere

11 Vgl. Julien Gracq: Der große Weg. Tagebuch eines Wanderers. Aus dem Französischen von Elisabeth Edl und Wolfgang Matz. München 1996; ders.: Die Form einer Stadt. Aus dem Französischen von Dieter Hornig. Graz 1989. – Zu alternativen, ‚pedestrischen' Raumpraktiken und -darstellungen vgl. den Klassiker der Raumtheorie von Michel De Certeau: Die Kunst des Handelns. Aus dem Französischen von Ronald Vouillé. Berlin 1998.

12 Vgl. Jan Röhnert (Hg.): Die Metaphorik der Autobahn. Literatur, Kunst, Film und Architektur nach 1945. Köln/Weimar/Wien 2014.

13 Zum Auto als von verschiedenen Malern ‚zweckentfremdetem' Kunstwerk vgl. Thomas Girst (Hg.): BMW Art Cars. Ostfildern 2014. – Die Umschlagabbildung unseres Sammelbandes geht

der hier versammelten Beiträge. Daher möchte dieser Band zusammen mit dem ihm vorangegangenen zur Metaphorik der Autobahn anregen, Mobilität als ästhetisches Phänomen in einem breiteren, Medien und Künste übergreifenden Kontext zu verorten, und Möglichkeiten aufzeigen, vermeintlich technische Konstrukte und Erscheinungen mit ästhetischen Überlegungen zu verknüpfen und deren pure Funktionalität einmal unter ästhetischem Gesichtspunkt zu hinterfragen oder diese gegebenenfalls vom ästhetischen Blickwinkel her umzudeuten. Technikgeschichte wird so auch zu einem Kapitel Kunst-, Medien- und Literaturgeschichte; diese wiederum werden zu einem Stück Technikgeschichte insofern, als sie in der Darstellung des ästhetischen Impulses der Technik ihre Teilhabe an den Geschwindigkeits- und Mobilitätsrevolutionen offenbaren.

Die lokale Verwurzelung des Projektes ist nicht völlig irrelevant. Die Technische Universität, an der dieses Projekt beheimatet ist, mit ihrem Primat auf naturwissenschaftlichen Grundlagendisziplinen und technischer Spitzenforschung, der sich gleichwohl eine philosophische Fakultät hinzugesellt, liefert dafür den geeigneten Hintergrund: Mobilität kann an diesem speziellen Ort der Forschung auf ihre technologischen Grundlagen hin befragt und zugleich mit den bereits angedachten oder denkbaren ästhetischen, philosophischen und kulturellen Modellen verknüpft werden – zumal wenn auch noch eine Hochschule für Bildende Künste ein paar Straßen weiter existiert. Bei den zahlreichen Kontexten, in die das Phänomen der Mobilität hineinspielt, ist es nur folgerichtig, dass dieses Projekt sich so interdisziplinär wie möglich sowie als methodisch so vielfältig und offen wie nötig versteht.

Ausgehend von der literarischen Auseinandersetzung mit dem Dispositiv der Beschleunigung kommen Beiträge zur filmischen und musikalischen Umsetzung und Adaption von Mobilität und Beschleunigung ebenso in den Fokus der Analyse wie Alltagspraktiken und politische und ökonomische Aspekte der im ästhetischen Modus der Verlangsamung sich reflektierenden Beschleunigung. Es genügt ihr gegenüber nicht, sich auf die Position der historischen Retrospektive zurückzuziehen, da wir an ihr als handelnde und erleidende Subjekte ja immer auch als einer allgegenwärtigen Empfindung und Praxis partizipieren. Was liegt da näher, als auch der Gegenwartsliteratur – unter der Prämisse, ein brauchbares ästhetisches Reflexionsorgan von Beschleunigung bereitzustellen – ebenfalls einen Platz in diesem Band einzuräumen? Vier ausgewählte Stimmen der Gegenwartsliteratur mit jeweils sehr verschiedenen Zugängen zu Modi der Mobilität und Beschleunigung sind hier präsent: Björn Kuhligk, Bettina Hartz, Tom Schulz und Jan Wagner .

---

auf den von Robert Rauschenberg mit kunstgeschichtlichen und landschaftsästhetischen Zitaten ‚übermalten' BMW 635CSi aus dem Jahr 1986 zurück, dem der Künstler auf diese Weise den Charakter eines „fahrbaren Museums" hatte geben wollen (vgl. den Artikel von Phil Patton, ebd., S. 88–95).

2

Dieser Band ist in drei thematische Blöcke entsprechend der Akzentsetzung der jeweiligen Beiträge gegliedert. Der erste thematische Block versammelt unter dem Titel „Transmediale Inszenierung von Mobilität im Spannungsfeld von Beschleunigung und Verlangsamung" acht Artikel, die Einblick in die Bandbreite gegenwärtiger künstlerischer, politik-, alltags-, musik- und filmästhetischer Transformationen des Beschleunigungsdispositives geben. Dies zeigt sich instruktiv am von Rüdiger Heinze in seinem Aufsatz „*Bullet Time*: Sieben Thesen zu Verlangsamung und Beschleunigung im Film" untersuchten Phänomen der sogenannten Bullet Time, bei dem Beschleunigung und Verlangsamung in einer unauflösbaren dyadischen Einheit zusammenwirken. Aufgekommen um das Jahr 2000 mit dem Film *Matrix*, beschreibt Bullet Time doch viel mehr als eine lediglich die Filmsprache revolutionierende Technik: Es handelt sich um einen neuartigen Modus der verlangsamten Perzeption von unaufhaltsamer Beschleunigung bis hin zu mit bloßen Sinnen gar nicht mehr wahrnehmbarer Akzeleration – genau dieses Grundmuster der Wahrnehmung von bzw. der Teilnahme an Beschleunigung aus gleichzeitig verlangsamtem Blickwinkel gilt auch für einen Großteil der nachfolgend untersuchten Phänomene.

Für den Bereich der populären Musik erkundet der Musikwissenschaftler und Ethnologe Dietmar Elflein in seiner Studie „*Slow it down* – Anmerkungen zu einer Ästhetik der Verlangsamung nicht nur im Heavy Metal" den Umgang mit Beschleunigung und macht dabei vor allem an den Rändern des Populären überraschende Entdeckungen, etwa in den von der Minimal Music eines La Monte Young beeinflussten Strömungen und Subgenres, bei denen die Akzeleration von Noten, Taktfrequenzen oder im Instrumenteneinsatz umschlägt in extremste Verzögerungen, in bis zur Nichtmehrwahrnehmbarkeit gedehnte Melodienverläufe und reduzierte Orchestrierung: die Kehrseite jener vor allem im Heavy Metal beobachtbaren ‚rasenden' Melodien- und Taktverläufe, die ebenso bis an die Grenze der Wahrnehmbarkeit ausgereizt werden.

Markus Schleich widmet sich in „Fitter, Happier, More Productive. *OK Computer* als meditative Verweigerung in Zeiten des unbedingten Fortschritts" den Verlangsamungsstrategien einer der erfolgreichsten Bands der letzten Jahrzehnte innerhalb des populären Sektors. Das Faszinierende am Entschleunigungskonzept von Radiohead besteht dabei, wie Schleich darlegt, in der zielgerichteten, subversiven Nutzung technischer Innovationen, mit denen sich in der Musik eigentlich Beschleunigungseffekte erzielen lassen. In bewusster Absicht bürstet die Band mit ihren musikalischen Verzögerungen und Digressionen, unterstützt von Texten, die zumeist vom Zusammenbruch oder Nichtfunktionieren der Beschleunigung sprechen, die technischen Möglichkeiten gegen den Strich und erreicht so eine musikalisch grundierte Zeitgeistverweigerung, die sich in technischer Hinsicht als absolut auf der Höhe ihrer Zeit stehend erweist.

Politisch auf der Höhe seiner Zeit befindet sich auch der uruguayische Präsident der Jahre 2009 bis 2015, José „Pepe“ Mujica, dessen mobiler Inszenierungspraxis Jan Röhnert seinen Aufsatz „Präsident im Käfer. Pepe Mujicas politische Ästhetik der Langsamkeit“ widmet. Ausgehend von einem auf Mujica gemünzten Sonett des Leipziger Lyrikers Thomas Kunst wird die über Mujicas mobiles Markenzeichen, den (alten) VW-Käfer, funktionierende ästhetische Inszenierung eines neuartigen Politikstiles untersucht, der sich an Transparenz, Bürgernähe und antiautoritärem Regieren orientiert. Die vom Automobil ‚Käfer‘ ausstrahlende Entschleunigung wird dabei zum Symbol einer Politik, welche dem neoliberalen Turbokapitalismus eine zur Verlangsamung mahnende Philosophie der Nachhaltigkeit, Ressourcenschonung und Chancengleichheit entgegensetzt.

Eine ganz andere Art politisch induzierter Verlangsamung (oder auch Beschleunigung) nimmt Stefan Elit in „Den eigenen Rhythmus finden – im sozialistischen Takt? Individualistische Eigenzeiten in DDR-Gegenwartsprosa und DEFA-Film“ unter die Lupe. Wie wird Zeit dargestellt, wie kann Zeit individuell verwaltet, generiert oder gewonnen werden, wenn es explizite oder implizite öffentliche Direktiven gibt, wie mit dieser umzugehen, wie diese „sinnvoll“ zu nutzen sei oder „dem Kollektiv“ zugutekommen solle? Wo bleibt die Zeit für auf den gegenwärtigen Moment fokussiertes oder diesen verzögerndes Erleben, wenn der Zeitstrahl der sozialistischen Utopie steil in die Zukunft – und damit zumindest ideell auf Beschleunigung ausgerichtet ist? Fragen wie diese und die Widersprüche in deren ästhetischer Umsetzung greift Elit an repräsentativen Beispielen aus der Erzähl- und Filmkultur des realiter entschleunigteren der beiden deutschen Staaten auf.

Jan Urbich geht mit seinem Beitrag demgegenüber ins Zentrum der vom Beschleunigungsgedanken des kapitalistischen Marktes geprägten Kultur, in die Vereinigten Staaten, und thematisiert anhand eines der faszinierendsten Projekte innerhalb der aktuellen Renaissance alternativer Serienfilme das Verhältnis von vorherrschendem Beschleunigungsdispositiv und Entschleunigung. „Von der Eigenzeit des Endes im neueren seriellen filmischen Erzählen *(Breaking Bad)*“ leistet dabei mehr als eine bloße Filmanalyse: Urbichs Überlegung zeigt in der Auseinandersetzung mit philosophischen und religiösen Konzepten von Zeit zugleich nämlich auch, wie im Zuge der ästhetischen Verlangsamung eines angekündigten, unaufhaltsamen Endes plötzlich neue Sinnpotentiale freiwerden, die überhaupt erst im Kontrast zu dem (als Akzeleration erfahrenen) unabwendbaren Ende in Erscheinung treten können. Auf diese Weise in Eigenzeit verharrend, kann es dem Film (und seinem Antihelden) in gewisser Weise gelingen, über das Ende, das er doch darstellt und dem er unwillkürlich zustrebt, zumindest ästhetisch zu triumphieren.

Von der Ästhetik des Computers und den seinen Oberflächen heute eingeschriebenen ästhetischen Entschleunigungseffekten handelt der Aufsatz von Rahel Ziethen „Glaube, Hoffnung, Apple... Über die Ästhetisierung der Technik und die Bereitschaft, seinen Computer zu lieben“. Am Beispiel Apple illustriert die Autorin, wie die der Technik des Computers inhärente elektronische Beschleunigung mittels ästhetischer Suggestionen ihren Nutzern als Entschleunigung oder Verlangsamung innerhalb eines positiv beschleunigten Lebensstiles verkauft wird. Was dabei eigentlich geschieht, resümiert der Beitrag, ist letztlich die mehr oder weniger betriebssystemkonforme Anpassung des Nutzers an die Frequenzen der Hardware, die ihn damit unwillkürlich zum ‚Opfer‘ ihrer Zeit werden lässt – oder bleibt der Nutzer, eingedenk ihrer Verwendung, gleichwohl weiterhin die Zeit, sich ‚ihrer‘ elektronischen Zeit erfolgreich zu entziehen?

Nicht entziehen kann sich die Erzähl- und Kulturforschung den im virtuellen Raum neu entstehenden narrativen Mustern, die Christian Stein untersucht. „Alte Narretei, neue Narrative. Zeit- und Raummanipulationen im transmedialen Storytelling“ widmet sich den durch die digitale Industrie erweiterten Möglichkeiten, Geschichten zu erfinden, ihren Verlauf zu ändern, neu oder umzuschreiben, ihren Verlauf hinauszuzögern, umzukehren, Protagonisten hinzuzufügen, zu löschen, zu ändern – oder sie aus der Fiktion des virtuellen Raumes hinaustreten und am realen Leben teilnehmen zu lassen. Ist dies damit die digitale Variante der bewährten romantischen Fiktionsironie? Als ausgewiesener Experte für Digital Humanities vermag der Autor, Informatiker und Literaturwissenschaftler, den Horizont dieser neu aufgekommenen narrativen Spielarten zu vermessen und deren Potential vor dem Hintergrund der Beschleunigungsdebatte zu analysieren. Verlangsamung wäre hier, will man seiner These folgen, die Chance, individuell an den Gegebenheiten des virtuellen Raumes zu partizipieren und aus diesem auch wiederum ins ‚richtige‘ Leben hinüberwechseln zu können – allerdings durch die Strukturen des Mediums geprägt.

Der zweite Block des Bandes sucht Beiträge zu bündeln, die sich unter dem Titel „Poetiken der Beschleunigung und ihre Kritik“ der Manifestation von Beschleunigung und ihrer kritischen Reflexion anhand von verschiedenartigen literarischen Beispielen widmen. Gemeinsam ist ihnen der exemplarische Charakter im Hinblick auf die literarische oder zeitgeschichtliche Epoche, der sie entweder entstammen oder auf welche (wie im Falle von Walter Kappachers Prosa) sie auch zurückblicken. Die Frage, wie Literatur auf die Herausforderung eines beschleunigten Lebens- und Zeitgefühls ‚antwortet‘, beantworten die herangezogenen Autoren und ihre Texte auf jeweils individuelle Weise; stets jedoch haben sie diagnostischen Wert für eine generelle Analyse des literarischen Umgangs mit dem Phänomen ‚Beschleunigung‘.

Unter den neuzeitlichen Verkehrsmitteln ist der wirkmächtigste Agent der an die industrielle Revolution sich anschließenden Beschleunigungsrevolution zunächst die Eisenbahn. Berühmt und nicht nur von Virilio immer wieder zitiert worden ist Heinrich Heines in seiner späten *Lutetia* angestellte Betrachtung anlässlich der Eröffnung der Bahnverbindungen von Paris nach Rouen und Orléans im Jahr 1843, dass nunmehr der Raum abgetötet und nur noch die Zeit übrig geblieben sei, für welche allein das Geld fehle, um auch sie totzuschlagen.[14] Heines Bemerkung scheint jedoch erst im Naturalismus wirklich erzählerisch fruchtbar umgesetzt worden zu sein, zumindest sind es erst die großen Eisenbahnschilderungen vom Ende des 19. Jahrhunderts, etwa bei Tolstoi, Zola und Hauptman,n, welche im literarischen Gedächtnis geblieben sind. Letzteren beiden Autoren wendet sich Cord-Friedrich Berghahn mit „Une apparition en coup de foudre' und ‚erhabenes Schauspiel'. Vorbeifahrende Züge bei Émile Zola und Gerhart Hauptmann" zu. Berghahn kommt insofern auf neue Ergebnisse, was die Beziehung der beiden Naturalisten zur technischen Mobilität betrifft, als er zum ersten Mal detailliert deren transmediale Arbeitsweise, insbesondere ihren (von Zola exzessiv betriebenen) Umgang mit Fotografien, und hier vor allem Eisenbahnfotografien, das Festhalten vorbeifahrender Züge (also eine frühe Variante des *trainspotting*) offenlegt. Dass und wie der fotografische Augenblick und die wahrgenommene Geschwindigkeit des Verkehrsmittels hier am Zustandekommen einer neuen Erzählweise mitwirken, gelingt Berghahn akribisch zu belegen. In Abwandlung

14 „Die Eröffnung der beiden neuen Eisenbahnen, wovon die eine nach Orléans, die andere nach Rouen führt, verursacht hier eine Erschütterung, die jeder mitempfindet, wenn er nicht etwa auf einem sozialen Isolierschemel steht. Die ganze Bevölkerung von Paris bildet in diesem Augenblick gleichsam eine Kette, wo einer dem andern den elektrischen Schlag mitteilt. Während aber die große Menge verdutzt und betäubt die äußere Erscheinung der großen Bewegungsmächte anstarrt, erfaßt den Denker ein unheimliches Grauen, wie wir es immer empfinden, wenn das Ungeheuerste, das Unerhörteste geschieht, dessen Folgen unabsehbar und unberechenbar sind. Wir merken bloß, daß unsre ganze Existenz in neue Gleise fortgerissen, fortgeschleudert wird, daß neue Verhältnisse, Freuden und Drangsale uns erwarten, und das Unbekannte übt seinen schauerlichen Reiz, verlockend und zugleich beängstigend. So muß unsern Vätern zumut gewesen sein, als Amerika entdeckt wurde, als die Erfindung des Pulvers sich durch ihre ersten Schüsse ankündigte, als die Buchdruckerei die ersten Aushängebogen des göttlichen Wortes in die Welt schickte. Die Eisenbahnen sind wieder ein solches providentielles Ereignis, das der Menschheit einen neuen Umschwung gibt, das die Farbe und Gestalt des Lebens verändert; es beginnt ein neuer Abschnitt in der Weltgeschichte, und unsre Generation darf sich rühmen, daß sie dabeigewesen. Welche Veränderungen müssen jetzt eintreten in unsrer Anschauungsweise und in unsern Vorstellungen! Sogar die Elementarbegriffe von Zeit und Raum sind schwankend geworden. Durch die Eisenbahnen wird der Raum getötet, und es bleibt uns nur noch die Zeit übrig. Hätten wir nur Geld genug, um auch letztere anständig zu töten! In vierthalb Stunden reist man jetzt nach Orléans, in ebensoviel Stunden nach Rouen. Was wird das erst geben, wenn die Linien nach Belgien und Deutschland ausgeführt und mit den dortigen Bahnen verbunden sein werden! Mir ist, als kämen die Berge und Wälder aller Länder auf Paris angerückt. Ich rieche schon den Duft der deutschen Linden; vor meiner Türe brandet die Nordsee." Heinrich Heine: Lutetia. In: ders.: Sämtliche Schriften in zwölf Bänden. Bd. 9. Hg. v. Klaus Briegleb et al. München 1976, S. 448f. – Den seismografischen Wert von Heines Überlegung stellt bereits Wolfgang Schivelbusch in seinem Klassiker zur literarischen Mobilitätsforschung, Geschichte der Eisenbahnreise. Industrialisierung von Zeit und Raum im 19. Jahrhundert (München 1977), heraus.

einer Bemerkung Friedrich Nietzsches, eines anderen passionierten Eisenbahnreisenden der Epoche, lässt sich am Beispiel Zolas und Hauptmanns verfolgen, wie das jeweilige Fahrzeug mit an den Gedanken und Geschichten der Subjekte ‚arbeitet'.

Das gilt ebenso für Alfred Döblins Roman *Berlin Alexanderplatz*, an welchem Rafael H. Silveira in „‚Keine Zeit für ihre Zeit'. Alfred Döblins Verarbeitung der modernen Steigerungstendenz in *Berlin Alexanderplatz*" unter Rekurs auf Gesellschaftsdiagnosen von Georg Simmel und Hartmut Rosa die Beschleunigungsthematik sichtbar macht. Und sie ist es eben nicht nur im erzählerischen Experiment, sondern ebenso in den Figurenzeichnungen, deren Art von flüchtigen Beziehungen untereinander, ihren Dialogen und verkürzten Weltbildern. Was auf diese Weise unter der Hand Döblins entsteht und von Silveira für uns lesbar gemacht wird, ist eine neue Variante des Gesellschaftsromans, wie er sich panoramatisch im 19. Jahrhundert entfaltet hatte: der Beschleunigungsroman. Wenn mit dem 20. Jahrhundert Beschleunigung immer mehr und in immer weiteren Bereichen zum Richtmaß gesellschaftlichen Verkehrs wird, dann verkörpert eine Literatur wie die Döblins zugleich die Schrift dieses beschleunigten Verkehrs.

Andreas Kramer verdeutlicht diese Diagnose an radikal experimentellen Texten der futuristischen und konstruktivistischen Avantgarden des frühen 20. Jahrhunderts, welche in der Tat die erlebte mobile Beschleunigung direkt in Schrift abzubilden oder zu überführen versuchten. „Worte in Freiheit oder gebremste Sprache? Beschleunigung und Verlangsamung in avantgardistischen Fluggedichten" beschäftigt sich dabei mit den zum Teil durchaus paradoxen (nämlich entschleunigenden) Resultaten simultaner Raum- und Zeitwahrnehmung, wie sie etwa die lyrischen Experimente Guillaume Apollinaires kennzeichnen, denen sich die Versuche seiner kubistischen Zeitgenossen zur Seite stellen lassen. Wie ins Extrem gesteigerte literarische Radikalität sich mit den unterschiedlichen Polen politischer Radikalität zu paaren vermag, geben die Beispiele von Marinetti, Buzzi und anderen italienischen Futuristen, die Mussolinis Faschismus zuneigten, ebenso wie auf der russischen Seite Kamenskij, Chlebnikov oder Kručonych, die von der Oktoberrevolution mitgerissen waren, zu bedenken. Auf diese Weise ziehen Geschwindigkeitsrevolutionen unwillkürlich ‚Revolutionen' auf allen Ebenen nach sich: von der Gesellschaft über die Wahrnehmung und die Sprache bis hin zur Politik.

Cornelius Mitterers Recherche „Blickdichte. Richard Schaukals und Luigi Pirandellos narratologischer Dialog über Perspektive, Geschwindigkeit und Ästhetik" bestätigt das anhand einer Gegenüberstellung von Wiener und italienischer Jahrhundertwende im Kontext der Transformation von Geschwindigkeitserfahrungen in neue Wahrnehmungs- und Erzähltechniken. An der Konstellation Schaukal – Pirandello ist ablesbar, wie nicht nur in Kreisen der unmittelbaren Avantgarden, sondern auch in einer gemäßigten, am Erzählen festhaltenden Moderne Mobilität symptomatisch für eine durch die Medien der Fortbewegung und des Sehens verstärkte Krisis der

Wahrnehmung wird: Einmal in Form einer von Richard Schaukal in seine Narration eingebundenen Eisenbahnreise, einmal in Form des Kinos und seiner mobilen Blickgewohnheiten, die Luigi Pirandello sehr früh erkannt und literarisch aufgegriffen hat.

Einen prominenten frühen literarischen Verfechter der Beschleunigungsrevolution auf Seiten eines rechtskonservativen Denkens, der jedoch später eine eher entschleunigte Lebensweise pflegte und weltanschaulich jeder Ideologie abschwor, nimmt Christophe Fricker unter die Lupe: Ernst Jünger. Fricker analysiert die aus der Erfahrung der zuvor unvorstellbaren militärischen Beschleunigung an Masse, Material und Vernichtungskraft des Ersten Weltkriegs – wo die extreme Beschleunigung ja auf den „rasenden Stillstand" der Schützengräbensysteme prallte – hervorgegangene Erfahrung Jüngers als Einübung für die „totale Mobilmachung", wie ein gleichnamiger Essay der späten zwanziger Jahre lautet. Frickers Aufsatz „Ästhetische Beschleunigung – technische Entschleunigung? Die Zeitlichkeit von Autorschaft und Arbeit bei Ernst Jünger" schildert jedoch auch, wie Jünger im Lichte seiner ‚stereoskopischen' Poetik und seiner späteren Tagebücher auf scheinbar paradoxe Schlussfolgerungen kommt, in denen entschleunigende Reflexion und moderne Technik monadisch zusammenwirken: eine überraschende Volte, die sich einem Crossover-Perspektivwechsel auf Technik von der entfesselten zur domestizierten Elementarkraft verdankt.

Entfesselte Geschwindigkeit, die domestiziert zur Schau gestellt sich als letztlich unbeherrschbar erwies, boten die großen, Technik und Macht verherrlichenden Autorennen im nationalsozialistischen Deutschland. Die Recherche zu den Todesumständen des Rennfahridols Bernd Rosemeyer, die der Protagonist von Walter Kappachers Roman *Silberpfeile* durchführt, ist Gegenstand von Karin Herrmanns dichter Lektüre „Geschwindigkeitsrekord in Zeitlupe. Walter Kappachers Roman *Silberpfeile*". Ihr gelingt auf narratologischer Mikroebene der verblüffende Nachweis, dass sich Thema – die Rekonstruktion eines tödlichen Beschleunigungsrekords – und Erzählweise einander diametral bedingen: Indem Kappachers Erzähler in Rückblenden, Verzögerungen, Gesprächsprotokollen, Reflexionen das Tempo der Recherche bewusst verlangsamt, bekommt er überhaupt erst Einblick in die Chronik eines Beschleunigungsrekordes, der selber historisch geworden ist.

Das Schritthalten der Literatur mit akzelerierenden Geschwindigkeiten, sei es in avantgardistischen Simultanpoetiken, in den Schnittmontagen des modernen Romans oder in Chroniken mobiler Desaster, wie sie Autoren von Zola bis Kappacher angefertigt haben, ist allerdings nur die eine Seite literarischer Beschleunigungsbewältigung. Auf der anderen Seite – und das steht nicht im Widerspruch zum eben Gesagten – beharrt die Literatur wie alle hier vertretenen Künste auf ihrer zeitlichen Eigengesetzlichkeit, die sich den von außen eindringenden Verkehr zum Thema machen kann, ohne sich ihm dabei unterwerfen zu müssen. Nicht zuletzt als Reaktion auf das gesellschaftliche Beschleunigungs- und Verkehrsethos hat sich in der Literatur eine gegenläufige Tendenz mit der Betonung der Verlangsamung bzw. Langsamkeit, des Widerständigen, zeitlich Verzögerten – lange vor Sten Nadolnys Bestseller *Die Entdeckung der Langsamkeit*, der gleichwohl einem der Literatur innewohnenden Potential eine griffige Formel gegeben hat – herausgebildet, eine alternative Zeitlichkeit, die nicht zwingend, aber häufig mit der ostentativen Beschäftigung mit anderen Verkehrsmitteln und Fortbewegungsweisen, einer alternativen Mobilität einhergeht. Unter dem Titel „Strategien der Verlangsamung" ist der literarischen Ästhetik der Verlangsamung und ihrer Geschichte der dritte Block des Bandes gewidmet.

Die Entwicklung hat einen klar umrissenen Beginn, wie retrospektiv betrachtet so viele literarische Neuansätze, bei Johann Wolfgang Goethe. Vor allem die Poetik des späten Goethe kreist im Zuge seiner Auseinandersetzung mit den akzelerierenden Tendenzen auf dem Gebiet von technischer und gesellschaftlicher Mobilität immer wieder um die Frage, wie die in literarische Schrift überführte Sinnlichkeit des Menschen vor dem Zugriff des sich ankündigenden „velociferischen" Zeitalters bewahrt werden könne. Carsten Rohde arbeitet in seinem Aufsatz „Der zerbrochene Zusammenhang. Dichter-Bilder bei Goethe, Emerson, Hofmannsthal" Goethes Initialfunktion für spätere Bemühungen um literarische Eigenzeit heraus; zugleich benennt er mit dieser Namensreihe eine Stufenleiter von Diagnostikern der Beschleunigung, deren Literatur in der Art ihrer mehr und mehr ‚gebrochenen', fragmentarischen oder digredierenden Formen auf den durch die Geschwindigkeitsrevolution „zerbrochenen Zusammenhang" antwortet.

Kevin Liggieri geht in „‚Am Ende hängen wir doch ab / Von Kreaturen, die wir machten'. Goethes Homunculus als Modell der Entschleunigung" noch einen Schritt weiter: Er liest das künstliche Wesen nicht als alchimistisches Monstrum oder technische Allmachtsfantasie, sondern als Verkörperung einer Gestalt gewordenen elementaren Zeitlichkeit, dessen Künstlichkeit es ihm (analog zur Künstlichkeit des Mediums Schrift) gestattet, für ein alternatives Zeitkonzept zu konfigurieren. Wenn der Homunculus am Ende wieder mit dem Ozean verschmilzt, so ist das, wollen wir Liggieris Lesart folgen, Goethes Symbol einer Allegorie von Langsamkeit, in welcher sich die ‚subjektive' Zeit der eigenen Sinne mit der natürlichen, ‚objektiven' Zeit der Elemente versöhnt.

„Mit Stifter gegen Wagner. Nietzsches Ästhetik der Langsamkeit in *Menschliches, Allzumenschliches*", der Beitrag von Burkhard Meyer-Sickendiek, schließt bei der an Goethe herausgearbeiteten ästhetischen Eigenzeit an und seziert anhand des in literarische Ästhetik umgemünzten Geschwindigkeitsdiskurses die Anatomie einer berühmten, für das späte 19. Jahrhundert exemplarischen Debatte, die viel zu oft einseitig biografisch gedeutet worden ist: die Auseinandersetzung Friedrich Nietzsches mit Richard Wagner. Meyer-Sickendiek gelingt der Nachweis, dass Nietzsches Vorbehalte gegen Wagner sich von einer literarischen Stilistik der Langsamkeit herleiten, die er auf den Stil der antiken Poesie und Geschichtsschreibung zurückführt und gegen die ‚Stillosigkeit' der Wagner'schen Modernität ausspielt. Für Nietzsche hingegen liegt wahre Modernität gerade im „Epigonentum", das heißt in der Orientierung am Stilideal der Antike begründet, wie er sie beispielhaft in Stifters *Nachsommer* eingelöst sieht.

Theodor W. Adorno, so scheint es, hat Nietzsches Vorbehalte gegen eine sich mit dem Zeitgeist identifizierende Moderne verinnerlicht und in seiner Auseinandersetzung mit Marx' materialistischer Theorie umso schärfer herausgemeißelt. Marc Kleine konturiert, schwerpunktmäßig Bezug nehmend auf die *Minima Moralia* und die *Ästhetische Theorie*, Adornos wirkmächtige Ästhetik und Philosophie des bis zur beißenden Polemik verschärften Zeit-Widerstands: „Stillstand. Adornos Theorie der Kunst im Zeitalter der Beschleunigung" bündelt prägnant die Adornos Reflexionen grundierende Dialektik von Beschleunigung und ihr sich verweigernder (wenngleich ihr ausgesetzter) Ästhetik und bietet damit zugleich eine gute Einführung in ein Programm der Verweigerung, das von heute aus gesehen immer noch zahlreichen ästhetischen Gegenentwürfen der Entschleunigung, am markantesten vielleicht bei Botho Strauß, die Stichworte liefert.

Mit Adornos Verweigerungshaltung gegenüber der technischen Beschleunigung näherte sich auch der Romanautor, Essayist und Literaturwissenschaftler W. G. Sebald den von ihm vorzugsweise zu Fuß erkundeten Rändern der Gegenwart und den vom Zeitgeist vernachlässigten Zonen des landschaftlich-kulturellen Gedächtnisses. Nikolas Immer findet in „Wallfahrt als Spurensuche. W. G. Sebalds Apologie der Langsamkeit" aber nicht nur Parallelen zur Kulturkritik der Frankfurter Schule, sondern vor allem zur Literatur vergangener Jahrhunderte, die eingebunden in den christlichen Sinnhorizont aus den Spuren der Landschaft Rückschlüsse auf das eigene Heil zu ziehen vermochte. Sebalds Wanderungen vollziehen sich in diesem Sinne vor dem Hintergrund einer sehr alten Poetik der Pilgerreise, doch sind die Wallfahrtsorte, die er in seinem diesbezüglichen Hauptwerk *Die Ringe des Saturn* ansteuert, alles andere als heilsversprechend: Einerseits sind sie als Industriedenkmäler Ruinen eines Beschleunigungsfurors, dem sie selber zum Opfer fielen, zum anderen enthalten sie als melancholische Rückstände einer betont langsameren Zeit ein Glücksversprechen, das für Sebalds Gegenwart längst abgelaufen ist.

Oliver Völker widmet sich im letzten Forschungsbeitrag des Bandes dann nicht mehr nur Strategien der Langsamkeit oder Verzögerung, sondern literarischen Dystopien, in denen es letztlich zur völligen zeitlichen Erstarrung kommt. „‚Freeze this frame'. Zeitlicher Stillstand in Lehrs *42* und McCarthys *The Road*" führt uns an Orte, in denen es infolge von Havarien von planetarischem Ausmaß nicht nur zum Erliegen jeder Beschleunigung, sondern nahezu auch jeder Art von Bewegung gekommen ist. Spielt Cormac McCarthy mit der Möglichkeit eines atomaren Supergaus in den Vereinigten Staaten, so Thomas Lehr mit der Vorstellung eines außer Kontrolle geratenen Teilchenbeschleunigers am schweizerischen CERN, der eine unaufhaltsame unendliche Verlangsamung allen Lebens heraufbeschwört. Oliver Völker schildert in seiner Mikrolektüre beider Romane mit eindringlicher Akribie, wie diese Gedankenspiele um die Risiken und möglichen toten Enden technischer Beschleunigung literarisch umgesetzt worden sind: Das unweigerliche Ende aller Beschleunigung wird jeweils zum Anfang eines sich mit großer Langsamkeit an den von der Welt verbliebenen Bildern entlangtastenden Erzählens.

„Die letzte Amsel und das Rattern der Züge" – dieses einem Gedicht Jan Wagners entlehnte Zitat steht über den im vierten Block versammelten lyrischen Echos der Gegenwart. Die dialektische Verschränkung von Beschleunigung und Verlangsamung kommt darin auf vielfältige Weise zur Sprache, sei es bei Björn Kuhligk in der trotzigen Programmatik des Beharrens auf der Eigenzeit des Gedichtes und dessen nicht festgestellten Sprache; sei es in den weißen Zwischenräumen von Bettina Hartz' Gedichten, zwischen deren fragmentartigen Notaten sich eine zwischen persönlicher *mémoire involontaire* und dem Jetzt vermittelnde, verlangsamte Zeitordnung herausstellt; sei es in Tom Schulz' mexikanischem Zyklus, bei dem die Beschleunigung einer sich gewaltsam modernisierenden lateinamerikanischen Landschaft und Kultur mit stillgestellten Momentaufnahmen kontrastiert, die gleichwohl nur im Vorbei- und Vorüberfahren zu haben sind; oder bei Jan Wagner in der Kunst des genauen, verlangsamten Hinschauens – nicht ungleich jener Goethe'schen zarten Empirie der Anschauung – oder der melancholischen Erinnerung an das Zeitalter der Ballonfahrten, die mit ihrer Beschleunigung zugleich eine neue Perspektive auf die Welt aus dem Luft-Raum heraus warfen: Das Gedicht entsteht in den Intervallen zwischen Beschleunigung und Verzögerung des Blicks. Was es dabei zu sehen gibt, öffnet ein Zeitfenster in Räume, die sich erst in der höchst subjektiven Bewegung einer individuellen Schrift herausbilden.

Das ist gut so. Denn wenn es schon eine fortwährende Beschleunigung geben muss, so wird es umso wichtiger, mit der exponentiellen Zunahme an Geschwindigkeit auf ebenso unentwegt entstehende ästhetische Freiräume zu verweisen, die ihre eigene Zeit mit sich bringen. Sie verlangen, wahrgenommen und beschrieben zu werden. Allein dieser wache, bei den Erscheinungen und ihrer Zeit verharrende Blick ist ein notwendig verlangsamter. In ihm scheint sich die Beschleunigung selber zu vergessen. Und doch bietet er gerade Aufschluss über diese, welcher er zugleich angehört, indem er sich ihr – und sei es nur für die Dauer eines Moments – versagt.

Ich danke Thea Gerdes für die Hilfe bei der Korrektur der Druckfahnen, deren Erstellung Franziska Creutzburg vom Böhlau Verlag erstellte. Dr. Thomas Girst von BMW hat mit seiner erneuten großzügigen Förderung wiederum mit dafür gesorgt, dass diese Reflexionen über Mobilität ans Tageslicht gelangen konnten.

Braunschweig, im März 2015

Transmediale Inszenierung von Mobilität im Spannungsfeld von Beschleunigung und Verlangsamung

Rüdiger Heinze (Braunschweig)

Bullet Time · Sieben Thesen zu Verlangsamung und Beschleunigung im Film

Beschleunigung: $a = \frac{v}{t}$

Verzögerung: $a = -\frac{v}{t}$

Die Verhandlung von Zeit und Zeitlichkeit ist für Film als Kunstform und Technik konstitutiv. Im Grunde genommen ist Film – selbst im digitalen Zeitalter – eine hochentwickelte Form des Daumenkinos: Sequentielle, „stehende" Bilder werden mit einer bestimmten Geschwindigkeit (normalerweise ca. 24 *Frames* pro Sekunde) projiziert, sodass wir als Zuschauer aufgrund der Flimmerverschmelzung Bewegung zu sehen glauben. Film kann also auf der einen Seite aus atemporalen Bildern Zeitlichkeit bzw. das Verstreichen von Zeit generieren; auf der anderen Seite kann Film Bewegung aufzeichnen und in einzelne, stehende Bilder zerlegen, sodass das Verstreichen von Zeit scheinbar angehalten wird, wie bei Edward Muybridges berühmten Aufnahmen des galoppierenden – und in der Luft schwebenden – Pferdes. Wenig überraschend haben Filmemacher schon früh mit der inhaltlichen Darstellung und formalen Manipulation von Zeit, Zeitlichkeit und Zeitwahrnehmung experimentiert.[1] Stillstand, Beschleunigung und Verzögerung zählen dabei von Anfang an zu den wichtigsten formalen filmtechnischen Mitteln.

Dieser Beitrag beschäftigt sich mit einem Phänomen, das alle diese drei Mittel in sich vereint und mittlerweile, in verschiedenen Variationen, zu den wirkmächtigsten Formen formaler zeitlicher Manipulation im Film überhaupt gehört: die sogenannte *Bullet Time*. Diese gibt es in Grundzügen und Ansätzen zwar schon seit einigen Jahrzehnten – bereits Leni Riefenstahl kombiniert Zeitlupe bei gleichzeitiger Kamerafahrt in *Olympia* (1938) –, ist aber erst durch den Film *Matrix* (1999) stilbildend und über (fast) alle Genres und Filmkulturen hinweg paradigmatisch für filmische Zeitmanipulation geworden. Das Erkenntnisinteresse dieses Beitrags zielt allerdings nicht auf die filmhistorische Bedeutung von Bullet Time; vielmehr soll anhand dieses Phänomens eine Reihe grundlegender Thesen hinsichtlich der Aspekte und Funktionen von beschleunigter und verzögerter Zeitlichkeit und der damit korrelierenden

1 David Bordwell und Kristin Thompson: Film History. Boston 2003, S. 21–31.

Darstellung von Zeitwahrnehmung im Film aufgestellt werden.[2] Hierzu muss jedoch zunächst erklärt werden, was genau Bullet Time ist.

Um zu verstehen, wie Bullet Time funktioniert und warum diese Funktionsweise so besonders ist, muss man noch einen weiteren Schritt zurückgehen und verstehen, welche physikalischen Gesetzmäßigkeiten Beschleunigung und Verzögerung zugrunde liegen. Beschleunigung ist die Zunahme von Geschwindigkeit über eine bestimmte Zeiteinheit hinweg, Verzögerung die Abnahme von Geschwindigkeit über eine bestimmte Zeiteinheit hinweg. Beide unterscheiden sich also primär in der *Richtung*, in der sich die Geschwindigkeit bzw. die Progression von Zeit ändert (langsamer vs. schneller); ihnen ist gemein, dass sie eine *Veränderung* der Zeitprogression bewirken (Δv), die einen Anfangspunkt (Stillstand oder gleichbleibende Zeitprogression/Geschwindigkeit) und einen Endpunkt (Stillstand bei Verzögerung; bei Beschleunigung im Extremfall die Lichtgeschwindigkeit c) haben muss. Bezeichnenderweise können wir in einem geschlossenen System ohne externen Bezugspunkt bei gleichbleibender Zeitprogression nicht feststellen, ob wir uns bewegen oder nicht (wir merken z.B. nicht, dass sich die Erde dreht); nur Beschleunigung oder Verzögerung, also Veränderungen in der Zeitprogression, sind für uns feststellbar. Daraus ergibt sich eine Reihe von aufschlussreichen Konsequenzen/Schlüssen.

These 1: Da Beschleunigung und Verlangsamung durch *Veränderung* der Zeitprogression in eine bestimmte *Richtung* definiert sind, verhalten sie sich immer und unweigerlich zu einem Bezugspunkt; mit anderen Worten: Sie sind relational. Mit Blick auf Film stellt sich die Frage, was oder wer genau der Bezugspunkt ist und aus welcher Perspektive die Veränderung der Zeitprogression dargestellt wird.

These 2: Beschleunigung und Verlangsamung sind analog. Wer also die Frage nach Beschleunigung stellt, stellt immer auch, explizit oder implizit, die Frage nach Verlangsamung. Daraus und aus These 1 ergibt sich zwingend die nächste Schlussfolgerung.

These 3: Stillstand, lineare (d.h. gleichbleibende) Zeitprogression, Beschleunigung und Verlangsamung implizieren und bedingen sich allesamt gegenseitig, d.h. dass keines der Konzepte ohne die anderen Sinn ergibt. Absoluten Stillstand gibt es nicht außer (theoretisch) in einem Universum, in dem überall der absolute Nullpunkt herrscht. Ob dies überhaupt möglich ist, ist fraglich. Demzufolge gibt es überall Änderungen/Wechsel in den Energieformen und nur kurze Momente des Stillstands (z.B. beim Wechsel von kinetischer in potentielle und wieder in kinetische Energie); und damit Veränderung und Zeitprogression; und damit auch Veränderungen in der

2 Eine ironische Randnotiz: Die Aufwertung der Zeitlupe erfolgt zu einem Zeitpunkt, in dem sich die durchschnittliche Schnittdauer (*average shot length*: ASL) im Spielfilm drastisch reduziert hat. Bordwell und Thompson, aber auch andere Filmwissenschaftler wie James Monaco oder Robin Wood, halten diese Tatsache für ein charakteristisches Merkmal des sogenannten post-klassischen Editing.

Zeitprogression. Mit anderen Worten: Es gibt weder dauerhaft lineare Zeitprogression noch permanente Beschleunigung, noch permanente Verlangsamung. Alle befinden sich im permanenten Wechselspiel.

These 4: Genau diese Relationalität und gegenseitige Abhängigkeit kennzeichnet Bullet Time. Sie kennzeichnet natürlich alle Formen filmtechnischer Beschleunigung und Verlangsamung, auch traditionelle Zeitlupe und Zeitraffer; Bullet Time aber verdeutlicht diese Relationalität am deutlichsten und eindrücklichsten. Außerdem vereint Bullet Time in sich mehrere Formen der Zeitmanipulation. Was also ist Bullet Time?

1 Andy und Lana Wachowski, Warner Bros., *Matrix*, USA, 1999. Bullet Time 1

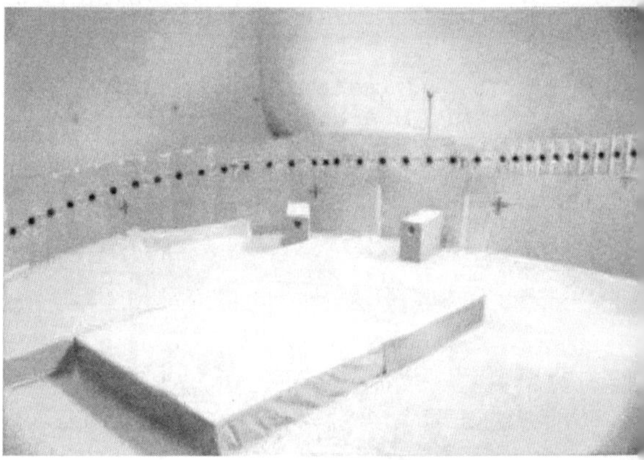

2 Andy und Lana Wachowski, Warner Bros., *Matrix*, USA, 1999. Bullet Time 2

Betrachtet man eine Szene mit „klassischer" Bullet Time in *Matrix*, so fällt auf, dass mehrere Dinge gleichzeitig passieren. Die reguläre Zeitprogression verlangsamt sich deutlich, teilweise bis zum scheinbaren Stillstand. So sieht es in einigen Szenen so aus, als ob Pistolenkugeln „kriechen" oder sogar in der Luft stehen bleiben (daher der Name Bullet Time); auch Menschen scheinen in der Luft zu schweben.

Gleichzeitig fährt die Kamera um diese „eingefrorene" Szene im Kreis herum. Zum Ende der Szene beschleunigt sich die Zeitprogression wieder, bis sie die „normale" lineare Geschwindigkeit des Ausgangspunkts erreicht hat. Technisch wird dies in Wirklichkeit durch viele Kameras erreicht, die kreisförmig arrangiert sind und die Szene aufzeichnen, sodass deren Bilder im Nachhinein hintereinander geschnitten werden können.[3]

Bei genauerem Hinsehen erkennen wir aber noch mehr: Es gibt Szenen, in denen wir aus der Ebene der *normalen* Zeitprogression heraus die extrem *beschleunigten* Bewegungen der sogenannten Agenten (Avatare intelligenter Computerprogramme) und schließlich der Hauptfigur Neo sehen; diese bewegen sich derart schnell, dass die

---

3 Beide folgenden Bilder sind dem Making-of entnommen, das sich im Bonusmaterial der DVD-Edition des Films befindet.

3 Andy und Lana Wachowski, Warner Bros., *Matrix*, USA, 1999. Bullet Time 3

4 Andy und Lana Wachowski, Warner Bros., *Matrix*, USA, 1999. Bullet Time 4

Bewegungen ineinander zu verschwimmen scheinen[4]:

Bullet Time kombiniert dementsprechend entweder Stillstand und/oder Verlangsamung der Mise en Scène mit Bewegung der Kamera und abschließender Beschleunigung in die normale Zeitprogression hinein; oder Kamerastillstand mit Blick auf beschleunigte Mise en Scène und abschließender Verlangsamung in die normale Zeitprogression. Es werden demzufolge inhaltlich und formal mehrere Zeitlichkeiten miteinander gekoppelt und *gleichzeitig* in Szene gesetzt in einem Wechselspiel aus Stillstand, Verlangsamung und Beschleunigung.

Eine Variation findet sich im Spielfilm *Sherlock Holmes* (2009). Hier wird ebenso die Mise en Scène eingefroren, während die Kamera um die Szene herumfährt; jedoch sehen wir nicht, was in diesem Augenblick passiert, sondern was die Hauptfigur Sherlock Holmes aufgrund seiner außergewöhnlichen mentalen Fähigkeiten zu denken und planen bzw. vorherzusehen in der Lage ist, und zwar sowohl hinsichtlich seiner zukünftigen Handlungen als auch hinsichtlich seiner Rekonstruktion vergangener Ereignisse. Die Kamera visualisiert also Holmes' Gedankenprozesse, unterstützt durch ein erläuterndes Voice over.

Auch hier werden Stillstand, Verlangsamung und Beschleunigung kombiniert. Wenn man jetzt nach dem Bezugspunkt und der Perspektivierung fragt, so wird klar, dass die Beispiele aus den beiden Filmen diametral entgegengesetzt gelagert sind: In *Matrix* zeigt uns die Kamera eine extrem verlangsamte Welt, die wir aus

4 Es liegt in der Natur der Sache, dass sich Bullet Time nur schlecht oder gar nicht über ein Standbild abbilden lässt. Immerhin geht es um Zeitabläufe. Selbst mehrere Bilder nebeneinander wären nur wenig aussagekräftig, da sie nichts über die Geschwindigkeit ihrer Abfolge aussagten. Einzig eine mikrosekundengenaue Zeitangabe ließe Rückschlüsse auf die Zeitlichkeit zu.

der Außenperspektive sozusagen „allwissend" betrachten können; in *Sherlock Holmes* visualisiert die Kamera die außergewöhnlich schnellen Gedankenprozesse und beinahe schon übermenschliche Vorstellungskraft einer Figur. Diese beiden Beispiele sind – betrachtet man weitere Beispiele von Bullet Time in einer Reihe von Filmen oder auch Computerspielen wie *Max Payne* (2001) – in der Tat exemplarisch.

These 5: Es gibt zwei Hauptvarianten von Perspektivierung: Die interne und die externe oder Null-Okalisierung,[5] die man auch als „egozentrische" bzw. „panoptische" (allwissende) Perspektiven bezeichnen könnte. In beiden Fällen zeigt uns die Kamera über das Stilmittel der Bullet Time, was wir eigentlich nicht sehen können: Eine stillstehende Außenwelt und eine mentale Innenwelt.[6] Die *Bullet Time an sich* sagt noch nichts über die spezifische Funktion und Perspektivierung aus. So wird Bullet Time in *Matrix* zwar hauptsächlich für die externe Okalisierung eingesetzt, es gibt also keine intradiegetische Figur, an die die Kameraperspektive geknüpft sein könnte. Jedoch ist die Hauptfigur Neo zum Ende des Films bezeichnenderweise plötzlich in der Lage, genau diese panoptische Perspektive einzunehmen: Es ist sein Sieg über die Simulation, er wird – innerhalb der Matrix – sozusagen zum Gott bzw. Übermenschen. In *Sherlock Holmes* wird die Bullet Time zunächst zur Visualisierung von Holmes' Überlegungen für sein kurzfristiges Handeln (das heißt Kämpfen) genutzt (projektiv) und später zur Visualisierung von Holmes' Rekonstruktion vergangener Ereignisse (retrospektiv).[7]

These 6: Auch wenn die Bullet Time nicht logisch an einen spezifischen Einsatz oder eine bestimmte Funktion gebunden ist (natürlich thematisiert sie immer Zeitlichkeit und Zeitwahrnehmung), so lassen sich doch zwei Hauptanwendungen konstatieren: Die Ästhetisierung von Gewalt und die Internalisierung von Welt.

„Ästhetisierung" soll hier nach Jan Mukařovský auf diejenige Funktion von Kunst verweisen, bei der die Komposition des Sprachzeichens im Mittelpunkt steht.[8] Wenn Film Gewalt „ästhetisiert", dann erfüllt ihre Darstellung keine nennenswerte narrative, dramaturgische, psychologisierende oder moralische Funktion mehr, sondern

---

5 Der Begriff ist der Filmnarratologie entnommen und lehnt sich – offensichtlich – an Genettes Konzept der Fokalisierung an. Markus Kuhn unterscheidet, angelehnt an François Jost, zwischen Fokalisierung als „Relation des Wissens zwischen Erzähldistanz und Figur" (S. 122) und „Okularisierung" für das Sehen an sich (S. 122). Ersteres kann, entsprechend Genette, null, intern, oder extern fokalisiert sein. Markus Kuhn: Filmnarratologie. Ein erzähltheoretisches Analysemodell. Berlin 2011.

6 Insofern ist natürlich auch die interne Perspektive panoptisch, da auch sie vorgibt, uns alles zeigen zu können, inklusive der Gedankenwelt einer Figur.

7 Man beachte den nicht aufzulösenden Widerspruch, dass wir als Zuschauer zwar vorgeblich Holmes' Gedankenwelt zu „sehen" bekommen, wir aber gleichzeitig Holmes selbst als Figur „von außen" sehen können. Die Kamera zeigt uns also keine „Ich-Perspektive", wie es durchaus auch möglich gewesen wäre.

8 Jan Mukařovský: Kapitel aus der Ästhetik. Frankfurt am Main 1970, S. 48. Mukařovský identifiziert, angelehnt an semiotische Kommunikationsmodelle, insgesamt vier Funktionen.

fast ausschließlich eben diese: die Darstellung von Gewalt. Bullet Time leistet dieser Ästhetisierung insofern Vorschub, als Gewalt zeitlich fragmentiert und entkontextualisiert wird, während sie visuell zu einem wortwörtlich eindrucksvollen (oder gar sublimen) Spektakel wird, bei dem die physiologische und moralische Ebene (Wer fügt wem warum und mit welchem Recht Schmerzen zu?) in den Hintergrund tritt. *Matrix* und *Sherlock Holmes* sind eindrucksvolle – und bei weitem nicht die einzigen – Beispiele dafür.[9] Man kann sich darüber streiten, ob dieser Art Gewaltdarstellung allgemein noch ein kritisches Potential innewohnt. Für die beiden hier genannten Beispiele ist sie durchaus sinnfällig: In *Matrix* werden Menschen vollständig von Maschinen kontrolliert. Über einen befreiten Geist erlangen die Menschen im Wortsinne die „Gewalt" über ihr Leben und die Maschinen zurück. *Sherlock Holmes* spielt zum Höhepunkt der Industrialisierung: Der Film ist voller entfesselter Maschinen und Techniken, in denen sich die Menschen verfangen. Zumindest die Hauptfigur erhält sich mithilfe ihrer beschleunigten kognitiven Fähigkeiten, gezeigt durch ästhetische Verlangsamung, die Kontrolle über eine beschleunigte Welt.

Ebenso wird Bullet Time häufig dafür benutzt, die Wahrnehmung der Welt durch eine Figur zu zeigen; die Welt wird „okalisiert" und internalisiert, das heißt, sie existiert primär aus der Perspektive und in der Vorstellung der jeweiligen Figur. Dies ist oft genug insofern passend, als die Okalisierung üblicherweise durch die Hauptfigur erfolgt, die wiederum – ebenfalls oft genug – über besondere Fähigkeiten verfügt wie eben Neo und Sherlock Holmes. Bezeichnenderweise treten diese beiden Anwendungen regelmäßig gemeinsam und teilweise überlappend auf.

These 7: Bullet Time ist, da sie aufgrund ihrer speziellen Visualisierung und ihrer Manipulation der Zeitprogression unweigerlich den Filmapparat betont, immer eine Form der Selbstreferenz und zumindest implizit auch eine Form der Metareferenz.

Nach Werner Wolf kann Selbstreferenz wie folgt definiert werden: „In a broad semiotic sense, self-reference can be defined as a usually non-accidental quality of signs and sign configurations that in various ways refer or point to (aspects of) themselves or to other signs and sign configurations within one and the same semiotic system."[10] Diese Selbstreferenz kann ganz unterschiedlicher Art sein:[11] Sie kann sich – intertextuell, intermedial – auf andere Zeichenkonfigurationen beziehen *(extra-compositional self-reference)* oder auf die eigene, vorliegende *(intra-compositional self-reference)*. Letzteres kann ganz allgemein z.B. durch stilistische Mittel wie Reim oder Alliteration

9 Diese Ästhetisierung von Gewalt ist so dominant, dass sich Filmemacher wie David Cronenberg ausdrücklich davon abgrenzen und in der Gewaltdarstellung in ihren Filmen (z.B. *A History of Violence* oder *Eastern Promises*) dagegen positionieren.

10 Werner Wolf: Metareference across Media: The Concept, Its Transmedial Potentials and Problems, Main Forms and Functions. In: Metareference across Media. Hg. von Werner Wolf/Katharina Bantleon/Jeff Thoss. Amsterdam 2009, S. 19.

11 Wie Anm. 10, S. 22f.

geschehen, da diese ihr eigenes Medium betonen; durch explizite Selbstreflexion z.B. in Form eines Kommentars des Erzählers über den Inhalt des vorliegenden Textes; durch formale Selbstreflexion in Form von Spiegelung oder Mise en abyme; oder als Metareferenz, das heißt als *metacommunicative statement*, als Kommentar über das Zeichensystem selbst und nicht über seinen Inhalt:

> It is a special, transmedial form of usually non-accidental self-reference produced by signs or sign configurations which are (felt to be) located on a logically higher level, a ‚meta-level', within an artefact or performance; this self-reference, which can extend from this artefact to the entire system of the media, forms or implies a statement about an object-level, namely on (aspects of) the medium/system referred to. Where metareference is properly understood, an at least minimal corresponding ‚meta-awareness' is elicited in the recipient.[12]

Metareferenz ist demzufolge eine spezielle Form der Selbstreferenz und kann sich dabei sowohl auf den ontologischen Status (Fiktion oder Nicht-Fiktion) als auch auf die medienspezifische Repräsentation (Narration) beziehen;[13] in jedem Fall ruft sie im Rezipienten eine mehr oder weniger starke *meta-awareness* hervor. Der Effekt von Selbstreferenz kann je nach Kombination mit anderen Faktoren wie Nachdrücklichkeit, Häufigkeit, Naturalisierbarkeit oder je nach Kontext ganz unterschiedlich sein.[14] Wie Kuhn ausführt, können solche Effekte z.B. subjektivierend oder meta-narrativ sein; sie können Unmittelbarkeit oder ‚Realität' suggerieren; *oder sie betonen die Wahrnehmung des Menschen oder der Kamera.*[15]

---

12 Ebd., S. 31. Hervorhebung im Original. Mit anderen Worten: Selbstreferenz konstituiert sich allgemein aus „signs of signs", während Metareferenz speziell als „signs about signs" verstanden werden kann (Winfried Nöth: Metareference from a Semiotic Perspective. In: Metareference across Media. Hg. von Werner Wolf/Katharina Bantleon/Jeff Thoss. Amsterdam 2009, S. 99). Nöth verwendet ein anschauliches Beispiel: Eine Blaupause oder eine Partitur sind Zeichensysteme, die sich auf andere Zeichensysteme beziehen, aber nicht als „metasemiotic insights" bzw. „metasigns" gedacht sind (ebd., S. 99). Er betont noch einen weiteren wichtigen Punkt: Nur symbolische Zeichen können abstrakte Bedeutung tragen; nur Sprache kann innerhalb desselben Zeichensystems explizit Aussagen über Sprache machen. Entsprechend gilt: „nonverbal signs can only be used for the purpose of implicit metareference" (ebd., S. 108) und damit gilt für Bullet Time: Da die Kamera nicht sprechen kann, sondern nur die Charaktere sprechen können, können auch nur die Kommentare der Charaktere explizit metareferentiell sein.

13 Wie Anm. 10, S. 34 und 41.

14 Ebd., S. 24.

15 Wie Anm. 5, S. 169–170; meine Hervorhebung. Von besonderer Bedeutung ist die – nicht allein von Wolf getroffene – Feststellung, dass Selbstreferenz und insbesondere Metareferenz zwar grundsätzlich illusionsbrechend sind, da sie den Zuschauer auf ihre eigene Zeichenkonfiguration, ihr eigenes Zeichensystem und/oder Zeichensysteme allgemein hinweisen, aber nicht immer in gleicher Stärke und Funktionalität: „[…] when self-reflexivity does indeed reveal the enunciation, it will not necessarily always remind the audience that they are watching a film.

Durch die formale bzw. filmtechnische Betonung der Kamera, der intradiegetischen Zeit*wahrnehmung* (durch die Protagonisten) sowie der intradiegetischen Zeitlichkeit, also der eigenen Zeichenkonfigurationen, ist Bullet Time in jedem Fall eine formale, intra-kompositionale Selbstreferenz; darüber hinaus betont Bullet Time aber auch die Zeitlichkeit ihres eigenen Mediums, des Films, sowie – weil wir uns als Zuschauer dem visuellen Effekt nicht entziehen können, außer wir verweigern das Hinsehen selbst – Zeitwahrnehmung und Zeitlichkeit *per se*. Mit anderen Worten: Bullet Time betont „die Wahrnehmung des Menschen oder der Kamera" (s.o.) und bezieht sich auf „die medienspezifische Repräsentation (Narration)" (s.o.). Demzufolge ist *Bullet Time* auch eine formale, implizite Metareferenz.

Mit Selbstreflexion geht grundsätzlich das Potential einer Bewusstmachung – einer epistemologischen und ontologischen Betonung – des jeweiligen Artefaktes als medialen Artefakts einher[16] und damit seiner medialen, historischen und kulturellen Kontextualisierung und Bedingtheit. Insofern könnte man Selbstreflexion als einen Ausdruck von Mimesis-Skepsis betrachten. Umso ironischer ist es, dass Bullet Time in den allermeisten Fällen eine panoptische Perspektive (sei es extern oder intern) generiert.

Ausmaß und Ausdifferenzierung von selbstreferentieller Reflexion in zeitgenössischen kulturellen Artefakten sind, vorsichtig ausgedrückt, auffällig. Für Werner Wolf sind sie ein kennzeichnendes Merkmal der westlichen postmodernen Kultur.[17] Im Fall von Bullet Time bezieht sich diese Selbstreflexion auf Zeit, Zeitlichkeit und Zeitwahrnehmung; und damit nicht nur auf eines der wichtigsten Themen (und ebenso eines der größten Rätsel) der Physik, sondern eines der wichtigsten Elemente unserer menschlichen Wahrnehmung, Existenz und Bedingtheit. Es mag sich etwas hochtrabend anhören – aber mit ihrer Verquickung von Stillstand, Beschleunigung und Verzögerung ist die Bullet Time ein prototypischer Ausdruck der Moderne und Postmoderne, der menschlichen Kunst und Kultur, der menschlichen Existenz und des Kosmos. Wie wir diesen Ausdruck bewerten, steht auf einem anderen Blatt.

Two formally identical self-reflexive devices may at times break and at other times maintain the audience's aesthetic illusion" (Jean-Marc Limoges: The Gradable Effects of Self-Reflexivity on Aesthetic Illusion in Cinema. In: Metareference across Media. Hg. von Werner Wolf/Katharina Bantleon/Jeff Thoss. Amsterdam 2009, S. 391). Dies hängt unter anderem davon ab, ob die Selbstreferenz eine (diegetische, symbolische, dramatische) Funktion erfüllt oder gänzlich unmotiviert scheint (ebd., S. 402); je motivierter die Selbstreferenz, desto leichter ist die Naturalisierbarkeit (ebd., S. 402). Das bedeutet, "the spectator in the cinema can be a medium-aware spectator and yet experience the image as an illusion" (Richard Allen: Representation, Illusion, and the Cinema. In: Cinema Journal 32/2 (1993), S. 21–37, hier S. 22).

16 Wie Anm. 10, S. 41, 65, 67.

17 Ebd., S. 10.

Dietmar Elflein (Berlin/Braunschweig)

Slow it down · Anmerkungen zu einer Ästhetik der Verlangsamung nicht nur im Heavy Metal

Wenn (technische) Beschleunigung als ein verinnerlichtes Synonym einer Moderne beschrieben werden kann und ästhetische Verlangsamung als ein Damit-nicht-einverstanden-Sein, so sollten sich diese Symptome auch in der populären Musik wiederfinden lassen. Bevor ich jedoch zu Beispielen ästhetischer Verlangsamung aus der populären Musik fortschreite, die dem Nicht-Einverstanden-Sein die Hoffnung auf Veränderung austreiben, sei auf ein Missverständnis hingewiesen.

In der Rezeption populärer Musik wird häufig eine grundlegende Tendenz zur Beschleunigung wahrgenommen. So erscheinen ältere Stücke häufig subjektiv langsamer als neuere. Punk und die Sex Pistols galten, um ein derartiges, subjektives Beispiel zu nennen, vor knapp vierzig Jahren als schnell und wirken mittlerweile doch recht gemächlich. Gleichwohl liegen die Dinge nicht so einfach, will man sie empirisch nachweisen. Beispielsweise pendeln die in den Top Ten der deutschen Single-Jahrescharts der letzten fünfzig Jahre vertretenen Musikstücke[1] generell um einen Tempobereich von durchschnittlich 105 bis 107 Schlägen pro Minute (*beats per minute*, bpm). Nur: Im Jahre 1984 liegt das Durchschnittstempo um 11 bpm höher bei 118, mithin zu einem Zeitpunkt, als sich elektronische Musikinstrumente und Sequenzer mit ihrer Voreinstellung des Tempos auf 120 bpm, dem verdoppelten Herzschlag, durchsetzen. Ob hier die Gründe für die durchschnittliche Tempoerhöhung auf 118 bpm zu finden sind, bleibt jedoch, auch auf Grund der zu geringen Datenbasis, Spekulation – möglicherweise sind in diesem Jahr den Komponisten auch einfach weniger kommerziell erfolgreiche Balladen eingefallen. Lässt man den Durchschnitt nämlich einmal außer Acht, schwankt die Bandbreite der in den deutschen Top Ten vertretenen Tempi beständig zwischen 60 und 150 bpm, also zwischen langsamer Ballade und Up-tempo-Tanznummer.

Die subjektive Wahrnehmung von Beschleunigung scheint also zu trügen, zumindest in Bezug auf eine kontinuierliche Steigerung des Durchschnittstempos. Allerdings sagt der bisher thematisierte Beat eines Stückes, das die Bewegung strukturierende Grundtempo, nicht wirklich viel über die subjektive Wahrnehmung eines Stückes als langsam oder schnell aus. Viertelnoten bei 60 bpm entsprechen Achtelnoten bei

1 Für die Stichprobe wurden die Top Ten der offiziellen deutschen Single-Jahrescharts der Jahre 1964, 1974, 1984, 1994, 2004 und 2014 untersucht. Grundlage sind die auf http://www.chartsurfer.de (aufgerufen am 26.2.2015) veröffentlichten Charts.

120 bpm. Bei identischem Grundtempo verdoppelt sich möglicherweise die Tempowahrnehmung.

Populäre Musik kann und will, wie die Stichprobe zeigt, schon immer beides sein, langsam und schnell, je nach Genre, Art der Komposition und Zielgruppe. Innerhalb eines Stückes werden Tempoänderungen, wenn überhaupt, als Sprünge von langsam zu schnell oder umgekehrt beispielsweise an Grenzen von Formteilen realisiert. Kontinuierliche Tempoveränderungen nach Art der musikalischen Spielanweisungen accelerando (Beschleunigung) und ritardando (Verlangsamung) finden sich dagegen eher selten – jenseits von Schlussformeln und mehr oder weniger spektakulären auditiven Effekten. So legt die norwegische Metalband Kvelertak auf ihrem 2013 veröffentlichten Stück *Bruane Brenn*[2] nach 2:45 Minuten eine akustische Vollbremsung hin, die auch zeigt, dass die Musiker diese Schwierigkeit handwerklich zu meistern wissen. Der englische DJ Fatboy Slim spielt in seinem Hit *The Rockafeller Skank*[3] mit beiden, Beschleunigung und Verlangsamung, zum einen um zu zeigen, was mittels Sampler und Sequencer 1998 technisch möglich ist, und zum anderen um die Tänzer und Tänzerinnen zu verwirren und zu begeistern.

Beschleunigung und Verlangsamung spielen damit eher im Rahmen des Ausweitens oder Brechens stilistischer Normen und/oder von Genrekonventionen eine Rolle. Beschleunigung ist dabei häufig Teil eines handwerklich musikalischen Wettbewerbs der Virtuosität, sowohl real gespielt wie im Jazz oder Heavy Metal als auch programmiert wie im Drum 'n' Bass oder Teilen von Hardcore Techno. Verlangsamung kann dagegen als bewusste Gegenbewegung gelesen werden, die sich als Abgrenzung von stilistischen Normen, die ein gewisses Grundtempo benötigen, realisiert – mithin also in unterschiedlichen Bereichen von Tanzmusik, in Genres, die Wert auf Virtuosität legen wie Jazz oder Heavy Metal und auch im Rahmen ästhetischer Bearbeitungen von Aggression und Kraft im Heavy Metal, Punk, Industrial etc. So wie die langsame Ballade generell einen Gegenpol zur Tanzmusik darstellt, der die Zuhörer und Zuhörerinnen dazu bringen soll, ihre Aufmerksamkeit auf den gesungenen Text, die Melodie oder bestimmte Emotionen zu legen, soll der Aufmerksamkeitsfokus auch genreintern verschoben werden, weg von körperlicher Bewegung und solistischer Brillanz, hin zu beispielsweise Stimmungen und Atmosphären.

Beispiele für eine derartige, ästhetisch motivierte Verlangsamung finden sich in so unterschiedlichen Genres wie Jazz, Heavy Metal und elektronischer Clubmusik. Interessanterweise weisen einige dieser Beispiele ästhetische Gemeinsamkeiten auf jenseits aller stilistisch bedingten musikalischen Unterschiede. Diese Gemeinsamkeiten

2 Kvelertak: Bruane Brenn auf: Meir. Columbia 2013.

3 Fatboy Slim: The Rockafeller Skank auf: You've Come A Long Way, Baby. Skint 1998.

möchte ich im Folgenden kurz skizzieren, bevor ich mich stärker auf eine bestimmte Stilistik, Doom Metal, fokussiere.

Schon semantisch bewegen sich die folgenden Beispiele explizit langsamer populärer Musik in einem ähnlichen Feld. Entsprechende Spielarten des Heavy Metal werden wie gesagt gerne in dem Subgenre Doom Metal zusammengefasst. Doom lässt sich als drohendes Unheil, Untergang, Verhängnis oder im christlichen Sinne als Jüngstes Gericht übersetzen. Es existieren weitere Binnendifferenzierungen wie Epic Doom, Death Doom oder Funeral Doom. Die ersten beiden Doom-Spielarten weisen auf Kombinationen mit anderen Metal Subgenres hin, Funeral Doom gilt dagegen als nochmals extreme Zuspitzung und treibt dem Verhängnis jede Hoffnung auf ein Ende aus. Das Begräbnis ist in diesem Sinne endgültig. Bandnamen wie Mourning Beloveth oder Shape of Despair sprechen eine dem zusagende Sprache.

Die Jazzband Bohren & der Club of Gore wird journalistisch auch als Doom Jazz kategorisiert und zeigt auf dem Cover ihrer Veröffentlichung *Beileid* (2011) eine Begräbnisszene. Die zusätzliche Verbindung zu Horrorfilmen und ihrer Ikonografie findet sich nicht nur im Bandnamen (*gore*, Blut), sondern auch in Stücktiteln wie *Zombies Never Die*.[4] Ähnlich präsentiert sich auch die Mount Fuji Doom Jazz Corporation, die zudem mit BDSM-Thematiken spielt,[5] respektive das teilweise personell identische Kilimanjaro Dark Jazz Ensemble.[6]

Der englische Musiker und Schauspieler Adrian Thaws nennt sich Tricky (durchtrieben) und arbeitet gerne mit verlangsamten und schleifenden Hip-Hop-Beats als musikalischer Grundlage, über die er seine Texte eher flüstert und haucht als singt oder rappt. Sein auf seinem Debüt enthaltenes Stück *Hell Is Round The Corner*[7] verortet die Hölle im zugehörigen Video im Innenraum einer Wohnung. Der Protagonist und Künstler schaut mit zerlaufenem Make-up derangiert in die Kamera, die Bedrohung kommt nicht von außen, sondern ist bereits Teil des Innenraums. Der Londoner Dubstep-Musiker William Emmanuel Bevan nutzt nicht nur das Begräbnis (englisch *burial*) als Pseudonym, sondern nennt auch einen seiner Tracks *Truant*,[8] der Bummler, eine häufig benutzte literarische Figur der Verlangsamung. Der New Yorker Musiker und Produzent Skiz Fernando betreibt das stark verlangsamtem Dub Reggae gewidmete Label WordSound. Als Künstler nennt er sich unter anderem

4 Bohren & der Club of Gore: Zombies Never Die auf: Beileid. Ipeac Recordings 2011.

5 The Mount Fuji Doom Jazz Corporation: The Sexy Midnight Torture Show auf: Succubus. Ad noiseam 2009.

6 Beide Bands werden auch von einem Genregrenzen ignorierenden Teil des Metalpublikums rezipiert, wie Plattenrezensionen in entsprechenden Medien oder die Teilnahme der Mount Fuji Doom Jazz Corporation am Roadburn Festival 2012 zeigt.

7 Tricky: Hell Is Round The Corner auf: Maxinquaye. 4th & Broadway/Island Recordings 1995.

8 Burial: Truant auf: Truant. Hyberdub 2012.

Spectre (Phantom) und betitelt sein Debüt *The Illness* (1995),[9] wobei die Krankheit im New York Mitte der 1990er Jahre auch als Synonym für ‚Coolness' benutzt wird. Das Cover ziert eine Überblendung eines männlichen Kopfes mit einem Totenschädel. Spätere Veröffentlichungen heißen beispielsweise *Psychic Wars* (2003).[10] Die Musik von Spectre, Burial und teilweise auch Tricky beruht auf dem jamaikanischen (Dub-)Reggae. Dieser ist wiederum selbst das Produkt einer Verlangsamung der jamaikanischen populären Musik, die vom schnellen Ska der frühen und mittleren 1960er Jahre über den gemächlicheren Rock Steady der zweiten 60er-Hälfte zum langsamen Reggae führt. Auf diesem Weg nimmt die jamaikanische populäre Musik immer stärker religiöse Elemente der Rastafari-Bewegung auf, eine jamaikanische synkretistische Weiterentwicklung christlich-apokalyptischer Kulte, und wandelt sich von weltlicher Tanzmusik zum Soundtrack der durch das Unrecht der Sklaverei erzwungenen afrikanischen Diaspora in der Karibik.[11]

Alle verhandelten Künstler und Stücke bearbeiten Themen wie Vereinzelung und (damit zusammenhängende) psychische Deformationen sowie ein generelles Unwohlsein des Individuums in der (post-)modernen Gesellschaft. Es findet sich auch eine Sehnsucht nach einem anderen Leben, allerdings ist diese geprägt von dem Wissen um die Vergeblichkeit der eigenen Bemühungen. Konkrete Utopien sind tot.

Schauplatz der grafischen Deutung der Musik auf Tonträgerhüllen oder der filmischen Umsetzung in Werbevideos für einen Tonträger sind insbesondere menschenleere Orte, die sich wahlweise als Innenräume oder Einöden konkretisieren. Befinden wir uns trotz allem in einem urbanen Setting, so ist die Nacht als Zeit verpflichtend, die Dämmerung ist weniger ein Anfang (des Tages) als vielmehr das Ende (der Nacht). Es handelt sich damit generell um Orte jenseits des postmodernen, neoliberalen Arbeitsalltags. Die allgegenwärtige visuelle und grafische Trostlosigkeit kann dabei als Sinnbild der Verortung der Künstler in der Gesellschaft gelesen werden, die Ähnlichkeiten mit einer existenzialistischen Geworfenheit bis hin zum Fatalismus aufweist. Es handelt sich um künstlerische Äußerungen von Außenseitern, die sich zwar rebellisch fühlen, aber selten so agieren.

---

9 Spectre: The Illness. WordSound 1995.

10 Spectre: Psychic Wars. WordSound 2003.

11 Die jamaikanischen Weiterentwicklungen von Reggae ab Ende der 1970er Jahre drängen den Rastafari-Einfluss sukzessive zurück zugunsten einer am materiellen Wohlstand orientierten Haltung, die die Hoffnung auf eine bessere Zukunft durch ein Einklagen einer materiell besseren Gegenwart ersetzt. Die prototypische Figur in dieser Erzählung ist ähnlich wie Gangsta-Hip-Hop der Kleinkriminelle. Zeitgleich bewegt sich die musikalische Produktionsweise im Reggae weg von Studiomusikern und Bands hin zum Einsatz elektronischer und später auch digitaler Klangerzeuger sowie eine rhythmische Akzentverschiebung weg vom One Drop und Heartbeat des Roots Reggae hin zur Habanera als Grundlage des Dancehall Reggae respektive Raggamuffin.

Die entsprechenden romantisch inspirierten Bilder werden zudem gern religiös, spirituell oder esoterisch aufgeladen und versinnbildlichen damit nochmals die Verinnerlichung und Inkorporierung des Rebellischen. Ziel ist die ästhetische Konstruktion eines Fluchtraumes aus der Realität, der sich als Nacht im Club, auf dem Friedhof, in der Einsamkeit der Wälder oder auf regennassen Straßen, in denen sich die nächtliche Beleuchtung spiegelt, konkretisieren kann. Diesem werden insbesondere im Doom Metal jegliche positive Konnotationen wie Hoffnung offensiv ausgetrieben. Man erfreut sich am eigenen Leid(en). Eine derartig fatalistisch geprägte Weltsicht ist, wie ich anderer Stelle nachgewiesen habe, dem Heavy Metal im Allgemeinen inhärent.[12] An dieser Stelle möchte ich stellvertretend aus einem Songtext der Sludge-Doom-Band Crowbar zitieren, der 2014 veröffentlicht wurde:

> „There's nothing I can do
> That changes what is true
>
> I'm looking straight into the future
> Right into its eyes
> And what I'm looking at is evil
> Mournful souls and cries."[13]

Der Soziologe Keith Kahn-Harris[14] hat diese Praxis im Extreme Metal, zu dem Doom häufig gezählt wird, mit dem Konzept der Transgression analysiert. Unter Transgression versteht er eine Summe von Praktiken, die von der Lust an Grenzüberschreitungen in einem gesicherten Rahmen, hier der Metalszene, erzählen. Transgressive Praktiken umfassen Klang (Anstieg der Geräuschhaftigkeit),[15] Songtexte (Faszination für das Böse),[16] Ikonografie (dito)[17] sowie Tanz (als gewalttätig stilisierte individualisierte

12 Elflein, Dietmar: Overcome the Pain – Rhythmic Transgression in Heavy Metal. In: Off Beat. Pluralizing Rhythm (Thamyris Intersecting Place Sex and Race 26). Hg. von Jan Hein Hoogstad/ Brigitte Stougaard Pedersen. Amsterdam/New York 2013, S. 71–88.

13 Crowbar: The Foreboding auf: Symmetry In Black. Century Media 2014.

14 Kahn-Harris, Keith: Extreme Metal: Music and Culture on the Edge, Oxford/New York 2007.

15 Vgl. Berger, Harris M./Fales, Cornelia: ‚Heaviness' in the Perception of Heavy Metal Guitar Timbres: The Match of Perceptual and Acoustic Features over Time. In: Wired for Sound. Hg. von Paul D. Greene/Thomas Porcello, Hannover London: Wesleyan University Press 2005, S. 181–197.

16 Ebd.

17 Zuch, Rainer: The Art of Dying – Zu einigen Strukturelementen in der Metal Ästhetik, vornehmlich in der Covergestaltung. In: Metal Matters: Heavy Metal als Kultur und Welt. Hg. von Rolf F. Nohr/Herbert Schwaab. Münster 2011, S. 71–86.

Bewegungen)[18], wollen aber explizit nicht außerhalb des Schutzraumes Szene in Realität umgesetzt werden. Transgressive Praktiken schaffen also eigene neue Grenzen. Sie sind in diesem Sinne eskapistisch: Man weiß es eigentlich besser, entscheidet sich aber, dies temporär zu ignorieren, um den ästhetischen Genuss nicht zu gefährden.

Im Folgenden möchte ich den Fokus auf die klangliche Transgression legen. Doom Metal setzt sich ästhetisch mit Schwere respektive *heaviness* als Folge von Verzweiflung, Furcht und bevorstehendem Unheil auseinander. Zu diesem Zweck arbeiten Doombands gerne mit langsamen Tempi, verzerren den Klang der bis zu einer Quarte tiefer gestimmten Saiteninstrumente über eine Erhöhung des Geräuschanteils und vermeiden Durtonalität. Der Stimmklang schwankt zwischen Bruststimme, Screaming und Growling.[19] Die erwünschte dunkle Atmosphäre wird dabei unter anderem über eine Betonung tiefer Frequenzen realisiert, die sich im erwähnten Tiefer-Stimmen der Saiteninstrumente exemplarisch verdeutlicht. Tiefe Frequenzen doppeln zudem ganz offensichtlich das Bestreben nach Langsamkeit, denn sie schwingen langsam. Gleichzeitig unterstützen sie die gewollte Atmosphäre mit ihrem Oszillieren zwischen Beunruhigung und Beruhigung. Laut Barbara Flückiger[20] pulsieren beunruhigende Bässe unregelmäßig. In der Natur finden sich derartige Klänge beispielsweise im Donnerschlag oder während eines Erdbebens. Die biologische Reaktion auf derartige Klänge ist ein Fluchtreflex, der durch Angst ausgelöst wird. Ruhige und regelmäßige Bassklänge wirken dagegen beruhigend – wie jeder weiß, dessen Kind vom regelmäßigen Geräusch eines Automotors in den Schlaf gewiegt wurde – oder sind sexuell mit männlicher Potenz und Stärke aufgeladen, die beispielsweise der patentierte Klang einer Harley Davidson symbolisiert.[21] Doom Metal spielt klanglich mit dieser Assoziationskette. Beruhigende, potente, männliche, langsame Bässe werden via Rückkopplungen, stehenden Wellen und der Erhöhung des Geräuschanteils mit einem beunruhigend pulsierenden, Gefahr symbolisierenden Anteil angereichert. Derartige Klänge, die wie Erdbeben auch in ihrer musikalischen Erscheinungsform die Gebäude erzittern lassen, zu genießen, erfordert einen kulturellen Lernprozess, der nicht nur im Heavy Metal, sondern auch in anderen Bereichen populärer Musik wichtig ist. In der elektronischen Clubmusik inklusive ihrer oben thematisierten, der Langsamkeit verpflichteten Spielarten findet sich beispielsweise eine ähnliche (Über-) Betonung tiefer Frequenzen, allerdings meist ohne die Erhöhung des Geräuschanteils.

---

18 Vgl. Ambrose, Joe: The Violent World of Moshpit Culture, Berlin: Bosworth 2001; Tsitsos, William: Rules of Rebellion: Slamdancing, Moshing, and the American Alternative Scene. In: Popular Music 18, Vol. 3/1999, S. 397–414.

19 Vgl. Erbe, Markus: „Extreme Metal Vocals". In: Lexikon der Gesangsstimme. Hg. von Anne-Christine Mecke/Martin Pfleiderer/Bernhard Richter/Thomas Seedorf. Laaber 2015.

20 Flückiger, Barbara: Sound design. Die virtuelle Klangwelt des Films. Marburg 2002.

21 Wie Anm. 20.

Zu den Bassfrequenzen addieren sich im Club oder beim Livekonzert hohe Lautstärken, deren Genuss ebenfalls kulturell erlernt werden muss. Kleinkinder flüchten beispielsweise noch vor hohen Lautstärken, um ihr Gehör zu schützen. In der Musikpsychologie spricht man in diesem Zusammenhang vom *Rock-'n'-Roll-Threshold* und meint damit eine experimentell nachgewiesene Reizung von Muskeln im Nacken und Schulterbereich, durch Lautstärken über 90 db in einem idealen Frequenzbereich von 300 bis 350 Hertz. Gleichzeitig ist experimentell nachgewiesen, dass die Aufnahme dieser Schallwellen nicht durch das Gehör, sondern durch das Gleichgewichtsorgan im Innenohr, insbesondere die Macula sacculi erfolgt, da die Effekte beim Menschen mit Nerventaubheit auftreten, bei Menschen ohne Gleichgewichtsorgan jedoch nicht.[22] Der Effekt soll einem Sitzen im Schaukelstuhl ähnlich sein und wird als lustvoll empfunden, obwohl er bei Dauerbelastung das Gehör irreparabel schädigt.

Greg Anderson und Stephen O'Malley treiben die Auseinandersetzung mit diesen klanglichen Phänomenen als Band Sunn O))) auf die Spitze. Sie werden dabei als eine von wenigen Gruppen sowohl im Heavy Metal als auch in der elektronischen (Tanz-) Musik rezipiert.[23] Die Musik von Sunn O))) beruht auf Dauertönen, die mehrheitlich von elektrisch verstärkten Saiteninstrumenten erzeugt werden und dem Publikum im Konzert in ohrenbetäubender Lautstärke teilweise jenseits der Schmerzgrenze dargeboten werden. Zum Schutz der Anwesenden wird Gehörschutz verteilt, da es Sunn O))) um die körperlichen Auswirkungen von Lautstärke geht. Die Bühne und der Zuschauerraum sind meist in dichte Kunstnebelschwaden gehüllt, um die Deterritorialisierung des Körpers durch Lautstärke und tiefe Frequenzen zu optimieren. Zusätzlich hüllen sich die Musiker in entindividualisierende Mönchskutten, die als Schemen im Nebel eine unheilvolle und sakrale Atmosphäre erzeugen sollen.

Auf Tonträgern arbeiten Anderson und O'Malley seit einiger Zeit mit unterschiedlichen Gastmusikern zusammen, die neben Stimmen gerne Streich- oder Blasinstrumente beisteuern. Die 2014 erschienene Gemeinschaftsarbeit mit dem Sänger Scott Walker, *Soused*,[24] reduziert die Dauertöne über weite Strecken zu einem Hintergrundrauschen, auf dem sich Störgeräusche digitaler und analog-instrumentaler Natur sowie Walkers stilisierter, an Kunstliedkonventionen angelehnter Gesangsvortrag ausbreiten können. Der Vorgänger von Walker war der ungarische Extreme-Metal-Vokalist Attila Csihar, der als Solist stark von Gregorianik beeinflusste Performances unter dem Namen Void ov Voices aufführt, bei denen er seine Stimme mittels Looper-Einsatz vervielfältigt. Er kleidet sich zu diesem Zweck ebenfalls in eine

22 Todd, Neil P./F. W. Cody: Vestibular Responses to Loud Dance Music: A Physiological Basis of the „Rock 'n' Roll Threshold"? In: Journal of the Acoustical Society of America, Vol. 107/2000, S. 496–500.

23 Anderson und O'Malley haben z. B. am Club Transmediale teilgenommen, einem mehrheitlich elektronischer Musik vorbehaltenen jährlichen Festival in Berlin.

24 Walker, Scott & Sunn O))): Soused. 4AD 2014.

Mönchskutte, während er in anderen musikalischen Zusammenhängen auf andere meist noch extravagantere Verkleidungen zurückgreift.[25] Sunn O))) schaffen eine zutiefst romantisch inspirierte Ikonografie, die sich über die Zusammenarbeit mit Walker langsam weg von den ohren- und sinnebetäubenden Ideen eines Gesamtkunstwerks wagnerianschen Ausmaßes entwickelt und eher Ideen des durchkomponierten romantischen Liedes auf abstrahierte Weise aufgreift, gleichwohl in beiden Fällen fest in der Romantik verwurzelt bleibt. Während Richard Wagners tief liegender Es-Powerchord aus seinem Vorspiel für *Das Rheingold* (WWV 86A) aus dem *Ring der Nibelungen* klanglich nah am frühen Sunn O)))-Ideal zu liegen scheint, ist man mittlerweile im Libretto weiter fortgeschritten und gönnt sich klangliche Ausdifferenzierungen sowie vorsichtige Rhythmisierungen auf einer klar definierten tiefen, verzerrten und dröhnenden Grundlage.

Sunn O))) gründeten sich 1998 als Tribut an eine andere Band, die ebenfalls kunstmusikalisch inspiriert scheint, den Anteil an romantischer Inspiration jedoch zugunsten Minimal Music zurückfährt. Die Rede ist von der Band Earth, die sich wiederum nach dem Namen, den die Heavy-Metal- und Doom-Pioniere Black Sabbath trugen, bevor sie nach der Umbenennung in Black Sabbath kometenhaft zu Superstars der Rockmusik aufstiegen. Die Namenswahl Earth trägt damit schon ein Bekenntnis zum musikalischen Untergrund und einer Verweigerungshaltung gegenüber kommerzieller Verwertbarkeit in sich, spielt jedoch auch mit der Notwendigkeit subkulturellen Kapitals,[26] das sich als genrespezifisches Wissen realisiert, für die Entschlüsselung der Namensgebung. Earth beziehen sich also einerseits auf Black Sabbath, die unter anderem als wahrscheinlich Erste im Rahmen der Rockmusik ihre Saiteninstrumente eine kleine Terz tiefer stimmten. Andererseits bezeichnet sich Dylan Carson, der kreative Kopf hinter Earth, als von dem Minimal-Komponisten La Monte Young beeinflusst.

Im Ergebnis kombinieren Earth auf ihrem Debüt *Earth 2: Special Low Frequency Version*[27] von Black Sabbath inspirierte, tiefer gestimmte und verzerrte Gitarrenriffs mit den Dauertönen (Drones) aus La Monte Youngs Kompositionsschule. *Earth 2* besteht aus drei zwischen fünfzehn und dreißig Minuten langen, minimal strukturierten Rückkopplungen und Dauertönen von E-Bass und E-Gitarre, die ohne zusätzliches Instrumentarium wie Schlagzeug oder Stimme auskommen. Im Gegensatz zu den bisherigen, romantisch gefärbten Visualisierungen erscheint das Cover von *Earth 2* als monochrome blaue Fläche, die am unteren Rand von einem dünnen,

25 Elflein Dietmar: „Attila Csihar". In: Lexikon der Gesangsstimme. Hg. von Anne-Christine Mecke/Martin Pfleiderer/Bernhard Richter/Thomas Seedorf. Laaber 2015.

26 Sarah Thornton hat die Weiterentwicklung des Bourdieu'schen kulturellen Kapitals zu subkulturellem Kapital am Beispiel von Clubkultur exemplarisch herausgearbeitet. Vgl. Thornton, Sarah: Club Cultures: Music, Media and Subcultural Capital. Cambridge 1995.

27 Earth: Earth 2: Special Low Frequency Edition. Sup Pop 1993.

grasgrünen Streifen und im oberen Viertel vom weiß hinterlegten Titel begrenzt wird. Assoziationen zu den monochromen Bildern von Yves Klein (1928–1962) sind nicht auszuschließen. Dieser hat mit seiner 1949 fertiggestellten *Monotonen Symphonie,* die jedoch erst 1960 in einer berühmt gewordenen Aufführung vorgestellt wird, die Drone-Musik von La Monte Young (und Earth) teilweise vorweggenommen. Die *Monotone Symphonie* besteht aus einem zwanzigminütigen konsonanten Akkord, dem Minuten Stille folgen.[28] La Monte Young wiederum experimentiert seit Ende der 1950er Jahre mit Dauertönen. Er interessiert sich für indische Musik und ihre Borduntöne und experimentiert mit Drogen – namentlich Cannabis hat laut eigener Aussage einen Einfluss auf die Entstehung seines ersten Drone-Stücks *Trio For Strings* von 1958. La Monte Young nutzt wenn möglich auch extreme Lautstärken und bedient sich des oben beschriebenen Effekts des *Rock-'n'-Roll-Threshold.*[29]

Bei näherem Hinschauen entpuppt sich der grüne Streifen des Earth-Covers jedoch als naive gemalte Weidelandschaft. Bis zur (vorläufigen) Auflösung der Band bleibt diese gebrochen modernistische Coverästhetik, die sich von herkömmlichen Visualisierungen von Heavy Metal deutlich abhebt, erhalten.[30] Das Cover des Earth-Albums *Pentastar: In The Style Of Demons*[31] ziert beispielsweise die hintere Hälfte eines wiederum hellgrünen Plymouth Barracuda vor weißem Hintergrund. Der Gebrauch des Barracuda, der von 1964 bis 1974 gebaut wurde, ist natürlich ebenfalls mehrfach codiert. Er verweist neben seinem für die Zeit modernen Design auf die goldene Ära der Rockmusik und assoziiert die Gefährlichkeit des Raubfisches mit der Band und ihrer Musik. Auf *Pentastar* findet sich gleichwohl mit *Crooked Axis For String Quartett* ein Stück, das mit dem Earth üblichen Mittel der Rückkopplung deutlich auf für ungeübte Hörer zugänglichere Minimal-Komponisten als La Monte Young, nämlich Steve Reich und Philip Glass, verweist.

Sein kompositorisches Credo beschreibt Carson im Interview wie folgt: „Ich bin jemand, der so lange auf einem Riff herumkaut, bis ein Song daraus geworden ist […], falls die ursprüngliche Idee genug Überlebenswillen hat.“[32]

---

28 Auf You Tube findet sich eine vollständige, vierzigminütige Coverversion der Monotonen Symphonie von Jose Beausejour aus dem französischen Black-Metal-Untergrund (https://www.youtube.com/watch?v=aGK4d3zae5g, aufgerufen am 26.2.2015).

29 La Monte Young ist auch jenseits von Earth ein wichtiger Impulsgeber für experimentelle ausgerichtete populäre Musik. Velvet-Underground-Gründungsmitglied John Cale spielt in der ersten Hälfte der 1960er Jahre in La Monte Youngs *Theatre of Eternal Music* Bratsche, sein kreativer Partner bei Velvet Underground, Lou Reed, bezieht sich für seine aus Gitarrenfeedback zusammengesetzte *Metal Machine Music* (RCA 1975) auf La Monte Youngs Dream Music. Andy Warhol ist von dessen Drone-Stücken, insbesondere *Trio for Strings*, inspiriert. Via Yoko Ono kommt La Monte Youngs Einfluss auch zu den späten Beatles.

30 Weinstein, Deena: Heavy Metal – A Cultural Sociology. New York 2000, S. 27–31.

31 Earth: Pentastar: In The Style Of Demons. Sup Pop 1996.

32 Vgl. Rock Hard 330.

Da der musikalische Informationsgehalt eines überlebenden Riffs meist eher gering ist, entsteht Monotonie, der der geneigte Hörer auf zweierlei Art begegnen kann: Die Versenkung in einen tranceartigen Zustand oder eine Aufmerksamkeitsverschiebung auf Details von Klang, Zusammenklang und Mikrorhythmik der musikalischen Ereignisse. Beide Effekte werden häufig auch dem Gebrauch von bewusstseinsverändernden, psychedelischen Drogen zugeschrieben. Verlangsamte Sounds, Dehnungen und Monotonie führen jedoch auch aus Sicht der Musikpsychologie zu einer Steigerung der hörenden Aufmerksamkeit für Details, da laut Martin Pfleiderers Ausführungen über Rhythmus in der populären Musik

> [b]ei zeitlich inkohärenten Ereignisstrukturen und bei überraschenden Ereignissen – etwa einem Hustenanfall des Sitznachbarn im Konzert – […] in Ermangelung hierarchisch gegliederter Zeitstrukturen ein „Umschalten" auf einen analytischen Aufmerksamkeitsmodus mit einer relativ kurzen Zeitdimension [erfolgt].[33]

Die Deterritorialisierung des Körpers, die beispielsweise Sunn O))) mittels Nebel und Lautstärke anstreben, das Wiegen im Klang jenseits der Körpergrenzen bei gleichzeitiger Geworfenheit auf die körperlichen Grenzen mittels Körperschall führt zu einer Präsenzerfahrung auch als Folge der kurzen Zeitdimension des analytischen Aufmerksamkeitsmodus. Die Auflösung in Klang braucht jedoch insbesondere im Heavy Metal Erdungen, in denen die Kraft des Rhythmus transgressiv und körperlich spürbar wird. Der Körper fließt nicht mehr nur entgrenzt im Raum, sondern wird im Raum umhergeworfen. Die Extreme-Metal-Band Meshuggah verbildlicht diesen Prozess eindeutig in ihren Videos zu *Rational Gaze*[34] und *Break Those Bones Whose Sinews Gave It Motion*[35]. Die Körper der Musiker werden mittels Schnitt, Zeitlupe und Kameratechnik von den unregelmäßigen rhythmischen Schlägen der Musik hin und her geworfen. Gerade im zweiten Beispiel treffen die unregelmäßigen Schläge auf zwei abwechselnd erklingende, regelmäßig pulsierende, lang anhaltende Töne. Für den durchschnittlichen Metalfan darf die Komplexität dieser rhythmischen Schläge nicht zu hoch und insbesondere nicht zu unruhig im Sinne ungerader Taktarten werden. Deshalb sind die zitierten Meshuggah im Heavy Metal wiederum eine Avantgardeband ohne Massenwirkung. Doom-Bands wie die bereits zitierten Crowbar benutzen deshalb einfachere, jedoch genauso effektive Mittel, die im folgenden abschließenden Beispiel zwischen geradem Puls und einfacher Synkopierung schwanken.

33 Pfleiderer, Martin: Rhythmus: Psychologische, theoretische und stilanalytische Aspekte populärer Musik. Bielefeld 2006, S. 42.

34 Meshuggah: Rational Gaze, auf: Nothing. Nuclear Blast 2002.

35 Meshuggah: Break Those Bones Whose Sinews Gave It Motion, auf: Koloss. Nuclear Blast 2012.

Die Kraft des Riffs wird gebündelt und körperlich erfahrbar, das gemächliche Tempo gibt dem Rezipienten Zeit, jedes Klangereignis deutlich zu spüren. Das Leid, welches das Image, das auf einem Friedhof spielende Video, der lokrische Modus und der Songtext transportieren, kann gefahrlos genossen werden. Dieses Sich-Spüren symbolisiert vielleicht einen verbliebenen Rest von Hoffnung.

Markus Schleich (Saarbrücken)

Fitter, Happier, More Productive · *OK Computer* als meditative Verweigerung in Zeiten des unbedingten Fortschritts

1 „Electioneering“: *Ok Computer* zwischen Rock und Techno

Die Einleitung des 123. Bandes der *Zeitschrift für Literaturwissenschaft und Linguistik* öffnet mit den Worten: „Beschleunigung gilt als eines der signifikantesten Merkmale unserer Zeit. Verkehrsmittel, Kommunikationsmedien oder Informationstechnologien – wohin wir auch sehen: Technologisch induzierte Akzeleration.“[1] Dass dieser Band, der sich ganz dem Thema Beschleunigung widmet, von Ralf Schnell herausgegeben wurde, soll an dieser Stelle auf keinen Fall verschwiegen werden. Seine Beobachtungen datieren aus dem Jahr 2001, also weit vor dem Siegeszug des mobilen Internets, sozialer Netzwerke und des *Cloud Computing*. Aus heutiger Perspektive dürfte das Jahr 2001 ziemlich langsam ausgesehen haben, jedenfalls technologisch betrachtet.

Aber das ist nicht der eigentliche Punkt. Was Ralf Schnell mit „technologisch induzierte[r] Akzeleration“ meint, umschreibt ja wahrscheinlich eben jenes Phänomen, dass nichts neu bleibt, sondern retrospektiv immer schon wirkt, als wäre es von jeher veraltet gewesen. Das bringt nun einiges an Konsequenzen für unsere Lebenswirklichkeit mit sich. Denn damit geht eine Gewöhnung an Beschleunigung einher und sicherlich schwindet auch die Bereitschaft, jedwede technische oder technologische Entwicklung kritisch zu hinterfragen, einfach weil diese Neuerungen so allumfassend Einzug in das Leben des 21. Jahrhunderts gehalten haben, dass sie nicht mehr wegzudenken sind. Der Mensch wird, um einen etablierten Topos zu verwenden, immer mehr zur „Mensch-Maschine“.

Eines der vielleicht wichtigsten medialen Artefakte, das sich eben mit genau diesem Problem beschäftigt, ist Radioheads *Ok Computer*, das 1997 auf den Markt kam.[2] Nicht nur nimmt dieses Album einen ausgesprochen prominenten Platz in der Popkultur ein, es markiert auch einen signifikanten Bruch im Werk der Band selbst. Im Jahr 1995 wurden Radiohead vom *New Musical Express* als die größte Hoffnung des Britpop beschrieben,[3] wobei man solchen Aussagen naturgemäß nicht zu viel Gewicht

---

1 Ralf Schnell: Einführung/Introduction. In: Zeitschrift für Literaturwissenschaft und Linguistik 123 (2001), S. 4–9, hier S. 4.

2 Radiohead: Ok Computer. London 1997.

3 Vgl. William Stone: Radiohead: Green Plastic Wateringcan. London 1996, S. 27.

zusprechen darf, weil die englische Musikpresse generell wenig Angst vor Superlativen hat. Entscheidend ist diese Verortung innerhalb des Britpop- bzw. Rock-Kontextes aber deshalb, weil diese musikalische Strömung eigentlich für ein Ignorieren der Gegenwart oder gar der Zukunft steht. Sheila Whiteley fasst das Selbstverständnis dieser musikalischen Strömung wie folgt zusammen: „The essence of Britpop is the sense of déjà vu [...] momentarily moving the listener back in time."[4] Es geht um die Simplifizierung der Komplexität, jedwede Form von Technik ist nicht Teil des Diskurses. Wahrscheinlich eignen sich auch darum die Gallagher-Brüder von Oasis deshalb besonders gut, um diese Musikrichtung prototypisch zu repräsentieren. So diagnostiziert Noel Gallagher im Jahr 2012, es gebe „too much technology"[5] und als Konsequenz daraus keinen Bedarf mehr an Songs, an Kunst und Mitmenschlichkeit im Allgemeinen. Gerade Letzteres scheint ein gewichtiges Statement zu sein, denn der Mensch, so wird hier suggeriert, sollte und muss im Zentrum des künstlerischen Schaffens stehen. Aber auch bei Radiohead, die man 1995 mit dem gleichen Label wie Oasis belegt – Martin Clarke nennt beide „historically classic groups"[6] –, menschelt es nicht unerheblich. So liest man im *Melody Maker*, der Sound von Radiohead um 1995 sei ein „powerful, bruised and desperate record of frightening intensity [...] almost unbearably, brilliantly, physically tortured by the facts of being human".[7] Der Mensch und seine emotionalen Bindungen zu anderen Menschen stehen – damit wären auch die Gallaghers d'accord – im Vordergrund.

Damit bedient diese Form des musikalischen Ausdrucks eben genau das, was Ralf Schnell im Kontext eines explodierenden und omnipräsenten Informationsbombardements als die Sehnsucht nach der guten alten Zeit bezeichnet.[8] Und wenn man einen Song wie *How Do You* vom ersten Album *Pablo Honey* als Referenz heranzieht, scheint dies auch zu stimmen, wird doch genau die Gefühlslage eines Menschen schon im Titel durchleuchtet und die Frage mit organisch hergestellten Rockklängen inszeniert. Hier hat man es nicht mit den musikalischen Pionieren irgendwo zwischen alternativem Rock und Techno zu tun, sondern mit einer Britpopformation, die klingt „like beer-gutted losers from the class of '76 [that] gives out a very warm glow".[9] Nun sprechen wir aber von einer Band, der vorgeworfen wird, sich eben

4 Sheila Whiteley: Trainspotting: The Gendered History of Britpop. In: Britpop and the English Music Tradition. Hg. von Andy Bennett/Jon Stratton. London 2010, S. 55–69, hier S. 56.

5 Simon Lewis: ‚It Was All Better under Thatcher': Noel Gallagher on Britain's Glory Days, Turning His Back on Drugs and the End of Oasis. URL: http://www.dailymail.co.uk/home/moslive/article-2094856/Noel-Gallagher-It-better-Margaret-Thatcher.html#ixzz3L9M97DOi, aufgerufen am 6.12.2014.

6 Martin Clarke: Hysterical and Useless. London 2003, S. 100.

7 Ebd., S. 71.

8 Ralf Schnell: Einführung/Introduction, (wie Anm. 1), S. 4.

9 John Harris: Glow Frequency Band. In: New Musical Express 7 (1993), S. 29–30, hier S. 29.

radikal von diesen Wurzeln – „digital explorations represent radical departures for the band“[10] – , und sei es nur musikalisch, entfernt zu haben. So heißt es zur Veröffentlichung des letzten Albums des Frontmanns Thom Yorke, dass dieser den von Radiohead auf *The King of Limbs* eingeschlagenen Weg *leider* konsequent weitergehe. Daniel Gerhardt schreibt in der *Spex*:

> Yorke will nicht den Mittelsmann loswerden, sondern den Menschen an sich. Er betreibt hier eine Rückzugsmusik, in der selbst die ersten Elektro-Anfreundungen des Radiohead-Albums *Kid A* nur noch als Erinnerung zu erkennen sind. Falls es Gitarren geben sollte [...], klingen sie nicht wie Gitarren. Das einzige herkömmliche Instrument scheint ein spärlich eingesetztes Klavier zu sein, das sich anhört, als stünde es halb im Wasser.[11]

Um diesen Werdegang zu verstehen, muss man eben bei *Ok Computer* einsetzen, denn hier richtet die Band den britpoptypischen Blick auf die Vergangenheit und wendet sich großen Themen wie der puren Zwischenmenschlichkeit im Kontext des digitalen Zeitalters zu. Es handelt sich um eine Schnittstelle ihrer organisch-musikalischen Anfänge und dem anorganischen Zustand, in dem sich die Band jetzt befindet.

2 *Paranoid Android:* Schnell, schneller, zu schnell – vom Paratext zum Text

Glaubt man den Kritikern, hat kaum ein Album der Popularmusik sich so intensiv und akribisch mit dem Einfluss der Technologie auf die Conditio humana beschäftigt, wie Radioheads *OK Computer* von 1997. Dieses z.B. von Dai Griffith in einer Monographie über diesen Tonträger als bestes Konzeptalbum – „greatest album ever, that sort of thing“[12] – der alternativen Rockmusik titulierte Klangkunstwerk umschreibt die zunehmende Akzeleration der Lebensgeschwindigkeit durch technische Neuerungen kurz vor dem neuen Millennium. Martin Clarke bezeichnet das Werk als „a concept piece about the age-old fear of the mechanized world being dehumanized by computers and technology“.[13] Dass die Band gar kein Konzeptalbum über Computer aufnehmen wollte, wird dabei von vielen als nebensächlich wahrgenommen. Der Sänger Thom Yorke gibt zu Protokoll: „If they're going to call it a concept record, and they're going to focus on the technology thing, it's like, just let them, it's fucking noise, anyway.“[14] Und an anderer Stelle: „It's not really about computers. It was just

10 Joseph Tate: Introduction. In: The Music and Art of Radiohead. Hg. von Joseph Tate. London 2005, S. 1–9. hier S. 6.

11 Daniel Gerhardt: Thom Yorke Tomorrow's Modern Boxes. URL: http://www.spex.de/2014/10/02/thom-yorke-tomorrows-modern-boxes/, aufgerufen am 6.12.2014.

12 Dai Griffith: Ok Computer. 33 1/3 Series. New York 2009, S. 2.

13 Martin Clarke: Hysterical and Useless (wie Anm. 6), S. 128.

14 Joseph Tate: Introduction (wie Anm. 10), S. 4.

the noise that was going on in my head for most of a year and a half of traveling and computers and television and just absorbing it all."[15]

Der Gitarrist, Jonny Greenwood, sagt diesbezüglich: „I think one album title and one computer voice [on ‚Fitter Happier'] do not make a concept album. That's a bit of a red herring."[16] Damit wären wir dann auch beim Titel und der Frage, was er eigentlich bedeuten soll. Der Titel war eigentlich für das Lied *Palo Alto* bestimmt, das es final gar nicht auf das Album geschafft hat. Und jetzt wird es aber interessant, denn obwohl Greenwood den Begriff des Konzeptalbums ablehnt, sagt er über den Titel, „[it] started attaching itself and creating all these weird resonances with what we were trying to do";[17] was Mac Randal dazu veranlasst zu schreiben: „Even if the band did not plan this album to be a Big Statement, themes such as the dehumanization of the modern world, the power of technology, and the presence of machines hold the album together."[18]

Yorke selbst sagt, dass es sich bei den Worten „OK Computer" um „a really resigned, terrified phrase" handle,[19] die etwa die verstörende Wirkung des Coca-Cola-Slogans „I'd Like to Teach the World to Sing" haben soll.[20] Das Ganze lässt sich natürlich auch als Frage lesen, nämlich als diejenige, ob der Computer das Verhalten des Users „okay" findet. Das Abgeben eigener Entscheidungsgewalt und der Verantwortung an eine Maschine ist aus menschlicher Sicht eine nicht unbedenkliche Entwicklung. Denn schlussendlich wird damit die Frage aufgeworfen, wer eigentlich Kontrolle über wen ausübt.

Auch das von Stanley Donwood entworfene Coverdesign schlägt in eine ähnliche Kerbe: Hier sind Autobahnen zu sehen, stark verfremdet. Die Farbwahl, die laut Donwood an ausgebleichte Knochen erinnern soll, symbolisiert auch digitale Informations-Highways. Wichtig ist hier, dass das Bild wirkt, als sei es in Bewegung. Der Fokus des Covers liegt auf der Datenautobahn. Was aber deutlich in den Hintergrund rückt, sind die menschlichen Schemen, die eben nur noch als solche zu erkennen sind: leere Schatten.

> The dominant colour is white, and the main image is of a section of motorway, tinted in blue and apparently scratched with some sort of stylus. Immediately, the transportation/industrialisation motif [...] is in evidence, which gives a sense of the album's all-encompassing sweep as well as the industrial, money-oriented, motion-obsessed perspective.[21]

---

15 Mac Randall: Exit Music: The Radiohead Story. New York 2010, S. 204.

16 Marianne Tatom Letts: Radiohead and the Resistant Concept Album: How to Disappear Completely. Bloomington 2010, S. 33.

17 John Sakamoto: Radiohead Talk about Their New Video. URL: http://citizeninsane.eu/s1997–06–02Jam.htm, aufgerufen am 6.12.2014.

18 Mac Randall: Exit Music: The Radiohead Story (wie Anm. 6), S. 205–206.

19 John Sakamoto: Radiohead Talk about Their New Video (wie Anm. 17).

20 Ebd.

21 Dai Griffith: Ok Computer (wie Anm. 12), S. 79.

1 Stanley Donwoods Artwork für das Cover von *Ok Computer.*

Damit wird auch thematisiert, dass Technologie an sich weder gut noch schlecht sei, aber erst im Dienst des Turbokapitalismus – einer Hochgeschwindigkeitsvariante also – zum „evil, suffocating beast that stalks *OK Computer*“[22] werde. Es verwundert daher nicht, dass ein alternativer, kapitalismuskritischer Titel für das Album *Your Home May Be at Risk If You Do Not Keep Up Payments* war.[23] Und auch im Artwork finden sich z.B. Anspielungen auf die brennenden Geschäftsmänner von Pink Floyds *Wish You Were Here*.[24] Thom Yorke sagt dazu: „Someone's being sold something they don't

22 Tim Footman: Radiohead: Welcome to the Machine: Ok Computer and the Death of the Classic Album. Surrey 2007, S. 36–37.

23 Ebd.

24 John Harris: Renaissance Men. In: Select – Music and Beyond 1 (1998), S. 70–81, hier S. 78.

really want, and someone's being friendly because they're trying to sell something. That's what it means to me."[25] Schon durch die Paratexte wird der Rezipient also auf ein Album vorbereitet, das ein verstörendes Zeugnis über den Status quo der Gegenwart ablegt und gleichzeitig einen pessimistischen Blick in eine übertechnologisierte Zukunft wirft. Kommen wir nun also zur Dystopie, die hier entworfen wird, und zur Frage, inwiefern man das Ganze als entschleunigt begreifen kann.

3 *Let Down:* Wir müssen uns den Computer-User als glücklichen Menschen vorstellen

Ohne jetzt alle zwölf Tracks des Albums besprechen zu können, sollen einige von ihnen programmatisch betrachtet werden, stellvertretend für das ganze Album, denn selbst die Band gibt zu: „It's not a concept album but there is a continuity there."[26] Ein Kontinuität stiftendes Moment ist eben die zunehmende Beschleunigung der Menschen in der technologisierten Welt. Das Individuum ist stets in Bewegung, kommt nie an, sondern befindet sich in einem Transitraum, ist sozusagen nicht mehr wirklich da, sondern wird stets von einem Ort zum nächsten verschoben. Dabei ist entscheidend, dass es sich nicht bewegt, sondern dass es bewegt wird.

Ein Blick auf den Opener des Albums, *Airbag*, verdeutlicht dies sehr gut. Dieser Track, der von der Arbeit des Musikers DJ Shadow inspiriert wurde, beginnt mit einem elektronischen Drum Beat, also einem sekundenlangen Sample des Schlagzeugers Phil Selways, der als Loop unter den Track gelegt wird. Die Bassline beginnt und endet abrupt, was eine Anlehnung an die Dub-Musik der 1970er ist. Der Song referiert auf Autounfälle und wurde durch einen Zeitungsartikel mit dem Titel „An Airbag Saved My Life" inspiriert.[27] Thom Yorke merkt an, dass der Song die Illusion von Sicherheit des modernen Transitwesens thematisiert und gleichzeitig darauf aufmerksam macht, dass „whenever you go out on the road you could be killed".[28] Der Mensch übergibt sich in die Obhut der Maschine, lässt sich beschleunigen. Im Text heißt es: „In a fast german car / I'm amazed that I survived / An airbag saved my life."[29]

Der Mensch wird wiedergeboren in der Maschinenwelt, aber er schuldet ihr sein Leben, womit die Hierarchie zwischen Mensch und Maschine in eine für den Menschen nachteilige Lage verschoben wird. Durch die Wiedergeburt des Menschen innerhalb der Maschinenwelt wird er Teil der Maschine, verliert seine Menschlichkeit. Diese Problematik findet sich auch andernorts auf dem Album.

25 Ebd.

26 Tony Wadsworth: The Making of OK Computer. In: The Guardian 50 (1997), S. 23.

27 Ebd.

28 Phil Sutcliffe: Death Is All Around. In: Q Magazine 10 (1997), S. 96–104, hier S. 99.

29 Radiohead: Ok Computer (wie Anm. 2), Track 1.

Denn wie der Maschinenmensch aussieht, lässt sich in *Fitter Happier* nachhören. Dieser Song besteht aus gesampelter Musik und einem Text, der von einer synthetisierten Stimme gesprochen wird, um genau zu sein von der Macintosh-Simple-Text-Applikation.[30]

Der Text ist eine Aneinanderreihung von Sätzen, die Thom Yorke als Checklist von Slogans der 1990er beschreibt.[31] Tim Footman sagt, es gehe in dem Song darum, gesünder zu leben, besser zu leben, mehr zu arbeiten, nicht die Kontrolle zu verlieren, stets effizient zu sein und alles an Prozac, Viagra und anderen Medikamenten abzustauben, was von der Versicherung abgedeckt werde.[32] Sam Steele sieht in dem Text

> [A] stream of received imagery: scraps of media information, interspersed with lifestyle ad slogans and private prayers for a healthier existence. It is the hum of a world buzzing with words, one of the messages seeming to be that we live in such a synthetic universe we have grown unable to detect reality from artifice.[33]

Aber der Text bleibt nicht ambivalent, denn er endet mit den Worten: „fitter, healthier and more productive / a pig / in a cage / on antibiotics."[34] Alle auch durch Technologie geschaffenen Neuerungen – so wird in dem an der Schwelle zu einer schnelleren Zukunft verharrenden Track thematisiert – haben einen Preis: Glücklicher und gesünder sind sie zwar, die Bewohner der Computerutopie, sie haben aber keine Zeit mehr, sich neben steter Produktivität und Emsigkeit noch an diesen Errungenschaften zu erfreuen. Und wenn sie sich freuen würden, dann wäre diese Emotion nur noch eine leere Reminiszenz, ein artifizielles Erzeugnis einer völlig unechten Welt. Und so ist *Fitter Happier* ein *stream of consciousness*, der den kollektiven Verlust der menschlichen Individualität nicht beklagt, sondern repräsentiert. *The Shape of the World to come* sozusagen, was Tim Footmann mit folgenden Worten zu beschreiben sucht: „[‚Fitter Happier'] is not just *about* the death of individuality in the face of global capitalism; it even *becomes* the death of individuality."[35]

Der Song, welcher diese Einstellung zur modernen und überschleunigten Welt mustergültig zusammenfasst, dürfte *Let Down* sein. Der Text hierzu liest sich folgendermaßen:

30 Mac Randall: Exit Music: The Radiohead Story (wie Anm. 10), S. 158.
31 Ebd., S. 224–225.
32 Tim Footman: Radiohead: Welcome to the Machine (wie Anm. 22). S. 86.
33 Sam Steele: Grand Control to Major Thom. In: Vox 7 (1997), S. 108–109, hier S. 109.
34 Radiohead: Ok Computer (wie Anm. 2), Track 7.
35 Tim Footman: Radiohead: Welcome to the Machine (wie Anm. 22), S. 90.

> Transport / Motorways and tram lines / Starting and then stopping / Taking off and landing / The emptiest of feelings / Disappointed people / Clinging onto bottles / And when it comes it's so so disappointing / Let down and hanging around / Crushed like a bug in the ground / Let down and hanging around.[36]

Dieser Song ist eine akkurate Beschreibung des kompletten Kontrollverlusts, aber auch des Abhandenkommens von Menschlichkeit. Nach Aussagen Yorkes dreht sich der Song „about that feeling that you get when you're in transit but you're not in control of it – you just go past thousands of places and thousands of people and you're completely removed from it".[37] Das ist sie wohl, die Dystopie der beschleunigten Gesellschaft, in der alles schneller und besser ist, in der alles käuflich ist und alles verkauft werden kann – und die eigentlich den Menschen selbst nicht mehr braucht.

4 *The Tourist:* Ambiguitäten zwischen Mensch und Maschine

Haben wir es hier also einfach mit einem Album zu tun, das sich in etwa fünfzig Minuten sehr lautstark darüber beschwert, wie schlecht die Technik und der Kapitalismus seien? Sehnen sich Radiohead nach der guten alten Zeit zurück, wie es auch die Gallagher-Brüder tun? Nach Gitarrenrock ohne technischen Firlefanz? Nach einfacheren Zeiten ohne die Komplexität der Gegenwart? Verharrt die Band also in einer Verweigerungshaltung der technologischen Beschleunigung gegenüber und flaniert langsam und gemächlich auf gemachten ästhetischen Pfaden?

Aber wenn es ein Album wäre, das eben an der Schwelle zur Zukunft verharrte und eigentlich nur nach hinten blickte, dann hätte es wohl nicht die popkulturelle Relevanz erlangt bzw. ein derart hohes symbolisches Kapital angehäuft. Es ist ja auch keineswegs so, dass die Band sich der technologischen Beschleunigung dadurch entziehen würde, einfach „dagegen" zu sein, und ein trotziges und vor allem sehr langsames Rockalbum mit wenigen Beats pro Minute aufgenommen und dazu einfach die Empfehlung ausgesprochen hätte, auf öffentliche Verkehrsmittel zu verzichten. Kommen wir noch einmal zurück zum Opener des Albums, *Airbag*. Tim Footman merkt an, dass dieser Song das Kernparadox des ganzen Albums en miniature enthalte. Denn wo technische Innovation und textuelle Besorgnis aufeinandertreffen, wird deutlich, dass:

> The musicians and producer are delighting in the sonic possibilities of modern technology; the singer, meanwhile, is railing against its social, moral, and psychological impact […] It's a

36 Radiohead: Ok Computer (wie Anm. 2), Track 5.
37 Marc Sutherland: Return of the Mac! In: Melody Maker 5 (1997), S. 18–19, hier S. 19.

> contradiction mirrored in the culture clash of the music, with the ‚real' guitars negotiating an uneasy stand-off with the hacked-up, processed drums.[38]

Dieser Widerspruch spiegelt sich auch im Zusammenprallen auditiver Klangkulturen wider: Die analogen Gitarren und der organische Gesang verhandeln das Unheimliche des unbedingten Fortschritts mit den digital-prozessierten Drums und anderen synthetischen Klängen:

> [T]he band's sonic experiments form a juncture between rock and indie music, and yet differ from more radical contemporary sound experimentation in the non-commercial artworld. A persuasive argument is made for Radiohead's unique ability to conjoin categories normally at odds – analog and digital, rock and techno, breath-based and machine beat – in a manner that ultimately discloses the sonic relationship between noise and music, and expands the notion of ‚rock' itself.[39]

Dabei eröffnen die einzelnen Songs eine interessante Diskrepanz, denn während die Musiker und der Produzent in den schier endlosen Möglichkeiten synthetischer Soundproduktion schwelgen, prangern die Texte die sozialen, moralischen und psychologischen Auswirkungen dieser Prozesse an. Die Lieder fungieren auf textueller Ebene als eine sich verweigernde Meditation gegenüber dem, was kommen mag und drücken gleichzeitig auf musikalischer Ebene aus, wie alldurchdringend dieser Progress tatsächlich ist. Ästhetisch geht es hier, gerade im Vergleich zu anderen musikalischen Vertretern dieser Zeit, ziemlich schnell zu.

> And yet there's a heavy dose of ambiguity mixed up with Yorke's concerns. As noted before, there's a central contradiction in using technology to tell us all how bad technology is. His focus on the human aspect of industrialisation and modernity reinforces the idea that it's not machines or computers or transport that cause the problem, but people's response to them, and over-reliance on them. He's drawn to technology as much as he's repelled by it.[40]

Computer sind okay, der Umgang der Menschen mit ihnen ist es nicht. Das gilt generell für den Umgang mit Technologie und wahrscheinlich auch für den Kapitalismus. Und die Band verharrt ja keineswegs in einem phlegmatischen Pessimismus. Sicher ist das Album eine Kollektion von „images of alienated life under techo/bureau/corporate hegemony. It is a vivid flavor of alienation and disaffectedness […] built up

38 Tim Footman: Radiohead: Welcome to the Machine (wie Anm. 22), S. 46.
39 Joseph Tate: Introduction (wie Anm. 10), S. 6.
40 Tim Footman: Radiohead: Welcome to the Machine (wie Anm. 22), S. 227

by layers over the course of twelve album tracks."[41] James Doheny stellt zudem aber fest, dass das Album durchaus versöhnlich endet.[42] Der Track *The Tourist* wurde von Gitarrist Jonny Greenwood geschrieben, als dieser fasziniert beobachtete, wie Touristen in Frankreich durch die Gegend geschoben wurden:

> „The Tourist" was written by Jonny, who, explains Thom, was „in a beautiful square in France on a sunny day, and watching all theses American tourists being wheeled around, frantically trying to see everything in 10 minutes." Jonny was shocked at how these people could be in a place so beautiful and so special and not realize it because they weren't taking the time to just stop and look around.[43]

In diesem Kontext betont die Band, dass es sich hier um einen Song handelt, der im Gegensatz zu anderen Radiohead-Songs nicht linear strukturiert ist, sondern: „It's a song where there doesn't have to happen anything every 3 seconds. It has become a song with space."[44] Der Text, den Thom Yorke beisteuerte, als er selbst Urlaub in Prag machte, ist vielleicht der finale Aufruf zur Entschleunigung. Die Band wählte diesen Song als Closer für das Album, weil

> [A] lot of the album was about background noise and everything moving too fast and not being able to keep up. It was really obvious to have „Tourist" as the last song. That song was written to me from me, saying, ‚Idiot, slow down.' Because at that point, I needed to. So that was the only resolution there could be: to slow down.[45]

Tatsächlich heißt es im Text: „You ask me where the hell I'm going at thousand feet per second. Hey man, slow down. Slow down, Idiot, slow down. Slow down."[46] Im Endeffekt funktioniert das Album als eine Warnung, aber eben auch als ein Weckruf: Es ist noch nicht zu spät. Wir können das Schlimmste verhindern, wenn wir uns unserer Lebensgeschwindigkeit und unserer Abhängigkeit von der Technik bewusst werden. Und wenn wir anfangen, die Technik sinnvoll zu nutzen. Die eingangs erwähnte Kritik, Radiohead würden den Menschen aufgeben wollen, ist Unsinn. Joseph Tate stellt fest, „that Radiohead's music refers us not to a […] sphere of virtuality, but it

---

41 . Nadine Hubbs: The Imagination of Pop-Rock Criticism. In: Expression in Pop-Rock Music: A Collection of Critical and Analytical Essays. Hg. von Walter Everett. New York 2000, S. 3–29, hier S. 16.

42 Vgl. James Doheny: Radiohead: Back to Save the Universe: The Stories Behind Every Song. New York 2002, S. 78.

43 Caitlin Moran: Ground Control to Major Thom. In: Select 6 (1997), S. 52–53, hier S. 52.

44 James Gazer: The Album, Song by Song, of the Year. In: Humo 7 (1997), S. 17–18, hier S. 18.

45 Dave DiMartino: Give Radiohead to Your Computer. In: Launch 5 (1998), S. 35–38, hier S. 36.

46 Radiohead: Ok Computer (wie Anm. 2), Track 10.

sends us back to the real human emotions (or the difficulty in feeling those emotions) involved in any situation".[47]

Radiohead inszenieren die Abstinenz des Menschlichen, und das tun sie mittlerweile zunehmend mit elektronischen Mitteln. Sie sind keineswegs zu Maschinen geworden, sie folgen der Prämisse „Subversion durch Affirmation". Es geht um ein Innehalten und ein Reflektieren über die Geschwindigkeit, die das Leben durch Technologie erfahren hat: „If you slow down to an almost-stop you can see everything moving too fast around you and that's the point."[48] Und so sagen sie dem Hörer mit technologischen Mitteln: Wir können langsamer werden, dafür müssen wir aber zuerst erkennen, dass wir zu schnell sind.

47 Joseph Tate: Introduction (wie Anm. 10), S. 6.

48 Dave DiMartino: Give Radiohead to Your Computer (wie Anm. 45), S. 36.

Jan Röhnert (Braunschweig)

Präsident im *Käfer* · Pepe Mujicas politische Ästhetik der Langsamkeit

1

Eine etwas verloren wirkende Reisegruppe im Hamburger Hauptbahnhof wartet am Bahnsteig auf den ICE nach Berlin. In ihrer Mitte in weißem Hemd, dunklem Jackett und Mantel, jedoch ohne Krawatte, ein untersetzter älterer Herr mit dichtem weißen Haar, Schnauzbart und kauzig zusammengekniffenen buschigen Brauen, in Statur und Aussehen dem Autor Elias Canetti verwandt. Seinem neugierigen Umherblicken nach zu urteilen ist er hierzulande fremd und man möchte am liebsten auf ihn zugehen und weiterhelfen, denn seine Reisegesellschaft scheint wenig mit den Gepflogenheiten am Bahnsteig eines deutschen Hauptbahnhofs vertraut zu sein. Immerhin gelingt es ihm, die Verlegenheit zu überbrücken und die Runde mit jovialen Gesten, die staunend auf Einzelheiten des technischen Bauwerks deuten, zu unterhalten. Dann trifft der ICE ein und während sich die Reisegesellschaft mit Ehrfurcht vor der Automatik des mobilen Wunders anschickt, ins Innere der Abteile einzutreten, werden wir auf den roten Teppich aufmerksam, der dahinter ausgerollt ist. Der joviale ältere Herr mit den buschigen Brauen wie Elias Canetti – in der *Süddeutschen* finden sich auch Vergleiche mit dem österreichischen Komiker Hans Moser und dem gallischen Schlaufuchs Asterix – ist der Präsident der südamerikanischen Republik Uruguay,[1] der sich von Skandinavien kommend auf den Weg nach Berlin zur deutschen Kanzlerin macht und dabei entgegen der Gepflogenheiten des diplomatischen Protokolls auf Flugzeug oder Limousine verzichtet, um die deutsche Landschaft zwischen Hamburg und Berlin lieber vom Zugfenster aus zu erleben.

Auf Pepe Mujicas eigentümlich gepflegte Mobilität, die ihn inzwischen vor allem innerhalb des Internets, mehr und mehr aber auch im Film[2] und in der globalen, transmedialen Populärkultur berühmt gemacht hat, bin ich bewusst zuerst im Frühjahr

---

1 Bzw. war der Präsident Uruguays; sein Mandat lief im Februar 2015 aus und ging an seinen Parteikollegen Tabaré Vázquez über, der zuvor im Herbst 2014 die Präsidentschaftswahlen gewonnen hatte. Mujica durfte nach fünfjähriger Amtszeit (2010–2015) nicht mehr kandidieren, ist aber weiterhin im Parlament vertreten.

2 Im März 2015 lief in den deutschsprachigen Kinos der Dokumentarfilm *Pepe Mujica. Der Präsident* der Schweizer Regisseurin Heidi Specogna an, welche ihn bereits Ende der 1990er Jahre in ihrem Film *Tupamaro* am Beginn seiner Politkarriere porträtiert hatte. Vgl. www.pepe-mujica.de, letzter Zugriff am 18.3.2015.

2014 aufmerksam gemacht worden, als der Leipziger Lyriker Thomas Kunst auf dem Wettstreit um den Lyrikpreis Meran aus neuen Gedichten las, die ihm schließlich den Zuspruch der Jury einbringen sollten. Eines der Gedichte in der Form des von Kunst virtuos gehandhabten Sonetts verknüpft scheinbar willkürlich die Lektüren von Michail Gorbatschow und Karl May mit den mobilen Gepflogenheiten des uruguayischen Staatsoberhaupts und Kunsts Maximen zur Natur des Gedichts; wüsste man nicht, um wen es sich beim Namen Pepe Mujica handelt – und davon ist beim gewöhnlichen deutschsprachigen Publikum nach wie vor auszugehen –, könnte man ihn für eine Erfindung des Autors halten; zumindest wird man beim genannten Fahrzeugtyp zuallerletzt an den Wagen eines Präsidenten denken:

Die Dichter leiden in den meisten Fällen.
Ich lese lieber Gorbatschow, Karl May
Und Pepe Mujica aus Uruguay.
Er fährt im Corsa zu den offiziellen

Empfängen, lebt von etwa tausend Schleifen.
Im Land gibt es auch Schafe, aber ja,
Die abends leuchten, Quallen-DNA.
Die Praxistauglichkeit ist zu begreifen.

Gedichte speichern Licht, die Existenz
Von Temperatur, man darf die Stirn befeuchten.
Die reinste Strahlkraft kommt aus einem Becher.

Die Poesie von Jetzt: Phosphoreszenz.
Das Nachleuchten des Stoffs nach dem Beleuchten.
Die Dunkelheit nimmt zu, das Licht wird schwächer.[3]

Thomas Kunst äußert sich in einer E-Mail zu meiner Frage, wie er auf Pepe Mujica gekommen sei und weshalb er ihn in seinem Sonett auftreten lasse, etwas unbestimmt, jedoch deutlich genug, um den dahinter steckenden Impetus zu offenbaren: Es gehe um die alte Opposition von Poesie und Politik und in der Gegenwart verbliebene Möglichkeiten, politische Impulse im Gedicht zu verankern – ohne dass das Gedicht dabei seinen ästhetischen Anspruch verliert und zu politischer Programmatik, Polemik, versifizierter Ideologie oder Agitprop verflacht. Dieser im Zeitalter einer

3 Zit. nach: Textkette. Eine interaktive Lyrikbibliothek von Babel, www.textkette.com/tag/thomas-kunst/, eingestellt am 22.9.2014, letzter Zugriff am 18.3.2015. Das Gedicht ist dort mit einem YouTube-Video zu Mujica verlinkt.

postideologischen Literatur formulierte, tendenziell utopische Anspruch der Poesie scheint für Thomas Kunst mit der Figur des Politikers Pepe Mujica tatsächlich vereinbar, ja geradezu versöhnbar zu sein.

Das ist umso erstaunlicher, als in der mit ästhetischem Bewusstsein hervortretenden Gegenwartslyrik Politik als Sujet in der Regel nicht aufzufinden ist: die reziproke Reaktion auf die politische Missachtung eines Genres, das, wie auch die Gegenwartskunst, im auf Ausstrahlung und Öffentlichkeit bedachten Wahrnehmungswinkel der Politik allerhöchstens als kultureller Zierrat vorkommen darf – nicht jedoch als autonome ästhetische Erscheinung, die unabhängig von politischen, ökonomischen, sozialen, kulturellen usw. Erwägungen gewürdigt sein will. Aufgrund des Autonomieanspruchs der ästhetischen Moderne scheinen Politik und Poesie einander grundsätzlich auszuschließen. Politik scheint im besten Fall für die Pragmatik des öffentlichen Zusammenlebens verantwortlich zu sein, Poesie hingegen ein allenfalls von der Politik tolerierter, höchstselten von ihr auch noch zweckfrei geförderter ästhetischer Freiraum, von dem aus es keinen direkten Weg zur Pragmatik des sozialen Handelns, das die Politik prägt, gibt.

Eine Möglichkeit, sich im Gedicht ideologiefrei der Politik zu nähern, deutet meines Erachtens Thomas Kunst mit seinem Sonett an: Die Annäherung wäre dann nämlich denkbar, wenn politische Figuren und Akteure unabhängig von ihrer Intentionalität ästhetisch gedeutet würden bzw. gedeutet werden könnten: Dies tat z.B. Wim Wenders 1990 im Film *In weiter Ferne so nah* mit der Figur Michail Gorbatschows, der umgeben von Otto Sanders eigenwilliger Engel-Interpretation als Symbol einer historischen Zeitenwende mit seinem russischen Gedankenstrom auf das Berlin der Wendezeit blickt. Der Überschuss an poetisch zweckfreiem, ästhetisch verfügbarem Potential würde einer politischen Geste demnach auch den Weg ins Gedicht ebnen. Politische Erscheinungen, wenn ich Thomas Kunsts Argumentation recht verstehe, hätten dann und wieder ein Anrecht darauf, in einem Gedicht vorzukommen, wenn sie gleichzeitig als poetischer Akt begriffen werden können, wenn also, mit anderen Worten, das Politische poetisch wird oder sich das Politische als poetisch entpuppt:

> ich las das über pepe zufällig irgendwo und war restlos begeistert von diesem mann: ein revolutionär!
> ein präsident in tatsächlich unmittelbarster volksnähe … er musste ins gedicht: welcher präsident der welt denn sonst …[4]

Das „Revolutionäre“ an Pepe Mujica wäre im Sinne Thomas Kunsts jener zweckfreie poetische Überschuss in dessen politischer Erscheinungsweise, eine ‚Begeisterung‘ stiftende Eigenschaft, welche ihm Eingang ins Gedicht verschafft. Gleichzeitig dient

4 Thomas Kunst: E-Mail an Vf. vom 30.9.2014.

ihm die Referenz auf politische Figuren von revolutionärer Aura zu einer metapoetischen Standortbestimmung des Gedichts, heißt es doch in der ersten, gleichsam den fehlenden Titel ersetzenden Zeile des Sonetts: „Die Dichter leiden in den meisten Fällen" – was entweder bedeuten kann, dass es der Berufsgruppe der Dichter prinzipiell schlecht geht und Leiden zu ihrer existenziellen Grundausstattung gehört oder dass die Dichter meist nur vom Leiden sprechen und schreiben. Davon distanziert sich das lyrische Subjekt – als implizierter Autor des Sonetts ja selbst den Dichtern zugehörig – mit seinen mehr oder weniger politischen Lektüren der nächsten beiden Zeilen, wo auf die bekannten Namen „Gorbatschow, Karl May" der eher unbekannte, noch neue Name von „Pepe Mujica aus Uruguay" als kongeniale Erfüllung des von den Regeln des Sonetts abverlangten Reimgebotes folgt.

Die Anführung Karl Mays überrascht im politischen Kontext natürlich; neben Michail Gorbatschow, auf dessen Bücher *Glasnost* und *Perestroika* oder dessen rückblickende Erinnerungen auf das gescheiterte sozialistische Reformprojekt Kunst anspielen mag, wirkt er wie ein phantastische Korrektur der mit dem Namen Karl Marx verbundenen sozialistischen Dogmatik, wie sie schon der utopische Marxist Ernst Bloch dem Kitschpotential des May'schen Abenteuerkosmos eingeräumt hat. Im Hinblick auf das Reimwort „Uruguay" ist Karl May allerdings der am besten geeignete Kandidat, um die räumliche Distanz zwischen Deutschland und dem halb so großen, dreieinhalb Millionen Einwohner zählenden südamerikanischen Staat auch semantisch zu überwinden: Mays 1894 erschienener Roman *Am Rio de la Plata* vollzog in der Imagination nach, was in jener Zeit Tausende deutscher Auswanderer in die Tat umsetzten: die Übersiedelung in eine neue, von politischen Schranken und Gesetzen, vom „Leiden" an der Historie und den Historien des alten Europa befreite Welt. Von der Utopie des Romans und den Ideen, welchen die Auswanderer folgten, scheint 120 Jahre später nicht viel übrig geblieben zu sein, man denke nur an die sozialen Kontraste im Amazonasland Brasilien oder den Staatsbankrott Argentiniens – nun wird aber von der dritten Gedichtzeile mit dem im Vergleich zu seinen Nachbarländern winzigen Uruguay und dem Namen seines Präsidenten genau jener Spalt des utopischen Neulands wieder geöffnet, den Südamerika einmal für Literaten und Einwanderer bedeutete.

Gemäß der in der, wenn man mit Fukuyama so sagen darf, posthistorischen Gegenwart gestiegenen Vorsicht vor ausformulierten politischen Utopien wird das revolutionäre, utopische Potenztal von „Pepe Mujica aus Uruguay" glücklicherweise nur subtil angedeutet; ja es könnte dem Leser auch entgehen, wenn er mit dem Namen (noch) nicht die neue ästhetische Erscheinungsform, den neuen, im besten Sinne bäuerlich-plebejischen Stil auf der weltpolitischen Agenda verknüpft, für den Pepe Mujica seit seiner Amtseinführung als Präsident der „Republik östlich des Uruguay" – so der offizielle Name Uruguays – im Jahre 2010 steht. Bevor ich näher darauf eingehe und den ästhetischen Freiraum des Gedichts verlasse, möchte ich der Spur der poetischen Anverwandlung eines politischen Phänomens noch bis zur Schlusszeile folgen. Zum in der dritten Zeile genannten Namen Pepe Mujica gehört das Prädikat „Ich lese" – da Mujica im Gegensatz zu Gorbatschow und Karl May nicht als Autor in Erscheinung getreten ist, ja im Kontext einer über ihn verfassten Biografie in aller Bescheidenheit betonte, sein Leben sei zu belanglos, um einen Bücherrummel damit zu veranstalten, kann das hier nur übertragen für das lyrische Subjekt (und gemäß Thomas Kunsts eigener Aussage) bedeuten: Ich lese *über* Pepe Mujica.

Indirekt ist damit natürlich eine Aufforderung an die Mujicas noch unkundigen Leser verknüpft, es ihm gleichzutun und sich über den Präsidenten Uruguays zu informieren. Ein Resultat der Lektüre ist in den beiden folgenden Versen zu finden: Zwar unterschlägt Kunst die wahrscheinlich berühmteste Tatsache über Mujicas Lebensstil, seinen VW Käfer, kommt aber auf den zu politischen Anlässen benutzten Zweitwagen des Präsidenten zu sprechen, einen einfachen Opel Corsa – damit verbindet er das weniger bekannte Faktum zugleich geschickt mit dem ‚Korsaren', der Pepe Mujica als Mitglied der anarchistischen Tupamaro-Rebellen in den 1960er und 1970er Jahren während einer repressiven Militärherrschaft in Uruguay selber war und wofür er mit insgesamt vierzehn Jahren der politischen Haft, davon zehn in strenger Einzelhaft, hatte büßen müssen. Mujicas politische Rebellenvergangenheit wird in das positive Gegenbild einer anderen, revolutionären Art von Politiker überführt, der sich mit einem Opel Corsa und etwa tausend Dollar („tausend Schleifen") monatlich zufriedengibt; die übrigen 90 Prozent seines Präsidentengehalts spendet er kontinuierlich für verschiedene Armenprojekte und Nichtregierungsorganisationen.

Es ist wohl auch diese erstaunliche Konstellation aus früherem Rebell und heutigem Politikrevolutionär neuen Stils, die den serbischen Regisseur Emir Kusturica etwas überschwänglich vom „letzten Helden" sprechen lässt, dem sein neuester Dokumentarfilm gewidmet sein soll:[5] Vielleicht ist er aber auch der erste Held einer neuen, sich in umfassendem Sinn für die Zukunft der Menschheit auf dem Planeten verantwortlich fühlenden Art von Politiker – zumindest dürfte sich diese Hoffnung mit dem Auftreten seiner Person verknüpfen. Den Charakter der Utopie mag das in den nächsten beiden Zeilen gezeichnete, surreal anmutende Bild von den nächtlich am Rio de la Plata mit „Quallen-DNA" leuchtenden Schafen unterstreichen, eine Art biotechnischer Science-Fiction-Metapher, in der Natur und Künstlichkeit eine zwar bizarre, gleichwohl nicht monströse, sondern eher komische Synthese erleben, welche die Möglichkeit einer künftigen Versöhnung von Natur und Technik offenlässt. Dieser Eindruck dürfte sich nicht zuletzt deshalb einstellen, weil sich im hier entworfenen Bild der mit Technik versöhnten Natur kein unmittelbarer Verwertungsaspekt ausmachen lässt – es wirkt zweckfrei und originell wie eine poetische

5 Vgl. das uruguayische Journal *La Red* vom 9.3.2015, http://www.lr21.com.uy/cultura/1220666-kusturica-mujica-documental-el-ultimo-heroe, letzter Zugriff am 18.3.2015.

Metapher, von deren geistiger Kreation der von den Surrealisten als Ahnherr gefeierte, in Montevideo geborene Isidore Ducasse (1846–1870), als Lautréamont mit den *Gesängen des Maldoror* berühmt geworden, den Ausspruch prägte, sie sei das zufällige Zusammentreffen von Nähmaschine und Regenschirm auf einem Seziertisch. Wenn die achte Zeile resümiert: „Die Praxistauglichkeit ist zu begreifen", so scheint das hier kein Widerspruch zur Zweckfreiheit der künstlichen Kreation zu sein, sondern eher ein Beleg für ihre plötzliche Evidenz – *weil* diese Metapher erst einmal nur für sich selbst steht, ist sie so ‚tauglich', wenngleich wohl für eine völlig andere Praxis als die bloßer ökonomischer Bilanzen.

Gerade im urkomischen Eindruck, den das Bild der Leuchtschafe hinterlässt, erweist sich seine Tauglichkeit für ein mit Momenten der Lebensfreude, des Lachens und der spontanen Evidenz angefülltes Dasein, welchem sich das Gedicht verschreibt, wenn es sich mit den folgenden Versen als Übermittler von „Licht" und der „Existenz / Von Temperatur" zu verstehen gibt: Als Teil gelungener Lebenspraxis sind sie der „reinsten Strahlkraft [...] aus einem Becher" vergleichbar, eine Zeile, die an Hölderlins Bild des belebenden Weins in *Andenken* erinnert: „Es reiche aber, / Des dunkeln Lichtes voll, / Mir einer den duftenden Becher, / [...]".[6] Die im Gedicht gebündelte poetische Lebensenergie soll, so Kunsts in der zwölften Zeile formulierter Anspruch, „Phosphoreszenz" erzeugen: „Das Nachleuchten des Stoffs nach dem Beleuchten". Offenbar ist damit der sprachlich vermittelte ‚Stoff', das Material des Gedichts und dessen Bearbeitung gemeint, gleichwohl ergeben sich Bezüge zur politischen Großtat, für die Pepe Mujicas Administration in aller Welt für Aufsehen, Neugier und Bewunderung sorgte: nämlich die Freigabe von „Stoff", die gesetzliche Legalisierung von Marihuana mit dem erklärten Ziel, der organisierten Drogenkriminalität Herr zu werden.

Doch Kunst weiß sehr wohl um die dem Sonett gesetzten Grenzen wie um die Schranken der vom Nachleuchten des Stoffs erzeugten bewusstseinserweiternden Euphorie. Die nüchtern-skeptische Schlusszeile „Die Dunkelheit nimmt zu, das Licht wird schwächer" bedeutet dennoch keine Zurücknahme von Euphorie und Vision der soeben mit virtuosem Sprachwitz proklamierten Poetik, sondern vielmehr ein Innehalten und Gewahrwerden der Welt auf dem Boden ihrer irdischen Tatsachen. In der erst einmal real als Schreib- oder Lesesituation abnehmenden Lichts imaginierbaren Erfahrung treten die Gegenstände, von denen die Rede war, nochmals umso deutlicher ins Bewusstsein und vergegenwärtigen die poetische Utopie, bevor diese mit der Schrift wieder verblasst: Indem das Gedicht das unausgeschöpfte poetische Potential politischer Gesten zum Anlass nimmt, überschreitet es selber die Grenzen einer allein sprachlich abgesteckten Ästhetik, um zur im weitesten Sinne

6 Friedrich Hölderlin: Sämtliche Gedichte. Hg. von Jochen Schmidt. Frankfurt a.M. 2005, S. 360–362, hier S. 361.

politischen Botschaft zu werden, die zu einer anderen, poetischeren, bewusstseinssteigernden Lebenspraxis aufruft. Die Anregung dazu, und das ist seine eigentliche Pointe, hat diese nach den strengen Regeln des Sonetts formulierte Kritik des Gedichts als eines bloßen ästhetischen Gegenstands geradewegs aus der Welt der Politik erhalten. Mithilfe der von Pepe Mujicas Politik- und Lebensstil gelieferten Vorgaben gelingt Kunsts Sonett das Wunder, einen alternativen politischen Diskurs zu eröffnen, ohne ideologisch zu sein; sein alternatives ‚politisches Programm' deckt sich mit Poetik und Struktur des Gedichts.

2

Was ist nun das eigentlich „Revolutionäre" an Pepe Mujicas Erscheinung? Sicher ist es seine mit Bescheidenheit, Weitblick und Verantwortungsgefühl formulierte politische Agenda, die auf Nachahmung weit über die Grenzen Uruguays hinaus abzielt; doch verkörpert sich seine politische Agenda am wahrhaftigsten in seinem Lebensstil, so dass Leben und Politik eine selten erreichte Symbiose zu bilden scheinen. Das Hauptmerkmal dieses Lebensstils scheint neben der Bescheidenheit die, um es emphatisch zu formulieren, „Langsamkeit" zu sein, die wohltuend vom Beschleunigungsdispositiv bekannter westlicher Politikstile quer über die etablierten Parteien hinweg abweicht – man denke nur an das in diversen Spielarten von Politikern aller Couleurs durchdeklinierte Pathos der Mobilität, das sich vielleicht am reinsten und bis zur Lächerlichkeit gesteigert im Bundestagswahlkampf 2002 bei der inzwischen bedeutungslosen FDP und deren „Guidomobil" entäußerte. Symbol von Pepe Mujicas alternativer politischer Ästhetik der Langsamkeit ist hingegen der himmelblaue VW Käfer, Baujahr 1987, den er privat fährt und in seiner Einkommenserklärung als teuersten persönlichen Wertgegenstand deklariert haben will.

Der VW Käfer hat seit seiner Konstruktion durch Ferdinand Porsche und seiner Serienherstellung 1938 als „KdF-Wagen" bis zur Einstellung seiner während der letzten Jahrzehnte noch in Mexiko und Brasilien weiterlaufenden Produktion 2003 eine lange und vielfältige kulturelle Rezeptionsgeschichte hinter sich, die hier nicht einmal in Grundzügen skizziert werden kann – die Kultur, insbesondere die Kunst-, Film- und Literaturgeschichte des *Käfers* wäre eine eigene umfassende Studie wert.[7] Es ist wichtig zu betonen, dass die im nationalsozialistischen Deutschland und in seiner rassen- und kriegsideologisch fundierten Mobilitätspropaganda liegenden Ursprünge des Käfers in den folgenden Jahrzehnten im Laufe seiner weltweiten Popularität zugunsten einer extrem vielseitigen Verwendung und spielerisch-kreativen Umgangsweise mit dem Auto, das aufgrund seiner Konstruktion geradezu zum Improvisieren einlud, überlagert und in den Hintergrund gedrängt worden sind.

7 Vgl. Bernd Wiersch: Die Käfer-Chronik. Die Geschichte einer Autolegende. Bielefeld 2005.

Aufgrund des Zweiten Weltkriegs gelangte der Käfer ohnehin erst nach Kriegsende zu seiner heute inzwischen legendären Popularität.

Im Sinne von Claude Lévi-Strauss' Theorie der Bricolage[8] ist der Käfer wohl das am besten geeignete Automobil zum bastlerischen Umgang mit dem vorgefertigten und vorgefundenen technischen Objekt und könnte so auch in den Dienst der individuellen Selbstverwirklichung des jeweiligen Fahrers bzw. Fahrzeuginhabers als Technikrezipienten gestellt werden, wofür die Popularität des Käfers in der Generation der Hippies und 1968-er Indizien liefert. Hans Magnus Enzensbergers in seinem *Baukasten zu einer Theorie der Medien* 1970 im *Kursbuch* veröffentlichte Vision einer Reziprozität von Sender und Empfänger[9] könnte auch auf die Bastelei mit dem Käfer als technischem Objekt übertragen werden: Indem die Technik und Konstruktion des Käfers durchschaubar, das heißt für den Benutzer handhabbar, reparabel und bis zu einem gewissen Grad veränderbar waren, blieb er nicht festgelegt auf eine bestimmte Art des Umgangs, sondern konnte sich selber als Bastler, Tüftler oder bescheidener Erfinder am eigenen, von Volkswagen zur Verfügung gestellten Wagen empfinden. Die für den Einzelnen undurchschaubare vollelektronische Ausstattung heutiger Wagen wäre demgegenüber als Rückschritt zu bezeichnen, da der Benutzer des Wagens nicht nur bei einem möglichen Defekt hilflos auf Experten angewiesen ist, sondern auch, weil er keinerlei Möglichkeit zum Eingriff in die technische Apparatur und deren potenzielle Veränderung besitzt, wie sie dem Benutzer beim Käfer noch gestattet war.

Im Licht von Lévi-Strauss' und Enzensbergers Überlegungen würde das populärste Auto der Welt damit über das utopische Potential verfügen, die Produktions- und Distributionsmechanismen des kapitalistischen Marktes zu durchbrechen – vielleicht ist auch dies mittelbar ein Grund dafür, dass die Produktion des Käfer schließlich eingestellt worden ist. In der kulturgeschichtlichen Rezeption des Käfers ist das Potential seiner subversiven Zweckentfremdung allemal immer wieder angedeutet und variiert worden, etwa in Wim Wenders' Film *Im Lauf der Zeit* von 1975, der entlang der innerdeutschen Grenze im sogenannten Zonenrandgebiet spielt. In der vielleicht spektakulärsten Käferszene der Filmgeschichte fährt Hanns Zischler im Kamikazestil direkt in die Elbe gen ostdeutsches Staatsgebiet, schwimmt eine Weile in seinem Gefährt und kann sich daraufhin problemlos ans Ufer retten. Diese Szene vollzieht sich unter den Augen der ostdeutschen Grenzer und kann als eine Art Gedankenspiel mit der Überwindung von Grenzen aufgefasst werden, welches hier zwar nicht gelingt, jedoch in der filmischen Einstellung die Sensibilität für den Raum der Grenze als natürlichen (Fluss) und künstlichen (Grenzbefestigung) Barriere

8 Vgl. Claude Lévi-Strauss: Das wilde Denken. Aus dem Französischen von Hans Naumann. Frankfurt a.M. 1968.

9 Hans Magnus Enzensberger: Baukasten zu einer Theorie der Medien. In: Kursbuch 20 (1970), S. 159–186.

schärft. Zwar gelangt der Käfer weder ans andere Ufer des Stroms, noch kann er sich wie ein Amphibienfahrzeug schwimmend darin bewegen; seine Zweckentfremdung stiftet aber erst den Rahmen für die im weiteren Verlauf des Films sich anbahnende Handlung und die Reise der beiden ungleichen Typen südwärts entlang der Grenze.

Beim Spiel mit den Konventionen automobiler Fortbewegung im Raum gilt es anzuknüpfen, wenn man die Apologie des Käfers, wie sie der uruguayische Ex-Präsident mit seinem Lieblingsvehikel betreibt, verstehen will. In der Tat gibt es wohl kaum ein geeigneteres Objekt, um seine alternative politische Vision eindrucksvoll zu demonstrieren, als das dreißig Jahre alte Modell des Käfers, den er privat steuert oder auch den nicht mehr neuen Opel Corsa, den er bis Anfang 2015 als ‚Staatskarosse' benutzt hat. Beides sind nicht nur auf dem politischen Parkett bis dahin nie dagewesene Vorgänge, sie sind in jeder Hinsicht subversiv, weil sie die Mechanismen politischer Machtrepräsentation außer Kraft setzen. Als Präsident im Käfer oder Corsa zu fahren kann als gelungene Parodie herkömmlicher Machtrepräsentationen angesehen werden, aber zugleich verbirgt sich dahinter die politische Botschaft, dass gewählte Repräsentanten nicht bloß zum Repräsentieren in der Politik sind. Gleichzeitig, und vielleicht noch wichtiger, schafft die alternative Repräsentationsform des Präsidenten als einfachen, normalen Staatsbürger die existierenden Barrieren zwischen Bürgern und ihrer politischen Administration ab. Ein Blumen züchtender Präsident, der ohne Krawatte und Schal im VW Käfer daherkommt, kann kaum anders als bürgernah, transparent und im Alltag verwurzelt bezeichnet werden. Ein Blick auf die präsidiale Internetrepräsentanz Mujicas bzw. Uruguays bestätigt die Auffassung von der Schlichtheit und Transparenz, die er seinem Amt zu geben suchte.[10]

Zweitens kann seine in allen Reden und Interviews stets beschworene Kritik herrschender Marktmechanismen und marktkonformer Beschleunigungs- und Mobilitätspraktiken kaum wirkungsvoller in Szene gesetzt werden als durch sein Fahren im Käfer. Mujica wird nicht müde zu betonen, dass das globale Wirtschaftswachstum kein Allheilmittel für die heute anstehenden Probleme vor allem der Klimaerwärmung und des Umgangs mit den natürlichen Ressourcen sein könne. Einer mobilen Wegwerfgesellschaft, die für alle sieben oder acht Milliarden Menschen auf dem Globus den gleichen Lebensstandard, wie er in westlichen Industrienationen üblich ist, anstreben wolle, erscheint ihm undenkbar. Stattdessen plädiert er für eine nachhaltigere Marktwirtschaft, die Ressourcen schont und die auf langfristige Verwendung und dauerhaften Gebrauch der von ihr produzierten Gegenstände angelegt ist. Uruguay ist nicht zufällig Vorreiter in Südamerika auf dem Umweltsektor, und Mujicas Reden auf dem internationalen Parkett, wie etwa vor der UNO-Vollversammlung in New York, die man auf YouTube ansehen kann, bestätigen seine Sorge um eine sich

10 Vgl. http://www.presidencia.gub.uy/wps/wcm/connect/Presidencia/PortalPresidencia/presidente/curriculum, letzter Zugriff am 15.9.2014.

unter dem Diktat des ökonomischen Wachstums zugrunde richtende Welt.[11] Mujica führt dagegen die elementaren Bedürfnisse des Lebens und gemeinschaftsstiftender Geselligkeit wie Liebe, Freundschaft, Vergnügen und die Kontemplation als eigentlich zentrale Kategorien einer wirklich humanen, menschengerechten Politik ins Feld.

Wie lässt sich dies besser illustrieren als an seinem Auto, das er selbst seit dreißig Jahren nicht gewechselt hat und mit dem er zudem zum Vergnügen und zur Geselligkeit beitragen kann. Sicher, man könnte entgegenhalten, dass ein VW Käfer nach heutigen Standards nicht sparsam im Verbrauch sei, aber rechnet man die für die Verschrottung eines Autos benötigte Energie bzw. die Kosten für den Neubau von Autos hinzu, so sieht es wohl wieder ausgeglichen aus. Zudem hat er als erster lateinamerikanischer Präsident die serienmäßige Anfertigung erschwinglicher Elektroautos verkündet und sie medienwirksam auf dem sogenannten Pepemóvil demonstriert – in der Förderung von Elektroautos stünde Uruguay damit vor einer Autonation wie Deutschland.[12] Aber wichtiger noch ist der gemeinschaftsstiftende Aspekt seines Käfers: So kann er als Präsident mitten unter normalen Käferfans an einem Treffen von Käferbegeisterten teilnehmen oder in Uruguays Hauptstadt Montevideo ein Käfer-Rennen bestreiten. Es versteht sich, dass er dabei nicht als Sieger ausgerufen werden will, sondern mit seiner Teilnahme unter vielen anderen seine Auffassung vom bürgernahen, ja nahezu gemeinschaftlich praktizierten Präsidentenamt unter Beweis stellt. Auch die Solidarität mit Schwächeren, wie etwa mit Tieren, wird dabei demonstriert: Wir sehen im Ausschnitt des Käferrennens, wie er die ihn begleitende, auf drei Beinen hinkende Hündin Manuela auf dem Beifahrersitz platziert: In Pepe Mujicas Universum werden alle Erscheinungen des Lebens gleichermaßen respektiert.[13]

Und drittens, dies wird im Video der Käfer-Rallye besonders deutlich, beinhaltet seine mobile Zurschaustellung eine Apologie bewusst praktizierter Langsamkeit. Eine Langsamkeit, die sich Zeit für andere, wichtiger als Beschleunigung oder unhinterfragtes Wirtschaftswachstum erachtete Belange des Lebens nimmt. Anstelle ungebremsten Wachstums der Wirtschaft liegt dem gelernten Blumenzüchter, der bei Montevideo selber auf einer kleinen Farm lebt, das Wachstum der Pflanzen am Herzen – auch damit ist er eine Ausnahmeerscheinung der internationalen Politik, wie eine zeitgenössische Karikatur sehr schön unterstreicht: Während sich die Weltpolitik in immer neuen Kriegen ihrer Macht versichern muss, gießt er gemächlich seine Blumensaat – natürlich verkneift der Karikaturist sich den Hinweis auf die Freigabe von Anbau, Zucht und Kauf von Marihuana hierbei nicht; es ist jedoch egal, welche Pflanze

11 Vgl. https://www.youtube.com/watch?v=mw-9XvcoHXo, letzter Zugriff am 18.3.2015.

12 Vgl. http://autolibre.blogspot.com/2010/03/autolibre-vehiculo-electrico.html, letzter Zugriff am 18.3.2015.

13 Vgl. https://www.youtube.com/watch?v=VVbloRHepdo, letzter Zugriff am 18.3.2015.

hier gemeint ist, entscheidend ist die Geste der Verlangsamung, die der Akt des Blumengießens symbolisiert. Die quantitative Erfahrung und Propagierung von Beschleunigung wird auf diese Weise von Mujica durch die qualitative Erfahrung von Wachstum und Zeit ersetzt – eine bessere Illustration seiner alternativen politischen Ansichten kann es kaum geben.

1 Karikatur: Mujica mit Gießkanne

Während seiner Deutschlandreise 2011 besuchte er auch die Friedrich-Ebert-Stiftung und gab seine Antipathien gegenüber Uhren und allem, was quantifizierbar der Welt seinen monetären Stempel aufgedrückt, zu Protokoll.[14] Es ist wohl kein Zufall, dass die Anzahl seiner Bewunderer weltweit stetig wächst und wächst, denn auf der internationalen Bühne steht er einzigartig dar. Ob die Verleihung des Friedensnobelpreises, die unter anderem eine Gruppe von 112 Bremer Professoren dem Nobelpreiskomitee in Oslo vorgeschlagen hat, tatsächlich im Sinne seiner politischer Agenda der Bescheidenheit und Verlangsamung wäre, kann bezweifelt werden; der beste denkbare Kandidat wäre er allemal.[15]

14 Vgl. https://www.youtube.com/watch?v=RQaz6pOZFeA, letzter Zugriff am 18.3.2015.
15 Vgl. http://latina-press.com/news/172559–uruguay-bremen-professoren-schlagen-jose-mujica-fuer-friedensnobelpreis-vor/, letzter Zugriff am 18.3.2015.

Stefan Elit (Paderborn)

Den eigenen Rhythmus finden – im sozialistischen Takt? · Individualistische Eigenzeiten in DDR-Gegenwartsprosa und DEFA-Film

Laßt uns pflügen, laßt uns bauen,
lernt und schafft wie nie zuvor,
und der eignen Kraft vertrauend,
steigt ein frei Geschlecht empor.[1]

Der Beginn der dritten Strophe von Johannes R. Bechers *Auferstanden aus Ruinen* bringt auf den Punkt, worum es in der jungen DDR zumindest offiziell ging, nämlich um den Aufbau einer Staatsgemeinschaft nach dem Paradigma der sozialistischen Moderne: Arbeit und Bildung in einem Takt, sprich in einem Tempo „wie nie zuvor" sollten die Menschen zur wahren Freiheit führen. Technische Beschleunigung und eine permanent gesteigerte Effektivität, verbunden mit einem verabsolutierten Leistungsethos für das Staatskollektiv, waren essentiell.

Das kommunistische Paradies sollte danach natürlich ein ultimatives *Otium*, das heißt Muße für alle erzeugen. Dies erschien jedoch im sozialistischen Vorlauf bis auf Weiteres nur über eine Akzeleration auf allen Lebensebenen und ein auf Dauer gestelltes *Negotium*, also Aufgabenerfüllung als einziger Lebenshaltung, erreichbar. Dabei erhöhten Geschwindigkeitssteigerungen etwa eines Einzelkollektivs lediglich den Druck auf alle anderen; zu diesem internen Druck kamen Vergleiche mit den sozialistischen Bruderländern und der Ost-West-Konflikt als Leistungskonkurrenz – mit der berühmt-berüchtigten, rhetorisch trickreichen, aber auch logisch schwierigen Maxime „Überholen ohne einzuholen".

Dem sollten sich die Künste fügen, indem sie sich als sozialistisch-realistische Künste der Propagation dieser politisch-gesellschaftlichen Forderung zur Verfügung stellten; Bechers Hymne ist da nur eines von vielen Beispielen. Doch schon *Auferstanden aus Ruinen* weist im Übrigen einen latent paradoxen Zug auf: Hanns Eislers bekannte Melodie mit ihrem getragenen Zweivierteltakt wirkt geradezu entschleunigend auf den Text. Man könnte natürlich sagen, hier wird nationalhymnentypisch

1 Johannes R. Becher: Gesammelte Werke. Hg. vom Johannes-R.-Becher-Archiv der Deutschen Akademie der Künste der Deutschen Demokratischen Republik. Bd. 6: Gedichte. 1949–1958. Nachwort Horst Haase. Red. u. Sacherl.: Ilse Siebert. Berlin/Weimar 1973, S. 61.

ein majestätisches Pathos entfaltet, das zu den ersten beiden Strophen durchaus passt: „Auferstanden aus Ruinen“ und „Glück und Frieden sei beschieden“ sind gravitätische Themensetzungen, die mit dem Takt der Melodie gut im Einklang stehen. Das imperativisch vorwärts Drängende der dritten Strophe – „Laßt uns pflügen, laßt uns bauen“ – konterkariert den Takt jedoch: Der programmatisch-pädagogische Gemeinschaftsgesang, oder sagen wir: die ästhetische Einübung der sozialistisch beschleunigten Moderne, verlangte anscheinend zugleich eine Verlangsamung, die wohl für eine nachhaltige Perzeption und Kommemoration notwendig erschien.

Über dieses Grundparadoxon hinaus lassen sich jedoch in systemnahen Romanen und DEFA-Filmen der 1950er bis 1970er Jahre noch viel interessantere Experimentalanordnungen der Entschleunigung bzw. einer gewissen Eigenzeitlichkeit, eines besonderen Rhythmus in Ergänzung oder auch in Abgrenzung vom sozialistischen Grundtakt finden. Die Texte und Filme formulierten auf diese Weise in einer Art Re-Entry-Figur Plädoyers für das Zulassen eines eigenen Tempos einzelner Individuen im kollektivistischen Gang. Ab etwa 1960 lässt sich hierüber auch zunehmend von einem systeminternen, kritisch-realistischen Kommentar zu sozialistischer Ideologie und DDR-Wirklichkeit sprechen.

Vorstellen möchte ich im Folgenden eine kleine Reihe Exempla, die Facetten dieses Phänomens konturieren: Den Auftakt bildet Eduard Claudius' epochemachender Aufbauroman *Menschen an unserer Seite* von 1951 als Beispiel für die grundsätzliche Beschleunigungsforderung in sozialistisch-realistischer Literatur, ein Beispiel, das jedoch – gewollt oder ungewollt – auch schon erste Probleme dieser Forderung am Protagonisten selbst erkennen lässt. Ein Jahrzehnt später, in Erwin Strittmatters 1963 erschienenem berühmten LPG-Roman *Ole Bienkopp*, steht dann die zentrale Romanfigur bereits heroisch für das Beschleunigungsparadigma und zugleich die nötige Eigenzeitlichkeit. Eine dezidierte Entschleunigung/Eigenzeitlichkeit des Lebensrhythmus bei nurmehr basal akzeptiertem sozialistischen Grundtakt suchen sodann die Protagonisten des neorealistischen 1965er DEFA-Verbotsfilms *Jahrgang 45* von Jürgen Böttcher (Regie) und Klaus Poche (Drehbuch). Eine für die Zeit um 1970 bezeichnende Variante bildet schließlich Gerti Tetzners Roman *Karen W.* von 1974, dessen Titelfigur durch eine Flucht aufs Land einen neuen, ruhigeren Lebensrhythmus für ihren privaten wie sozialistischen Alltag zu gewinnen sucht.

1 Der moderne Mythos des sozialistischen Heroids

Das in der UdSSR geprägte Kernnarrativ hat in die Kunst des 20. Jahrhunderts bekanntlich einen neuen Typ des ‚positiven Helden' mit dem Lebensziel eines erfüllenden Kollektivdaseins eingeführt. Das entbehrungsreiche sowjetische Leben im akzelerierten Übergang vom Agrarstaat zur Industrienation und dann während des ‚Großen Vaterländischen Kriegs' wurde mit diesem quasi-mythischen Thema seit etwa 1930 in zahlreichen Darstellungsformen überhöht und wirkte über Jahrzehnte durchaus erfolgreich auf die kollektive Identitätsbildung. Nach 1945 stellte es dann ein wichtiges ideologisches Ziel der sozialistischen Herrschaft dar, das Narrativ des sozialistischen Heldentums unter anderem auf das östliche Deutschland zu übertragen. In einer Hochphase ab etwa 1950 entstanden so auch hier nicht zuletzt massenwirksam gedachte fiktionale Prosatexte und Kinofilme, die das sozialistische Kernnarrativ auf DDR-Verhältnisse zu applizieren suchten.

Im Zentrum stand jeweils der ‚positive sozialistische Held', der in Ausgangs- und Übernahmevarianten besonders gut nachvollziehbar in dem 2002 von Satjukow und Gries herausgegebenen Sammelband *Sozialistische Helden. Eine Kulturgeschichte von Propagandafiguren in Osteuropa und der DDR*[2] erfasst worden ist, und zwar in der Denkfigur eines quasi-strukturalistischen „Heroids". Als basales „Heroid" fassen Satjukow und Gries dabei „[d]ie Vita eines – männlichen – Musterhelden",[3] und das heißt: von dessen familiärer Herkunft in einem politisierten Arbeitermilieu über dessen strebsame Jugend und erste eigene Kontakte mit der Partei, die diesem bald zur zweiten Familie wird, bis hin zu einer oder gleich *der* sozialismusfördernden Tat des Helden, die je nach historischer Situation unterschiedlich und auch unterschiedlich erfolgreich ausfallen kann. Auf jeden Fall aber lässt sie den Helden zu einem symbolhaften Vorbild nicht zuletzt für beschleunigte Arbeitsleistung werden. *Nach* seiner Tat kann der Held dann noch zum Lehrer für ein Staatskollektiv werden, das ihm lebenslang seine Liebe entgegenbringt.[4]

Dieses Heroid erscheint starr, ist aber in vielen einzelnen narrativen Elementen durchaus variabel; allein im Bereich der DDR-Literatur der 1950er bis 1960er Jahre gab es neben dem *antifaschistischen Widerstandsmärtyrer* verschiedene *Pionierhelden*, das heißt etwa denjenigen auf der Mikroebene des forcierten Aufbaus eines konkreten Lebens- und Arbeitsumfelds gegenüber demjenigen auf der Makroebene des gesamten Staatswesens, sprich: einem Staatsführer. Es folgten *Helden des fortschreitenden Aufbaus* in den späten 1950er Jahren, denen wiederum neue jugendliche *Helden der Ankunftphase* zur Seite traten – was hieß, dass sich bereits um 1960 in einem DDR-Gegenwartsroman oder -spielfilm bis zu drei verschiedene Heldengenerationen begegnen konnten: erstens etwa dem ehemaligen Untergrundkämpfer der NS-Zeit, nun ungebeugter und weiser alter Berater; zweitens dem ruhmreichen, väterlich gewordenen Aufbauhelden und drittens dem noch werdenden vorbildlichen Vertreter der Ankunftgeneration. Ergänzend zu erwähnen wäre, neben dezidiert gesetzten

2 Silke Satjukow/Rainer Gries (Hg.): Sozialistische Helden. Eine Kulturgeschichte von Propagandafiguren in Osteuropa und der DDR. Berlin 2002.

3 Silke Satjukow/Rainer Gries: Zur Konstruktion des „sozialistischen Helden". Geschichte und Bedeutung. In: ebd., S. 15–34, hier S. 24.

4 Vgl. ebd., S. 24f.

Antihelden, der Typus des hohen Parteifunktionärs, der als eine Art Großhelfer oder Deus ex Machina in das Geschehen eingreift.

Lediglich am Rande weisen Satjukow und Gries darauf hin, in dieses „Erzählmuster"[5] seien „freilich auch wesentliche Strukturelemente des Märchens und christlicher Heiligenerzählungen eingeflossen".[6] Der sehr aufschlussreichen Frage des Märchen- und Legendenhaften bin ich an anderer Stelle bereits grundsätzlicher nachgegangen, denn durch sie erst wird klar, wie das Heroid ideologisch geradezu als klassisches mythisches Narrativ gesetzt worden ist – und wie es sich zumal im DDR-Kontext aus literarästhetischen und DDR-spezifischen Gründen alsbald wieder dekonstruierte.[7] Wenn es um die *Temporalität* der Narrationen geht, ist diese Frage freilich nur am Rande mitzudiskutieren.

2 Ambivalente Akzeleration: Claudius' *Menschen an unserer Seite*

Eduard Claudius' *Menschen an unserer Seite* stellt als Zeitroman den ganzen Kleinkosmos eines Ostberliner Industriewerks gegen Ende der 1940er Jahre dar, von den einfachen Arbeitern über die mittleren Vorgesetzten und Ingenieure bis hin zur Direktion und den beaufsichtigenden Parteiebenen. Seitenblicke erfolgen insbesondere auf das Ruhrgebiet als durch und durch kritisch zu sehendes westdeutsches Vergleichsmilieu für industrielle Arbeitsverhältnisse. Im Mittelpunkt steht der Ofenbauer Hans Aehre und sein heikles, aber letztlich erfolgreiches Bestreben, einen komplexen Ziegelofen im laufenden Betrieb und daher in Höchstgeschwindigkeit zu reparieren. Durch diese Pionierleistung wird zugleich eine landesweit vorbildliche Arbeitstat vollbracht sowie das Weiterarbeiten und damit die Lebensgrundlage einer großen Zahl von Arbeitern vor Ort gesichert. Es handelt sich bei Aehres Bemühen offensichtlich um eine Übertragung der sowjetischen Stachanow-Bewegung der 1930er Jahre auf ein DDR-Beispiel, es geht also um ein geradezu mythisch wirksames Exemplum eines altruistischen Aufbauhelden, das eine generelle Erhöhung der Produktivität durch geradezu übermenschliche Arbeitsleistungen als sozialistische Normalität darstellt.

Als für das Bild der frühen DDR spezifisch ist dabei anzusehen, dass Aehre sich gegen mit dem Westen paktierende Saboteure behaupten muss, hier vor allem gegen seinen eigensüchtigen Meister Matschat, der schließlich typischerweise in die Bundesrepublik flieht, und als typisch erscheint auch, dass verschiedene Nebenakteure zwar nicht eigentlich antisozialistisch eingestellt sind, jedoch noch so ‚bürgerlich' orientiert, dass sie über geraume Zeit kein Zutrauen in die positive Entwicklung des

5 Ebd., S. 24.

6 Ebd., S. 25.

7 Vgl. Stefan Elit: Leben für das Kollektiv als Fundamentalmythos der DDR-Literatur? In: Tendenzen und Perspektiven der gegenwärtigen DDR-Literatur-Forschung. Hg. von Katrin Max. Würzburg [in der Drucklegung].

sozialistischen Unternehmens haben – bis sie dann natürlich doch noch das kommunistische Weltbild als das bessere erkennen, so etwa der Techniker – und interessanterweise eigentlich Kunstmaler – Andreas Andrytzki und der Chefingenieur Dr. von Wassermann.

Worin zeigt sich jedoch die bereits angedeutete Grundproblematik bereits dieses Exempels? Da sind zum einen die nur kurze Zeit, in der das sozialistische Paradigma positiv auf viele Beteiligte einwirken konnte und der starke Einfluss des unmittelbar benachbarten kapitalistischen Westens, dessen holzschnittartige Schlechtheit und Intriganz im Übrigen bereits den Zeitgenossen arg propagandistisch als Angstobjekt gezeichnet erscheinen mussten. Zum anderen, und das interessiert sicherlich noch mehr, erfährt der Sozialismus in *Menschen an unserer Seite* durch eine einzelne, den Helden fast komplett auslaugende beschleunigte Arbeitsleistung eine sehr fragil erscheinende, vermutlich kaum zu perpetuierende Stabilisierung. Dennoch lautet das pauschal resümierende und lehrhaft-affirmative Lob eines werkinternen Parteifunktionärs, des Betriebsgruppenleiters Wende, gegen Ende des Romans: „‚Und Aehre', so sagte er, ‚dieser Aehre, ein Arbeiter wie wir, er hat diese Veränderung [in der Arbeitsproduktivität, S.E.] bewirkt, er war die entscheidende Kraft, weil die lebendige Partei in ihm lebendig war. Das ist es.' Und seine Stimme klang nicht mehr gemessen, nicht mehr sachlich, seine Augen glänzten warm."[8] Der weihevolle Unterton, die emotionalisierte Färbung des Sprechers sollen offensichtlich ein Handlungsfazit herausstellen, das dem Erzähler aus der Erzählung selbst heraus kaum hinreichend gesichert erschienen sein dürfte.

3 Gegenläufige Taktungen kollidieren: Strittmatters *Ole Bienkopp*

Geht es bei Claudius um den Beschleunigungserfolg eines industriellen Aufbauhelden in der allerersten Formationsphase des sozialistischen Arbeitslebens in der DDR, so begegnet in Erwin Strittmatters *Ole Bienkopp* eine Art landwirtschaftliches Pendant im langen Jahrzehnt zwischen 1945 und 1956; ein Pendant, das bei seinem Bemühen um den akzelerierten sozialistischen Aufbau schließlich jedoch sein Leben einbüßt. Strittmatters Zeichnung seiner Hauptfigur weist dabei durchaus einige Parallelen zu Claudius' Aehre auf: Auch Ole Bienkopp ist zutiefst vom Bemühen angetrieben, gegen die alte Furcht vor feudalistischen respektive kapitalistischen Verhaltnissen in seinem Bauerndorf eine Art fast schon kommunistisches Paradies zu stabilisieren, aber er geht dabei derart eigensinnig vor, dass er im Konflikt mit den eigenen Parteigenossen zugrunde geht, die auf ihren Taktvorgaben für die Entwicklung beharren.

Der Faktor Zeit bzw. Takt der Entwicklung spielt denn auch eine zentrale Rolle: Bienkopp will im ersten Teil des Romans eine kolchoseartige „Neue Bauerngemeinschaft" bereits durchboxen, bevor die Staatsführung solch eine sozialistische Arbeits- und

8 Eduard Claudius: Menschen an unserer Seite. Berlin 1955, S. 396.

Lebensform für realistisch hält – die Setzung eines solchen Paradigmas würde die breite Bevölkerung aus Sicht der Staatsführung noch nicht überzeugen. Politisch gesehen liegt darin eine Art Vorsicht vor Übereilung, zumal – so die narrative Szenerie – alte Feudalisten und Kapitalisten um 1950 herum noch vor Ort waren. Als späterhin, im zweiten Teil des Romans, Bienkopps Gemeinschaftsmodell staatlicherseits als LPG „Blühendes Feld" anerkannt ist und an sich vorbildhaft funktioniert, sind es in forcierter Weise Bienkopps unruhiger Eifer und dazu sein idiosynkratisches Einzelgängertum, die ihn Widerstände bei der Weiterentwicklung seines Unternehmens nicht erfolgreich überwinden lassen, sondern in seinen bitteren Tod bei letztlich sinnloser Eilarbeit führen: Er erfriert bei einsamen winterlichen Erdarbeiten, für die ihm nötige technische Hilfsmittel fehlen, die ihm aber unaufschiebbar erscheinen.

Große Schuld tragen hier erkennbar systeminterne Problemlagen wie der Mangel an produktivitätssteigernden Arbeitsmitteln – Bienkopp sucht wochenlang vergeblich nach einem Bagger für seine Erdarbeiten – oder auf der anderen Seite auch agrarisch unsinnige Beschleunigungsvorgaben der Partei: Ein zu schnell eingeführtes neues Stallsystem lässt, für Bienkopp absehbar, die Tiere verenden. Die mangelnde sozialistische Kooperativität des Helden erscheint insofern nur als die eine Problemhälfte. Beide Hälften zusammen bewirken daher fatalerweise, dass die an sich im Roman angelegte gute Gesamtentwicklung zumindest zu Lebzeiten des Helden nicht mehr vollendet werden kann, während doch ein für sozialistisch-realistische Erzählmythik typischer ‚Großhelfer' im Hintergrund durchaus bereits aktiv ist. Bei aller sozialistischen Grundhaltung entlässt uns der Roman insofern mehr oder weniger skeptisch hinsichtlich der Frage, ob sich die zentral gesteuerte Geschwindigkeit der sozialistischen Entwicklung und zumindest *bisweilen* klügere individuelle Beschleunigungs- oder auch Retardationsvorstellungen jemals werden harmonisieren lassen.

4 Sozialistische *Slow Motion: Jahrgang 45*

Während in den bisher behandelten Werken die Frage von Beschleunigung und individueller Eigenzeitlichkeit oder sogar Entschleunigung nur auf der Ebene des Plots verhandelt wird, erreicht sie im neorealistischen Gegenwartsspielfilm *Jahrgang 45* 1965/66 in markanter Weise die Ebene der Erzählästhetik. *Jahrgang 45* gehörte zu denjenigen DEFA-Produktionen, welche im Gefolge des ‚härteren Kurses' nach dem sogenannten Kahlschlagplenum des ZK der SED vom Dezember 1965 nicht in die Kinos gelangen durften. Erstaunlicherweise noch im Sommer 1966 abgedreht, fand er im Ministerium für Kultur im Herbst des Jahres dennoch keine Gnade und verschwand in der Rohfassung bis zum Ende der DDR ins Archiv.[9] Für den Dokumen-

9 Vgl. etwa Ingrid Poss, Peter Warnecke (Hg.): Spur der Filme. Zeitzeugen über die DEFA. Bonn 2006 (Schriftenreihe [der Bundeszentrale für politische Bildung] 568), S. 214–218.

tarregisseur Jürgen Böttcher blieb es bei diesem Ausflug ins Genre der Fiktion; der Drehbuchautor Klaus Poche versuchte bis in die 1970er Jahre, mit eigenständigen fiktionalen Werken zu reüssieren, blieb jedoch stets im Konflikt mit den Kulturbehörden.

Dabei handelt es sich bei *Jahrgang 45* um ein wirklich staunenswertes Produkt eines sozialistisches Filmteams, nämlich um eine Art *Faction*-Film mit vielen Anklängen an den italienischen Neorealismus und starken Referenzen auf die Beat- und Jazzkultur, wie es sie damals auch in Ostberlin gab. Vorgestellt wird in dieser dezidiert eigenzeitlichen und oft ja radikal entschleunigten Ästhetik die Lebenssituation von Menschen des Geburtsjahrgangs 1945, es geht also um junge Erwachsene, die DDR-typisch teils schon verheiratet sind, im Berufsleben stehen und eine familiäre Zukunft im Realsozialismus zu planen beginnen. Im Mittelpunkt des Interesses steht ein solches junges Ehepaar, das jedoch sogar schon wieder die Scheidung erwägt: Alfred, von seinen Freunden A(a)l genannt, ist von der Beziehung mit Lisa, genannt Li, nämlich angeödet. Aber Al scheint sich in seinem Leben und Alltag sowieso vor allem zu langweilen und sehnsüchtig auf irgendetwas „ganz Großes" – so benennt er seine Hoffnung (vgl. etwa Min. 57) – zu warten, und sei es nur die tägliche Abwechslung, wie er sie mit seiner Jugendclique auf Straßen und Plätzen sowie in Szenekneipen Ostberlins seit Jahren sucht. Vor allem diese quasi-pubertäre Haltung einer Art Ennui ist es aber auch, die im Film zunehmend problematisiert wird. Freilich wird dieser Ennui zugleich als modern und ‚cool' inszeniert und damit verständlich gemacht. Eine verantwortungsvollere Lebensweise als verheirateter Erwachsener mit sozialistischem Berufsleben und bravem Feierabend erscheint für Alfred hingegen zu eintönig, und deshalb will er Lisa wieder loswerden und sich dem alten Leben erneut voll hingeben.

Allerdings erweist sich *Jahrgang 45* durchaus zugleich noch als Vertreter der zeitgenössischen DDR-weiten Strömung der Ankunftsliteratur, bei allen Unterschieden zu anderen, ästhetisch unauffälligeren Verbotsfilmen der Zeit wie *Spur der Steine* oder *Das Kaninchen bin ich*. Denn verschiedene Kräfte bewirken beim Protagonisten Al schließlich doch, dass er zu Lisa zurückkehrt und sich mit ihr auf die Bahn zu einem zumindest im Grundsatz sozialistischen Leben begibt. Die Grundkraft ist in diesem Zusammenhang die nie erloschene Liebesbindung zur arbeitsamen Lisa, gegenüber der die Reize anderer Frauen, die Alfred zwischenzeitlich aufsucht, erkennbar abfallen. Im Sinne dieser Erkenntnis und mit Blick auf die immerhin ja geschlossene Ehe wirken zudem in seinem näheren Umfeld zum einen interessanterweise jüngere, also voll DDR-sozialisierte Freunde auf ihn ein und zum anderen begegnen ihm zwei Männer etwa des Jahrgangs 1900, die aus ihrer altsozialistischen Lebensweisheit heraus mit Alfred diskutieren: Ein geringerer Anteil liegt hier bei Alfreds Großvater, der eine Art Grundanstand vom Enkel erwartet; den größten Anteil an allen ‚Beratungen' hat jedoch Alfreds Wohnungsnachbar, ein kleiner Rentner mit dem Spitznamen Mogul, der vom Typus her fast schon eine Art stiller Außenseiter ist, ohne dass dies im Film näher thematisiert wird. Mogul lässt vor allem als besonders ruhiger Zuhörer Alfred wirksam über sich und Lisa nachdenken, sodass Alfred schließlich wieder auf Lisa zugeht.

Weniger erfolgreich in diesem Sinne erscheinen demgegenüber staatsoffizielle Akteure, die für Alfred und die Schieflage in seinem Leben systemgemäß zuständig sind: Der Kaderleiter an Alfreds Arbeitsstätte, einer Kfz-Werkstatt, bestellt diesen zwar zu sich, weil er sich wegen der Scheidung Sorgen macht; Alfred kann ihn jedoch recht schnell abblocken, indem er erklärt, dass eine solche „Fürsorge [...] ziemlich spät" (ca. Min. 57) komme. Der Kaderleiter erreicht daher nicht mehr, als dass Alfred seine Sehnsucht nach größerem individuellen Erleben im eigenen Zeittakt ein weiteres Mal ausspricht. Staatsoffizielle Einwirkungsversuche scheitern in diesem Filmbeispiel also eher hilflos.

Dennoch ist es neben der Liebe zu Lisa nicht zuletzt deren gut sozialistisches Dasein, das Alfred in die Beziehung und aus der individualistischen Nische in die Gesamtgesellschaft zurückholt: Nachdem Lisa Alfred zunächst auf den Kopf zu gesagt hat, dass er sie mit seiner unerwachsenen Lebensweise anekele (vgl. Min. 74), will er anscheinend herausfinden, was es denn ist, das ihr Leben positiv ausmacht. Er beobachtet sie deshalb mit einem Freund heimlich an ihrem Arbeitsplatz, einer Ostberliner Säuglingsstation, und erlebt sie in einem liebe- und verantwortungsvollen Berufsalltag, was ihm anscheinend nicht unwesentlich zu denken gibt und zur finalen Einkehr bewegt. Eher privat-persönliche Gespräche und unmittelbare Anschauung eines in diesem Fall übrigens gerade nicht ‚beschleunigten', sondern dezidiert ruhigen Arbeitsalltags im Sozialismus sind es also hier, die einen jungen Mann des Jahrgangs 1945 sozusagen doch noch zumindest im Ansatz auf den Weg zum ‚richtigen' Dasein bringen. Seine vermutlich ‚vollsozialistische' Erziehung und die zuständige Kaderleitung besitzen hingegen wie gesagt eher geringen Einfluss. Diesen Eindruck einer De-facto-Schwäche des Systems nimmt der Zuschauer ebenso mit wie das Bild eines Ostberlins, dessen Jugendliche und junge Erwachsene vielfach ebenso auf zumindest leicht hedonistische Weise ‚eigenzeitlich' leben wollen wie ihre Pendants im Westen. Bei aller sozialistischen Erdung präsentiert der Film insofern wohl eine temporal komplexe Alltagssituation und eine Generationsanalyse, welche die ideologischen Hardliner lieber nicht im Kino sehen wollten.

5 Gang runterschalten im Sozialismus: Tetzners *Karen W.*

Die bisher gesichteten Werke inszenierten den ‚heroischen' Aufbau des Sozialismus sowie die – allerdings immer weniger ‚heroische' – Ankunft der Protagonisten im sozialistischen Alltag und damit ihre, wenn auch immer vagere Aussicht, am Lebenstakt des seinerzeit gerne so genannten neuen Menschentums teilzuhaben. Das abschließend zu fokussierende Beispiel aus der Zeit nach 1965, also nach dem berüchtigten polit-ästhetisch wirkmächtigen ZK-Kahlschlagplenum, bezeugt demgegenüber etwas anderes, denn es geht die Frage des Werdens ‚neuer Menschen' im sozialistischen Lebenstakt bereits eher retrospektiv und weitgehend pessimistisch an. Der Roman *Karen W.* von Gerti Tetzner, ab etwa 1965 im Austausch mit Christa Wolf[10] entstanden und 1974 endlich veröffentlicht, zeigt an seiner Hauptfigur, Karen W(aldau), Jahrgang 1937, sowie an der Figur ihres Lebensgefährten, des akademischen Historikers Dr. Fritz Peters, etwa Jahrgang 1935, so noch einmal deutlicher: Die notwendig erscheinende Individualität und selbstbestimmte Lebenstaktung auch des ‚neuen Menschen' war und blieb vielleicht sogar die zentrale, immer wieder unterdrückte gesellschaftliche Frage.

Die kollektivistische Gesellschaftsordnung wird dabei auch in diesem Werk bejaht, und die – an dieser Stelle leider nicht weiter zu erläuternde – Selbstfindungsthematik der Karen Waldau ist oft auch sogar unideologisch-persönlicher Natur und berührt den hier interessierenden Grundkonflikt wenig. Freilich fragt aber auch dieser Roman in toto, wie der Einzelne mit all seinen berechtigten Bedürfnissen in dieser Lebensordnung und -taktung vollends glücklich werden und sich im für ihn angemessenen Tempo entfalten kann – und das in allen ihn betreffenden Bereichen und nicht nur auf den gesellschaftlich erforderlichen Feldern, in diesem Fall also dem vorgegebenen Gemeintakt funktionierender Ehepartner und Elternteil.

Für Tetzners Karen W. bedeutet dies, dass diese zum Romanauftakt zur Flucht aus einer nicht mehr erfüllenden Beziehung und dem Karrieretakt ihres sozialistischen Kader-Gatten getrieben wird und einen provisorischen, privaten wie beruflichen Neuanfang im ruhigen Heimatdorf unternimmt. Das Dasein in einer sozialistischen Großstadt, in diesem Fall der Universitäts- und Handelsstadt Leipzig, wird deshalb bis auf Weiteres verlassen und der bereits gesetzte Lebensfortgang aufgegeben. Die Suche nach dem eigenen Sein wird dabei zu einer schmerzhaften Selbsterforschung und führt Karen W. am Ende auf einen emanzipierteren Lebensweg im sozusagen eigenen Takt, der zumindest vage auf eine etwas individuellere sozialistische Zukunft hoffen lässt.

6 Fazit

Systemnahe DDR-Gegenwartsprosa und DEFA-Spielfilme nehmen im modernen Spannungsfeld von Beschleunigungsparadigma und ästhetischen Entschleunigungstendenzen eine besondere Position ein. Diese hält sich, wenn auch mit sich bereits signifikant verschiebenden Signaturen, zumindest bis Anfang der 1970er Jahre – für viele sowieso bereits Endzeit einer DDR-Kunst im engeren Sinne. Ausgangspunkt

---

10 Vgl. den Briefwechsel der Autorinnen. In: Christa Wolf: Werke 4. Essays/Gespräche/Reden/Briefe 1959–1974. München 1999, S. 213–237.

nach 1945 war jedoch eine sozialistisch-realistische ‚Beschleunigungskunst', die über ein quasimythisches Heroid den geforderten technischen und gesellschaftlichen ‚Fortschritt' beispielhaft unterstützen sollte. Schon um 1950 finden sich allerdings narrative Züge, etwa in Claudius' Aufbauroman, die eine latente ‚Unmenschlichkeit' in der als vorbildlich gesetzten Akzeleration signalisieren. Spätestens um 1960, im Übergang von der sogenannten Aufbau- zur Ankunftliteratur, kommen solche Züge dann immer mehr in den Fokus, wie etwa bei Strittmatters *Ole Bienkopp*, dessen Heldenfigur freilich auch als in sich problematisch gezeichnet wird, was das eigene ‚Tempo' im gemeinschaftlichen Gang betrifft. Nach 1965 verschiebt sich schließlich die Perspektive vom sozialistischen Gesamttakt vollends zur Frage, welche Eigenzeitlichkeit, welcher Rhythmus dem Individuum ‚zusteht'. Man könnte sagen: Trotz eines grundsätzlich noch sozialistischen Standpunkts gelangt die DDR-Kunst mit Filmen wie *Jahrgang 45* oder Romanen wie Tetzners *Karen W.* in das Fahrwasser einer ästhetischen Moderne, die Entschleunigung für den Einzelnen narrativ wie ästhetisch zur Diskussion stellt.

Jan Urbich (Kiel)

Von der Eigenzeit des Endes im neueren seriellen filmischen Erzählen *(Breaking Bad)*

„Keine Zeit, um genug Angst zu haben":[1] So lautet eine Tagebuchaufzeichnung Ilse Aichingers aus dem Jahr 1973, die ein ganz passendes existentielles Emblem für die paradoxe Allgegenwart des modernen Zeitverlusts wäre, welche unter dem Label „Beschleunigung" in der Soziologie und Philosophie des Sozialen neuerlich Karriere gemacht hat, jedoch der langen Moderne seit dem 18. Jahrhundert in vielfältiger Weise als Problem von Anfang an aufgegeben war.[2] Die Theoriebildung folgt auch hier wie die Eule der Minerva den Tatsachen des historischen Lebens: Denn beispielsweise die moderne Philosophie des Zeitlichen seit Kant und Herder kann als Reaktion auf einen drängenden lebensweltlichen Erfahrungsbestand begriffen werden, der sich auch literarisch immer wieder artikuliert findet. Dass sich die Zeit dahingehend *verändert*, dem Einzelnen als gesamtgesellschaftlich radikal beschleunigt oder verlangsamt zu erscheinen, oder dass sie gar in irgendeiner Weise ‚verlorenzugehen' droht, bedeutet einen Paradigmenwechsel in der Zeittheorie der Moderne, der weit über die bloße Rede von der modernen Ansicht über die „Relativität" der Zeit hinausgeht. Zeitlichkeit zeigt sich ständig und gegenwärtig in den alltäglichen Vollzügen des geschichtlichen Lebens derart beschleunigt, dass sie dem Ich permanent entgleitet und unübersichtlich wird, mit anderen Worten: *Die Zeit erscheint selbst verzeitlicht.*[3]

Dass die Zeit nicht bloß das objektive, außerliche, ewig gleichbleibende mechanische Maß zählbarer Einheiten Newtons ist, darf freilich nicht als völlig neue Erkenntnis gelten, sondern gehört immer schon zum abendländischen Denken über Zeitlichkeit: Hatte doch bereits Aristoteles (und nach ihm v. a. Plotin) die Zeit dahingehend subjektiviert und relativiert, dass er sie an das veränderliche innere

---

1 Ilse Aichinger: Kleist, Moos, Fasane. Frankfurt a.M. 1996, S. 74.

2 Stellvertretend sei hier nur der wichtigste Forschungsbeitrag genannt, der die gegenwärtige Beschäftigung mit dem Thema neu begründet und bestimmt: Hartmut Rosa: Beschleunigung. Die Veränderung der Zeitstruktur in der Moderne. Frankfurt a.M. 2005.

3 Vgl. dazu Niklas Luhmann: Weltzeit und Systemgeschichte. Über Beziehungen zwischen Zeithorizonten und sozialen Strukturen gesellschaftlicher Systeme. In: ders.: Soziologische Aufklärung 2. Opladen 1975, S. 103–133. Vgl. Mike Sandbothe: Die Verzeitlichung der Zeit. Grundtendenzen der modernen Zeitdebatte in Philosophie und Wissenschaft. Darmstadt 1998 sowie Rosa: Beschleunigung (wie Anm. 2), S. 365–390 (zum Begriff der „Verzeitlichung der Zeit") und Michael Gamper, Helmut Hühn: Was sind ästhetische Eigenzeiten? Hannover 2014, S. 19–23.

Maß der Seele gebunden hatte.[4] Und doch heißt es über die „Sattelzeit" um 1800 völlig zu Recht bei Foucault in *Die Ordnung der Dinge*: „Die Ordnung der Zeit beginnt",[5] weil sich in diesem Diskursraum ein grundsätzlich anderes, spezifisch modernes Denken über Wesen und Form des Zeitlichen etabliert. Dieses hat, wie bereits erwähnt, auch gar nicht zentral damit zu tun, dass die vorher ‚objektive', dem Subjekt äußerliche und vorgängige, entweder theologisch-heilsgeschichtliche, kosmologisch-platonische oder newtonisch-naturmechanische Zeit, nun wesentlich an die Bedingung von Subjektivität, wie beispielsweise bei Kant, gebunden wird, und als von dieser abhängig erscheint. Zwar wird durchaus die Frage nach der paradigmatischen Alternative der Objektivität und der Subjektivität der Zeit um 1800 wieder dringender; aber weder ist sie neu, noch ist ihre Aktualität der Grund dieser diskursgeschichtlichen Veränderungen, sondern eher deren Wirkung. Gerade an Kants Zeitbegriff kann man das plausibel machen. Denn auch wenn er zum einen Zeitlichkeit transzendentalphilosophisch subjektiviert, indem er sie zur inneren Anschauungsform erklärt, so bleibt er dabei doch in anderer Hinsicht einem gewissermaßen ‚veralteten' Paradigma treu, welches um 1800 ins Wanken gerät: „Die Zeit verläuft sich nicht, sondern in ihr verläuft sich das Dasein des Wandelbaren."[6] Gegen die heraklitische, noch bei Kant zu findende Idee, dass Zeit der selbst unzeitliche Container des zeitlich Wandelbaren, und dass sie als feste und unwandelbare Form das Beharrliche im Werden sei, machen verschiedene Zeitmodelle seit der Sattelzeit die Idee stark, dass Zeitlichkeit ihrerseits selbst zeitlich gedacht werden müsse, dass sie mithin nicht starre Form, sondern dynamisches Muster sei. Der moderne Begriff der Zeit umfasst demnach nicht nur ein mathematisch-quantitatives, sondern auch ein modal-qualitatives Modell von kategorialer Ereignishaftigkeit bzw. mit Hermann Schmitz und John McTaggert: Zeit ist nicht nur als ‚Lagezeit', sondern auch als ‚Modalzeit' zu begreifen.[7] Die *Verzeitlichung der Zeit* und die *Pluralisierung der Zeit* sind deshalb, pauschal und sehr schematisch gesprochen, die entscheidenden Tendenzen des Umbaus des Zeitverständnisses seit der Sattelzeit. *Verzeitlichung der Zeit:* Damit ist gemeint, dass die Zeit aus ihrem starren Bett eines ewig gleichbleibenden, monotonen Ablaufmodells ausbricht und auch theoretisch (nicht nur als drängender kollektiver Erfahrungsbestand) als verlangsamt oder beschleunigt, zerdehnt oder bis zum Verschwinden verdichtet zu denken ist, je nachdem welche Ereignishorizonte sie gliedert. Auch ist das gemeint, was Niklas Luhmann und Reinhart Koselleck als Reflexivwerden

4 Vgl. Aristoteles, Phys. 219b 1f. Vgl. Karen Gloy: Philosophiegeschichte der Zeit. München 2008, S. 72f.

5 Michel Foucault: Die Ordnung der Dinge. Eine Archäologie der Humanwissenschaften. Frankfurt a.M. 1971, S. 357.

6 Immanuel Kant: Kritik der reinen Vernunft, B 183.

7 Vgl. Gloy: Philosophiegeschichte der Zeit (wie Anm. 4), S. 11–13.

der Zeitbestimmungen[8] bezeichnet haben: dass es also nicht, gemäß McTaggerts „A-Reihe" der Zeit, nur die modalzeitlichen Bestimmungen von Vergangenheit, Gegenwart und Zukunft gibt,[9] sondern dass dieses Schema reflexiv, genauer wäre zu sagen: selbstreferentiell wird – weil man nun besser von vergangenen, gegenwärtigen und zukünftigen Vergangenheiten, von vergangenen, gegenwärtigen und zukünftigen Gegenwarten und von vergangener, gegenwärtiger und zukünftiger Zukunft sprechen sollte, um die komplexen Bedeutsamkeitspotentiale modernen zeitlichen Bewusstseins zu erfassen. *Pluralisierung der Zeit:* Damit ist gemeint, dass die gesamthistorische bzw. gesamtgesellschaftliche Zeit als Phänomen der komplexen Synchronisierung von verschiedenen „Eigenzeiten" verstanden wird. Das berühmte Wort dazu von Herder aus der *Metakritik*, dessen Gedanken beispielsweise Schelling in den *Weltalter*-Fragmenten ausbaut, lautet: „Eigentlich hat jedes veränderliche Ding das Maß seiner Zeit in sich; dies bestehet, wenn auch kein anderes da wäre; keine zwei Dinge der Welt haben dasselbe Maß der Zeit."[10] Die diskursgeschichtliche Zersplitterung der einen verbindlichen Zeitordnung in eine Vielzahl partiell asynchroner Eigenzeiten, ob biologische, physikalische, soziale, ästhetische, mentale etc., führt zwar eine Vielzahl von theoretischen wie praktischen Problemen und Möglichkeiten mit sich, die es nun zu lösen gilt, gibt aber auch völlig neue Beschreibungsinstrumente an die Hand, um der unzweifelhaft komplexer gewordenen Zeiterfahrung moderner Lebenswelten gerecht zu werden. In jedem Fall gehört es von nun an zu den Fragehorizonten des Zeit-Wissens im Kontext der transzendental ausgerichteten Episteme der Moderne,[11] wie diese flexiblen, dynamischen Eigenzeitlichkeiten durch die Medien ihrer Erzeugung, Durchführung und Darstellung mitgestaltet werden: wie also Darstellungsprozesse nicht nur eine äußerliche, sekundäre und repräsentationale, sondern eine konstitutive und primäre Funktion für das Auftreten der Eigenzeiten besitzen, und in welcher Form diese an der Formierung, Reflexion oder Kritik bestehender Eigenzeitlichkeiten teilhaben.[12] Jedes Wissen von Zeit ist an eine eigene Zeitlichkeit der Darstellung dieses Wissens gebunden, und jede Darstellung von Wissen über Zeit produziert wiederum durch ihre spezifische Eigenzeitlichkeit ein eigenes performatives Wissen

8 Vgl. Reinhart Koselleck: Erfahrungsraum und Erwartungshorizont – zwei historische Kategorien. In: ders.: Vergangene Zukunft. Zur Semantik geschichtlicher Zeiten. Frankfurt a.M. 1989, S. 349–376.

9 John M. E. McTaggert: The Unreality of Time. In: The Philosophy of Time. Hg. v. Robin Le Poidevin und Murray MacBeath. Oxford 1993, S. 23–35. Vgl. Gloy: Philosophiegeschichte der Zeit (wie Anm. 4), S. 12f.

10 Johann Gottfried Herder: Metakritik zur ‚Kritik der reinen Vernunft'. In: ders.: Werke in zehn Bänden. Hg. von Hans Dietrich Irmscher. Bd. 8. Frankfurt a.M. 1998, S. 360.

11 Vgl. Foucault: Die Ordnung der Dinge (wie Anm. 5), S. 300f.

12 Vgl. Gamper, Hühn: Was sind ästhetische Eigenzeiten (wie Anm. 3).

von Zeit, das zu dem dargestellten Wissen in Spannungsverhältnisse zu treten vermag. Unter diesen Darstellungsmedien nehmen wiederum die im engeren Sinn künstlerischen Medien ein besonderes Verhältnis zur Pluralität der Eigenzeiten und der Verzeitlichung der Zeit überhaupt ein: weil ihnen sowohl die umfassende *Reflexivität* ihrer Sinnerzeugungsprozeduren immer schon eingeschrieben ist[13] und weil v. a. ihr Sinnformat in besonders intensiver Weise nur als ein zeitliches adäquat beschrieben werden kann. Zeitlich ist der Sinn von modernen Kunstwerken darin, dass er ganz wesentlich an die vollständige Entfaltung im Geschehen des Werkes gebunden ist, d. h. dass er als prozessualer der komplexe zeitliche Zusammenhang einer Entwicklung von Fortführung, Überschreibung, Verdichtung und Entgegensetzung des jeweiligen Bedeutungshorizontes – dass er also ein Bedeutungs*geschehen* – ist. Ästhetische Form ist ein in besonderer Weise ausgezeichnetes Medium der Organisation und Reflexion von Zeit; das gilt für verschiedene Kunstgattungen in verschiedener Weise, wie schon Lessing im *Laokoon* wusste, aber doch für alle Künste hinsichtlich des je besonderen Geschehnischarakters ihrer Darstellung.

Ich habe diese Tendenzen des modernen Zeitdiskurses bis hin zur Auswirkung auf ästhetische Fragen deshalb angerissen, weil nur so meine Frage danach, in welcher Form die Gattung des Films und näherhin die der TV-Serie in besonderen Beispielen *Eigenzeitlichkeiten* zu reflektieren und zugleich zu gestalten weiß, Sinn ergibt. Der Film an sich scheint gemäß seiner medialen und prozeduralen Logik erst einmal in jeder Hinsicht besonders geeignet für die ästhetische Darstellung von Eigenzeitlichkeit zu sein: nicht nur wegen seiner materialen zeitlichen Linearität, sondern auch weil er durch die beinahe grenzenlosen technischen Möglichkeiten der Bild- und Zeitmanipulation ein großes reflexives Potential hat, kontrafaktische Gegen- und Anderszeiten zu organisieren. TV-Serien unterstehen zusätzlich einer im Vergleich dazu nur ihnen zukommenden reflexiven Eigenzeitlichkeit, weil sie *Serialität* und *Parallelität*, d. h. durch deutliche Unterbrechungen markierte Fortsetzung und variierende Wiederholung, als zeitliche Darstellungsprinzipien ineinanderfügen. Damit ergeben sich Spielräume analeptischer und proleptischer Darstellungsvollzüge, der reflexiven Ausgestaltung zyklisch-kreisender Zeitverläufe, des Verhältnisses von Wiederkehr und Progression, oder der Gestaltung zeitlicher Brüche, Lücken und Abgründe. Zudem schreiben sie dort aktiv an der existentiellen Eigenzeit des Rezipienten mit, wo durch dessen höhere affektive Beteiligung am Fortführungsgeschehen seine eigene Lebenszeit zwischen den ausgestrahlten Episoden zum integralen Teil des Darstellungsprozesses wird.

Prototypisch sind aus diesen Bedingungen zwei Großarten von TV-Serien entstanden: die zeitlich eher progressiv verfahrende narrative, ein filmisches Geschehen

13 Vgl. Vf.: Darstellung bei Walter Benjamin. Die ‚Erkenntniskritische Vorrede' im Kontext ästhetischer Darstellungstheorien der Moderne. Berlin 2012, S. 320–350, 477–501.

über eine längere Erzählzeit entfaltende und die zeitlich eher kreisende, mit jeder Folge einen bestimmten Ausgangszustand trotz erfolgter Veränderungen wieder herstellende. Für beide Typen lassen sich Beispiele aus der E- und der U-Sparte des Fernsehens finden; und beide greifen natürlich vielfältig ineinander bzw. bilden verschiedene lose Sub- und Paratypen aus. Auch der Hang zur manchmal überbordenden Reflexivität der eigenen Zeitstrukturen und bedingungen kann beiden Typen gleichermaßen zukommen (für den narrativen Typus beispielsweise *How I met your Mother*), wenngleich der zyklische Typ in dieser Hinsicht real bisher mehr Angebote gemacht hat, wenn man beispielsweise an die komplexen reflexiven Schleifen der *Simpsons* denkt. Die Figur des Sheldon Cooper aus der weltweit erfolgreichsten TV-Serie der Gegenwart, *The Big Bang Theory*, kann sogar als personifiziertes Prinzip der Selbstreflexivität des zweiten Typs gelten. Denn Sheldon Cooper ist ein hochintelligenter Zwangsneurotiker, der mit aller Macht die Wiederherstellung der ewig gleichen Ausgangslage und den Widerstand gegen die narrative Fortführung des übergreifenden Plots als seine neurotische Pathologie zum Thema macht: Nicht wenige Episoden beziehen ihren Gehalt und ihre komische Wirkung daraus, dass Sheldon Cooper Abweichungen und Veränderungen seines Alltags mit übertriebener und zugleich kindlicher Strenge zu verhindern sucht.

In den letzten Jahren ist die Landschaft der TV-Serien indes diskursiv dort gelandet, wo sie bis dato kaum zu finden gewesen ist: In den Feuilletons und den akademischen Abhandlungen. Schuld daran ist das, was man mittlerweile salopp „Qualitätsserien" nennt. Angefangen mit *Twin Peaks* von David Lynch und den *Sopranos* noch in den 1990ern, hat sich – bisher fast ausschließlich im amerikanischen Kulturraum – mittlerweile eine ästhetische Kultur der TV-Serie etabliert, die von vielen Filmkritikern bereits als legitime Erbin der sich nur noch in den ewig gleichen schematischen Blockbustern verlierenden Hollywood-Industrie angesehen wird. Dabei sind es die erzählerische Raffinesse gerade auch im Zeitregime und der narrativen Ordnung, die hohe Komplexität von Handlungssträngen und in der Figurengestaltung, das größere Augenmerk auf Dialogführung und Personendramaturgie sowie das Weiterentwickeln der bis dato dürftigen bildgestalterischen Möglichkeiten, welche verschiedene TV-Serien als anerkannte Qualitätsmerkmale miteinander verbinden: *The Wire*, *Mad Men*, *Homeland*, *Boardwalk Empire* oder *House of Cards*, um nur einige wenige zu nennen. Aus diesen Beispielen ragen allerdings zwei noch einmal heraus, zumindest was den Erfolg bei Kritikern, Fans und akademischen Interpreten betrifft: Zum einen *Breaking Bad* vom ‚Showrunner' Vince Gilligan, von 2008 bis 2013 in fünf Staffeln und insgesamt 62 Episoden produziert, zum anderen (relativ neu) *True Detective*, dessen 2014 ausgestrahlte erste Staffel von acht Episoden des Autors und Showrunners Nic Pizolatto weltweit hymnische Kritiken des Feuilletons nach sich gezogen hat. Ich möchte im Folgenden an *Breaking Bad* vorführen, in welcher Weise hier ästhetisch innovativ das Medium TV-Serie eine besondere Form der ästhetischen Reflexion von Eigenzeitlichkeit ins Werk setzt, und wie dieses dabei an der Ausarbeitung von entschleunigten Gegenzeiten gegen die allumfassende soziale, technische und ökonomische Erfahrung der Zeitbeschleunigung mitzuarbeiten weiß.

Wenn am Ende der dramaturgisch makellosen ersten Folge von *Breaking Bad* Mick Harveys lakonischer Song *Out of Time Man* zu hören ist, so bringt der Soundtrack damit resultativ zum Ausdruck, was uns die Episode zuvor panoramatisch über das Leben der Hauptfigur Walter White entfaltet hat. Walter White, gespielt vom dafür zu Recht mit allen denkbaren Darstellerpreisen überhäuften Bryan Cranston, ist ein fünfzigjähriger Chemielehrer an einer Highschool in Albuquerque, New Mexico, im sozialen und geographischen Nirgendwo der amerikanischen Wüste, der trotz hoher Bildung und Vorstadtfertighaus zum breiten Mittelschichtsprekariat zählt. Walter wird dem Zuschauer zu Beginn als ein moderner Woyzeck eingeführt: nämlich als ein permanent Gehetzter, dem unter dem sozialen Druck seiner Lebenswelt beständig die Zeit ausgeht und dem die Haltung und das Verhalten des Zu-spät-Kommens bereits tief in den eigenen Gefühlshaushalt eingegangen sind – so sehr, dass er nicht einmal mehr schlafen kann, weil ihn selbst in Zeiten der Ruhe das schlechte Gewissen des Zeitverlusts quält. „You're so very late", ist das Erste, was er von seiner Frau zu hören bekommt, als er selbst zu seiner Überraschungsgeburtstagsparty, von der er doch gar nichts wissen kann, zu spät kommt, nicht von ungefähr an Josef K. aus dem *Prozeß* erinnernd, dem ja dasselbe von eben dem Gerichtshof vorgeworfen wird, von dessen Existenz er gar nichts weiß. Walter White hat, der sozialen Realität New Mexicos und vieler anderer Staaten in den USA gemäß, trotz seines hohen Bildungslevels zwei Jobs, die trotzdem kaum zu einem sorgenfreien Leben reichen; der zweite Job als Kassierer und Felgenputzer in einer Autowaschanlage bedeutet zudem eine besondere permanente Demütigungserfahrung, wenn dieselben Schüler, welche zuvor seinen Unterricht durch Dummheit gestört haben, den verhassten Lehrer nun die Felgen ihrer teuren Autos putzen lassen und dabei Handyfotos schießen. Der Verlust an Selbstmächtigkeit, die Art und Weise, wie er sich zu Beginn der Serie völlig aus der Hand genommen scheint, indem er in den Mühlen zahlreicher Notwendigkeiten, Zwänge und Verpflichtungen untergeht, ist dabei die *handlungstheoretische* Seite der sozialen Beschleunigung, der er unterliegt. Zu diesen vielfältigen Arten des sozialen Zeitverlusts und der Ohnmacht erzeugenden ständigen Beschleunigung seines sozialen Lebens tritt nun im Laufe der ersten Episode noch eine weitere, auch qualitativ neue Art des Verlusts von Zeit und Selbstmächtigkeit: Walter White erfährt, dass er Lungenkrebs im Endstadium und wahrscheinlich nur noch wenige Wochen, vielleicht Monate zu leben hat. Als ihm der Arzt nach einem Zusammenbruch in der Autowaschanlage diesen Befund mitteilt, kümmert sich Walter nur um den Senffleck auf dem Kittel des Mediziners: So sehr ist er durch den allumfassenden Zeitverlust sich selbst bereits äußerlich geworden, dass ihn diese Mitteilung in Bezug auf sich selbst kaum mehr tangiert.

Es ist nun eine tragende Pointe des gesamten Plots, dass sich Walter, in eben jenem Moment in dem er sich scheinbar *vollständig* weggenommen und seine Zeit gänzlich abgelaufen zu sein scheint, in Etappen zurückzugewinnen beginnt – und sich ihm damit auch die Möglichkeit einer besonderen *Eigenzeit* eröffnet, von der er bisher nichts ahnte: die Eigenzeit des Endes. Der grobe äußere Geschehnisablauf ist dabei der, dass Walter, um seiner Frau, seinem Sohn und der noch ungeborenen Tochter nach seinem Tod ein Leben in Armut zu ersparen, mithilfe eines ehemaligen Schülers N-Methylamphetamin, besser bekannt als Crystal Meth, herzustellen beginnt und über die kommenden fünf Staffeln vom Highschool-Lehrer zum Drogenboss aufsteigt. Die Absurdität, welche in einer derartigen Abstraktion dieser Plotidee zuzukommen scheint, verliert sich im lokalen und sozialen Setting der Vorstadtgegenden und Mittelschichtsviertel Albuquerques sofort, wo – wie die Serie eindringlich vorführt – gerade die Armendroge Crystal Meth in allen Schichten der Gesellschaft allgegenwärtig ist und der einzige Weg zu einer großen Menge Geldes in kurzer Zeit über die Herstellung und den Handel von Drogen führt, zu denen Walter White als Chemiker einen großen Wissensvorsprung besitzt.

Zur Explikation dieser Plotidee beginnt die gesamte Serie in der ersten Szenerie der ersten Episode mit einem *dreifachen Ende*, d.h. mit einem dreifachen scheinbaren Zu-Ende-Kommen von Handlungs- und Lebenszeit, um vorzuführen, dass die Erzählzeit der gesamten Serie die *Zeit eines sich entschleunigenden Endes* ist. Erstens steigt die erste Szene nicht mit dem chronologischen Anfang, sondern mit dem Ende der ersten Episode ein; dieses Ende scheint zweitens aus Walters Sicht bereits das Ende seiner kurzen Kriminellenlaufbahn zu sein, indem er nämlich darauf wartet, nach einem fürchterlich fehlgeschlagenen ersten Drogendeal von der nahenden Polizei verhaftet zu werden; und all dies geschicht unter der Drohung des generellen Endes seiner Lebenszeit durch die Krankheit, das als motivierender Hintergrund seiner kriminellen Handlungen fungiert. Es ist gerade diese Multiplizierung von Enden, und das plötzliche Geworfensein von Walter White in die Zeit seines Endes, die ihm mit der Entscheidung zur Laufbahn des Drogendealers eine neue Qualität von Zeitlichkeit eröffnen. Walter gewinnt erst dort die Eigenzeitlichkeit seines Handelns zurück, wo er äußerlich gesehen keine Zeit mehr zur Verfügung hat und sich die Zeit selbst nehmen muss, um im Raum der Illegalität wieder handlungsfähig zu werden: So wird ihm die Chronik seines angekündigten Sterbens zum Vollzugsgeschehen einer Selbstermächtigung. Walters Sterben ist mithin kein heideggerianisches Vorlaufen in den Tod,[14] in welchem jeder Moment der Zeit, die das Ende benötigt, nur umso mehr ein nichtiger, nutzloser wäre, als bloßes Erwarten der Auflösung im Angesicht der Angst. Dass die Serie fünf Staffeln benötigt, um diese Zeit des Endes zu erzählen, ist mithin auch dramaturgisch konsequent: Die Zeit seines Endes, gemacht, um

14 Martin Heidegger: Sein und Zeit. Tübingen 2001, S. 262 (§ 53).

sein Verschwinden zu organisieren, dehnt sich ihm im Ereignishorizont seines Tuns zu einem eigenen *Leben im Leben*, in welchem er in seinen Handlungen, so unmoralisch und illegal sie sein mögen, selbstmächtiger bei sich ist als je zuvor. Sie entschleunigt sich dahingehend, ihm mit der Möglichkeit selbstbestimmter Handlungen auch die Zeit zurückzugeben, die jedes wahrhaft eigenmächtige, freie Handeln benötigt und setzt.[15] Möglich ist dies, weil Walter durch die Zeit seines Endes sein bisheriges Leben als fremdbestimmt anerkennt: Die Zeit, die er nun gewinnt und innerhalb seiner beschleunigten Lebenszeit als *Gegenzeit seines Todes* entfaltet, ist ganz wesentlich ein Produkt von *Entscheidungen*, die er nun zu fällen vermag. Walter entscheidet sich dazu, endlich Entscheidungen zu fällen und diese in Handlungen umzusetzen; er nimmt sich die Selbstmächtigkeit zurück, die ihm das System von Abhängigkeiten und Verantwortlichkeiten geraubt hat, und schafft sich so eine evolvierende, ständig regenerierende erfüllte Zeitlichkeit des eigenen, selbstbestimmten Handelns, die seinen Tod hinausschiebt, weil er sich in dieser Selbstmächtigkeit als brillanter Problemlöser zeigt, der in allen Auseinandersetzungen und Schwierigkeiten letztlich stets aufs Neue die Oberhand behält. Dass sein Leben in der Zeit seines Endes erst beginnt, dass sich ihm im überaus flüchtigen Zeitraum seines Endes erst die eigentliche, erfüllte Zeitlichkeit seines Daseins entfaltet, dass ihm gerade dort eine entschleunigte Gegenzeit entspringt, wo die beschleunigte Zeit seines Lebens ihn umso beschleunigter seinem Ende zuführt, und dass Zeit zu haben bedeutet, Entscheidungen zu treffen und diese handelnd auszuagieren, das führt die Serie mit großer Konsequenz und durch vielfältige andere Aspekte und Nebenhandlungen hindurch vor. Walters Sterbenszeit mag dabei weder von besonders viel Glück, Harmonie und Freude noch von großer Anerkennung geprägt sein. Aber erst dies ist *seine* Zeit, die ihm als Eigenzeit auch seines letztlichen Scheiterns zugehört und in der er als zeitliches Wesen zuhause sein kann, wo er vorher wie aus jeder Zeit gefallen schien – auch darin ein *out of time man*. Folglich machen der Wechsel extrem verdichteter und zerdehnter Szenen, das irritierende Beharren auf Details und Umwegen, sowie die meditative Vergrößerung von Szenen und Handlungsfolgen im Strom der Ereignisse tragende ästhetische Mittel der Inszenierung aus. Dazu nutzt die Serie auf konsequente Weise die Möglichkeiten des *cold opening* bzw. der *pre-title sequence*, um die Zeitlichkeiten ihres Ereignishorizonts zu pluralisieren und aufzufächern: Im Modus der Vorzeitigkeit eines ‚Anfangs vor dem Anfang' bricht die lineare Erzählzeit in ihrer starren progressiven Chronologie auf und ordnet sich zu Sinnzusammenhängen, die sich erst dem zeitlich ‚freien' Blick ergeben. So beginnt

15 Vor allem bezüglich Descartes' Konzeption von ursprünglicher Ich-Vollzüglichkeit („Meditationes de prima philosophia"), die in Fichtes Idee selbstursprünglicher, welterschließender und begründender, performativer Ichheit („Grundlage der gesamten Wissenschaftslehre") aufgenommen wird, ließe sich diese Auffassung von Subjektivität auch philosophisch fundieren.

jede Episode der zweiten Staffel mit einem Puzzlestück des Endes dieser Staffel, die sich mehr und mehr zu einem furchterregenden Finale zusammensetzen, in das sie schließlich übergehen; in späteren Staffeln wird noch weiter voraus- oder zurückgegriffen, um den gegenwärtigen Ablauf der Ereignisse auf überraschende Weise mit vergangenen oder zukünftigen Gegen-Zeiten zu kontextualisieren, zu konterkarieren oder reflexiv zu kommentieren.[16] Die so entstehenden ana- und proleptischen Konstellationen zwischen *pre-title sequence* und Episodenverlauf bilden im Bruch zwischen den Zeitmomenten, den sie bebildern, und den noch unerklärbaren Ursache-Wirkungs-Zusammenhängen, die sie meinen, ex negativo den *Abstand* ab, der durch die Eigenzeitlichkeit der Handlungen Walters entsteht: Wenn diese Szenen auch über vielfältige symbolische oder motivische Korrespondenzen aufeinander reagieren, so zielen sie doch darauf anzudeuten, welche vielfältigen Handlungsschritte notwendig sind, um das vorweggenommene Ergebnis zu erreichen bzw. erklärbar zu machen. Die letzte Bedingung all dieser Zeitlichkeit, die aus dem Keim von Walters Diagnose hervorgeht, besteht jedoch in Walters *Entscheidung zur Entscheidung*, die sich bereits in Episode fünf der ersten Staffel voll entfaltet hat. In der sogenannten *pillow talk*-Szene, in welcher Walter von seiner Frau Skyler zum Antritt der Krebstherapie in tribunaler Form vor der gesamten Familie bewegt werden soll, manifestiert sich gegenteilig nämlich sein Entschluss dazu, sich die Gründe und Vollzüge seines Handelns nicht mehr aus der Hand nehmen zu lassen: Die Einsicht, bisher nicht *gehandelt*, sondern nur *agiert* zu haben, also auf nicht selbstgewählte und selbst anerkannte Routinen eingestellt gewesen zu sein, in denen die Lebenszeit wie in einem schwarzen Loch verschwunden ist, führt ihn dazu, zuerst gegen den Widerstand seiner Familie die Krebstherapie abzulehnen und dann, nachdem er sich doch dafür entschieden hat, gegen das Angebot reicher, wohlmeinender Freunde die hohen Kosten durch den Eintritt in das kriminelle Milieu zu finanzieren. Sich selbst so in die Hand zu nehmen, Eigenmächtigkeit zu entwickeln und einen Freiraum der *Autorschaft des eigenen Lebens*[17] zu schaffen, *braucht* und *schafft* zugleich Zeit: Die Zeit *für* die Entscheidung, die man benötigt, um im Strudel der Ereignisse innezuhalten und Handlungsoptionen sowohl zu erwägen als auch auszuagieren, ist für Walter die erste *erfüllte* Zeit seines

16 So beginnt die erste Folge der letzten Staffel mit Szenen der letzten Folge, die sich unmittelbar vor dem Finale abspielen: Walter bricht in sein eigenes, nun bereits verlassenes Haus ein, um dort ein verstecktes Gift zu holen. Die erste Szene nach der kurzen *title sequence* springt dann wieder zurück an den gegenwärtigen Erzählpunkt, zu welchem die Whites dieses Haus als Kulisse für die nun gesamtfamiliäre Täuschung noch bewohnen. Solche zeitlichen Doppelbelichtungen fungieren nicht nur einfach als ‚clevere' ana- und vor allem proleptische Erzählvorgänge, sondern betonen in diesem Fall die grundsätzlich zeitliche Erstreckung, welche durch das Handeln Walters allererst entsteht – wenn auch in katastrophaler Teleologie.

17 Vgl. Dieter Thomä: Erzähle dich selbst. Lebensgeschichte als philosophisches Problem. Frankfurt a.M. 2007.

Lebens – eine Zeit, die er mit sich selbst füllt, indem er in dieser Entscheidung erstmals ganz bei sich ist. Zugleich *hat* diese Zeit *der* Entscheidung für Walter erstmals Zeit: weil sie sich eben die Zeit nimmt, die sie braucht, um sich zu vollziehen, und damit allererst den Zeitraum schafft, in welchem Walter darauffolgend Spielräume des selbstbestimmten Lebensvollzugs zurückgewinnt.

Dass also der finale Moment der Krankheit im Laufe der Ereignisse immer weiter hinausgeschoben wird, ist kein unplausibler Handlungstrick, um Serienlaufzeit zu generieren, sondern auf der Ebene dieser Tiefenschicht temporaler Sinnkonstitution notwendige Folge des *autopoietischen Charakters von Handlungs- und Lebenszeit*. Die gewährte Zeit dafür, um sich selbst in die Hand zu nehmen und sein Leben als Selbstvollzug seiner Entscheidungen auszuagieren, entfaltet sich erst aus dem verdichteten Kern der Entscheidung Walters zu eben dieser Lebens- und Handlungsweise: Sie liegt nicht einfach vor, um gefüllt zu werden, sondern wächst *in* bzw. *als* Erfüllung ihrer selbst erst zu, indem man sich und dadurch man sich für sie entscheidet. Im Entscheidungshandeln vollführte und (zu Anfang) nicht egozentrische, sondern sogar vernünftige Eigenmächtigkeit ist das Medium, durch welches sich hier die bedrohlich beschleunigte und sich immer gefahrvoller zusammengezogene Zeit für Walter entschleunigt und konkret ausbreitet in einen Möglichkeitsraum des Beisichseins: Das ist die performative Zeitdilatation echter Handlungsmächtigkeit. Im Unterschied zu Kant hatte bereits Fichte gelehrt, dass die Kategorie der Zeit nicht der theoretischen Vernunft transzendentaler Subjektivität, sondern vielmehr der praktischen Vernunft einer ursprünglichen Handlung des Ich, sich immer schon zeitlich zu erschließen, zugehört:[18] dass sie also gleichursprünglicher Effekt von Subjektivität, nicht (nur) deren transzendentale Bedingung ist, weil sie sich erst als logische Konsequenz aus den ursprünglichen Tathandlungen des Ich ergibt, die ihre eigene Zeit des Vollzugs aus sich heraus setzen. Gegen die Wirksamkeit einer entfremdeten, quasimythischen Naturzeit seines Daseins, die ihm immer als äußerliche Macht der Einschränkung und Unterwerfung gegenübertritt, eignet sich Walter in der Ergreifung der Eigenzeit seines Entscheidungshandelns seine ihm entfremdete Produktivkraft wieder an: Eben deshalb wird es im Verlauf der Serie für ihn immer entscheidender, wie gut sein Produkt der Qualität nach ist – und dass es als *sein* Produkt anerkannt wird. Dass dieses Tun nun gerade mit der gesellschaftlich geächteten ‚unmoralischen' Tätigkeit der Drogenproduktion zusammenhängt, ermöglicht die tiefengestaffelten tragischen Potentiale, welche die Serie sukzessive und konsequent nutzt. Denn natürlich erzeugt diese bedrängende Situation umfassender Unaufrichtigkeit und Täuschung gegenüber der Familie und der Gesellschaft neue Zwänge, Beschränkungen, Abhängigkeiten, sittliche Selbstverluste und somit Zeitkontraktionen, welche lokal bis zum Gefühl

18 Vgl. Johann Gottlieb Fichte: Grundlage der gesamten Wissenschaftslehre (1794). Hg. von Wilhelm G. Jacobs. Hamburg 1997.

des vollständigen Aufgebraucht-Habens des verlängerten Zeitkontingents reichen: In der meisterhaften Episode *The Fly* reflektiert Walter über den verpassten *kairos* seines Todes und über das Gefühl, aus der angemessenen Dramaturgie eines erfüllten Endes wieder herausgefallen zu sein – um nun erneut in eine leere, jetzt aber kreisende, ziellose, der Beckett'schen Handlungszeit endlosen Wartens entsprechende Zeit zu geraten. Freilich gelingt es Walter immer wieder, diese Perspektive zu überwinden: weil er seine eigentliche große Fähigkeit nicht (nur) im Meth-Kochen, sondern vor allem im *Problemlösen* erkennt, das ihn ständig fordert und zugleich zurückholt in den Kontext zeitgewinnenden Selbstvollzuges. Walters zeitspendende und handlungssichernde Fähigkeit ist das beinahe genialische Auflösen von schwierigen Problemen, in denen Handlungskompetenz plötzlich verlorenzugehen droht, weil sich Optionen des Anschlusshandelns, das sein Weitermachen ermöglicht und den Tod aufschiebt, aufzulösen drohen: Und Walters Ziel ist es jedes Mal, diese Optionen wiederherzustellen, indem die legislativen wie kriminellen, in jedem Fall ihm oppositionellen Gravitationskräfte des Gewöhnlichen, welche seine neu gekrümmte Eigenzeit wieder in den Nullpunkt des linearen Verlaufens zurückbiegen, durch seinen Einfallsreichtum und zunehmend seine Rücksichtslosigkeit zurückgehalten, umgeleitet oder gar zerstört werden.

Damit ist natürlich nicht der komplette dramaturgische Rahmen der Serie hinreichend besprochen. Vielmehr isoliert diese Betrachtung einen (allerdings) entscheidenden Aspekt am Darstellungsgehalt ihrer Hauptfigur, nämlich den *autopoietischen Zusammenhang von Selbstfindung bzw. mächtigkeit, Handlungszeit und Lebenszeit*: die Idee, dass Walters Eigenzeit entfaltet wird aus der Konsequenz und Selbstmächtigkeit der Entscheidungen, mit denen er sich Raum verschafft und die Handlungsoptionen dieses Freiraums zu nutzen weiß.[19] Walter dehnt sich die Zeit, in welcher er sich vorfindet, indem er Gegenzeiten in ihr initiiert, die Effekt seiner Selbstmächtigkeit sind; ihm entschleunigt sich die Zeit, in welcher er bereits kurz vor seinem Ende steht, indem er Eigenzeiten des Aufschubs einblendet, welche Funktionen von Autonomie sind. Diese Eigenzeit ist dabei *Funktion* seines Entscheidungshandelns, nicht bloß dessen *Voraussetzung*, oder mit Hegel gedacht: Sie wird im logischen Sinn erst *voraus/gesetzt* durch den Aktionsradius seines erschließenden Tuns, weil ihr Zugrundeliegen ebenso sehr Resultat wie Bedingung ist.[20] Derart ist ein Format von Eigenzeitlichkeit entwickelt, deren Sinnhorizont und Funktionsweise in der Idee einer besonders

19 Somit kann die Serie ebenso als kritischer Kommentar zu naturalistischen Handlungserklärungen gelesen werden: Auch wenn Walters Entscheidungen wiederum kausalistische Reaktionen auf die Umstände sind, so gehen sie doch nicht darin auf, d.h. sie sind nicht auf diese reduzierbar; der ‚Rest' gegenüber diesen Erklärungen ist hingegen genau das, was die Zeit streckt, d. h,. was wiederum in kausalistische Muster eingreift.

20 Vgl. G. W. F. Hegel: Wissenschaft der Logik. Bd. II. Frankfurt/M. 2003 (= Werke, Bd. 6), S. 26f.

sinnerfüllten *Zeitlichkeit des Aussetzens und Beendens* konvergieren: um also *seine* Zeit dort für den Menschen als eine in ihrer Zeitlichkeit erfüllte erfahrbar zu machen, wo Zeit als eine des Beendens erscheint. Gegen die mechanische, lineare und endlose *temps* der physikalischen Zeit – ihre „schlechte Unendlichkeit",[21] in der das endliche Subjekt an einem bestimmten Zeitpunkt einfach sinnlos untergeht, indem die blinde Kette der Zeit über es hinwegrauscht, ohne von seinen Entscheidungen und Aktionen in ihr Notiz zu nehmen – macht eine solche Zeitlichkeit die erfüllte *durée* zeitlicher Negativität geltend: die Art und Weise, wie der aktionistische *Einspruch* gegen die Gleichförmigkeit zeitlichen Verlaufens Zeit selbst sinnhaft umgestaltet.

Die Idee, dass sich Zeit für das Subjekt gerade dort in besonders intensiver Weise mit Sinn zu füllen vermag, für sinnhaftes Handeln reaktiv werden kann und sich damit allererst als Vollzugsbedingung entfaltet, wo ihre Negativität funktional oder thematisch intensiv hervortritt – d.h. wo ihre stets wirksamen Sinndimensionen des Beendens, Unterbrechens, Verzögerns und Vergehens in besonderer Weise hervorgekehrt werden –, findet abendländisch in einem mindestens doppelten diskursiven Rahmen statt: *messianisch* und *tragisch*.[22] Beide Dimensionen wiederum sind in *Breaking Bad* latent, aber durchgängig mitgeführt, wenn auch oft kontrafaktisch oder ironisch gebrochen. Sie geben gewissermaßen den symbolischen Resonanzraum ab, um Walters autopoietisches Zeithandeln mit Evidenzen und Gründen auszustatten, ohne diese explizieren zu müssen. Giorgio Agamben hat den zeitphilosophischen Hintergrund des Messianismus im Gedanken der „messianischen Zeit" anhand einer Lektüre des Römerbriefs so entfaltet: „Aber die messianische Zeit, die Zeit, die der Apostel erlebt und die ihn einzig interessiert, ist weder das *olam hazzeh* noch das *olam habba*, weder die chronologische Zeit noch das apokalyptische *éschaton*, sondern wieder einmal ein Rest, nämlich die Zeit, die zwischen diesen beiden Zeiten übrig bleibt".[23] Die messianische Zeit der „Paulinischen Briefe als grundlegende[n] messianische[n] Text[s] der westlichen Kultur"[24] ist Rest, Interregnum, *Unterbrechung* wie *Abbruch* der historischen Zeit und zugleich *Aufschub* der Erlösung als Ende allen natürlichen Lebens – und damit auch aller Zeitlichkeit überhaupt: Sie ist die

21 G. W. F. Hegel: Enzyklopädie der philosophischen Wissenschaften. Bd. I. Frankfurt a.M. 1989 (= Werke, Bd. 8), S. 199f. (§ 94).

22 Heideggers Analyse von Zeitlichkeit und Sein, in welcher die Zeitlichkeit des Seins als prozessuale Struktur der grundsätzlichen Vernehmbarkeit und Verstehbarkeit sowie das „Verstehen" als „fundamentales Existenzial" gedacht wird, dessen „entwerfend-sein zu einem Seinkönnen, worumwillen je das Dasein existiert" (Martin Heidegger: Sein und Zeit. Tübingen 2001, S. 336 (Zweiter Abschnitt, Zweites Kapitel, § 67)), unmittelbar den Entwurfs- wie Erschließungscharakter der Zeitlichkeit des Daseins denkt, könnte als weiterer – hier jedoch zu weit führender – Kontext erläutert werden.

23 Giorgio Agamben: Die Zeit, die bleibt. Ein Kommentar zum Römerbrief. Aus dem Italienischen von Davide Giuriato. Frankfurt a.M. 2006, S. 76.

24 Ebd., S. 11.

Zeit *zwischen* den Zeiten des Endlichen und des Absoluten, als *„die Zeit, die die Zeit benötigt, um zu Ende zu gehen"*.[25] Als solche bildet sie jedoch wiederum das Muster von Zeitlichkeit überhaupt: insofern, als das Zum-Ende-Kommen den funktionalen Kern aller Gehalte *in* der Zeit ausmacht. Zeitlich zu sein ist Prädikat dessen, das von seinem noch ausstehenden Ende her zu denken ist: was also sein Ende vor sich hat und dem der Weg zu diesem Ende als Möglichkeitsraum von Bewegung oder Handlung offensteht. Der Inbegriff von Zeit ist folglich der Gedanke ihrer eigenen Abschaffung: insofern als das Beenden und Abbrechen, welches Zeitlichkeit ihren Gegenständen als transzendentales Existential auferlegt, als unbeschränktes auch das Geschehen ihres eigenen Vollzuges betrifft. Roland Barthes hat ganz folgerichtig zu dieser Überlegung in einer Bemerkung einmal das „Unendliche selbst" als das bezeichnet, „was nicht aufhört aufzuhören":[26] das also keine Eigenzeit hat, sich zu beenden, weil seine Zeit des Endens unendlich ist. Das Unendliche ist demnach ein ewiges Beenden, das sich aber als solches selbst aufhebt, indem es in der absoluten Form reiner negativer Selbstreferentialität die verneinte Wiedereinführung der Operation des Aufhörens in sich selbst darstellt und sich mithin in einer solchen reinen Negativität erhält.

Agamben nun terminologisiert philosophisch die endliche Grundform des Beendens (in) aller Zeit (mit einem Begriff von Gustave Guillaume) als „operative Zeit":[27] „Wir können nun also eine erste Definition der messianischen Zeit vorschlagen: […] Sie ist […] die operative Zeit, die in der chronologischen Zeit drängt, die diese im Innern bearbeitet und verwandelt, die Zeit, die wir benötigen, um die Zeit zu beenden – in diesem Sinne: die *Zeit, die uns bleibt*."[28] In dieser Formulierung ist zuletzt diese metaphysische Formenlehre der Zeit in eine existentielle Betrachtung menschlicher Zeit übersetzt: Menschliches Dasein gewinnt seine Spannkraft immer von dem *Rest an Zeit* her, der uns noch bevorsteht, aber der generell unser Ende ins Zentrum rückt und uns zugleich in jedem Augenblick mit dem Beenden bedroht. Menschliches Leben als Zeit eines langen Ausatmens vor dem Ende, als Gestalt von konkreter Daseinszeit, die in ihrem Verlauf die Form des Abbruchs verwirklicht, und deren „weiter so" stets vom Verhängnis des Abschieds gezeichnet bleibt, hat ihre metaphysische Form also nicht in der stabilen Folge und ihren Ausnahmezustand in Situationen des Abbruchs: Es ist gerade umgekehrt. Und doch – so könnte man die Darstellungsgehalte von *Breaking Bad* vor dem Hintergrund dieser Zeitvorstellungen verstehen – ist das menschliche Dasein in seiner „operativen Zeitlichkeit" dort am erfülltesten und ergreift die Möglichkeiten der Sinngebung zeitlicher Prozesse am

25 Ebd., S. 81.

26 Roland Barthes: Fragmente einer Sprache der Liebe. Frankfurt a.M. 1988, S. 108.

27 Agamben: Die Zeit, die bleibt (wie Anm. 23), S. 78f.

28 Ebd., S. 81.

tiefsten, wo es die Form des ‚Rests an Zeit, die bleibt', als genuine Zugriffsmöglichkeit auf Sinn und Selbstverwirklichung erfährt und ergreift: eben dort, wo sie von Vergeblichkeit gefärbt erscheint. Denn keinesfalls gilt, dass der *kairos* des Handelns, wie ihn Walter vorfindet und in seinem Möglichkeitssinn erfasst, nur in seinem Scheitern einen „Bruch mit der chronologischen Zeit"[29] herbeiführt, in dem der Zeitraum des Subjekts plötzlich auf sein nahes Ende hin durchsichtig wird. Agamben kritisiert diese Idee als den alten, ungenügenden Begriff der messianischen Zeit, welche die Zeit des Endes und Beendens als defizitäre Form eines „*Leben[s] im Aufschub*, in dem nichts endgültig vollendet werden kann" bzw. in Form einer leeren „*Übergangszeit* zwischen zwei Perioden"[30] beschreibt. Er verneint mithin die Annahme, die Zeitlichkeit, welche in den Vollzug ihres unmittelbaren Endes eingetreten ist, sei eine bloß supplementäre: „Es ist jedoch ein Irrtum, die operative Zeit in eine supplementäre Zeit zu verwandeln, die der chronologischen Zeit eingefügt wird, um deren Ende ins Unbestimmte aufzuschieben."[31] Dagegen setzt Agamben mit seiner Lektüre des Paulus den Gedanken, dass die „operative Zeit – die Zeit, die die Zeit benötigt, um zu enden – [...] [als] paradoxe Koinzidenz von Vollendung und Unterbrechung"[32] zu begreifen sei:

> Der Sabbat – die messianische Zeit – ist nicht ein weiterer, den anderen Tagen äquivalenter Tag. Er ist vielmehr der innere Bruch in der Zeit, durch den man – um Haaresbreite – die Zeit ergreifen und sie vollenden kann. [...] Der Messias ist schon gekommen, das messianische Ereignis hat schon stattgefunden, aber seine Anwesenheit enthält in ihrem Innern eine andere Zeit, die deren *parousía* entfaltet, nicht um sie aufzuschieben, sondern um sie zu ergreifen.[33]

Es sind diese eigenartigen Handlungsmöglichkeiten in der Zeit des Endes, diese besonders eminente *Zeitlichkeit dieser Zeit*, d.h. ihre einzigartige Ereignishaftigkeit, Potentialität und Polydirektionalität für den Handelnden, welche Walters letale Entscheidungszeit entschleunigt: nicht also im Sinne einer Langeweile in der Präsenz des Unausgefüllten dehnt, sondern im Sinne sich ergebender neuer Gestaltungsalternativen der Wirklichkeit in die Vielfalt von Optionen hinein streckt. Walter wartet nicht einfach auf den Tod, um sich noch tiefer in der Leere und Sinnlosigkeit seines Lebens zu verlieren: Er arbeitet ihn für die Zeit seines Endes hinweg, indem er im entschiedenen Vollzug seines Endens die wahrhafte Zeitlichkeit des Selbst als eines

29 Ebd., S. 83.

30 Ebd. Paradigmatisch dafür sind für Agamben Scholems klassische Ausführungen im Aufsatz *Zum Verständnis der messianischen Idee im Judentum*. In: Gershom Scholem: Über einige Grundbegriffe des Judentums. Frankfurt a.M. 1970, S. 121–170.

31 Ebd., S. 84.

32 Ebd., S. 85.

33 Ebd., S. 85.

Sich-in-der-Zeit-Eröffnenden ausagiert. „Das messianische Ereignis hat schon stattgefunden, die Rettung ist für die Gläubigen schon vollendet, gleichwohl impliziert sie für ihre wirkliche Vollendung eine weitere Zeit."[34] Gemäß dieser latenten Logik messianischer Zeit im Handeln Walters ist es für die Darstellungslogik der Serie auch völlig legitim, dieses Tun nicht primär sittlich bzw. rechtlich zu verurteilen und damit die Hauptfigur von Anfang an unter die Drohung moralischer Vernichtung zu stellen: Impliziert doch, wie Gershom Scholem bemerkt, die messianische Zeit des Handelns die Idee von Gerechtigkeit als normativem Raster der Wirklichkeit. Gerechtigkeit im messianischen Sinne – also als Norm mit Blick auf das Jüngste Gericht – meint aber gerade die scharfe Trennung ihrer selbst zum Recht und zu dessen notwendiger Beziehung zu Strafe und Vergeltung:

> [D]enn dies und nichts anderes bedeutet Gerechtigkeit im tiefsten Sinne: daß zwar geurteilt werden darf, aber die Exekution davon völlig unterschieden bleibt. Die eindeutige Beziehung des richterlichen Urteils auf die Exekutive, die eigentliche Rechtsordnung, wird aufgehoben in der Aufschiebung der Exekutive. […] Der Schluß von 3,10: er hatte geurteilt, etwas auszuführen, und er führte es (noch) nicht aus, spricht die Idee der Gerechtigkeit klassisch aus. […] Gerechtigkeit ist die Indifferenz des jüngsten Gerichts. […] Sie ist die wahre Schwebe und der tiefste Sinn alles Aufschubs.[35]

Walter White lebt in der – zumindest der Form nach – messianischen Zeit eines Endes im Raum einer göttlichen Aussetzung aller Gerichtsbarkeit, die sein Tun erst einmal freilässt, die Wege und Konsequenzen seiner Entscheidungen auszuhandeln: „Der zur Handlung gewordene Aufschub ist Gerechtigkeit als Tat."[36] Messianische Gerechtigkeit als „Vollstreckung einer Nichtvollstreckung"[37] *gibt Zeit, indem sie das Gericht aufschiebt und für die Zeit des Endes neutralisiert*: Wer in der Zeit seines Endes handelnd sich erhält, ist nicht etwa befreit von den Normen und Gesetzen der Schöpfung; aber seine Verurteilung und die Vollstreckung seiner Verurteilung ist ausgesetzt, d.h. als Druck eines ständigen Tun-Ergehen-Zusammenhangs erst einmal von ihm genommen, und die Zeit, welche diese Aussetzung fordert und benötigt, als Zeitraum der Verwirklichung ihm gegeben. Die irritierende Nähe des Einverständnisses, welche *Breaking Bad* vor allem in der ersten Staffel zu seinem Protagonisten einnimmt, und der gleichzeitige Abstand zur moralisch-sittlichen Bewertung und Verurteilung seines Tuns, das in der Darstellung weder unmittelbar auf seinen unmoralischen

34 Agamben: Die Zeit, die bleibt (wie Anm. 23), S. 85.

35 Gershom Scholem: Tagebücher 1917–1923 nebst Aufsätzen und Entwürfen bis 1923. 2. Halbband 1917–1923. Hg. von Karlfried Gründer u.a. Frankfurt a.M. 2000, S. 335f. Vgl. so auch Agamben: Die Zeit, die bleibt (wie Anm. 23), S. 111.

36 Ebd., S. 340.

37 Ebd., S. 341.

Gehalt noch auf seine unsittlichen sozialen Folgen bezogen wird (Drogenopfer tauchen zuerst gar nicht und später nur am Rande auf), wird auch derart durchsichtig auf das verborgene und abendländisch messianische Zeitverständnis einer sich im Beenden dehnenden wie allererst erfüllenden Zeitlichkeit.

Der dazu komplementäre ‚pagane', jenseits von jüdisch-christlichen Erlösungsgedanken situierte Gedanke einer erfüllten Zeit des Endens und Beendens kann anhand neuerer Lesarten in der antiken Idee des Tragischen gesehen werden. In klassischen Vorstellungen des Tragischen wird gewöhnlich die schicksalsgetragene Mechanik des tragischen Handlungsverlaufs als gewissermaßen abweichungslose und – anknüpfend an Aristoteles' teleologische, und zwar nicht deterministische, jedoch auf eine Idee von starker Notwendigkeit bezogene Konzeption von tragischer Handlungsführung – unablenkbar zielgerichtete Zeitstruktur verstanden, für welche das katastrophale Ergebnis quasi bereits in der Gattungszuschreibung von Anfang an gegeben und eingeschrieben ist, sodass alles Reagieren und Agieren der Figuren immer schon vom Ende gezeichnet bleibt. Dagegen jedoch akzentuieren neuere Deutungen vermehrt „die handlungsinhärente Dynamik eines das tragische Opfer suspendierenden Aufschubs oder doch relativierenden Distanzgewinns".[38] Demgemäß wird die tragische Handlung als *Verhandlung*, d.h. als Reflexionsprozess auf die eigenen zerstörerischen Muster betrachtet, in welcher demnach ein Erkenntnisvollzug zur Darstellung kommt, welcher den dramatischen Vorgang seiner Entfaltung als genuinen Ort tragischer Lebendigkeit und menschlichen Bei-sich-Seins begreift.[39] Die Verzögerung und Entschleunigung des Katastrophalen ist die eigentliche Zeit des Menschseins und die Zeit des Dramas der apollinische Pfeil der Erkenntnis und die Zeit, welcher dieser braucht, um zu treffen. *Breaking Bad* verschreibt sich keinem dieser Deutungsmuster allein oder führt es als allegorischen Subtext durchgängig mit, aber verwebt ihre Symbolelemente in ein dichtes semantisches Bezugssystem, welches die Konstruktionsweise seiner Protagonisten stützt und sichert. Dass gerade das serielle Erzählen mit seiner Grundstruktur des beständigen Rhythmus aus Unterbrechung und Neueinsetzen die Möglichkeit besitzt, solche Sinnhorizonte von Darstellungszeit und Eigenzeit zu thematisieren, liegt auf der Hand: Aber das konsequente Ausnutzen solcher Potentiale fällt anscheinend erst mit der gegenwärtigen „goldenen Zeit" der Fernsehserien zusammen. Als darstellende Reflexion der

38 Alexander Honold: Benjamins Konzept des Tragischen. In: Benjamins Wahlverwandtschaften. Zur Kritik einer programmatischen Interpretation. Hg. von Helmut Hühn und Jan Urbich. Berlin 2015 (im Erscheinen).

39 Vgl. Hans-Thies Lehmann: Theater und Mythos. Die Konstitution des Subjekts im Diskurs der antiken Tragödie. Stuttgart 1992; Wolfram Ette: Kritik der Tragödie. Über dramatische Entschleunigung. Velbrück 2011; Christoph Menke: Die Gegenwart der Tragödie. Versuch über Urteil und Spiel. Frankfurt a.M. 2005.

„Versuche, in diesen tödlichen Augenblicken zu Hause zu sein“,[40] werden die Zeit, die bleibt, und das Begreifen ihres menschlichen Formats, in *Breaking Bad* zum existentiellen Grundthema. Sich in der Zeit seines eigenen Endes einzurichten, um den sinnerfüllten, nichtpessimistischen Vollzug des eigenen Daseins gerade auf dem Fundament der Drohung des eigenen Verschwindens aufzurichten, wird für Walter White – ungeachtet der rechtlichen und sittlichen Verfehlungen, aus denen dies für ihn erwächst – zur Maxime seines Lebens, die er in der *pillow-talk*-Szene aus Episode 5 auf eine ergreifend einfache Formel bringt: „For what time I have left, I wanna live in my own house.“

40 Aichinger: Kleist, Moos, Fasane (wie Anm. 1), S. 75.

Rahel Ziethen (Hildesheim)

Glaube, Hoffnung, Apple … • Über die Ästhetisierung der Technik und die Bereitschaft, seinen Computer zu lieben

„Die Liebe […] verträgt alles, sie glaubet alles, sie hoffet alles, sie duldet alles“,[1] so heißt es im ersten Brief des Paulus an die Korinther. Sein iPhone, iPad oder iMac zu lieben – so lässt sich heute in einschlägigen Computer-Kreisen beobachten – bedeutet: alles zu vertragen, alles zu glauben, alles zu hoffen, alles zu dulden – alles, was der schon Jahre vor seinem Tod als „iGod“ gepriesene Apple-CEO Steve Jobs respektive seine Nachfolger verkünden.

Dieser Einstieg ist weniger provokativ, als er sich möglicherweise liest. Es gibt inzwischen mehrere neurowissenschaftliche Untersuchungen, die die Reaktionen von Computernutzern auf ihre Geräte erforschen. Der Berliner Neurowissenschaftler Jürgen Gallinat z.B. präsentierte seinen Versuchspersonen eine Reihe von Bildern, auf denen Samsung- und Apple-Geräte abgebildet waren und zeichnete dabei die Gehirnaktivitäten der Probanden mittels MRT auf. Die Ergebnisse geben zu denken: Während in den Hirnen von Samsung-Nutzern beim Anblick der von ihnen bevorzugten Produkte der präfrontale Cortex aktiviert wurde – das ist eine Gehirnregion, die mit Entscheidungsfindung, Abwägung, planerischem Handeln, Nachdenken etc. verknüpft ist –, aktivierte sich bei Apple-Nutzern eine hoch spezialisierte Region im Temporallappen, die in der Regel dann einen erhöhten Erregungszustand aufweist, wenn wir Gesichter erkennen und emotional bewerten.[2] Die Neigung, technische Geräte zu vermenschlichen, bestätigte sich auch in Experimenten des New Yorker Neuromarketing-Experten Martin Lindstrom. Er führte mehreren Personen Audioaufnahmen eines klingelnden und vibrierenden iPhones vor. Bemerkenswerterweise stellten die Testpersonen beim Hören der gerätespezifischen Geräusche nicht nur klangliche, sondern vor allem visuelle Assoziationen her. Synästhesie, mit der Kinder geboren werden, kommt bei „(normale[n]) zivilisierte[n] Erwachsenen nur noch in besonderen Bewusstseinszuständen“ vor, nämlich dann, wenn sie

1 1. Korinther 13, 7. Im Folgenden zitiert nach: Die Bibel. Nach der Übersetzung Martin Luthers, in der revidierten Fassung von 1984, Stuttgart 1999.

2 Vgl. Detlef Flintz (Red.): Der Apple Check (ARD Markencheck). TV-Dokumentation, ARD 2013. 45 Min., hier: Min. 6:48–8:05 u. 11:59–14:06 [URL: https://www.youtube.com/watch?v=rS-NqUZt_62w, Stand: 14.2.2015].

„Sinnesreize nicht (aufmerksam) wahrnehmen, sondern empfinden".[3] Überraschender noch als das Wiedererwachen dieser normvarianten Empfindungsfähigkeit ist, dass bei vielen von Lindstroms Probanden die Insula rege Aktivitäten zeigte, das ist eine Hirnregion, in der u.a. Gefühle wie Liebe und Leidenschaft neuronal repräsentiert werden.[4] Lindstrom erklärt: „Ihre Gehirne reagierten auf den Sound der Telefone wie auf Freund, Freundin, Nichte, Neffe oder das eigene Haustier. Eine Sucht im medizinischen Wortsinn liegt also vielleicht nicht vor – aber dafür wahre Liebe."[5] Der Forscher leitet hieraus die These ab, dass einige wenige Markenprodukte – hierzu zählt er Apple, Hello Kitty oder Harley-Davidson – in der Lage sind, in Menschen ein Gefühl des Involviertseins zu erzeugen, welches in seiner Intensität mit dem starker Religiosität vergleichbar ist.

Tatsächlich lässt sich die These, dass bei Apple-Nutzern das rationale Abwägen technischer Fakten nicht zu einer wissensbasierten und überprüfbaren Überzeugung, sondern, wenn man so will, zu einer *Herzenseinstellung* mutiert, theologisch untermauern und auch ohne neurowissenschaftliche Experimente am Verhalten von Apple-Fans beobachten. In der Bibel zählt die Liebe, welche Glauben und Hoffnung unter sich vereint,[6] zu den drei göttlichen Tugenden. Dem Menschen durch Gott verliehen, handelt es sich um eine innere Haltung, die, so könnte man den ersten Korintherbrief frei interpretieren, jenseits des psychischen Zustands menschlicher (Selbst-)Verliebtheit liegt. Vielmehr fordert sie zur völligen Hingabe auf. Im Handwörterbuch *Religion in Geschichte und Gegenwart* findet dieses Verständnis von *Liebe* eine verhaltensbezogene Weiterführung: Ethisch betrachtet sei sie ein Akt des personalen In-Beziehung-Tretens, mit dem Ziel, über Sympathiegrenzen hinaus einander als Personen zu entdecken und zu versöhnen.[7] Es wird weiter unten zu ergründen sein, wodurch im Falle von Apple-Geräten das In-Beziehung-Treten von Mensch und *Technik* ermöglicht wird. Fest steht – anders lassen sich die alljährlichen XXL-Schlangen vor den Apple-Stores, wenn das neue iPhone oder iPad herauskommt, nicht erklären –, dass Apple-Begeisterten die *Liebe* von einer i-göttlichen Macht gleichsam eingegossen scheint. Bereit, einander weltweit und quer durch alle Alters- und Bevölkerungsschichten als Gleichgesinnte zu entdecken, bilden sie eine Gemeinde, die voller Vertrauen an die Verkündigungen aus dem Hause Apple *glaubt*

3 Rainer Schönhammer: Einführung in die Wahrnehmungspsychologie. Sinne, Körper, Bewegung. Wien 2009, S. 234.

4 Vgl. Martin Lindstrom: Brand washed. Was du kaufst, bestimmen die anderen. Frankfurt a.M. 2012, S. 86–87.

5 Martin Lindstrom, S. 87.

6 Vgl. 1. Thessalonicher 1, 3; 1. Korinther 13, 13.

7 Roger Mehl: Liebe [IV ethisch]. In: Die Religion in Geschichte und Gegenwart. Handwörterbuch für Theologie und Religionswissenschaft. Bd. 4. Hg. v. Kurt Galling. Tübingen 1956–65, S. 367.

und, so die Bestimmung von *Glaube* im Brief an die Hebräer, eine „feste Zuversicht [zeigt, R. Z.] auf das, was man hofft".[8] Das Internet dokumentiert unzählige Fans, die weder Wetter noch Zeit scheuen, in Interviews von der „guten Stimmung", dem Gemeinschaftsgefühl beim Camping auf der Straße schwärmen und Stunden später übernächtigt ihre neu erworbenen und noch ungetesteten Geräte wie eine Trophäe nach einem Sieg in die Höhe recken, ihre Errungenschaften küssen und streicheln und sich im wörtlichen wie übertragenen Sinn vom Apfel-Licht *erleuchtet* fühlen. Selbst Menschen, denen man ein professionelles Verhältnis zur Technik unterstellt, weil sie ihre Geräte weniger als Unterhaltungsmedium oder Persönlichkeitsprothese,[9] sondern als professionelles Arbeitsgerät nutzen, wissen sachliche Argumentation und Schwärmerei kaum voneinander zu trennen. In einer 2013 ausgestrahlten TV-Dokumentation der ARD nach den Gründen für ihre Apple-Präferenz befragt, erklärt z.B. Designstudentin Simone Vahrenholz, den verklärten Blick auf einen Punkt jenseits ihres hochleistungsstarken MacPro mit 27-Zoll-Monitor gerichtet, während sie ihren Worten durch Öffnen und Schließen der Hände Bedeutung verleiht: „[…] dass es irgendwie klappt, und das ist etwas super Positives. Also, es ist einfach immer so … ja, Apple ist für mich, äh, einfach immer nur, äh, nur positiv, also Glücksgefühle eigentlich. *Lacht.*"[10] Auf die Frage der Interviewerin, woher diese Glücksgefühle kämen, meint Simone zunächst selbstkritisch:

> Ich kann das gar nicht rational erklären. Das ist vielleicht auch, das ist vielleicht auch gerade das, warum Apple-User so gefangen sind von dem Ganzen. Man kann, also ich kann rational nicht erklären, warum. Aber ich finde es einfach, also es sieht super-schön aus, es ist ästhetisch. *Spricht zunehmend schneller, lacht, richtet ihren Blick in die Ferne:* Wenn ich nach Hause komme und mein MacBook liegt auf meinem Schreibtisch … *blickt wieder in die Kamera, die Stimme hebt sich:* also, das ist doch einfach schön![11]

Beispielhaft nährt dieser Interviewausschnitt die Ahnung einer Apple-spezifischen Religiosität: Simone spricht nur sehr beiläufig und, angesichts ihrer Profession, in erstaunlich naiven Worten die technischen Qualitäten ihres Proficomputers an: „dass es irgendwie klappt". In ihrem Glauben, dass das „Herz" ihres Computers, sein Prozessor, zuverlässig „schlage", ist sie so fest verankert, dass sie sich von der Technik abwenden und einem anderen, einem ästhetischen Eindruck, dem der „Schönheit", hingeben kann. Dass man von dieser Schönheit ge-, wenn nicht sogar verblendet wird, ist der Studentin zwar bewusst, das irrational nicht erklärbare Gefühl des

8 Vgl. Hebräer 11, 1.
9 Sigmund Freud: Das Unbehagen in der Kultur. In: ders.: Studienausgabe, Bd. 9. Frankfurt a.M. 1974, S. 191–270, hier S. 222.
10 Detlef Flintz (wie Anm. 2), Min. 2:05–2:45 [Kursivierungen: R. Z.].
11 Ebd. [Kursivierungen: R. Z.].

„Gefangenseins" jedoch scheint sie als numinose Begleiterfahrung sogar zu verzücken. Wie auch immer man als Außenstehender Simones Glauben, ihr „Nichtzweifeln an dem, was man nicht sieht",[12] bewertet – die angehende Designerin verspricht sich vom Auspacken ihres neuen iPhones ein ekstatisches Erlebnis. Das mattschwarze, auffällig schlichte Kästchen öffnend, fiebert sie:

> Ich bin ein bisschen aufgeregt. Ich bin gespannt, wie das jetzt hier drinnen aussieht. *Öffnet den Karton, stellt befriedigt fest:* Ja, so muss das! *Sachlich:* Man sieht ja schon, wie das präsentiert wird, wie das so ... wie auf so'nem Altar, fast, äh ... *ihre Stimme versagt, wird sofort danach ehrfurchtsvoll:* Das sieht doch einfach schön aus! *Lacht heiser, sucht mit ihrem Blick bei der Interviewerin nach Bestätigung, bestückt dann geschickt das iPhone mit einer Sim-Karte, schaltet es ein, der „Apfel" leuchtet vor schwarzem Hintergrund weiß auf. Freudig lachend:* Es lebt jetzt irgendwie das erste Mal so richtig. *Streichelt mit den Fingerspitzen über das glatte, blanke Glasdisplay. Mit weicher Stimme:* Ich finde schon, dass sich das gut anfühlt. *Stimme und Gesichtsausdruck werden kindlich:* Ich nehme das bestimmt nachher mit ins Bett und, äh ... *wird sich der Wirkung ihrer Worte bewusst, wirft den Kopf nach hinten, bemüht sich um eine seriöse Stimme:* und hab's bei mir.[13]

„Die Liebe [...] verträgt alles, sie glaubet alles, sie hoffet alles, sie duldet alles" – zugegebenermaßen trifft das selbst in Bezug auf Apple-Geräte nicht gänzlich zu: Natürlich darf man an der Liebe des „iGod" und dessen technischen Gaben auch *zweifeln*. Um die teure Neuerwerbung Besorgte dürfen z. B. hadern: Wie kommt es, dass Sony ein wasserdichtes Smartphone herstellen kann, während bei einem iPhone, das mit Flüssigkeit in Kontakt kommt, die Garantie erlischt? Medienpolitisch Kritische dürfen argwöhnen: Warum sind bei einem iPad die Ortungsdienste standardmäßig aktiviert (oder: Warum kann ich meine Daten nur über iCloud synchronisieren?), wo doch im „Neusprech" von Apple das Wort „Kontrolle" gar nicht vorkommt? Technisch Versierte dürfen sogar fluchen: Warum muss man auf einem MacBook erst eine App installieren, bevor man verborgene Systemeinstellungen selbstbestimmt den eigenen Bedürfnissen anpassen kann? Zweifel dieser Art könnte man, will man weiterhin theologisch argumentieren, mit dem Theodizee-Problem vergleichen, das eine Lösung für den Widerspruch sucht, warum es einen allmächtigen und gütigen Gott gibt, der Übel in der Welt (oder eben: technische Einschränkungen trotz möglicher Alternativen) zulässt. Psychologisch weltlicher ist es, die genannten Zweifel als einen Gefühlszustand zu erklären, den der Sozialpsychologe Leon Festinger als „kognitive Dissonanzen"[14] beschreibt. Kognitive Dissonanzen sind der Marktforschung u. a. vor

12 Vgl. Hebräer 11, 1.

13 Detlef Flintz (wie Anm. 2), Min. 6:12–6:47 [Kursivierungen: R. Z.].

14 Vgl. Leon Festinger: A Theory of Cognitive Dissonance. Stanford 1957.

Kaufentscheidungen bekannt. Sie treten auf, wenn die Informationen über ein Produkt (z.B. das Wissen um die Produktbindung im Ökosystem Apple) mit dem Wunsch, es zu besitzen (z.B. weil es als Statussymbol gilt), emotional nicht vereinbar sind, so dass der potenzielle Käufer den Sinn des Kaufs zu hinterfragen beginnt. In diesem Zustand kognitiver Spannungen bricht die naive Einheit von Gegenstand–Wahrnehmung–Denken bzw. rationalem Urteilen auf. Und bei nicht wenigen Zweiflern der Geistesgeschichte führt genau ein solcher Bruch zu einer der Liebe wesentlich fremden, unversöhnlichen Kritik oder Skepsis. Geräte hingegen, die ein Apple-Logo ziert, verfügen offensichtlich über eine Wirkmacht, die kognitive Dissonanzen erstaunlich schnell zu reduzieren vermag: Wider rationale Argumente, die aus der Kenntnis von Leistungsmerkmalen, Datenschutzverletzungen, Produktionsbedingungen, Firmenpolitik etc. erwachsen, bezahlt man vergleichsweise überzogene Preise für ein neues Aluminium-Glas-Chassis und glaubt fest daran – vielleicht gerade weil man so viel Geld opfert –, dass es einem computer- und kommunikationstechnologisch in Zukunft an nichts mehr mangelt. Fast möchte man Psalm 23 umdichten: Man weidet auf einer grünen Apfelbaum-Aue und bleibet im Store von Apple immerdar.[15]

Wie ist es möglich, dass eine „triviale Maschine“, die durch Algorithmen gesteuert und digital programmiert wird und von der wir erwarten, dass sie genau das macht, was ihr Programmiercode ihr vorschreibt, bei einer inzwischen unüberschaubar großen, völlig heterogenen Gruppe von Menschen Liebesgefühle erweckt?[16] Was ist das für eine Liebe, die Hunderttausende in eine funktionelle Produktobsolenz stürzt, die von jenen positiv umgewertet und mit bedingungsloser Hingabe erwidert wird? Von welcher *Hoffnung* werden die iLiebenden getragen, dass sie bereit sind, sich von der Irrationalität ihrer Gefühle und nicht von ihrer Vernunft leiten zu lassen? Kurz: Wie lässt sich dieses „grundlegende Paradox der Erfolgsgeschichte von Apple“[17] erklären? Kunstkritiker Thomas Wagner, der in einem tendenziell Apple-kritischen Ausstellungskatalog[18] erörtert, wie es dem Weltkonzern gelingt, die „Maschine einerseits [zu] entzauber[n] und andererseits zu einem Zauberkasten [zu] verklär[en]“,[19] findet im Design eine Antwort auf oben gestellte Fragen. Dabei stellt nicht erst er fest, dass das „Apple-Design [...] für weitaus mehr [steht] als nur für das Aussehen der Gehäuse

15 Vgl. Psalm 23, 2 u. 6.

16 Vgl. Thomas Wagner: Think Different! Der Nutzer und seine Lieblinge. Von Äpfeln, Maschinen, Oberflächen, Magie und der Macht des Designs. In: Apple Design. Hg. v. Sabine Schulze/Ina Grätz. Ostfildern 2011, S. 28–41, S. 29.

17 Ebd.

18 Sabine Schulze/Ina Grätz (wie Anm. 16). Die Publikation erschien anlässlich der Ausstellung *Stylelectrical. Von Elektrodesign, dass Geschichte schreibt*, Museum für Kunst und Gewerbe, Hamburg, 26.8.2011–15.1.2012.

19 Thomas Wagner (wie Anm. 16), S. 31.

von Computern oder Geräte der Unterhaltungselektronik".[20] Steve Jobs in der New York Times über „Apple's great sense of design":

> Most people make the mistake of thinking design is what it looks like. [...] People think it's this veneer – that the designers are handed this box and told, „Make it look good!" That's not what we think design is. It's not just what it looks like and feels like. Design is how it works.[21]

Design ist, wie etwas funktioniert: Indem er Louis Sullivan zitiert – Letzterer prägte mit seiner Feststellung, „that form ever follows function. This is the law",[22] einen der Gestaltungsleitsätze des Designs bzw. der Architektur des 20. Jahrhunderts –, stellt sich Steve Jobs mit seinem Team in die Tradition der Chicago School, des Bauhauses, des De Stijl oder der Minimal Art. All diese Bewegungen sind, wie Wagner zusammenfasst, „utopische Projekte der Moderne".[23] Sie zeichnen sich durch den emanzipatorischen Anspruch aus, eine Formensprache zu entwickeln, die die bis dahin ornamental-historistische, manieriert-artifizielle Sprache des industriellen Designs überwindet. Die Form, so die Denkvoraussetzung der damaligen Designavantgarde, leite sich aus ihrem Nutzungszweck ab, wie andererseits die Formgebung überhaupt erst eine bestimmte Funktionalisierung ermögliche. Grundlegend im Hinblick auf die Apple-Philosophie ist die Tatsache, dass die Vertreter der Chicago School oder des Bauhauses die Wechselwirkung von Form und Funktion in ein existenziell-ganzheitliches Konzept einbinden. Denn „that the life is recognizable in its expression", zeigt sich Sullivan überzeugt, „is the pervading law of all things organic and inorganic, of all things physical and metaphysical, of all things human and all things superhuman, of all true manifestations of the head, of the heart, of the soul".[24]

Im Umkehrschluss geht es im Design – das für die Avantgardisten der Moderne einen Teilbereich der Kunst darstellt – um nichts weniger, als um die Gestaltung des *Lebens*(-raums) von Menschen. Insofern Menschen nicht allein praktisch handeln, sondern symbolisch denken und ästhetische Bedürfnisse haben, muss die Formgebung folglich einen Ausdruck finden, der gleichermaßen funktional, bedeutungsvoll wie – Zitat Simone (s.o.) – „einfach schön" ist. Dass der Anspruch, das Leben zu ästhetisieren, eine enorme Herausforderung darstellt, die nur als Gemeinschaftsprojekt bewältigt werden kann – auch dieser Aspekt wird weiter unten wichtig werden – geht

20 Ebd., S. 33.

21 Rob Walker: The Guts of a Machine. In: The New York Times (30.11.2003). URL: http://www.nytimes.com/2003/11/30/magazine/the-guts-of-a-new-machine.html [Stand: 12.2.2015].

22 Louis Sullivan: The Tall Office Building Artistically Considered. In: Lippincott's Magazine (März 1896). URL: http://academics.triton.edu/faculty/fheitzman/tallofficebuilding.html [Stand: 13.2.2015].

23 Thomas Wagner (wie Anm. 16), S. 33.

24 Louis Sullivan (wie Anm. 22). – Sullivan zitiert hier seinen Partner Henri Labrouste.

aus dem von Walter Gropius verfassten *Bauhaus-Manifest* hervor, in dessen letztem Abschnitt sich das Engagement des Sozialisten, der Zukunftsglaube des Visionärs und die Zuversicht des Propheten vermischen:

> Bilden wir also eine neue Zunft der Handwerker ohne die klassentrennende Anmaßung, die eine hochmütige Mauer zwischen Handwerkern und Künstlern errichten wollte! Wollen, erdenken, erschaffen wir gemeinsam den neuen Bau der Zukunft, der alles in einer Gestalt sein wird: Architektur und Plastik und Malerei, der aus Millionen Händen der Handwerker einst gen Himmel steigen wird als kristallenes Sinnbild eines neuen kommenden Glaubens.[25]

Nur am Rande sei bemerkt, dass der Gedanke, dass „alle Glieder des Leibes aber, obwohl sie viele sind, doch ‚ein' Leib sind",[26] in dem Kapitel des Korintherbriefes erörtert wird, der dem *Hohelied der Liebe* vorangeht: „Nun aber bleiben Glaube, Hoffnung, Liebe, diese drei; aber die Liebe ist die größte unter ihnen."[27]

Es scheint, als habe Steve Jobs „seinen Sullivan", „seinen Gropius" und nicht zuletzt die Bibel sorgfältig studiert. Und es braucht nicht viel, um zu erkennen, dass auch im Apple-Team „im Grunde eine Weltsicht oder Lebensform [gestaltet wird]". Thomas Wagner bezieht diesen Gestaltungsprozess auf den Umgang von Apple-Nutzern mit ihren Geräten, welchen er als „eine Synthese von Wahrnehmung und Handlungen, aus Sehen, Zeigen, Berühren, Hören, Lesen, Schreiben und Kommunizieren"[28] beschreibt. Die vorliegende Abhandlung fragt weiterführend danach, wie das „Gesamtkunstwerk" Apple nicht nur auf den Lebens- und Handlungsraum, sondern auf die „paradoxale" Geisteshaltung von Apple-Nutzern zurückwirkt. Hierzu wird nachfolgend zunächst der von Apple zu gestaltende Nutzungszweck, also das „Etwas", das funktionieren soll, genauer betrachtet, um sodann exemplarisch aufzuzeigen, wie sich diese Interessen gestalterisch manifestieren. Abschließend wird zu fragen sein, warum sich die Wirkmacht, die von der Apple-besonderen Form-Funktions-Symbiose ausgeht und deren Kraft darin besteht, kognitive Dissonanzen aufzulösen, im Gesamtkontext unserer aufgeklärten und medienkritischen Zeit überhaupt entfalten kann.

Fragt man nach dem Nutzungszweck des Apple-Designs, so geht es dem Unternehmen zunächst schlicht und profan darum, einen Markt für *digital-lifestyle*-Produkte zu erobern. Finanziell gelingt dies seit der Einführung des iMac im Jahr 1998 mit zunehmendem Erfolg, was Apple aktuell einen Platz in der Wirtschaftsgeschichte sichert: Die im Januar 2015 veröffentlichten Quartalszahlen verbuchen einen bislang weltweit nie erreichten Umsatzrekord von 74,6 Milliarden Dollar bei

25 Walter Gropius: Manifest und Programm des Staatlichen Bauhauses. Vierseitiges Flugblatt. Berlin 1919. URL: http://bauhaus-online.de/atlas/das-bauhaus/idee/manifest [Stand: 14.2.2015].

26 1. Korinther 12, 12.

27 1. Korinther 12, 13 (wie Anm. 1).

28 Thomas Wagner (wie Anm. 16), S. 33.

einem Gewinn von 18 Milliarden Dollar. Diese Summen materialisieren sich u.a. in 74,5 Millionen verkauften iPhones und 5,5 Millionen verkauften Macs.[29] Die Ausgaben, die der Konzern in Forschung und Entwicklung eben dieser Geräte investiert, werden allein im zweiten Quartal 2014 auf ca. 1,6 Milliarden Dollar geschätzt.[30] Die selbst für Ökonomen sagenhaften Zahlen lassen Rückschlüsse darauf zu, mit welcher Kraft Apple die Konzeption seines Designs *beschleunigt*. Und diesen Forscherdrang und Innovationswillen trägt Apple auch nach außen: Als Nutzer glaubt man gerne, dass den monetären Interessen ideell-konzeptionelle Ansprüche vorgelagert sind, manifestieren sich diese doch augenscheinlich und erfahrbar in der Ästhetik und technischen Zuverlässigkeit der Apple-Schöpfungen und lassen sich diese doch auch an lebenden Personen festmachen: Die treibende Kraft, „behind the look and feel"[31] von Apple-Produkten ist seit 1996 der Industriedesigner Jonathan Ive. 2003 für seine Leistungen vom Design Museum London zum „Designer of the Year" gekürt, verlieh ihm zeitgleich die Royal Society of Arts den Titel „Royal Designer for Industry". Seit 2012 verantwortet Ive auch die Gestaltung der grafischen Benutzeroberflächen (s.u.).

Im Gegensatz zu diesen einzigartigen Gewinnmargen und den singulär künstlerischen Verdiensten des Chefdesigners zielt die Gestaltung der Apple-*Geräte* auf Massenkompatibilität ab. Dabei muss der Ausdruck *Massenkompatibilität* positiv umgewertet werden, um zu verstehen, warum sich diese Zielsetzung bereits in den Anfangsjahren der Firma stimmig in den Zeitgeist der 70er Jahre einfügt: Ursprünglich erwuchs das Apple-Design aus dem Geiste der Gegenkultur: Es waren nicht etablierte, industrielle Großkonzerne, sondern alternative Techno-Hippies und Informatik-Nerds, die die Entwicklung von neuen, kleinen Prozessoren ausnutzen, um daraus die ersten Personal Computer zu bauen (z.B. der Altair 8800 von Ed Roberts 1975). Sehr vereinfacht zusammengefasst wurden Gehäuse vom örtlichen Schreiner gezimmert (wie beim Apple I 1976), mit selbstgelöteten Platinen bestückt und dann als Bausatz in geringen Mengen verkauft. Es bedurfte schon „einer großen Portion Magie", resümiert Wagner, „um aus einer simplen Rechenmaschine einen wirklich persönlichen Computer zu machen".[32] Tatsächlich verläuft die Erfolgsgeschichte von Apple bis weit in die 1990er Jahre hinein so lange schleppend, bis es Jobs und seinem Team gelingt, das *Persönliche* am Computer zu designen und als Produkt (konkret: als iMac 1998) gewinnbringend auf dem Markt zu lancieren. Dabei bildet der Ruf Apples, mit seinen ersten PCs ein Zeichen gegenkulturellen Protests gesetzt zu

29 Vgl. URL: http://weblogit.net/2015/01/28/apple-schreibt-wirtschaftsgeschichte-die-quartals-zahlen-26791/#! [Stand: 12.2.2015].

30 Vgl. URL: http://www.heise.de/mac-and-i/meldung/Apple-gibt-mehr-Geld-fuer-Forschung-und-Entwicklung-aus-2267744.html [Stand: 14.2.2015].

31 Apple-Presseinformation, URL: https://www.apple.com/pr/bios/jonathan-ive.html [Stand: 14.2.2015].

32 Thomas Wagner (wie Anm. 16), S. 31.

haben, einen fruchtbaren Nährboden. Verfolgt dieser „Protest“ von Anfang an das damals revolutionäre Ziel, Computer, die bis dahin so groß und unerschwinglich teuer waren, dass sie in Privathaushalten nicht einsetzbar waren, für alle verfügbar zu machen, so weiß Apple den Nimbus, das „Gute“ in die Welt zu tragen, an den Typus des Abweichlers bzw. des Protestlers zu binden. Konsequenterweise wird in der 1997 gestarteten Kampagne „Think different!“[33] denn auch kein Apple-*Gerät* beworben. Vielmehr richtet sich der Spot

> [a]n alle, die anders denken. Die Rebellen. Die Idealisten. Die Visionäre. Die Querdenker. Die, die sich in kein Schema pressen lassen. Die, die Dinge anders sehen. Sie beugen sich keinen Regeln. Und sie haben keinen Respekt vor dem Status quo. Wir können sie zitieren, ihnen widersprechen, sie bewundern oder ablehnen. Das einzige, das wir nicht können, ist, sie zu ignorieren. Weil sie Dinge verändern, weil sie die Menschheit weiterbringen. Und während einige sie für verrückt halten, sehen wir in ihnen Genies. Denn die, die verrückt genug sind zu denken, sie könnten die Welt verändern, sind die, die es tun. Think different.[34]

Während der potenzielle Apple-Käufer beim Betrachten des Spots überprüfen kann, ob er sich „für jung, kreativ, frech, unkonventionell und anarchisch hält und auch nichts dagegen hat, zwischendurch mal eben die Welt zu retten“,[35] werden ihm in einer Schwarz-Weiß-Diashow eine Reihe Erfinder, Künstler und Denker vor Augen geführt, die die Leistung, „das Andere zu denken“, anerkanntermaßen schon vollbracht haben. Hierbei handelt es sich um keine Geringeren als Albert Einstein, Bob Dylan, Martin Luther King, Jr., Richard Branson, John Lennon und Yoko Ono, Buckminster Fuller, Thomas Edison, Muhammad Ali, Ted Turner, Maria Callas, Mahatma Gandhi, Amelia Earhart und Bernt Balchen, Alfred Hitchcock, Martha Graham, Jim Henson, Frank Lloyd Wright und Pablo Picasso. Bemerkenswert an dieser Auflistung ist die Überzeugtheit, mit der Apple sich unausgesprochenen selbstbewusst einen Platz im Olymp der Feingeister, Ästheten, Kämpfer und Umstürzler zuschreibt. Noch bemerkenswerter jedoch ist, dass Steve Jobs schon in jungen Jahren erkennt, dass Genialität, Kreativität und Widerständigkeit marktfähig sind. Im Rückblick auf die geistige Atmosphäre in der Computerszene der 1970er Jahre erinnert er sich: „Der Funke jedenfalls für mich dabei war, dass sich hierhinter etwas verbarg, das nicht alltäglich war.“[36] Jobs Genialität besteht darin zu erkennen, dass das *Nichtalltägliche*

---

33 Walter Isaacson: Steve Jobs. New York 2011, S. 329 f.

34 Vgl. Werbespot „Think different“ (1997), URL: https://www.youtube.com/watch?v=SswMzU-WOiJg [Stand: 14.2.2015]. – Dt. Version des Werbespots „Think different“ (1998), URL: https://www.youtube.com/watch?v=Yppo9Hq7T9g [Stand: 13.2.2015].

35 Thomas Wagner (wie Anm. 16), S. 29.

36 Winfried Laasch (Red.): Eine kurze Geschichte des PCs. Von den Anfängen einer Erfolgsmaschine. TV-Dokumentation ZDF/3sat, 2005, 30 Min., hier Min. 7:15–7:24.

einer entsprechenden Materialisierung bzw. Verkörperung bedarf. Zusammen mit seinem Techniker Steve Wozniak beginnt er, Computer zu entwickeln, die das Bastlerimage des *Apple I* überwinden, um auf diese Weise den Personenkreis potenzieller Käufer zu erweitern. „Es war mir klar", erläutert Jobs,

> dass wir einen Kundenstamm aus Hardware-Begeisterten hatten, die auch in der Lage waren, Computer zu bauen oder wenigstens unser Board mit einem fehlenden Netzteil auszustatten oder mit einem Gehäuse oder einer Tastatur etc. Auf jeden von diesen kamen Tausend, die das nicht konnten: Software-Begeisterte, die sich nur für das Programmieren interessierten – genau wie ich, als ich den Computer entdeckte.[37]

Seine Zielgruppen hat Apple im Laufe der Jahre stetig neu definiert. Längst sind es nicht allein die Softwareprogrammierer oder Anwender, also die Fotografen, Filmer, Musiker, Schriftsteller, die aufgrund ihrer kreativ-schöpferischen Ansprüche von der Apple-Software bis heute angetan sind. Zunehmend sind es die Kommunikationsbedürftigen, die Senioren, die Kleinkinder, die Schulen, die Statusorientierten, die immer noch Technophoben, die Apple erreichen möchte. Das sind diejenigen, die ihre Computer in der Regel nicht mehr als *Ding* interessiert, sondern ihn in erster Linie für den Erwerb und Austausch von *Informationen* nutzen,[38] sei es zu Unterhaltungs- und Kommunikationszwecken oder in Lernprozessen. Bedenkend, dass es *den* typischen Apple-User nicht mehr gibt,[39] liegen die Gestaltungsmerkmale, die ein Apple-Gerät aufweisen muss, klar auf der Hand: Will man das Nichtalltägliche verkaufen, dann muss es so unauffällig in Erscheinung treten, dass eine *Vielzahl* von Usern vergisst, es überhaupt mit Technik zu tun haben. Eine konsequente Umsetzung dieser Überlegung zeigt sich z.B. in der von Steve Jobs schon früh verfolgten Idee, auf Gerätelüfter, die sich enervierend ins Bewusstsein der Nutzer rauschen, zu verzichten.[40]

Die selbst auferlegte Vorgabe, die „Aufdringlichkeit" der Technik in ihre Schranken zu weisen, hat bei der Konstruktion von Apple-Produkten zur Folge, dass Form und Funktion zunehmend ineinander aufgehen. Das eigentliche Konstruktionsziel – das störungsfreie Funktionieren der Technik, die Kompatibilität der Peripheriegeräte, die Verlässlichkeit der Datensicherung etc. – verkehrt sich dabei zur Denkvoraussetzung:

---

37 Ebd., Min. 9:31–9:59.

38 Vgl. Villém Flusser: Das Unding I. In: ders.: Dinge und Undinge. Phänomenologische Skizzen. München/Wien 1993, S. 82.

39 Thomas Pressberger: Apple sucht neue Zielgruppen. In: Wirtschaftsblatt v. 12.5.2014, URL: http://wirtschaftsblatt.at/home/nachrichten/newsletter/3803476/Apple-sucht-neue-Zielgruppen [Stand: 15.2.2015].

40 Vgl. Jeffrey Young/William L. Simon: Steve Jobs und die Erfolgsgeschichte von Apple. Frankfurt a.M. 2007, S. 54.

„Mein Traum vom *Apple II* war", erinnert sich Jobs, „den ersten richtigen Kompaktcomputer zu bauen."[41] Erst der Fortschritt der Technik, der immer kleinere Prozessoren und Speicherchips hervorbrachte, ermöglicht es, diesen Traum in Gestalt des Macintosh I (1984), iMac (1998), iPad (2010) etc. auch zu realisieren. Im Jahre 2013 ist es für Apple-Nutzer wie Studentin Simone (s.o.) selbstverständlich, „[...], dass es irgendwie klappt", dass sie das Datenblatt ihres PCs vor dem Kauf vermutlich gar nicht gelesen haben. Diese technische Leerstelle wird allerdings durch Erfahrungen, die die Handhabung der Geräte betrifft, aufgefüllt. Nicht von ungefähr wird in einer iPad 2-Werbung (2011) – „Thinner. Lighter. Faster."[42] – suggeriert, die Größe und Leichtigkeit des Tablets seien die Ursachen seiner Rechengeschwindigkeit.

Der eigentliche Garant für das reibungslose Funktionieren der Macs, Phones und Pads allerdings ist die grafische Benutzeroberfläche. Auch diese ermöglicht Erfahrungen im Umgang mit dem Computer, denn sie bestimmt maßgeblich, wie Nutzer mit ihren Geräten interagieren. Mussten die ersten User noch über die Tastatur Befehle in abstrakt-komplizierten und deshalb aufwändig zu lernenden Programmiersprachen eingeben, um ihre Rechner zu steuern, so ist es seit Einführung des Macintosh I (1984) möglich, mittels einer so genannten Maus *Icons* anzuklicken, die *zeigen*, welche Funktionen (Drucken, Speichern, Löschen etc.) sich hinter ihnen verbirgt. Der Austausch eines arbiträr-symbolischen Codes zugunsten einer *Bild*sprache (an deren Entwicklung im Übrigen Microsoft beteiligt war) senkt den Quotienten an Bedienungsfehlern und -störungen signifikant – was die Befürchtung von Nichtinformatikern zerstreut, von den „obskuren", im Hintergrund laufenden Rechenprozessen ihrer Computer beherrscht zu werden. Gleichzeitig potenzieren sich für IT-Laien dank immer elaborierterer Benutzeroberflächen der Programme die Möglichkeiten, Texte, Bilder, Filme, Musik bearbeiten und verwalten zu können – was wiederum ihr Bedürfnis, selbstbestimmt und produktiv zu sein, stärkt.

Ganz offensichtlich hat Apple frühzeitig erkannt, dass Nutzer sich ihre *Personal* Computer nur dann zu eigen machen, wenn sie sie im Wortsinn „im Griff" haben. Schon Anfang der 1990er Jahre forschte das Unternehmen an der Kombination von grafischen Benutzeroberflächen und Multi-Touch-Screens, die allerdings erst mit dem iPhone (2007), basierend auf dem Betriebssystem iOS, der Öffentlichkeit vorgestellt werden. Die Tatsache, dass durch die bloße Bewegung der Finger auf dem Display Bildschirmseiten „gescrollt", Elemente durch Antippen, Halten, Ziehen verschoben, Bilder durch Fingerspreizen vergrößert oder E-Book-Seiten mit einem Fingerwisch „umgeblättert" werden können, begründet den Ruf, das Bedienen eines Apple-Geräts

41 Winfried Laasch (wie Anm. 36), Min. 10:00–10:04.

42 Vgl. URL: http://media-cache-ako.pinimg.com/736x/5d/32/01/5d3201ca83bd825bb08c-2ca32265948c.jpg [Stand: 15.2.2015]. Ursprünglich erschien die Werbung im Jahr 2011 auf der Homepage von Apple.

sei „intuitiv erlebbar".[43] Dies impliziert, dass die Nutzer die Funktionen ihrer Geräte nicht mehr erlernen müssen. Durch eine anschaulich gestaltete Benutzeroberfläche geleitet, bedient sich der Computer gleichsam von alleine. In der Gewissheit, sich ganz auf ihre „natürlichen" Bewegungsroutinen verlassen zu können, begreifen zumindest Digital Natives die Mensch-Maschine-Interaktion bzw. -Kommunikation als gleichsam „angeborene" Verhaltensweise. „Our fingers", zeigt sich Jobs auf der Macworld 2007 überzeugt, seien „the best pointing devices in the world." Provokativ fragt er ins Auditorium: „Who wants a stylus?"[44] Auch wenn Jobs im konkreten Vortrag auf die stiftähnlichen Eingabegeräte der Smartphones anderer Hersteller anspielt: Mit der ihm eigenen Überzeugungskraft erklärt er Errungenschaften der kulturellen Evolution – die auch eine mediale ist – für unbrauchbar. Eine Antwort findet Jobs' Frage in höchst streitbaren, aber bedenkenswerten pädagogischen Ansätzen, Kindern das Schreiben auf dem iPad beizubringen und auf Papier und „Griffel" nahezu zu verzichten.[45]

„Design is how it works!" – In dem Maße, in dem Apple-Designer den Umgang mit Technik gestalten, bestimmen sie auch den Anwendungsbereich von computerbasierten Geräten um und neu. Vor allem in informations- und kommunikationstechnologischer Hinsicht ist Apple mitverantwortlich für das, was wir in den letzten Jahren als mediale *Beschleunigung* erfahren haben (s.u.). Das Raffinement der Apple-Ästhetik besteht darin, dass sie diese Beschleunigung gestalterisch nicht zum Ausdruck bringt, sondern ihr vielmehr Momente der *Entschleunigung* entgegensetzt. Die Rückbindung der Technik an genuine menschliche Fähigkeiten und Handlungsabläufe kann als ein solches Moment interpretiert werden. Einen weiteren Wirkungsraum findet das Kräftespiel von Be- und Entschleunigung in der (grafischen) Formgebung des Apple-Designs, was sich beispielhaft an einem kleinen, aber umso wirkungsvolleren Element des Gesamtkunstwerks *Apple* veranschaulichen lässt: am Logo, dem angebissenen Apfel.

Das erste Apple-Logo, 1976 von Ron Wayne im Stil eines Kupferstichs entworfen, bildet den Apfel freilich nur als Detail einer Szene ab: Es zeigt Isaac Newton unter einem Apfelbaum sitzend. Das Logo wird sehr schnell wieder verworfen, weil es sich aufgrund seiner Kleinteiligkeit, Ornamentik und barocken Anmutung nur schlecht reproduzieren lässt. Ungeachtet dessen lässt sich schon an diesem Entwurf aufzeigen, wie Formgebung und Symbolik im Apple-Design ineinander aufgehen. Denn auch wenn Apple-Mitarbeiter immer wieder abstreiten, dass der ikonografische Gehalt ihrer Zeichen bedeutungsstiftend sei, lässt sich das Motiv des Apfels in zahlreiche

43 Vgl. Apple-Homepage, URL: https://www.apple.com/de/ios/what-is/ [Stand:15.2.2015].

44 Steve Jobs bei der Präsentation des iPhones auf der Macworld 2007, URL: https://www.youtube.com/watch?v=4YY3MSaUqMg [Stand: 15.2.2015].

45 Vgl. Homepage der in den Niederlanden gegründeten *Steve Jobs School*, URL: http://www.stevejobsschool.nl [Stand: 15.2.2015].

(kulturelle) Bezüge stellen, die die Legendenbildung unter Apple-Fans befördern und den Kultstatus der Apple-Produkte steigern. Im konkreten Fall spielt das Logo auf Newtons Schrift *Philosophiae Naturalis Principia Mathematica* an, in der die universelle Gravitation und die Bewegungsgesetze beschrieben werden und damit der Grundstein für die klassische Mechanik gelegt wird. Zeigen sich im Vergleich mit Newton die oben angedeuteten ehrgeizigen Ansprüche, die sich das 1976 gerade gegründete Start-up-Unternehmen setzt, so ist die Gruppe der Apple-Nutzer, die diese Anspielung einschätzen kann, wohl vor allem auf Physikinteressierte beschränkt.

Diesbezüglich allgemeinverständlicher gestaltet sich das Apple-Logo in seiner heutigen bekannten Form. 1977 von Rob Janoff entworfen, bildet es eindeutig das, was der Name der Firma vorstellt, als Piktogramm ab. Nicht nur der Apfel selbst, auch der markante Anbiss leistet der Assoziation Vorschub, es handle sich um den Apfel der Erkenntnis. Ein einziges Mal, in einer Printwerbung (1979), bezieht sich Apple auf den Schöpfungsmythos: Mit Hilfe eines blonden Jünglings, der sich vor blühenden Büschen statt eines Feigenblattes einen „kompakten" Apple II vor die bekannten Körperteile hält, wird in der Anzeige nach „the most original use for an Apple since Adam"[46] gesucht. Ähnlich wie später in der „Think different!"-Kampagne preist Apple die Qualitäten des beworbenen Computers nicht an, sondern überlässt es dem Betrachter, *selbst* zu imaginieren, welche ungeahnten Möglichkeiten sich ihm als Besitzer eines *Apple II* öffnen. Die in der Anzeige gewählte Form der Persiflage gibt Letzterem das Gefühl, seiner Fantasie tatsächlich auch freien Lauf lassen zu *dürfen*. Diese Strategie, von offizieller Seite den Apfelmythos (ironisch) zu brechen, um ihn durch die Nutzer wieder aufleben zu lassen, wird von Apple über die verschiedenen Logogenerationen hinweg fortwährend verfeinert.

Wie es zur Namensgebung *Apple* und damit auch zur Logofindung kam, ist u.a. in einer auffällig prosaisch formulierten Version von Steve Jobs überliefert: „Ich praktizierte mal wieder eine meiner Obstdiäten. Ich war gerade von der Apfelplantage zurückgekehrt. Der Name klang freundlich, schwungvoll und nicht einschüchternd. Apple nahm dem Begriff Computer die Schärfe. Zudem würden wir künftig vor Atari im Telefonbuch stehen."[47] Ähnlich nüchtern berichtet Rob Janoff, wie es sodann zum Entwurf des Apple-Logos kam.[48] Der Grafiker hatte von Jobs den Auftrag erhalten: „Don't make it cute!"[49] Weil er befürchtete, Jobs würde den symbolträchtigen Biss zu niedlich finden, legte er seinen Entwurf in zweifacher Form vor. Dabei erwies sich der unangebissene Apfel, der leicht mit einer anderen Frucht hätte verwechselt werden

46 Vgl. URL: http://www.giga.de/unternehmen/apple/news/apples-marketing-kampagnen-im-wandel-der-zeit/ [Stand: 15.2.2015].
47 Walter Isaacson (wie Anm. 33), S. 86f.
48 Vgl. Rob Janoff: The Apple Logo Story, URL: http://robjanoff.com/applelogo/ [Stand: 15.2.2015].
49 Vgl. URL: http://creativebits.org/interview/interview_rob_janoff_designer_apple_logo [Stand: 15.2.2015].

können, als zu wenig distinkt; der angebissene hingegen als grafisch ausgefeilter, mit dem größerem Wiedererkennungswert (s. u.).

Auch die Farbgebung der Logoäpfel folgt pragmatisch-sachbezogenen Motiven. Das gestreifte Farbprisma, das das erste Logo so einprägsam charakterisiert, mag an die Regenbogenflagge der Homosexuellenbewegung erinnern. Allerdings übernimmt das Logo die Farben in falscher Anordnung, während die Flagge erst ein Jahr später als Friedenssymbol entdeckt wird. Konzeptionell hatte das Prisma des ersten Logos tatsächlich keine andere Funktion als darzustellen, wozu der Apple II in der Lage war: Er konnte als erster digitaler Grafik- und Zeichenprozessor eine Farbskala von sechs Farben hochauflösend darstellen. Dies war in Zeiten von grün-schwarzen Monitoren eine so revolutionäre Neuerung, dass das bunte Logo von 1977 bis 1998 dauerhaft zum Einsatz kam. Erst als die iMac-Computer als Designobjekte in Erscheinung treten und Benutzeroberflächen und Displays zunehmend (retina-)realistisch Materialien und Oberflächen zu simulieren beginnen, wird es notwendig, das Logo dem jeweiligen Erscheinungsbild der Geräte und Benutzeroberflächen anzupassen. So entsteht 1998 zunächst eine transluzente Version des Apfels, die Leichtigkeit und Leuchtkraft der bunten iMacs imitiert und die in ihrem Farbton je nach Umgebungsdesign wechselt. Mit der Entwicklung neuer Betriebssysteme wie dem OS X 10.3, genannt Panther (2003) übernehmen viele Benutzeroberflächen den dezent und edel wirkenden *brushed aluminium look*, der sich an die Aluminiumgehäuse der MacBooks anlehnt und dessen matten Glanz auch das Logo aufgreift. Da viele der farbig-dreidimensionalen Logos als Schwarz-Weiß-Druck keine Wirkung ausstrahlen, entwirft Janoff bereits 1998 das schwarze, monochrome Logo, das inzwischen zu einem der weltweit bekanntesten zählt. Vordergründig betrachtet verweisen all diese Versionen zwar immer noch auf technische Leistungsmerkmale. Wahrnehmungspsychologisch interessant ist jedoch, dass Glanz, Glätte, Transparenz oder 3D-Effekt den Computerbenutzer an haptische oder visuelle Erfahrungen erinnern, die sich beim Berühren bzw. bei der Benutzung der Geräte einstellen. Dies belegt auch der Kommentar der Designstudentin Simone, die Wertigkeit, Farbigkeit und Oberflächenbeschaffenheit der Materialien als „etwas super Positives“ bewertet.[50]

Was sich bis hierher und stellvertretend für das Apple-Gesamtdesign an der Entwicklung des Apple-Logos aufzeigen lässt, ist, wie es über die Formgebung gelingt, das, wofür das Logo steht – nämlich: „lust, knowledge, hope and anarchy“[51] –, kognitiv immer wieder neu zu repräsentieren.[52] Den Nutzern wird ein gedanklicher Assoziationsraum eröffnet, innerhalb dessen sie sich einen Begriff von „Apple“ machen. Bevor

50 Ina Grätz: Full Metal Jacket. Über das Material des Apple-Designs. In: Schulze/Grätz (wie Anm. 16), S. 76–87.

51 Jean Louis Gassée (Apple-CEO, 1981–1990) zitiert nach URL: http://creativebits.org/interview/interview_rob_janoff_designer_apple_logo [Stand: 15.2.2015].

52 Vgl. die neurowissenschaftlichen Studien zu Beginn des Aufsatzes.

sich dieser kollektiv-unscharfe Begriff verselbstständigen und zu symbolistischen misslichen Interpretationen aufschwingen kann, wird er von offizieller Seite durch geschickt platzierte Informationen, Stellungnahmen etc. dekonstruiert und wieder auf den Boden technischer Tatsachen gestellt. Die technischen Grundbedingungen der Apple-Geräte indes werden, sieht man einmal von den Datenblättern auf der Apple-Homepage etc. ab, nicht als Faktenwissen präsentiert, sondern *visuell* bzw. *taktil erfahrbar* gemacht. Wie in Bezug auf die Benutzeroberflächen schon beobachtet, wird Technik auch hier an genuin menschliche Fähigkeiten rückgebunden; dieses Mal allerdings nicht an die Motorik (Fingerbewegungen), sondern die *Sinneswahrnehmung*. Bleibt zu klären, wie aus dem Umgang mit bzw. der Wahrnehmung von technischen Geräten ein *ästhetisches Erleben* wird?

Ästhetisches Erleben im Sinne der Wahrnehmungspsychologie[53] stellt sich dann ein, wenn im Prozess der Wahrnehmung ein Reiz unter vielen Reizen hervorsticht. Damit dies geschieht, muss der Reiz in seinem Erregungsgrad steigen (auch dies eine Form von Beschleunigung). Wird der Reiz zu komplex (zu unüberschaubar, überladen, rätselhaft ...), nimmt das Interesse an ihm wieder ab. Schon im 19. Jahrhundert haben Gustav Theodor Fechner und Wilhelm Wundt festgestellt, was heute viele Studien belegen: dass bei den meisten Menschen ein mittlerer Erregungsgrad das Wohlbefinden befördert, weshalb sie dem Mittelmaß den Vorzug geben. Das Apple-Design versteht es, den Erregungsgrad seiner Formgebung auf ein mittleres Maß auszutarieren. Wie vielfach am schwarzen, monochromen Logo (1998) demonstriert wird, orientieren sich die Apple-Designer an einer besonders strengen ästhetischen Gesetzmäßigkeit: dem Goldenen Schnitt.[54] Mathematisch ausgedrückt liegt der Goldene Schnitt an dem Punkt einer Strecke, an dem das Verhältnis der gesamten Strecke zum größeren Abschnitt gleich dem Verhältnis des größeren zum kleineren Abschnitt ist. In Zahlenverhältnissen ausgedrückt entspricht der Goldene Schnitt der Fibonacci-Folge, bei der die Summe zweier benachbarter Zahlen die unmittelbar folgende Zahl ergibt (1 + 1 + 2 + 3 + 5 ...). Die hieraus abgeleitete Fibonacci-Spirale findet sich in der Natur in der Anordnung von Blättern und Blütenständen, in Schneckenhäusern oder auch in den Proportionen des Menschen wieder.

Der Goldene Schnitt wie die Fibonacci-Spirale erfüllt im gesamten Apple-Design eine strukturierende Funktion. Sie bestimmen nicht nur die Größe der Bedienelemente auf einem Gerät (z.B. die Größe des Home-Buttons auf iPad oder iPhone), sondern auch die Anordnung von Tasten, Displaygröße, Kameralinse etc. zueinander.[55] Im Logo selbst, das gänzlich aus Kreisen im Größenverhältnis der Fibonacci-Zahlen

53 Rainer Schönhammer (wie Anm. 3), S. 238 u. 240f.

54 Vgl. URL: http://revoseek.com/apple/apple-golden-ratio-golden-rectangle-fibonacci-sequence-design/ [Stand: 15.2.2015].

55 Ebd.

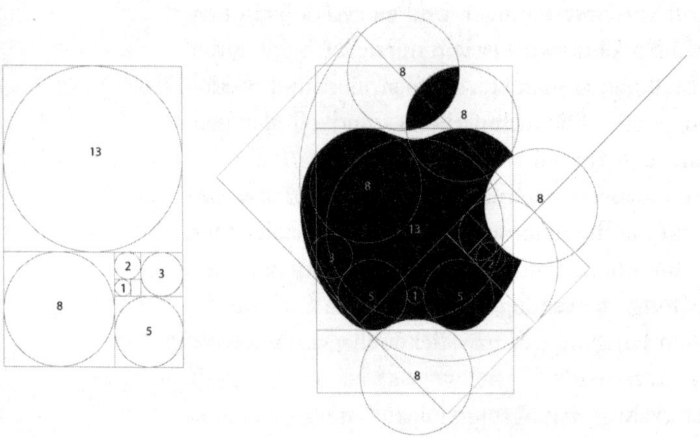

@barcelosthiago

1 „Apple-Logo und Goldener Schnitt“

aufgebaut ist, erzielt die Orientierung am Goldenen Schnitt eine gleichermaßen dynamisierende wie beruhigende Wirkung. Hierzu leistet die konvexe Form des Bisses, die sich nach rechts hin übergangslos an den weißen Hintergrund anschließt, einen wesentlichen Beitrag. Genau auf der Länge eines Drittelkreisbogens drückt sie die Fibonacci-gewölbte Oberfläche des schwarzen Apfels von rechts nach links ein. Die nach links zielende Stoßkraft des Bisses wird sodann über den Apfelstil in eine Bewegung nach rechts oben abgelenkt und schon allein dadurch entkräftet. Man könnte meinen, der Apfel sei am oberen Punkt des Stils aufgehängt und pendle nun sein Gewicht aus.

Dadurch nämlich, dass die Masse des Apfelkörpers kompositorisch nach unten drängt, wirkt der ursprünglich vom Biss ausgehenden Stoßkraft eine zweite Kraft entgegen, was eine Gegenbewegung nach rechts auslöst: Von der oberen über die untere Apfelstilspitze, der linken Außenkante nach unten rechts bis zur Spitze des Anbisses folgend, leitet diese Gegenbewegung die Bissenergie wieder an den Hintergrund ab. Das im Apple-Logo zu beobachtende Spiel sich ausgleichender Kräfte macht verständlich, warum der Goldene Schnitt – der häufig auch als *proportio divina* bezeichnet und als „Mysterium der Schönheit“[56] empfunden wird – sich im gesamten Apple-Design als Gestaltungsprinzip durchsetzt: Bündelt die obere Apfelstilspitze die sich widerstrebenden Kräfte genau an dem „goldenen“ Punkt, der ästhetisch als besonders harmonisch empfunden wird, so erzeugt die untere Apfelstilspitze, die symmetrisch auf der Mittelachse liegt, die Spannung, die notwendig ist, um die augenscheinliche Ausgleichsbewegung der Kräfte anzustoßen. Wo Asymmetrie zum ordnenden und die Symmetrie der Mittelachse zu einem Moment der Beschleunigung wird, da ist das Gleichgewicht von „Schwarz“ (Apple) und „Weiß“ (…) im Lot. Die Apple-spezifische Bedeutung von „Lot“ erschließt sich, beachtet man, dass der weiße Kreisausschnitt des Bisses asymmetrisch auf der Apfeloberfläche platziert

56 Ruben Stelzner: Der Goldene Schnitt. Das Mysterium der Schönheit. Onlinepublikation 2003, URL: http://www.golden-section.eu/home.html [Stand: 14.2.2015].

ist, so dass die untere Bisskante etwas „widerständiger" in den weißen Hintergrund hineinragt als die obere. So sind es, kompositorisch betrachtet, schließlich nur vier kleine schwarze Spitzen, die aus der ansonsten in sich ruhenden Form des Apfels hervorstechen. Sie widerlegen die Befürchtung, der Apfel könne „too cute" sein und machen ihn auch deshalb zu einem ästhetischen Erlebnis.

In den aktuellen Versionen des Apple-Logos setzen die Designer alles daran, das Mysterium *technischer* Schönheit zu entmaterialisieren und zu transzendieren: Meist ist das Logo in derselben Farbe gehalten wie das Produkt, auf dem es sich befindet, und hebt sich lediglich durch seine Oberflächenstruktur oder durch eine leichte Prägung vom Untergrund ab. „Simplicity is the ultimate sophistication",[57] heißt es einer Imagekampagne von 1977, die – damals – einen rot-glänzenden polierten Apfel auf weißem Grund zeigte. In diese Logik des Reduktionismus fügt es sich stimmig, dass das „wahre" Logo heute nur noch aus Licht besteht; ein Apfel, der auf den Displays vor schwarzem Hintergrund aufleuchtet, wenn die Betriebssysteme hochfahren; ein Apfel, der überdimensioniert groß über den Eingängen der Apple-Stores hängt und spricht: „Ich bin das Licht der Welt. Wer mir nachfolgt, der wird nicht wandeln in der Finsternis, sondern wird das Licht des Lebens haben."[58]

Dieses *Licht der Hoffnung* gleich einem Befreier in die Welt zu tragen war für Steve Jobs kein utopischer kleiner Tagtraum.[59] Vielmehr war er bereit, für seine Vision viel zu investieren; so z. B. für die Kampagne „1984"[60] (anlässlich der Einführung des Macintosh I), die für ein aufsehenerregendes Budget von 900.000 US-Dollar unter der Regie von Science-Fiction-Experte Ridley Scott gedreht wurde. Für weltweite Diskussionen sorgte dieser Werbespot nicht nur deshalb, weil seine einzige offizielle Ausstrahlung in der Pause des *Super Bowl* stattfand. Bemerkenswert ist vor allem seine literarische Vorlage: der gleichnamige Roman von George Orwell *1984*. Vielfach beschrieben ist die Szene, in der „[k]ahl geschorene Männer in grauer Gefängniskluft […] den Worten des Big Brother [lauschen], bis eine Blondine in knappem Sportoutfit, von Sicherheitskräften verfolgt, den Bildschirm in die Luft sprengt, indem sie einen Vorschlaghammer auf ihn schleudert".[61] Der Vergleich von Apple-Kampagne und Orwell-Text – der sich geradezu aufdrängt, aber einer eigenen Abhandlung bedürfte – liefert einen Schlüssel für das Verständnis eben jener kognitiven Dissonanzen, die eingangs problematisiert wurden. Denn es darf bezweifelt

57 Apple II-„Simplicity"-Kampagne, 1977, URL: http://www.macmothership.com/gallery/MiscAds2/simplicity1.GIF [Stand: 15.2.2015].

58 Johannes 8, 12.

59 Vgl. Ernst Bloch: Kleine Tagträume. In: Das Prinzip Hoffnung. Bd. 1, 1. Teil. Frankfurt a.M. 1973.

60 „1984"-Kampagne, 1984, URL: https://www.youtube.com/watch?v=2zfqw8nhUwA [Stand: 15.2.2015].

61 Thomas Wagner (wie Anm. 16), S. 35.

werden, dass Apple-Nutzer das Orwell'sche „Doublethink" ernsthaft auf sich selbst beziehen. Aus der Fülle möglicher Vergleichspunkte sei hier nur eine einzige Frage aufgeworfen: Wem wirft die blonde Sportlerin, die mit ihrem iMac-bedruckten T-Shirt im Auftrag Apples handelt, ihren Hammer entgegen? Für das Jahr 1984 ist die Antwort belegt: Jobs richtet sich mit seinem Werbespot erklärtermaßen gegen das Einheitsgrau der IBM-Computer, die bekanntermaßen „Think" in ihrem Namen tragen. Aber heute? Wen erlöst das Licht Apples heute, dreißig Jahre später, wovon und warum?

Zur Beantwortung dieser letzten Frage ist es notwendig, die Argumentation soziologisch bzw. medienpolitisch zu weiten: Keine Überzeugung prägt derzeit das allgemeine Bewusstsein stärker als die Gewissheit, wir seien in tiefen gesellschaftlichen Krisen verfangen, und die Nutzung digitaler Medien sei unausweichlich, wolle man an eben dieser Gesellschaft noch erfolgreich teilhaben. Unterschiedlich allerdings sind die Reaktionen auf diese Überzeugung. Insbesondere im Umfeld der Kunst werden sowohl Krisen als auch mediale Entwicklungen als gesellschaftlicher Gestaltungsspielraum begrüßt. Auch Philosophen zeigen sich fasziniert von der Tragweite medialer Entwicklungen: „Unter medientechnischen Gesichtspunkten", urteilt Peter Sloterdijk, „ist die Ablösung der klassischen Buchseite durch das Monitorfeld der interessanteste Vorgang seit Erfindung der beweglichen Lettern."[62] Eine Vielzahl von Menschen jedoch beunruhigt das kulturrevolutionäre Potential der Technik. Diese Menschen werden durch den medialen Paradigmenwechsel vom Buch zum Computer bzw. vom Stift zum Finger überhaupt erst in eine Krise gestürzt. Das Dilemma liegt, wie oben deutlich wurde, nicht (mehr) in der Handhabung immer neuer Geräte, die den Nutzern ja kaum mehr technisches Know-how abverlangen. Vielmehr führt, wie Hartmut Rosa zusammenfasst, die überbordende Fülle an Informationen, die in unserer heutigen „Wissens- und Kommunikationsgesellschaft" simultan verfügbar sind und weltweit ausgetauscht werden können, zu einem Prozess der „Vergleichzeitigung".[63] Dieser macht sich u.a. in einer Steigerung des Lebenstempos bemerkbar. Eines der Probleme an der informationellen Beschleunigung ist, dass sie sich an unserer an *Schriftlichkeit*[64] gebundenen Kultur und damit an unserer gesamten „Daseinsweise"[65] (Benjamin) bricht. Zwar hätten wir es seit der Aufklärung gelernt, erklärt Dirk Baecker, „mit massenhaft auftretender

62 Peter Sloterdijk: „Welt-Ortsgespräche". In: Zukunft mobile Kommunikation. Wirklichkeit und Vision einer technischen Revolution. Hg. v. Rudi Lamprecht. Frankfurt a.M. 2001, S. 240.

63 Hartmut Rosa: Beschleunigung. Die Veränderungen der Zeitstrukturen in der Moderne. Frankfurt a.M. 2014, S. 346.

64 Vgl. Walter Ong: Orality and Literacy: The Technologizing of the Word. Reprint, London u.a. 2009.

65 Walter Benjamin: Das Kunstwerk im Zeitalter seiner technischen Reproduzierbarkeit (1936). In: ders.: Medienästhetische Schriften. Frankfurt a.M. 2002, S. 351–383, hier S. 356.

Kritik umzugehen, seit die Möglichkeiten zur Kritik durch massenhaft verbreitete Bücher, Zeitungen und Flugschriften immens gesteigert worden sind". Gleichzeitig aber bewege sich die moderne Gesellschaft in der optimistischen „Illusion [...], dass die Welt nachlesbar ist".[66] Aus Baeckers Beobachtungen lässt sich schließen, warum viele Menschen sich von den so genannten „neuen" Medien unter Druck gesetzt fühlen: Der aufklärerische Wille, „die Welt nach dem Vorbild dessen zu gestalten, was wir gelesen haben",[67] greift nicht mehr. Ein Blick auf die strukturellen Bedingungen digitaler Medien begründet, warum.

Es ist längst ein Allgemeinplatz, dass Medien eine „epistemologische Schlüsselfunktion"[68] erfüllen: Mobilität, Globalität, soziale bzw. informationelle Vernetzung, symmediale Repräsentation und digitale, d.h. binäre Codierung der Informationen beeinflussen unsere Wahrnehmung, unsere Erkenntnisfähigkeit und damit auch unsere Sicht auf die Welt. In der hier gebotenen Kürze ist die „neumediale" Organisationsform mit Hypertextualität hinlänglich beschrieben. Mit ihren „offenen Schaltungen"[69] codieren Hypertexte gewohnte diskursive Kommunikationsstrukturen, die auf Bewahrung von Informationen und dessen Reproduktion angelegt sind, in „Netzdialoge"[70] um. Letztere sind, erklärt Vilèm Flusser, auf Austausch und Produktion „von Informationen im Hinblick auf neue"[71] angelegt. Die zu lösende Schwierigkeit besteht darin, dass im Zuge emergenter Prozesse die Menge an Informationen sprunghaft zunimmt und in ihrer Entgrenztheit immer undurchschaubarer wird. Die Fülle dieser veränderbaren und in sich widersprüchlichen Informationen in *systematisches* Wissen zu transformieren lässt sich durch bewährte Methoden des begrifflichen Denkens und der wissenschaftlichen Modellbildung, d.h. der Komplexitätsreduktion, methodisch nicht mehr in den Griff bekommen. Einer der Gründe hierfür ist, wie Fuzzy-Logiker Lotfi Zadeh schon vor 20 Jahren erkannte, dass bei steigender Komplexität „präzise Aussagen an Sinn und sinnvolle Aussagen an Präzision [verlieren]".[72]

Im Spannungsfeld von Sinnstiftung und Präzisierung müssen Kommunikationsgewillte zwangsläufig Ausdrucksformen finden, die die digital vermittelte Informationsfülle, mit der sie konfrontiert werden und über die sie sich austauschen wollen, entsprechend ihrer Komplexität strukturieren. „Ein neuer Menschentypus tritt auf", beobachtet Sloterdijk, „der User. Ihm kommt es auf Textverarbeitung, auf Manipulation

66 Dirk Baecker : Theater 2.0. Oder: Ein trojanisches Pferd für die nächste Gesellschaft. Ein Gespräch mit Sebastian Kirsch (2010), URL: http://sebastiankirsch.wordpress.com/gesprache/dirk-baecker/ [Stand: 29.8.2014].

67 Ebd.

68 Vgl. Dieter Mersch: Medientheorien zur Einführung. Hamburg 2006, S. 11.

69 Vgl. Vilèm Flusser: Kommunikologie. Frankfurt a.M. ³2003, S. 32 ff.

70 Vgl. ebd., S. 49 ff.

71 Ebd., S. 17.

72 Lotfi Zadeh zitiert nach: Daniel McNeill/Paul Freiberger: Fuzzy Logik. München 1996, S. 60.

des Vorgefundenen, auf Eingriff und Umschreiben an […].“[73] Medial betrachtet ist es nur logisch, wenn sich Digital Natives in oszillierenden Systemen[74] wie Hypertexten zunehmend weniger an den Regeln der geschriebenen, begrifflichen Sprache orientieren, sondern eine „Tertiäre Schriftlichkeit“[75] ausbilden, in der sich Mündlichkeit und Schriftlichkeit vermischen und Sprache mit anderen Symboliken wie Bildern multimodal interagiert. Denn es bedarf nichtdiskursiver, nichtlinearer, assoziativer Sprachen, um Phänomene der Vergleichzeitigung sinnvoll zu fassen.

„Menschen, welche die ‚Dinge lieben, wie sie sind‘, haben in der Moderne ‚keine Hoffnung‘. Denn es ist die *Liebe zur Bewegung an sich* […,] welches ihr Grundprinzip zu bilden scheint“,[76] resümiert Hartmut Rosa in einem Kapitel über die Beschleunigung und die Kultur der Moderne. Das wenigstens scheint sich bis heute nicht geändert zu haben: Wenn Baecker darauf hinweist, „dass wir unter dem Einfluss der digitalen Medien gelernt haben, weitreichende Entscheidungen so zu formatieren, vor allem zu verkürzen, zu verkleinern und zu vernetzen, dass sie laufend korrigiert werden können“,[77] dann wirkt die Erwartung, dass Entscheidungen grundsätzlich reversibel sind und wir die Ergebnisse dieser Entscheidung in ihrer Gesamtheit gar nicht mehr fassen können, auf unser Lebensgefühl zurück. Wie ein Menetekel wirkt Baeckers Prophezeiung, dass wir uns zukünftig „nicht mehr wie noch in der Moderne auf den unaufhaltsamen Fortschritt oder die ebenso unaufhaltsame Dekadenz“[78] verlassen können, sondern in einem Zustand irrationaler Spannungen, systemischer Störungen, varianter Strukturen, zukunftsbezogener Unsicherheit, moralischer Unanschaulichkeit und erzieherischer Ratlosigkeit leben.[79] Wir werden in dem Bewusstsein leben, mit einer Fülle unauflösbarer Probleme konfrontiert zu sein, die sich beim Versuch, sie zu lösen, wie die Köpfe der Hydra nur noch vermehren. Schenkt man führenden Neurowissenschaftlern, Kulturpflegern, Wirtschaftsexperten, Umweltschützern etc. Glauben, so lässt sich diese Dystopie nicht mit einem Hammer zerschlagen.

73 Peter Sloterdijk zitiert nach Stephan Sattler: „Der Dummheit schaden …“ Interview mit Peter Sloterdijk. In: Focus 31, 30.7.2001, URL: http://www.focus.de/auto/ratgeber/zubehoer/kultur-der-dummheit-schaden--_aid_192721.html [Stand: 15.2.2015].

74 Vgl. Dirk Baecker: Wozu Systeme? Berlin 2008, S. 7.

75 Ulrich Schmitz: Tertiäre Schriftlichkeit. Text-Bild-Beziehungen im World Wide Web. In: Peter Schlobinsky: Von *hdl* bis *cul8r*. Sprache und Kommunikation in den Neuen Medien. Mannheim u.a. 2006, S. 89–103.

76 Hartmut Rosa (wie Anm. 62), S. 73 [Kursivierungen im Original].

77 Dirk Baecker (wie Anm. 65).

78 Ebd.

79 Dirk Baecker: Zukunftsfähigkeit: 16 Thesen zur nächsten Gesellschaft. In: What’s next? Kunst nach der Krise. Hg. v. Johannes M. Hedinger/Torsten Meyer. Berlin 2013, S. 62 f.

Apple indes setzt der „Kultur der Ungeduld“[80] (Sloterdijk) ein Zeichen der Zuversicht entgegen: „iThink, therefore iMac“,[81] so bewirbt die Firma den bonbonfarbenen iMac und löst mit seiner Ästhetik das „Zweifeln [...] an dem, was man [...] sieht“,[82] in Licht auf. Wer sollte, solchermaßen seiner selbst vergewissert und beruhigt, da seinen Computer nicht lieben? *Die Liebe verträgt alles, sie glaubet alles, sie hoffet alles, sie duldet alles...*

80 Peter Sloterdijk 2001 (wie Anm. 61).

81 Vgl. „iThink, therefor iMac“-Kampagne 1998, URL: http://macintoshphone.blogspot.it/p/list-of-apple-ic-slogans.html [Stand: 16.2.2015].

82 Vgl. Hebräer 11, 1 (wie Anm. 1).

Christian Stein (Berlin)

Alte Narretei, neue Narrative · Zeit- und Raummanipulationen im transmedialen Storytelling

Mein Leben?!: ist kein Kontinuum! (nicht bloß durch Tag und Nacht in weiß und schwarze Stücke zerbrochen! Denn auch am Tage ist bei mir der ein Anderer, der zur Bahn geht; im Amt sitzt; büchert; durch Haine stelzt; begattet; schwatzt; schreibt; Tausendsdenker; auseinanderfallender Fächer; der rennt; raucht; kotet; radiohört; „Herr Landrat" sagt: that's me!): ein Tablett voll glitzernder snapshots.[1]

Arno Schmidt charakterisiert in diesem Zitat das sogenannte musivische Dasein, das die gesamte Lebensrealität des Menschen ausmache. Das Leben ist kein Kontinuum, verläuft nicht gleichmäßig seriell hintereinander weg, sondern ist wesentlich fragmentarisch. Was der Protagonist des Textes hier in einer Art innerem Monolog klarstellt, findet sich aber auch auf der Metaebene der Erzählstruktur selbst wieder. Die Erzähltechnik des Kurzromans *Aus dem Leben eines Fauns* beschreibt Schmidt selbst als „PointillierTechnik", eine mosaikhaft zusammengesteckte Struktur von Überlegungs-, Beobachtungs-, Erinnerungs- und Erfahrungssplittern, die auch in ihrer Zusammenstellung immer ihre Bruchstellen und Kanten offenbaren.

Schmidts Literaturverständnis geht nun davon aus, dass Literatur die Umwelt – und das heißt Lebens- bzw. Erfahrungswelt – so präzise wie möglich abbilden solle; nicht nur, um sie besser zu verstehen, sondern eigentlich, um darin ihren eigenen Freiraum zu entwickeln. So ist ihm denn auch die Struktur – das Gerüst – viel wichtiger als der Inhalt:

Eines allerdings wird man – ich bitte ja nur um ein Ünzchen guten Willens – nun vielleicht schon etwas besser verstehen: nämlich meine, im Vorstehenden bereits ein Mal angedeutete Einstellung, daß der ‚Inhalt', der dem Leser das Wichtigste däucht, für mich eine drittrangige Frage ist, (die erste ist das Gerüst; die zweite die Oberflächenbehandlung, das ist ‚die Sprache'). Darüber hinaus bestrebe ich mich, lediglich meine Umwelt möglichst präzise abzubilden.[2]

1 Arno Schmidt: Aus dem Leben eines Fauns. Bargfelder Ausgabe (= BA) I, 1, S. 301.
2 Arno Schmidt: „‚Wahrheit' – ?", seggt Pilatus, un grifflacht … BA III, 4, S. 239.

Dabei stellt er Literatur keineswegs in den Dienst dieser Umwelt, eher umgekehrt. Literatur – oder vielmehr Literatur*en* sind der eigentliche Freiraum und Fluchtraum des Menschen, ein Literaturkosmos, der sich aus Tausenden von Texten aufbaut und der allein in der Lage ist, der an sich sinnlosen Außenwelt Sinn und Schönheit zu verleihen. „Die ‚Wirkliche Welt'?:", stellt er dann auch pointiert klar, „ist, in Wahrheit, nur die Karikatur unsrer Großn Romane!" Was Schmidt nicht nur in seinem Buchungetüm *Zettel's Traum* mit unzähligen Zitaten und Verweisen auf andere Texte aufzubauen versucht, ist eine „Buchwelt", „Wortwelt", „Gegenwelt", „Selfmadeworld" oder auch „Metawelt", wie er sie nennt.[3] Sie ist dadurch charakterisiert, dass sie spielerisch über die Jahrhunderte hinweg Texte mosaikstückartig zusammenbringt, die Fragmentarizität der Welterfahrung strukturell widerspiegelt, sich über Textgattungen hinwegsetzt, die Serialität des Textes aufbricht, den Entstehungsprozess des Textes mit einschreibt, den Leser einbindet und so eine Dichte und Vielfalt erzeugt, die viel weitgehender ist, als ein einzelner Text es sein könnte.

Damit bin ich bei meinem Thema. Wo Schmidt die Grenzen des Textes im Text auszuloten und zu erweitern versucht hat, grenzen heute häufig andere Medien an und augmentieren ihn. Manchmal wünsche ich mir, Schmidt hätte die Möglichkeiten des Internets bereits gehabt. Aber das wäre ein anderer Schmidt gewesen, womöglich ein schlechterer. Schmidt hat in den Techniken und Technologien seiner Zeit gearbeitet und gedacht, und das ist gut so. Jede Zeit hat ihre eigenen bestimmenden Techniken und Technologien und verwendet sie, um zu erzählen, zu zeigen, zu gestalten, zu verstehen: „If stories themselves are universal, the way we tell them changes with the technology at hand. Every new medium has given rise to a new form of narrative"[4], schreibt Frank Rose, der sich selbst als *digital anthropologist* bezeichnet, in seinem Standardwerk *The Art of Immersion*. Werfen wir einen Blick darauf, wie heute begonnen wird zu erzählen; nicht einfach in anderen Medien wie beispielsweise dem Film, dem Hypertext, dem Comic, dem Spiel oder dem interaktiven digitalen Content, sondern durch diese und viele andere Medien hindurch. Unter dem Stichwort „Transmedialität" tummelt sich eine Vielzahl von Erzählformen, die eine Erzählung mit verschiedenen Medien gleichzeitig erzählen. Dabei geht es nicht um eine Umsetzung wie beispielsweise eine Verfilmung eines Romans oder das Spiel zum Film. Es gibt keinen Urtext. Vielmehr erzählt jedes Medium einen Teil des Inhalts in seiner eigenen Art und Weise. Kein Medium enthält alle Teile. Ein Gesamtbild ergibt sich erst in der Kombination der Medien.

---

3 Christian Stein: Primat der Sprache. Leitmotivik und Topologie des Subjekts bei Arno Schmidt. Heidelberg 2012, S. 67.

4 Frank Rose: The Art of Immersion: How the Digital Generation is Remaking Hollywood, Madison Avenue, and the way we tell stories. New York/London 2011, S. 2.

Henry Jenkins, einer der theoretischen Urväter des transmedialen Storytellings, beschreibt das so:

> Transmedia storytelling represents a process where integral elements of a fiction get dispersed systematically across multiple delivery channels for the purpose of creating a unified and coordinated entertainment experience. Ideally, each medium makes its own unique contribution to the unfolding of the story.[5]

Der Rezipient dieser Narration ist aufgefordert, die einzelnen Bestandteile selbst zusammenzusuchen, eigenständig Verbindungen zu ziehen und nach und nach ein großes Ganzes zusammenzustellen. In welcher Reihenfolge er das tut, mit welchem Teil er beginnt, wie viel Zeit er sich dafür nimmt, bleibt ihm selbst – oder dem Zufall überlassen. Häufig sind diese transmedialen Erzählungen auch nicht abgeschlossen, sie werden weiterentwickelt und ergänzt, teilweise auch wieder verändert oder vernichtet. Was davon Fiktion und was Realität ist, wird hier und dort bewusst verunklart. Rätsel werden aufgebaut, deren Lösung noch nicht existiert, Charaktere eingeführt, deren Rolle noch unbestimmt ist. Häufig ist nicht klar, wer eigentlich der Autor eines Teils ist, meist sind es viele verschiedene. In einigen Fällen werden die Leser selbst zu den Autoren und ergänzen das Material selbstständig oder machen Vorschläge zur Weiterentwicklung. Dieses heterogene, dynamische Gefüge ist als Ganzes nicht immer leicht zu fassen. Meist steht auch nicht eine zentrale Handlung im Vordergrund, die aus verschiedenen medialen Blickwinkeln heraus betrachtet würde. Vielmehr handelt es sich um ein Universum, eine eigene Welt mit eigenen Gesetzen und Strukturen, die alle sich darin ansiedelnden Erzählungen berücksichtigen, ohne vollends von ihnen determiniert zu werden. David Herman hält dazu in seiner Narrationstheorie fest:

> It is the cognitive structure of mental maps that constitutes a necessary link in the dialogue between a text and a cognate mind. Such mental maps are dynamic in nature, being frequently updated along the process of decoding a text or a system of texts. Therefore, their function is not merely mapping the relations between all the represented existents, or living and non-living objects included in the discourse, but once again, meaning-generation. What matters is equally what is represented and the understanding of what might (alternatively) be there as well, and what might yet occur as a result of what is actually represented.[6]

In diesem prinzipiell offenen Narrationsverständnis entsteht etwas, das dem Arno Schmidt'schen Ideal der *self-made world* ziemlich nahe kommt: ein großes fiktionales

---

5 Henry Jenkins: Transmedia Storytelling 101, 2007, http://henryjenkins.org/2007/03/transmedia_storytelling_101.html, 27.4.2015.

6 David Herman: Story Logic: Problems and Possibilities of Narrative. Bertrams 2004, S. 14.

Universum mit einer Vielzahl wirklicher und noch mehr möglicher Verbindungen. Schmidt beispielsweise lässt in seinen *Dichtergesprächen im Elysium* Dichter aus unterschiedlichsten Jahrhunderten in einen Dialog treten und gleichsam von oben herab auf ihre Leser blicken. Wenn es in das Universum passt, lässt sich das Verschiedenste miteinander verbinden. Strukturell ausgefaltet wird dieses Universum heute dann in all den Medien, die unseren Alltag ohnehin bestimmen, mit semantischen, strukturellen und technischen Verbindungen zueinander vielfach vernetzt. Der Leser, bei Schmidt ohnehin nie passiv verstanden, wird jetzt als transmedialer Rezipient zum aktiven Mitgestalter, seine Erfahrung ist einzigartig, nichtlinear und strukturbestimmt. Wo bei Schmidt der Autor immer mehr in den Text übergeht, ist es hier das Netz, das Rezipienten wie Produzenten wesentlich bestimmt und damit selbst der eigentliche Produzent wird.

Wie kann so etwas nun konkret aussehen? Ein Beispiel: Die Band Nine Inch Nails wagt sich unter der Federführung von Trent Reznor 2007 in bis dahin unbeschrittenes künstlerisches Terrain vor. Was unter dem Namen *Year Zero* bekannt wurde, ist weit mehr als ein Musikalbum. Es ist ein transmediales Narrativ. Auf einem Konzert der Band findet ein Fan auf der Toilette einen USB-Stick. Als er ihn auf seinem Rechner ausliest, entdeckt er ein bis dato nicht veröffentlichtes Stück der Band als MP3. In anderen Städten geschieht Ähnliches, jedoch immer mit anderen unveröffentlichten Versionen von Stücken. Zusammen bilden diese ein Album, das niemals erschienen ist. Fans der Band beginnen, sich im Netz zu verbinden, die Stücke zusammenzutragen und zu veröffentlichen. Auf dem USB-Stick aus Barcelona befindet sich neben dem Lied *Me, I'm Not* noch eine zweite Datei namens *2432.mp3* mit statischem Rauschen, welche eine im Spektrogramm sichtbare Telefonnummer enthält, die auf eine mysteriöse Website verweist. Gleichzeitig fällt einigen anderen Fans auf, dass einige Buchstaben auf einem T-Shirt der Band hervorgehoben sind. Zusammen bilden sie den Schriftzug „I am trying to believe". Einige Fans bekommen heraus, dass es eine Website gibt, die iamtryingtobelieve.com lautet. Diese Website enthält verstörende und zum Nachdenken anregende Zukunftsvisionen einer fiktiven Institution in Hypertext mit Bildern. Über Hinweise auf der Website gelangen Fans auf andere Seiten wie anotherversionofthetruth.com, bethehammer.com oder churchofplano.com, die scheinbar unabhängig voneinander weitere Puzzleteile liefern. Teilweise verschicken diese Websites E-Mails an die Besucher mit Inhalten wie

> **A CONSUMER OF DISSIDENT MATERIAL** ... Any further attempts to view, consume, or distribute un-american (sic) content will result in the loss of citizenship increments and/or the imposition of fines, penalties, or imprisonment. You have choices. Make the **RIGHT** ones.[7]

7 Vgl. http://www.reuters.com/article/2007/04/02/us-nineinchnails-idUSN0233620220070402, 27.4.2015.

Etwas später erscheint ein neues T-Shirt der Band, in dem eine Telefonnummer verborgen ist. Wer sie entschlüsselt und anruft, hört einen weiteren Song der Band. Dann wird ein Filmtrailer veröffentlicht, der dunkel symbolisch auf weitere Zusammenhänge und Quellen hindeutet. Zusammen bilden die Quellen ein dystopisches Narrativ über die Welt im Jahr 2022. Wie viel überhaupt zusammengetragen werden konnte und wie stark dieses transmediale Narrativ gesteuert wurde, wurde nie offiziell verlautbart. Klar ist indes, dass die Band mit professioneller Agenturunterstützung die Entwicklung genau beobachtete und in Abhängigkeit des Vorankommens der Fangemeinde neue Elemente erfand oder freigab. Reznor selbst sagt zu der Aktion:

> The term ‚marketing' sure is a frustrating one for me at the moment. What you are now starting to experience IS ‚year zero'. It's not some kind of gimmick to get you to buy a record – it IS the art form … and we're just getting started. Hope you enjoy the ride.[8]

An diesem Beispiel lässt sich gut zeigen, was transmediales Storytelling kann. Es ist nicht eine Veröffentlichung, die dem Rezipienten dargebracht wird, es wird die Illusion aufgebaut, dass der Finder des USB-Sticks durch einen Glücksfall etwas entdeckt, was nicht für ihn gedacht ist. Dieses Finden ist kein virtuelles, das nur in den Weiten des Internets passiert wäre, sondern hat die Materialität eines konkreten Ortes und eines physischen Objekts. Der Inhalt gelangt jedoch ins Netz, das explosionsartig weitere Rezipienten aufbaut, die der Handlung gespannt folgen, anfangs noch ohne eine Intention dahinter zu vermuten. Mit dem Aufbau eines weltweiten Rezipientennetzwerkes wird aber auch das Auffinden der anderen Sticks erst ermöglicht, die auch leicht hätten verloren gehen oder in ihrem Wert verkannt werden können. Durch die Vernetzung wird der Rezipient gleichsam aus seiner Isolation herausgehoben, und das Rezeptionserlebnis ist ein kollektives, bei dem noch niemand einen Informationsvorsprung zu haben scheint. Wesentlicher Teil der Narration sind die Blogs und Beiträge der Fans, die interpretieren, spekulieren, zusammentragen, diskutieren und veröffentlichen. Auf den durch die T-Shirt-Hinweise gefundenen Websites wiederum findet sich Material, das bewusst im Halbdunkel zwischen Fiktion und Realität gehalten wird. Ihre Lektüre ist verstörend, ihr Ursprung nicht ohne weiteres auffindbar. Der verstörte Leser sucht notgedrungen Metainformationen, um diese Texte einordnen zu können. Was er antrifft, ist erneut die Fancommunity. Erst mit der Einbindung in diese gelangt er zur Klarheit über die Natur des Textes – und ist Teil der kollektiven Rezeption geworden. Eine Konstellation wie diese wird auch häufig als *alternate reality game* bezeichnet. Die Aspekte, die sich hier aufzeigen lassen, sind:

---

8 Vgl. http://www.canada.com/victoriatimescolonist/news/arts/story.html?id=daeaf4c0–c56a-45ab-bc34–91ad9b252ed8, 27.4.2015.

- medienübergreifende Inhalte
- Vermischung von Realität und Fiktion
- kollektive Rezeption
- rezipientengesteuerte Weiterentwicklung
- Rätselhaftigkeit
- verschiedene Zugangsmöglichkeiten
- Unabgeschlossenheit
- Fragmentarizität der Erzählelemente
- Integration der Metaebene
- Entwicklung einer Welt statt einer Handlung.

Was hat das nun mit der Frage nach Zeitlichkeit im weitesten, Beschleunigung versus Verlangsamung im engeren Sinne zu tun? Um dieser Frage nachzugehen, möchte ich zunächst einige Annahmen über Zeit und Zeitlichkeit generell zugrunde legen. Wenn von technischer Beschleunigung die Rede ist, assoziiert man in der Regel zwei Aspekte. Zunächst ist das Aufkommen moderner Verkehrsmittel wie der Eisenbahn, des Automobils oder des Verkehrsflugzeugs entscheidend. Neue technologische Entwicklungen erhöhen die Transportgeschwindigkeit für Personen und Güter. Die gesellschaftliche, wirtschaftliche und militärische Relevanz dieser Geschwindigkeitserhöhung macht die entsprechenden Technologien dann in einiger Zeit zu Massenphänomenen. In der Erfahrungswelt, die, wie wir ja von Arno Schmidt wissen, immer wichtiger als die rein physische Welt ist, rücken damit die Orte näher aneinander. Distanz wird nur in der physischen Welt in Metern angegeben, in der psychischen Wahrnehmung erfolgt die Angabe eher in – gefühlten – Stunden. Mit jedem schnelleren, günstigeren und verfügbareren Verkehrsmittel also schrumpft die Welt zusammen, die Orte rücken näher aneinander.

Dass Berlin damit längst zum Vorort von Braunschweig geworden ist, ist da nur ein Phänomen – in diesem Fall eines, das mir persönlich sehr willkommen ist. Spürbar wird die verkehrstechnische Beschleunigung erst, wenn man das Verkehrsmittel quasi anachronistisch wechselt. Als ich kürzlich für einen Weg von Berlin nach Braunschweig kurzerhand nicht den Zug, sondern das Fahrrad gewählt habe, sind die Orte sprunghaft wieder auseinandergerückt. Der Zwischenraum als ein aktiv zu durchschreitender, widerständiger und ausgedehnter ist für mich erstmals wieder spürbar geworden und hat sich aufgespannt zu einem tatsächlichen Raumerleben, das nicht – nur – in einer Zeitangabe aufgeht, sondern auch in einem ernsthaften Muskelkater.

Diese, man könnte sagen, Wanderung der Orte aufeinander zu hat im 19. wie im 20. Jahrhundert eine starke Fokussierung auf die Zeit ausgelöst: Beginnend mit der überregionalen Gleichschaltung der Uhren für die Fahrpläne der Züge über den Kostenfaktor Zeit in der sich ausbreitenden industriellen Produktion bis hin zum technikbegeisterten Fortschrittsglauben: Auf einmal tauchen überall die Uhren auf.

Zeit ist Geld. Zeit ist Fortschritt. Zeit bestimmt die Menschen. Und das heißt: Je wichtiger Zeit wird, desto knapper wird sie auch. Je schneller wir reisen, desto weniger Zeit haben wir an unserem Zielort. Diese Beschleunigung hat, wie nahezu alle technischen Entwicklungen vor ihr und nach ihr, Begeisterung und Schrecken, Heilsversprechen und Untergangsvisionen gleichermaßen ausgelöst.

Wenn wir heute aber die zunehmende technische Beschleunigung beklagen, die unser Leben durchzieht, meinen wir in Wirklichkeit meist gerade nicht diese verkehrstechnische Beschleunigung. Die ist kaum noch zu spüren. Wo die Novität der Technologie beispielsweise bei den Futuristen ihre Faszination noch tatsächlich aus der Erfahrung der Geschwindigkeit und Beschleunigung, der physischen Macht des Apparates gewonnen hat, ist diese heute fast gänzlich in den Hintergrund getreten. Das Automobil steht zumindest in den Großstädten eher für das Gefühl von Behäbigkeit, Stillstand und Rückwärtsgewandtheit, von seiner Klobigkeit bei der Parkplatzsuche ganz zu schweigen. Hat ein VW Käfer jedes zusätzliche Quäntchen Geschwindigkeit mit Lärm und Vibration noch an seine Mitfahrer weitergegeben, sind aktuelle PKW akustisch und physisch so gedämpft, dass die Geschwindigkeit zum Abstraktum wird. Wer sie im Sportwagen zurückhaben, zurückerspüren will, der braucht dafür nicht nur höhere Geschwindigkeiten und den bewussten Verzicht auf Vibrationsdämpfung, sondern auch den Sounddesigner der Automobilindustrie, der das Brummen und Blubbern des Motors bewusst wieder in die Fahrerkabine leitet. Geschwindigkeit ist hier funktionsfreie Inszenierung wie in der Achterbahn geworden.

Im Zug ist der Unterschied von 100, 200 oder 300 Kilometern pro Stunde nur noch anhand des Fahrplans zu erraten, jedoch kaum mehr zu erleben, so abgedämpft und akustisch isoliert ist der Apparat. Zudem findet nur noch gelegentlich ein verirrter Blick den Weg aus dem Fenster auf die durchraste Landschaft – sofern diese denn überhaupt zu sehen ist und nicht von Lärmschutzwänden verborgen wird, die den Lärm des Zuges in die Umwelt akustisch abdämpfen und den Blick des Fahrenden visuell. Dieser geht ohnehin direkt wieder auf das Papier oder den Bildschirm zurück. Die Sensation Geschwindigkeit hat sich längst verbraucht. Das schnellste Verkehrsmittel schließlich, das Flugzeug, macht seine Geschwindigkeit vollends unspürbar. Bis auf einen kurzen Schub beim Start und einen kleinen Ruck bei der Landung ist Geschwindigkeit hier einzig eine Zahl auf dem Infodisplay.

Lediglich an den Schnittstellen, in der Außenperspektive auf die Maschinen, am Flughafen, Bahnhof oder an einem Autobahnrastplatz schimmert gelegentlich noch eine Ahnung von dieser Geschwindigkeit durch, die längst selbstverständlich, man könnte sagen *zuhanden* geworden ist. Meist tritt ihr *Vorhandensein* erst dann hervor, wenn Stockungen eintreten wie Verspätungen und Staus.

Wenn wir heute zunehmende technische Beschleunigung beklagen, meinen wir in Bezug auf unsere Erfahrungswelt zumeist etwas anderes. Diese Art der Beschleunigung ist so abstrakt geworden, dass wir sie normalerweise nur noch theoretisch erfassen können, aber nicht mehr als problematisch erleben. Wo sich also inzwischen fast jeder an diese Verkehrsmittel gewöhnt hat, liegt die zweite und inzwischen deutlich präsentere Assoziation mit der Bezeichnung „technische Beschleunigung" zeitlich noch viel näher.

Das nämlich war erst der Anfang und hier sollten wir terminologisch zwischen zwei grundverschiedenen Formen von technischer Beschleunigung differenzieren: zwischen *verkehrstechnischer* Beschleunigung und *informationstechnischer* Beschleunigung.

Wenn das Reisen der Menschen sich technologisch um ein Hundertfaches oder mehr beschleunigt hat – Informationen sind *noch* schneller geworden. So schnell kann ein Mensch gar nicht reisen, dass sie nicht schon vor ihm am Ziel wären. In Sekunden sind sie um die ganze Welt gereist. Es gibt dabei Informationen, die selbstständig zu einem kommen, und solche, zu denen man selbst gehen muss. Wo der mobile Raum immer schneller durch den immobilen Raum rast, hat sich der *information space* von jeder spezifischen Physikalität gelöst und ist in den Übertragungsprotokollen aufgegangen. Während unser Körper den physischen Raum zwar schneller, aber nicht zugleich in verschiedene Richtungen durchqueren kann, sind Informationen überall zugleich. Pierre Lévy, der auch für die Theorie des transmedialen Storytellings immer wieder herangezogen wird, schreibt:

> Once knowledge becomes the prime mover, an unknown social landscape unfolds before our eyes in which the rules of social interaction and the identities of the players are redefined. A new anthropological space, the knowledge space, is being formed today, which could easily take precedence over the spaces of earth, territory and commerce that preceded it.[9]

Daraus ergibt sich eine Schwierigkeit oder zumindest Besonderheit, die für den Anfang des 21. Jahrhunderts so charakteristisch ist wie die physische Beschleunigung für den Anfang des 20. Jahrhunderts. Wo die Orte durch Verkehrsmittel zusammengerückt sind, indem die Zeiten der Reise reduziert werden, werden Zeiten wie Orte im *information space* schlicht negiert. Ob eine E-Mail vom Büro nebenan oder von der anderen Seite der Welt kommt, macht keinen Unterschied. Ob ein Server in Tokio, New York oder Braunschweig steht, resultiert in nicht mehr spürbaren Millisekunden Differenz. Dass meine Kollegen, mit denen ich fast täglich zusammenarbeite, in Pisa, Kiew und London sind, ist selbst nur eine Information geworden.

Wo also Informationen in welcher Form auch immer nicht mehr ortsgebunden, nicht mehr an beispielsweise Bücher oder Drucke gebunden sind, sondern gleichsam überall zugleich nicht nur vorhanden sind, sondern auch produziert werden, ist Beschleunigung als Perzeptionsproblem spürbar. Informationen sind

---

9 Pierre Lévy: Collective Intelligence. Cambridge 1997, S. 255, https://is.cuni.cz/studium/predmety/index.php?do=download&did=29658&kod=JJM085, 27.4.2015.

nicht einfach irgendwo, sie müssen verarbeitet werden, um real zu werden. Hier stößt der Mensch an seine eigenen zeitlichen Grenzen, bekommt zu spüren, dass er den Informationsfluss nicht so schnell verarbeiten kann, wie die Maschine den Informationsfluss ausliefert. Egal, wie viel der Mensch rezipiert, egal, wie schnell er aussortiert, die Maschine ist immer schneller, der Mensch immer defizitär. Der Wunsch nach Verlangsamung ist in diesem Sinne eine Schutzreaktion, die die parallelisierte Gigahertztaktung des *information space* wieder an den Herzschlag eines *human space* anpassen will. In Bezug auf transmediales Storytelling ist es wichtig zu verstehen, dass diese notwendige Schutzreaktion auf die Beschleunigung der zu rezipierenden Information und damit auf die Zeit fokussiert. Der *information space* hat jedoch einen zweiten Charakter, wenn man von den ausgelieferten zu den aufgesuchten Informationen blickt.

Doch ist er vielmehr als Raum zu verstehen, der seine genuin eigene Räumlichkeit mitbringt. Dieser Raum durchdringt inzwischen alle erdenklichen Medien und nimmt die unterschiedlichsten Formen für sich ein. Er findet sich in Text wie Hypertext, Bild wie Audio, Video wie Spiel. Er findet sich auch und vor allem längst nicht mehr in der rein digitalen Welt, sondern ist in der physischen genauso präsent. Das physische Buch ist genauso Teil dieses *information space* geworden wie das PDF, der Filmabend im Kino ist informationstechnisch genauso eingebunden wie der Stream auf den heimischen Rechner. Eine Unzahl physischer Objekte sind *digital born objects*, also Objekte, die erst im digitalen Raum entstanden, bevor sie in eine physikalische Form gebracht wurden; übrigens auch die allermeisten Texte. Dieser *information space* ist damit per se transmedial und kein Gegensatz zum *physical space*, sondern Teil davon. Er ist genauso wenig auf ein Medium begrenzt wie auf einen Ort. Diese Transmedialität wird in den neuen Narrativen des transmedialen Storytellings genutzt, um Kunstwerke zu schaffen, die sich strukturell auf diesen Raum beziehen.

Im Unterschied jedoch zur Beschleunigung der Informationsflut, die uns mit (Zeit-)Druck, ob wir wollen oder nicht, überschüttet, überrollt und zu ertränken droht, wird hier ein Kunstraum geschaffen, dessen vielleicht wichtigstes Prinzip es ist, dass er freiwillig aufgesucht wird. Es ist ein Raum, der sich dem Zeitdruck entzieht und einen Freiraum aufbaut. Es ist nicht die regressiv entnervte Abkehr von einer entfesselten Informations- und Kommunikationsmodalität, sondern der Versuch, diese zu wenden, zu nutzen und im je eigenen narrativen Sinne produktiv zu machen.

Vielleicht ist es eine grundsätzliche Frage, was ein Kunstwerk will und soll. In jedem Fall können Kunstwerke den Zeithorizont ihrer Entstehung genauso wenig abstreifen wie die Tatsache, dass sie vor dem Hintergrund einer andauernden Zeiterfahrung ihrer Rezipienten wahrgenommen werden. Ob als bewusster Kontrapunkt, als Auslassung, Konfrontation oder Experiment mit den Strukturen des *information space*: Gegenwartskunst kann – das wäre meine These – diesen Hintergrund kaum ignorieren.

Abschließend ein zweites Beispiel, das allerdings kaum mehr einfach Storytelling ist, sondern Transmedialität in Reinkultur: Es geht um Hatsune Miku. Hatsune Miku erblickt das Licht der Öffentlichkeit im Jahr 2007. Ihr Name bedeutet übersetzt „Erster Klang aus der Zukunft". Sie ist kein Mensch. Sie ist eine Stimme; nicht die Stimme eines Menschen, sondern eine künstliche Gesangsstimme, die auf dem Softwaresynthesizer Vocaloid2 aufbaut. Als Maskottchen für diese Stimme entsteht eine Mangafigur – wohlgemerkt als Maskottchen für die Stimme, nicht umgekehrt. Es ist eine recht typische Figur, wie sie für die japanische Manga- und Animekultur paradigmatisch ist. Im Unterschied zur Comickultur ist der Manga in Japan eine anerkannte und etablierte Erzählform, die sich zum großen Teil ausschließlich an Erwachsene richtet. Hatsune Miku hat die Gestalt eines 16-jährigen Mädchens mit langen türkisfarbenen Haaren. Sie trägt Kopfhörer und eine Schuluniform. Diese Figur, bestehend aus einem Synthesizer und einer Zeichnung, entwickelt rasch eine Eigendynamik. Die Stimme trifft den ästhetischen Nerv der Zeit in Japan. Mit ihr können unterschiedlichste Künstler und Hobbymusiker Gesangsstimmen erzeugen, die alle so klingen, als würden sie von derselben Person vorgetragen. Zu der Figur entstehen rasch Nachzeichnungen, dann Videoclips, die die Figur und die mit ihrer Stimme erzeugten Songs darstellen. Der Mangaka KEI, der die Figur erstmals zeichnete, veröffentlicht kurz danach einen über zwei Jahre regelmäßig erscheinenden Manga mit der Figur im Mittelpunkt. Die Zahl der Fanillustrationen und Nachzeichnungen übersteigt heute eine Million. Es gibt auch offizielle Alben von Hatsune Miku, die im Hintergrund von einer ganzen Künstlergruppe produziert wurden. Hatsune Miku gelangte damit bis auf Platz 4 der japanischen Albumcharts. Die von Fans produzierte Musik umfasst heute tatsächlich über 100.000 Songs. Es gibt ca. 170.000 Videos mit ihr auf YouTube. Hatsune Miku existiert nicht nur im Netz. Sie hat auch Liveauftritte. Bei ihrem ersten Auftritt im Jahre 2009 jubelten 25.000 Fans einer Videoleinwand zu. Von der Videoleinwand hat sie es als Hologramm auf die Bühne geschafft und gibt weltweit Konzerte.[10] Im Mai dieses Jahres ist sie der Opening Act für Lady Gaga und hat damit endgültig den Sprung aus der japanischen Kultur in die westliche Welt geschafft. Es gibt unzählige Cosplayer, die sich wie Hatsune Miku kleiden, Computerspiele mit ihr, Animes und Erzählungen.

Hier sprechen oder vielmehr singen die Fans wortwörtlich mit der Stimme ihres Stars. Sie sind es, die die Figur überhaupt erst in der Form erzeugt haben. Als ich im letzten Jahr in Tokio eine aufwändige Ausstellung zum Thema Liebe besuchte, war Hatsune Miku ein eigener Raum gewidmet. Der Raum war komplett abgedunkelt und mit schwarzem Stoff auf einer unregelmäßigen, gebirgsartigen Anhöhe ausgelegt. Auf dem Stoff lagen wie ausgestreut an die 200 iPads. Jedes davon war auf maximale Helligkeit gestellt, auf ihnen liefen Slideshows der Tausenden von Zeichnungen, die

10 Vgl. https://www.youtube.com/watch?v=jhl5afLEKdo, 27.4.2015.

Fans von ihr angefertigt hatten. Sie strahlten mit einer Leuchtkraft in die Dunkelheit, dass einem fast die Augen wehtaten. In ihrer Vielheit gewann die Gestalt trotz der virtuellen Darstellung und des Verzichts auf eine Puppe, wie sie in Japan auch üblich sind, eine Präsenz, die ungeheuer stark war. Nach einiger Zeit begann die Aufzeichnung eines Konzerts auf einem größeren Beamerbild, auf dem Hunderte Menschen frenetisch jubelnd dem Konzert beiwohnen und alle grüne Leuchtstifte schwenken.

Man mag einwenden, dass das der ohnehin völlig anderen japanischen Kultur mit ihren Eigenarten entsprungen sei; vor allem auch, dass es sich hierbei nicht um Kunst, sondern Massenware und Kitsch handle, der von der Kulturindustrie aufgenommen und passend vermarktet werde. Überhaupt sind viele der Vorzeigeprojekte im transmedialen Storytelling auch dem Versuch geschuldet, neue Zielgruppen zu erschließen und ein Kulturprodukt auf vielen Kanälen zu vermarkten. So schließen sich entsprechende Projekte häufig an Fernsehserien oder Comicwelten an. Neben diesen transmedialen Großprojekten gibt es aber eine Vielzahl von experimentellen Künstlern, die mit Transmedialität und der Verschränkung physischer und digitaler Räume experimentieren. Als Beispiele will ich hier nur kurz *Cathys Book* anführen, eine transmediale Erzählung, die mit einer Vielzahl simulierter Dokumente experimentiert;[11] oder *Clockwork Watch*, eine Steampunkvision, die sich in verschiedenen Medien seit 2012 weiterentwickelt.[12] Hier passiert etwas Interessantes, das anders ist als Hypertext, anders als Semantic Web, das weder von Twitteratur noch Blogosphäre erfasst wird und sich vom Vermarktungsgedanken radikal absetzt hin zu einer neuen Kunstform.

Abschließend möchte ich noch einmal das Fragezeichen hervorheben, das im Titel dieses Sammelbandes steht. Die ästhetische Verlangsamung im Sinne eines narrativen Freiraums muss nicht als Gegensatz zur technischen Beschleunigung in welchem Sinne auch immer aufgefasst werden. Im Transmedialen kann die Verlangsamung einen Ort finden *in* den Bedingungen der Beschleunigung, ohne von dieser determiniert zu werden. Die alte Narretei von Arno Schmidts alle Grenzen überwindender literarischer *self-made world* könnte hier – vielleicht – eine neue Form finden, in eben diesen neuen, transmedialen Narrativen.

11 Vgl. http://www.cathysbook.com, 27.4.2015.
12 Vgl. http://www.clockworkwatch.com, 27.4.2015.

Poetiken der Beschleunigung und ihre Kritik

Cord-Friedrich Berghahn (Braunschweig/Darmstadt)

„Une apparition en coup de foudre" und „erhabenes Schauspiel" · Vorbeifahrende Züge bei Émile Zola und Gerhart Hauptmann

1 Poetologie der Gegenwärtigkeit

Gerhart Hauptmanns Novelle *Bahnwärter Thiel* (1888) und Émile Zolas Roman *La Bête humaine* (1890) sind nahezu zeitgleich entstanden und wurden im Abstand weniger Jahre publiziert. Diese Gleichzeitigkeit lädt angesichts der Thematik zur vergleichenden Analyse ein: Beide Prosaarbeiten geben der Eisenbahn nämlich großen, ja bestimmenden Raum; beide sind dabei moderneskeptische Texte, deren Medium jedoch die moderne, wissenschaftlich legitimierte Literatur ist; beide arbeiten schließlich, wenngleich auf radikal unterschiedliche Art und Weise, an der ästhetischen Bewältigung von Beschleunigungserfahrungen.

Im Rahmen der von Hartmut Rosa herausgearbeiteten Beschleunigungsdramaturgie, die auch die Literatur der Moderne unter dem Gesetz der Akzeleration subsumiert,[1] können damit sowohl Zola als auch Hauptmann als Kronzeugen eines Beschleunigungsprozesses befragt werden, der das 19. Jahrhundert, ja die Moderne überhaupt charakterisiert. Die Unterschiedlichkeit ihrer Aussagen lotet die Amplituden aus, mit denen die Kunst der Moderne auf die Herausforderung einer im Zeitalter der Eisenbahn vollkommen neuen Zeit- und Raumerfahrung reagiert.[2] Diese Amplituden sind umso bemerkenswerter, weil sie innerhalb einer europäischen Bewegung – der des Naturalismus – auftreten, deren weltanschauliches und poetologisches Programm bei aller nationalen und individuellen Differenzierung vergleichsweise einheitlich ist. Dies liegt zu einem guten Teil daran, dass Émile Zola nicht nur als Nestor, sondern auch als Schrittmacher über mehr als 20 Jahre das Selbstverständnis jener Autoren geformt hat, die sich unter dem Begriff ‚Naturalismus' zusammenfanden. Zola war es, der, im Rekurs auf das naturwissenschaftliche Feld,[3] den zuvor vagen philosophischen Begriff

1 Hartmut Rosa: Beschleunigung. Die Veränderung der Zeitstrukturen in der Moderne. Frankfurt a.M. 2014, vgl. insbes. S. 71–88 („Beschleunigung und die Kultur der Moderne").

2 Vgl. zu diesen Erfahrungen die klassische Studie von Wolfgang Schivelbusch: Geschichte der Eisenbahnreise. Zur Industrialisierung von Raum und Zeit im 19. Jahrhundert. Frankfurt/Berlin/Wien 1979, insbes. S. 35–44 und S. 51–66.

3 Als Akteur zwischen den literarischen, politischen und wissenschaftlichen Feldern spielt Zola in Pierre Bourdieus Felder-Theorie folgerichtig eine zentrale Rolle, vgl. ders.: Die Regeln der

in das literarische Feld eingeführt und als Gruppen-, Epochen- und Stilbezeichnung durchgesetzt hat.[4]

In der Tat hat wohl keine künstlerische Bewegung des 19. Jahrhunderts das moderne Wissenschaftsideal derart radikal zum Teil des eigenen Selbstverständnisses gemacht wie der europäische Naturalismus. Und kein Autor hat dies systematischer praktiziert als Émile Zola. In seinem Manifest *Le Roman expérimental* schlägt Zola den modernen Roman bruchlos der Wissenschaft zu.[5] Hier entwirft er das Programm einer Verwissenschaftlichung der Literatur, in deren Verlauf die Autorenrolle grundlegend neu definiert wird. Dieser ist nun Experimentator, sein Laboratorium der Roman. Die Narration ist damit kein autonomer Akt des Erzählens mehr, sondern eine quasi gesetzmäßige Entwicklung des Materials. Damit aber konstatiert Zola eine poetologische Beschleunigung, die sich dem Siegeszug der Naturwissenschaften verdankt. Die *Zeit* der Naturwissenschaften ist nun auch die der Kunst; beide zielen auf absolute Gegenwart:

> Dès ce jour, la science entre donc dans notre domaine, à nos romanciers, qui sommes à cette heure des analystes de l'homme, dans son action individuelle et sociale. Nous continuons, par nos observations et nos expériences, la besogne du physiologiste, qui a continué celle du physicien et du chimiste. Nous faisons en quelque sorte de la psychologie scientifique, pour compléter la physiologie scientifique; et nous n'avons, pour achever l'évolution, qu'à apporter dans nos études de la nature et de l'homme l'outil décisif de la méthode expérimentale. En un mot, nous devons opérer sur les caractères, sur les passions, sur les faits humains et sociaux, comme le chimiste et le physicien opèrent sur les corps bruts, comme le physiologiste opère sur les corps vivants. Le déterminisme domine tout.[6]

Zolas emphatisches Herausstellen der Bedeutung von *observation* und *documentation* erklärt den modernen, naturwissenschaftlich theoretisierten Roman als den Ort eines neuen Wissens und einer neuen *écriture*. Dieser wird nun ein ganz anderer Möglichkeitshorizont zugeschrieben als der auf traditioneller Mimesis beruhenden

---

Kunst. Genese und Struktur des literarischen Feldes. Übersetzt von Bernd Schwibs und Achim Russer. Frankfurt a.M. 2001.

4 Vgl. jetzt Cord-Friedrich Berghahn: Émile Zola. Leben in Bildern. Berlin/München 2013, S. 23–37.

5 *Le Roman expérimental* erschien zunächst im Frühjahr 1880 in der russischen Zeitung *Vestnik Evropy*, für die Zola aus Paris berichtete, in russischer Sprache. Im Sommer desselben Jahres erfolgt dann die – ebenfalls abschnittweise – Zeitschriftenpublikation in französischer Sprache in der Zeitung *Le Voltaire*, der im Herbst die Buchpublikation folgte; vgl. Émile Zola: Le Roman expérimental. Présentation, Notes, Dossier, Chronologie, Bibliographie par François-Marie Mourad. Paris 2006, S. 374–375.

6 Zola: Le Roman expérimental (Anm. 5), S. 60.

Schreibweise. Zola unterzieht das Konzept der Mimesis einer radikalen Revision: Produktiv soll sie sein, der eigentliche Kern des modernen Romans, und zwar in einer auf den ersten Blick unproduktiven, ja unschöpferischen Form. Ein Blick in die Notizbücher Zolas unterstreicht dies: Lange hat man sich über den Wert dieser Notizen mokiert, die in ihrer Rohform unleserliche, ungrammatische Kürzel sind. Auf ihnen wird das Gesehene in einem ersten Arbeitsgang in nichthierarchisierter, stenographischer Form protokolliert. „Alles, was im späteren Roman markiert wird und der Beschreibung einen spezifischen Blick und einen spezifischen Moment zuweist", so Irene Albers in einer der besten Arbeiten zu Zolas späten Romanen, „ist ausgeschaltet zugunsten einer am zeitgenössischen Ideal ‚photographischer Beobachtung' ausgerichteten neutralen Registratur der Erscheinungen."[7]

Le Roman expérimental markiert so die Neubestimmung des Romans zum Ort einer direkten und physiologischen Wahrnehmung, zum Ort eines wahren Bildes, einer Bildpoetik, die genauso wahr und dicht und objektiv wie das absichtslos gemachte Foto sein will – und die zugleich, durch die Arbeit des Autors und durch sein Genie, Anspruch auf Exemplarizität und ästhetische Gültigkeit erhebt. Mit Hilfe dieser poetologischen Umcodierung hat Zola auf die Beschleunigungserfahrungen seiner Epoche narrativ reagieren können. Zugleich jedoch, und das wird zu zeigen sein, hat diese Antwort des Romanciers auf Beschleunigungserfahrungen das Romanprojekt des *Rougon-Macquart*-Zyklus – also der naturwissenschaftlich gegründeten Analyse des Zweiten Kaiserreichs in der Form einer die gesamte Gesellschaft umspannenden Romanfolge – elementar gefährdet, ja an sein Ende gebracht. Zola reagiert, so meine These, in *La Bête humaine* nicht nur ausgesprochen originell und innovativ auf die Herausforderung der Akzeleration, er stößt auch in neue Dimensionen des Erzählens vor.

Das sieht bei Gerhart Hauptmann ähnlich und doch wieder ganz anders aus. *Bahnwärter Thiel* ist ein Text, der auf die Beschleunigung der Moderne durch ästhetische Verlangsamung reagiert, durch eine nahezu klassizistische Symboltechnik, deren Oberfläche die industrielle Moderne des ausgehenden 19. Jahrhunderts ist. Diese Moderne ist für den Verfasser der Novelle um den retardierten Bahnwärter tatsächlich ‚Oberfläche' – ein ephemeres Phänomen, unter dessen vergänglicher Hülle die überzeitliche Tragik menschlicher Existenz verborgen ist. Auch bei Hauptmann stößt das naturalistische Projekt einer wissenschaftlichen Revolution der Literatur an seine Grenzen, und dies zeigt sich kaum so deutlich wie an jenen Stellen, die der Darstellung von Geschwindigkeit dienen.

---

7 Irene Albers: Sehen und Wissen. Das Photographische im Romanwerk Émile Zolas. München 2002, S. 217.

2 „Détacher tout ce drame mystérieux et effrayant sur le grand transit moderne“: Die Eisenbahn in Émile Zolas *La Bête humaine*

La Bête humaine – innerhalb des Zyklus der *Rougon-Macquart*-Romane der 17. Roman – wird von Zola in einem Brief an den Freund Van Santen Kolff vom 6. Juni 1889 als komplexe und ambitionierte Genremischung beschrieben:

> Je ne puis guère vous dire tout au long le sujet, qui est assez compliqué, et dont les rouages nombreux mordent profondément les uns dans les autres. C'est en somme l'histoire de plusieurs crimes, dont l'un central. Je suis très content de la construction du plan, qui est peut-être le plus ouvragé que j'aie fait, je veux dire celui dont les diverses parties se commandent avec le plus de complication et de logique. L'originalité est que l'histoire se passe d'un bout à l'autre sur la ligne du chemin de fer de l'Ouest, de Paris au Havre. On y entend un continuel grondement de trains: c'est le progrès qui passe, allant au vingtième siècle, et cela au milieu d'un abominable drame, mystérieux, ignoré de tous. La bête humaine sous la civilisation (OC IV, 1745).[8]

In der Zeitung *L'Evénement* kündigt Zola den neuen Roman an als „Geschichte eines Verbrechens, das in einem Zug begangen wird“, es sei, schreibt er weiter, ein „dramatisch[r] tragische[r] Roman“, etwas „Atemberaubendes“, nämlich „die Durchführung und Auswirkung dieses Verbrechens im Rahmen einer großen, in Betrieb befindlichen Eisenbahnlinie“.[9] Dieser dramatische und tragische Roman ist Zola in der Tat gelungen. Innerhalb der *Rougon-Macquart* ist *La Bête humaine* einer der düstersten Texte – ein „cauchemar à tout Paris“ (OC IV, 1718), wie es in der Rohfassung heißt. Er entwirft das Szenario des Untergangs einer Zivilisation, die pathologisch ist und sich der Heilung entzieht. Unter der glänzenden modernen Hülle der Zivilisation, symbolisiert durch die moderne Eisenbahntechnik, erscheint eine atavistische Dimension, eben jene der Bestie. Sie offenbart sich in der Mordlust des Lokführers Jacques Lantier, aber auch, adornitisch gesprochen, in der technikverfallenen Technikbeherrschung, deren Credo den Roman durchzieht.

---

8 Zolas Texte aus dem Umkreis der *Rougon-Macquart* werden – wenn nicht anders angegeben – unter Verwendung der Sigle OC nach der Pléiade-Ausgabe zitiert: Émile Zola: Les Rougon-Macquart. Histoire naturelle et sociale d'une famille sous le Second Empire. Édition intégrale publiée sous la direction d'Armand Lanoux. Études, notes et variantes par Henri Mitterand. 5 Bde. Paris 1959–1967.

9 Zitiert nach dem Nachwort der Ausgabe: Emile Zola: Die Rougon-Macquart. Natur- und Sozialgeschichte einer Familie unter dem Zweiten Kaiserreich. 20 Bde. Hg. von Rita Schober. Bd. 17: Das Tier im Menschen. Übersetzt von Gerhard Krüger. Berlin 1969, S. 454. Die von Rita Schober betreuten Bände sind die bislang beste deutsche Ausgabe der *Rougon-Macquart*-Romane.

Die Kritik hat Zola von Anfang an mangelnde Vermittlung der Stoffkreise vorgeworfen, ja insgesamt moniert, dass *La Bête humaine* anders als *Germinal* und *Nana* die Tableaux der Gesellschaft und die Fäden der Handlung nicht mehr um ein Zentrum der Darstellung zu organisieren vermag. Entgegen dieser Auffassung – die ja suggeriert, dass Zola mit *La Bête humaine* einen klassischen Roman habe schreiben wollen – möchte ich zeigen, dass der kulturgeschichtliche Ort des Romans, die Eisenbahn, eben nicht nur von soziologischem und historischem Interesse zeugt, sondern selbst den Rang eines Mediums einnimmt. Nicht nur die Thematik, sondern auch Struktur und Sprache sind durch dieses Medium wesentlich bestimmt. Damit zusammen hängt ein neuartiges Erzählen, das auf die Herausforderung der Beschleunigungserfahrung reagiert.

Meiner Lektüre des Romans liegen drei Thesen zugrunde, deren Nexus die Beschleunigung und ihre ästhetische Bewältigung ist. *La Bête humaine* ist *erstens* das erzählerische Experiment dieser neuen beschleunigten Wahrnehmung, die sich auf neue Ansätze in der bildenden Kunst und in der Fotografie – etwa auf die Bewegungsfotografien Ernst Machs, Edward Muybridges und Thomas Eakins' – stützt.[10] Es ist ein Roman, der nicht nur das Wahrgenommene, sondern die Wahrnehmung selbst, und zwar eine traumatische, thematisiert.[11] *La Bête humaine* ist damit *zweitens* auch der Roman einer neuen Zeiterfahrung, die in seine Textur hineinwirkt. Denn neu, und zwar global neu, ist die Zeit der Eisenbahn, die sich auf das flächendeckende Netz zurückschreibt. Jene Zeit, die fünf Jahre vor dem Entstehen des Zola'schen Textes als *terrestial time* auf den Meridiankonferenzen normiert wird.[12] *Drittens* ist der Roman zugleich der literarische Ort einer neuen Raumerfahrung. Auch die Wahrnehmung des Raums nämlich hat sich durch die Eisenbahn grundlegend verändert. „In der zweiten Hälfte des 19. Jahrhunderts schaltet sich der Verkehr zu einem Netzwerk zusammen",[13] das beständig expandiert und das in seiner Logik die Zwischenräume gleichsam ausradiert, sie in leere Zeit und marginalisierten Raum verwandelt.

Zur ersten These: *La Bête humaine* ist in ganz besonderem Maß Roman einer neuen Wahrnehmung, die sich als die künstliche Schaffung eines „unschuldigen Auges" (der Begriff stammt von John Ruskin)[14] bezeichnen lässt. In seinen Kunstkritiken der

10 Beaumont Newhall: Geschichte der Photographie. Aus dem Amerikanischen von Reinhard Kaiser. München 1989, vgl. insbes. Kap. VIII: Die Eroberung der Bewegung, S. 121–144, zu Zolas Rolle als Fotograf vgl. S. 140.

11 Schivelbusch: Geschichte der Eisenbahnreise (Anm. 2), vgl. S. 117–141 (Kap. VIII: Der Unfall/Kap. IX: Eisenbahnunfall, Railway Spine, traumatische Neurose/Exkurs: Geschichte des Schocks).

12 Vgl. Clark Blaise: Die Zähmung der Zeit. Sir Sandford Fleming und die Erfindung der Weltzeit. Aus dem Amerikanischen von Hans Günter Holl. Frankfurt a.M. 2001.

13 Markus Krajewski: Restlosigkeit. Weltprojekte um 1900. Frankfurt a.M. 2006, S. 24.

14 Vgl. Berghahn: Émile Zola (Anm. 4), S. 55.

1860er und 1870er Jahre hat Zola diese neuartige Wahrnehmung der Moderne an der Malerei der Impressionisten intensiv studiert.[15] In *La Bête humaine* fällt das Zerfallen der Romanstruktur in eine Suite intensiv beschriebener und regelmäßig wiederkehrender Bilder auf. So sieht der Bahnhofsvorsteher Roubaud gleich zu Beginn des Textes aus einem Fenster über die Eisenbahnlandschaft hinter der Gare St. Lazare:

> En face, sous ce poudroiement de rayons, les maisons de la rue de Rome se brouillaient, s'effaçaient, légères. A gauche, les marquises des halles couvertes ouvraient leurs porches géants, aux vitrages enfumés, celle des grandes lignes, immense, où l'œil plongeait, et que les bâtiments de la poste et de la bouillotterie séparaient des autres, plus petites, celles d'Argenteuil, de Versailles et de la Ceinture; tandis que le pont de l'Europe, à droite, coupait de son étoile de fer la tranchée, que l'on voyait reparaître et filer au-delà, jusqu'au tunnel des Batignolles. Et, en bas de la fenêtre même, occupant tout le vaste champ, les trois doubles voies qui sortaient du pont, se ramifiaient, s'écartaient en un éventail dont les branches de métal, multipliées, innombrables, allaient se perdre sous les marquises. Les trois postes d'aiguilleur, en avant des arches, montraient leurs petites jardins nus. Dans l'effacement confus des wagons et des machines encombrant les rails, un grand signal rouge tachait le jour pâle (OC IV, 997).

Beim Lesen dieser und ähnlicher Passagen fühlt man sich unwillkürlich an Claude Monets intensive Studien der Gare St. Lazare aus dem Jahr 1877 erinnert, an das am optischen Phänomen interessierte Protokollieren des Wahrgenommenen und an die Ausarbeitung der Skizzen im Atelier.[16] Wie Monet einen ganz neuen Blick auf das Faszinosum der Eisenbahn wirft, wie bei ihm die Wahrnehmung zum Thema und die Repräsentation zum Problem wird, so schreibt sich auch in Zolas Roman die Krise der Repräsentation in das Werk ein. Wie Monets Blick so ist auch der Roubauds kontingent und zugleich unnatürlich präzise. Zola meistert diese Vermittlung durch die Konfrontation von lexikalischer Präzision mit einem schweifenden Blick.

In der Tat geht es in *La Bête humaine* immer wieder um das Wahrnehmen. Es geht um die Wahrnehmung eines Verbrechens, das Jacques wie ein flüchtiges Bild auf der Netzhaut zu sehen meint und das er im Lauf der Erzählung immer wieder phänomenologisch zu rekonstruieren sucht.[17] Das flüchtige, im vorbeifahrenden Zug als Anordnung von Farbe und Umrissen aufscheinende Bild wird zum Modell von Wahrnehmung im Roman. Diese ist blitzhaft und schockartig, und Zola konfiguriert seine Sprache neu, um dies auch im Text umsetzen zu können; so etwa, wenn die

---

15 Vgl. dazu ausführlich Annika Lamer: Die Ästhetik des unschuldigen Auges. Merkmale impressionistischer Wahrnehmung in den Kunstkritiken von Émile Zola, Joris-Karl Huysmans und Félix Fenéons. Würzburg 2009, S. 22–38 und S. 45ff.

16 Vgl. zu Monets Bildern der Gare St. Lazare Daniel Wildenstein: Monet. Bd. I: Monet oder der Triumph des Impressionismus, S. 125–129.

17 Vgl. dazu ausführlich Albers: Sehen und Wissen (Anm. 7), S. 323–328.

Fernzüge im zweiten Kapitel des Romans unentwegt am einsamen Bahnwärterhaus von La-Croix-de-Maufras vorbeidonnern:

1 Claude Monet: Gare St. Lazare

> A ce moment, le train passait, dans sa violence d'orage, comme s'il eût tout balayé devant lui. La maison en trembla, enveloppée d'un coup de vent. Ce train-là, qui allait au Havre, était très chargé, car il y avait une fête pour le lendemain dimanche, le lancement d'un navire. Malgré la vitesse, par les vitres éclairées des portières, on avait eu la vision des compartiments pleins, les files de têtes rangées, serrées, chacune avec son profil. Elles se succédaient, disparaissaient. Que de monde! encore la foule, la foule sans fin, au milieu du roulement des wagons, du sifflement des machines, du tintement du télégraphe, de la sonnerie des cloches! C'était comme un grand corps, un être géant couché en travers de la terre, la tête à Paris, les vertèbres tout le long de la ligne, les membres s'élargissant avec les embranchements, les pieds et les mains au Havre et dans les autres villes d'arrivée. Et ça passait, ça passait, mécanique, triomphal, allant à l'avenir avec une rectitude mathématique, dans l'ignorance volontaire de ce qu'il restait de l'homme, aux deux bords, caché et toujours vivace, l'éternelle passion et l'éternel crime (OC IV, 1035).

Diese Passage zeigt Zolas ganze, ihm doch so oft abgesprochene, erzählerische Virtuosität. Der Moment der Vorbeifahrt des Zuges an Jacques Lantier wird in ausgesprochen flexibler Technik narrativ umgesetzt. Dabei wechselt die Erzählhaltung zwischen interner Fokalisierung und Nullfokalisierung,[18] changiert zwischen Innen- und Außensicht, um die schockhafte Wahrnehmung und ihre Literarisierung, aber auch um die Deutung der Wahrnehmung vor dem Hintergrund des Sujets der Erzählung zu leisten. Neben der narrativen fällt auch die stilistische Originalität auf. In dem Moment, in dem Jacques den vorbeifahrenden Zug sieht – der ihm zur Allegorie gerät –, verschwindet dieser schon wieder und bleibt doch, nämlich als „vision“. Das Komma

18 Vgl. Gérard Genette: Die Erzählung. Übersetzt von Andreas Knop. Mit einem Nachwort von Jochen Vogt. Überprüft und berichtigt von Isabel Kranz. Paderborn 2010, S. 121–123 und S. 217–220.

zwischen „succédaient" und „disparaissaient" markiert graphisch den Ort dieser Vision und impliziert zugleich ihre De-Realisation;[19] auch die Verwendung des Plus-que-parfait („on avait eu la vision") deutet darauf.

Diese Wahrnehmung des vorbeifahrenden Zuges ist schockhaft und gewaltsam: „brusque de vision" und „coup de foudre" sind ihre Begriffe. Sie gehören in das Arsenal der mechanischen Schocks und Stöße, mit denen die Eisenbahn die physiologische Erfahrung revolutionierte.[20] Zola hat sich auf diese und folgende Zugdurchfahrten penibel vorbereitet; in seinen vorbereitenden Skizzen zu *La Bête humaine* versammelt er nicht nur Material über Strecken, Züge und Lokomotiven, er notiert hier auch Beobachtungen und Experimente. Das wohl aufsehenerregendste darunter ist seine Mitfahrt auf einer Schnellzuglokomotive zwischen Paris und Le Havre: Am 15. April 1889 fuhr Zola auf einem Exemplar jenes Typs, der auch im Roman figuriert. Schon das Protokoll ist eine eindrucksvolle, synästhetische Studie der Beschleunigung. In den *Carnets d'enquêtes* heißt es:

2 Émile Zola: Fotografie eines am Médaner Grundstück vorbeifahrenden Zuges (um 1890)

> Mon impression sur la locomotive. D'abord une grand trépidation, de la fatigue dans les jambes et un ahurissement à la longue produit par les secousses. [...] L'impression des longues lignes droites. Les courbes qui cachent la voie, puis une partie droite, allant à l'infini, se perdant; et là-bas un train arrivant, très petit, grandissant: on peut croire qu'il arrive sur la même ligne, que tout va se briser; puis, il passe dans un tonnerre, dans un coup de vent très fort. [...] Le

19 Albers: Sehen und Wissen (Anm. 7), S. 321.
20 Vgl. Schivelbusch: Geschichte der Eisenbahnreise (Anm. 2), S. 124f.

bruit, lorsqu'on passe sur un pont de fer, ou sous un pont de maçonnerie, ou près d'un édifice, ce qui fait un engouffrement de vent. Le soubresaut au passage des aiguilles. [...] Et les impressions de nuit, la lanterne, éclairant trois cents mètres de voie, un reflet sur les ponts au loin, sur les arbres, sur les maisons à droite et à gauche. Le coup de lumière saignante quand on ouvre la porte du foyer, le rayon lumineux enflammé qui traverse l'espace, la fumée blanche qui semble y brûler. Enfin, tout.[21]

3 Titelbild der Zeitschrift *L'illustration* vom 8. März 1890 (gezeigt ist die Mitfahrt Zolas auf einer Lokomotive der Westbahn, die er für die Materialien des Romans „La Bête humaine“ protokolliert hat)

In der Literatur ist die durch die Eisenbahn vermittelte Erfahrung der Beschleunigung – nicht anders als in der Musik (Rossini) und Bildenden Kunst (Turner) – früh angekommen;[22] aber erst Zola funktionalisiert sie auch für das moderne *Erzählen*. Am radikalsten geschieht dies bei der Literarisierung der plötzlichen Wahrnehmung, also jenes Sekundenbruchteils, um den das Geschehen des Romans eigentlich kreist – des Augenblicks, in dem Jacques den Mord im vorbeifahrenden Zug erblickt:

Jacques vit d'abord la gueule noire du tunnel s'éclairer, ainsi que la bouche d'un four, où des fagots s'embrasent. Puis, dans le fracas qu'elle apportait, ce fut la machine qui en jaillit, avec l'éblouissement de son gros œil rond, la lanterne d'avant, dont l'incendie troua la campagne, allumant au loin les rails d'une double ligne de flamme. Mais c'était une apparition en coup de foudre: tout de suite les wagons se succédèrent, les petites vitres carrées des portières, violemment éclairées, firent défiler les compartiments pleins de voyageurs, dans un tel vertige de vitesse, que l'œil doutait ensuite des images entrevues. Et Jacques, très distinctement, à ce quart précis de seconde, aperçut, par les glaces flambantes d'un coupé, un homme qui en tenait

21 Émile Zola: Carnets d'enquêtes. Une éthnographie inédite de la France. Textes établis und présentés par Henri Mitterand d'aprés les collections de la Bibliothèque Nationale. Paris 1986, S. 553.

22 Vgl. etwa die Texte aus der Frühzeit der deutschen Eisenbahn in den einschlägigen Anthologien von Wolfgang Minaty: Die Eisenbahn. Gedichte, Prosa, Bilder. Frankfurt/M 1984 und Gerald Sammet: Höchste Eisenbahn. Eine Reise mit den Zügen in ihre Zeit. Darmstadt/Neuwied 1984; für den französischen Bereich vgl. die klassische Darstellung von Marc Baroli: Le train dans la littérature francaise. Paris 1964.

4 Fotografie von Émile Zola

un autre renversé sur la banquette et qui lui plantait un couteau dans la gorge, tandis qu'une masse noire, peut-être une troisième personne, peut-être un écroulement de bagages, pesait de tout son poids sur les jambes convulsives de l'assassiné. Déjà, le train fuyait, se perdait vers la Croix-de-Maufras, en ne montrait plus de lui, dans les ténèbres, que les trois feux de l'arrière, le triangle rouge (OC IV, 1046f.).

Dies ist der bildhafte Kern des Romans. Die Interpretation des als Vision Wahrgenommenen wird in der gerichtlichen Untersuchung und in den Figurengesprächen des Romans immer neu diskutiert, aber auch in den Träumen und Mordphantasien von Jacques evoziert; am Ende vervollständigt dieser seine ‚Vision' durch den Mord an Sévérine.

Damit möchte ich zur Diskussion der zweiten These übergehen. Ihr zufolge ist Zolas *La Bête humaine* der Roman einer neuen Zeiterfahrung, deren Dispositiv die Eisenbahn ist. Der Bahnhofsvorsteher Roubaud ist in der Logik der Erzählung die Figur, in der die mechanische und die von Wahrnehmungen erfüllte Zeit unvermittelt aufeinandertreffen. Im Anschluss an den grandiosen Blick des Romanauftakts wartet er auf Sévérine, und dieses Warten, das sich im Roman wiederholt, wird festgemacht durch Blicke auf Uhren, auf die Bahnhofsuhr von St. Lazare, auf die abfahrbereiten Züge, deren Fahrplan er auswendig kennt, und auf die Uhr im Zimmer. Diese mechanische, langsam und stetig verlaufende und durch Leere, Langeweile gefüllte Zeit wird unterbrochen durch ein anderes Zeiterleben: Sein Auslöser ist ein „petit objet", eine Dose, die eine Kaskade *unwillkürlicher Erinnerungen* an die Liebe zu Sévérine auslöst: „Et ce petit objet avait suffi, toute l'histoire de son marriage se déroulait. Déjà trois ans bientôt" (OC IV, 1000).

Ich habe ganz bewusst den Proust'schen Ausdruck „mémoire involontaire" gewählt.[23] Nicht, um Prousts Umgang mit der Zeit, seine „Augenblickserfahrung",[24] seine Bindung

23 Vgl. die entscheidende Passage im ersten Teil der Suche nach der verlorenen Zeit (Marcel Proust: A la recherche du temps perdu. Texte établi et présenté par Pierre Clarac et André Ferré (Bibliothèque de la Pléiade). Bd. I: Du côté chez Swann/À l'ombre des jeunes filles en fleur. Paris 1973, S. 43–48).

24 Karl Heinz Bohrer: Plötzlichkeit. Zum Augenblick des ästhetischen Scheins. Mit einem Nachwort von 1998. Frankfurt a.M. 2001, S. 189.

erlebter Zeit an kontingente Dinge mit Zolas Koppelung von Ding und Realität gleichzusetzen, und natürlich auch nicht, um Prousts Programm des Erschreibens von Erfahrung im Text mit Zolas Ziel, erzählerische *solidité* und *réalité* zu generieren, in eins zu setzen. Denn da, wo der Marcel der *Suche nach der verlorenen Zeit* im Akt der *mémoire involontaire* Evidenz und ästhetische Wahrheit erfährt – und damit in einem Dritten zwischen Existenz und Literatur noch einmal Authentizität literarisch behauptet[25] –, da zeigt uns Zola Figuren, die gleichsam als Hohlräume angelegt sind: Roubaud am Beginn des Romans, aber auch die vor dem Spiegel reflexionslos verharrende Sévérine, Jacques auf der Lokomotive und Misard an der Signalanlage – sie alle erleben im Roman, dass Erfahrung im emphatischen Sinn nicht möglich ist.

Daher auch der Eindruck der – von Georg Lukàcs heftig kritisierten[26] – Beschreibungskatarakte bei Zola (die in vielen Übersetzungen gekürzt werden) und das erzählerische Verweigern einer Synthese von mechanischer und erfüllter Zeit, von *temps* und *durée* – um einmal die etwas jüngeren Bergson'schen Begriffe zu verwenden. Proust vernichtet in seinem gewaltigen Romanwerk die mechanische Zeit durch Akte der *mémoire involontaire*, und er schreibt das, was wir Realität nennen, in die parergonalen Teile, in die Falten seines Metaromans (man denke nur an die *en passant* sich durch den Romanzyklus ziehende Dreyfus-Affaire). Zola verfolgt ein anderes Ziel, wenn er derart bewusst, derart dichotomisch und undialektisch mit der Zeit in seinem Roman verfährt – und kein Sujet konnte dies so verkörpern wie die Eisenbahn, deren Kern die standardisierte Globalzeit ist.

Die Eisenbahn wird in der strukturellen und temporalen Logik des Romans zum Wahrnehmungsdispositiv. In *La Bête humaine* folgt daraus eine gleichsam doppelte Logik, oder, anders gesagt, über und neben der Fortsetzung des wissenschaftlichen Vorhabens der *Rougon-Macquart* wird ein zweites Projekt, eine *second voice* vernehmbar. In *La Bête humaine* gibt es durch die Darstellung der Zeiterfahrung und ihre Koppelung an die Wahrnehmung ein narratives *Bouleversement*: Hier wird der Roman zum Ort einer medien- und wahrnehmungstheoretischen Neujustierung. In Passagen wie der oben zitierten, in der sich Wahrnehmungsreste als Unbewusstes konfigurieren, entwirft Zola das, was Walter Benjamin im Aufsatz über *Das Kunstwerk im Zeitalter seiner technischen Reproduzierbarkeit* als das „Optisch-Unbewußte" bezeichnet:[27] „eine medial konstituierte und konditionierte Zeit",[28] die die Zeit des Bewusstseins unterläuft. Im Zerfall in *temps* und *durée*, der im Roman für Zola nicht

25 Vgl. Christian Schärf: Der Roman im 20. Jahrhundert. Stuttgart/Weimar 2001, S. 54f.

26 Vgl. Peter Bürger: Prosa der Moderne. Unter Mitarbeit von Christa Bürger. Frankfurt a.M. 1992, S. 286.

27 Walter Benjamin: Das Kunstwerk im Zeitalter seiner Reproduzierbarkeit. In: ders.: Gesammelte Schriften. Unter Mitarbeit von Theodor W. Adorno und Gershom Sholem hg. v. Rolf Tiedemann/Hermann Schweppenhäuser. Frankfurt a.M. 1972–1989, hier Bd. I, S. 461.

28 Albers: Sehen und Wissen (Anm. 7), S. 312.

mehr vermittelbar ist, schlägt sich so schockhaft das „kollektive Unbewusste“ der „durchrationalisierten Welt“,[29] schlagen sich ihre Abgründe nieder. Unter der rationalen Oberfläche herrschen latente Gewalt, Angst, Langeweile und ein Todestrieb, der in der nichtchronometrischen, erlebten Zeit aktiv wird.

Zur dritten These: *La Bête humaine* ist der Ort einer neuen, wesentlich durch die Eisenbahn geschaffenen Raumerfahrung. In seiner *Geschichte der Eisenbahnreise* hat Wolfgang Schivelbusch die Verwandlung des Raumerlebens durch die Eisenbahn eindrucksvoll dargestellt. Aus der langsamen, die Landschaft und die Städte berührenden Reise, die selbst das größte Hindernis und die größte Kunst war, wurde durch den normierten Fernverkehr ab 1850 die *Fahrt*. Sie zerfällt in die bedeutsamen Momente von Abfahrt und Ankunft und in die gleichsam leere Zeit des Dazwischen.[30] *La Bête humaine* bringt dies in Passagen wie der, in welcher die Bewohner des Bahnwärterhauses von La-Croix-de-Maufras die vorbeifahrenden Züge wie in einem schnell ablaufenden Panoramafilm erleben. Zola überblendet hier impressionistische Wahrnehmung mit dem Blick des Allegorikers, wenn er die Eisenbahn mit einem über Frankreich ausgestreckten Tier vergleicht.[31] Das Bild der Adern zeigt – auch durch das Signalsystem und die Telegraphenlinie – eine vernetzte Welt, die technisch vereinnahmt und medial disponiert ist.[32]

Dem entspricht die räumliche Disposition des Textes. *La Bête humaine* ist ein Großstadt- *und* ein Provinzroman, in dem die Figuren simultan in beiden Erzählräumen präsent sind. Jacques und Sévérine führen ihre Affäre zwischen den Gleisen, aber auch in Paris, wohin Jacques den Schnellzug von Le Havre fast täglich führt. Die Kapitel des Romans folgen gewissermaßen dem Fahrplan der Westbahn. Und es gehört zu den genialen Ideen dieses Erzählers, in der Mitte der Strecke den Bahnwärterposten La-Croix-de-Maufras als realen *und* allegorischen Ort, als stygische Gegenwelt von Kommunikation und Verkehr zu etablieren. Abgetrennt durch einen Tunnel und im Schatten jenes Anwesens, in dem die junge Sévérine vom Eisenbahnpräsidenten missbraucht wurde, steht hier das Haus des Bahnwärters. Von allen Seiten von Gleisen umschlossen, blicken die bewusstlos im Dienst der Eisenbahn Arbeitenden und in ihrem Zeitraster Lebenden regelmäßig auf die Geisterbilder der in Zügen vorbeirauschenden Gesellschaft des Zweiten Kaiserreichs. Zola hat hier eine Raumerfahrung geschaffen, die uns allen geläufig ist und die wir dennoch kaum bemerken: die Auflösung des Landschaftskontinuums in Zentren und in leere Landschaft, in jene Landschaftsränder und -falten zwischen Autobahnauffahrten, Landebahnen und Gleisdreiecken. Und in diesem blinden Fleck der Topographie lässt

29 Peter Bürger: Prosa der Moderne (Anm. 29), S. 288.

30 Schivelbusch: Geschichte der Eisenbahnreise (Anm. 2), vgl. S. 51–66.

31 Vgl. OC IV, 1035.

32 Vgl. Krajewski: Restlosigkeit (Anm. 13), S. 61.

er im Roman jene Zivilisation für einen schockhaften Moment kollabieren, deren glänzende, mechanische Hülle auch die Oberfläche des Romans prägt.

Flores Anschlag auf den Schnellzug Paris–Le Havre ist nicht das erste Zugunglück der Literatur, wohl aber das erste literarisierte Eisenbahn*attentat*. Zola protokolliert das Ergebnis in einem Tableau der Verwüstung und Zerstückelung, zugleich lässt er in der Passage des Zugunglücks die Amplituden von Geschwindigkeit und Stillstand im Zeichen der Katastrophe aufeinanderprallen. In einer meisterlichen Zeitregie werden im zehnten Kapitel zunächst das Herannahen des Zuges und dann – wie in einer filmischen Rewind-Schnitttechnik – die letzten Sekunden vor dem Zusammenstoß aus der Perspektive verschiedener Protagonisten geschildert. Dabei beschwört Zola phantasmagorische Bilder des technisch Erhabenen, Bilder der Geschwindigkeit und Schönheit. „Avec ses cuivres clairs, ses aciers luisants, la machine glissait, arrivait de sa marche douce et foudroyante, sous la pluie d'or de la belle matinée." Doch das „inévitable" (OC IV, 1257) kommt unaufhaltsam:

> Alors, à vingt mètres d'eux, du bord de la voie où l'épouvante les clouait, Misard et Cabuche les bras en l'air, Flore les yeux béants, virent cette chose effrayante: le train se dresser debout, sept wagons monter les uns sur les autre, puis retomber avec un abominable craquement, en une débâcle informe de débris. Les trois premiers étaient réduits en miettes, les quatre autres ne faisaient plus qu'une montagne, un enchevêtrement de toitures défoncés, de roués brisées, de portières, de chaînes, de tampons, au milieu de morceaux de vitre. Et, surtout, l'on avait entendu le broiement de la machine contre les pierres, un écrasement sourd terminé en un cri d'agonie. […] On n'entendait plus, on ne voyait plus. La Lison, renversée sur les reins, le ventre ouvert, perdait sa vapeur, par les robinets arrachés, les tuyaux crevés, en des souffles qui grondaient, pareils à des râles furieux de géante. Une haleine blanche en sortait, inépuisable, roulant d'épais tourbillons au ras de sol; pendant que, du foyer, les braises tombées, rouge comme le sang même des entrailles, ajoutaient leurs fumées noires. La cheminée, dans la violence du choc, était entrée en terre; à l'endroit où il avait la porté, le châssis s'était rompu, faussant les deux longerons; et, les roues en l'air, semblable à une cavale monstrueuse, décousue par quelque formidable coup de corne, la Lison montrait ses bielles tordues, ses cylindres cassés, ses tiroirs et leurs excentriques écrasés, toute une affreuse plaie bâillant au plein air, par où l'âme continuait de sortir, avec un fracas d'enragé désespoir. Justement, près d'elle, le cheval qui n'était pas mort, gisait lui aussi, les deux pieds de devant emportés, perdant également ses entrailles par une déchirure de son ventre (OC IV, 1260f.).

An Passagen wie dieser zeigt sich Zolas Strategie des Überschreibens von symbolischen Ordnungen. Das Tableau der Zerstückelung von Maschine und Kreatur, das im Roman die zeitliche und räumliche Ordnung für einen kurzen Moment außer Kraft setzt, ist der Verdichtungspunkt, an dem die Handlungskreise aufeinandertreffen. Und es ist die Schlüsselszene der Moderneautopsie des Romans. „Unter der

5 Zola: La bête humaine, Kap. X (Édition ne varietur, Paris,1906)

Oberfläche des Modernen, des technischen Fortschritts und der zunehmenden Rationalisierung gibt es eine latente Gewalt, latente Zerstörungstriebe und Instinkte",[33] die in Schocks zutage treten und Blicke auf das kollektive Unbewusste wie auf das Unbeherrschbare der Technik erlauben.

33 Albers: Sehen und Wissen (Anm. 7), S. 308.

3 Erhabene Natur und ephemere Technik: Die Eisenbahn in Gerhart Hauptmanns *Bahnwärter Thiel*

In Gerhart Hauptmanns berühmtestem Prosatext, der „Novellistischen Studie“ *Bahnwärter Thiel*,[34] spielt die Eisenbahn ebenfalls eine zentrale Rolle, und doch sind es vor allem die Unterschiede zwischen Zolas und Hauptmanns Texten, die wie Wegweiser auf kulturelle, ästhetische und auch weltanschauliche Differenzen und die damit zusammenhängenden narrativen Strategien im Umgang mit Beschleunigungserfahrungen deuten. *Bahnwärter Thiel* steht, nicht anders als *La Bête humaine*, aller Modernität zum Trotz in einer distinkten literarischen Traditionsgeographie: Was für Zola die Romane Balzacs, Sues und Flauberts waren, das ist für Gerhart Hauptmann die Novellistik des 19. Jahrhunderts, die Tiecks, Kleists, Droste-Hülshoffs und Büchners.[35] Und was für Zolas experimentelle Poetologie die Texte Champfleurys und Claude Bernards waren, das sind für Hauptmann – neben, ja noch vor der Theorie Wilhelm Bölsches[36] – die Novellenpoetiken des 19. Jahrhunderts.

In der Tat löst *Bahnwärter Thiel* fast alle Kernforderungen der großen Novellentheorien des ‚Jahrhunderts der Novelle‘ ein: von Wielands Vorfall „aus unsrer wirklichen Welt“, Goethes „unerhörter Begebenheit“, Schleiermachers „Hinneigung zum Drama“, August Wilhelm Schlegels „entscheidende[m] Wendepunkt [...] „mit tragischer Katastrophe“, von Tiecks Forderung nach Darstellung der „Widersprüche des Lebens“, Friedrich Theodor Vischers Zuweisung zum „tragischen Gebiet“, Friedrich Spielhagens Festlegung auf „fertige Charaktere“ und, um kurz in die Moderne auszubrechen, von Georg Lukàcs' Konzentration auf die „Schicksalsstunde“. Daneben hat Hauptmann in der Eisenbahn auch einen „Falken“ aus dem Geist der industriellen Moderne gefunden, ein unverwechselbares Dingsymbol im Sinne Paul Heyses, jenes „Specifische, das diese Geschichte von tausend anderen Unterscheidet“.[37]

Zugleich aber zeigt der gattungsbestimmende Untertitel ein Ausscheren aus dieser mächtigen und glänzenden Tradition an: *Novellistische Studie*, das führt gegen die fertige Form das Experiment, den Versuch an. Experimentell ist *Bahnwärter Thiel* nicht nur aufgrund seines naturalistischen Sujets und seiner Symbolik, deren Kern

---

34 Vgl. zur Entstehung Peter Sprengel: Gerhart Hauptmann. Bürgerlichkeit und großer Traum. München 2012, S. 134–136.

35 In seiner Autobiografie *Das Abenteuer meiner Jugend* bringt Hauptmann das Büchner-Erlebnis in den Schaffenszusammenhang seiner Jahre in Erkner, in denen *Bahnwärter Thiel* entstand; vgl. Gerhart Hauptmann: Sämtliche Werke. Centenar-Ausgabe. Hg. v. Hans-Egon Hass. Berlin/Frankfurt a.M. 1962–1974 (künftig unter Verwendung der Sigle CA), hier Bd. VII, S. 1061.

36 Wilhelm Bölsche: Die naturwissenschaftlichen Grundlagen der Poesie. Prolegomena zu einer realistischen Ästhetik. Leipzig 1887 [Reprint Norderstedt 2014], vgl. insbes. S. 8 und S. 34.

37 Diese poetologischen Forderungen an die Novelle finden sich in den zentralen Texten zur Geschichte der Gattung im *Wege der Forschung*-Bd. 55: Novelle. Hg. v. Josef Kunz. Darmstadt 1973.

die Eisenbahn ist, nicht nur durch sein somatisches Interesse am plötzlichen Wahnsinn und durch die bald epochal werdende Konstellation eines entscheidungsschwachen Mannes zwischen einer *femme fragile* und einer *femme fatale*. Experimentell ist *Bahnwärter Thiel* auch durch seine erzählerischen Mittel. Von der Präsenz eines unzuverlässigen Erzählens, das sich auf die schwankende Meinung der Leute stützt, über personale und auktoriale Erzählsituationen, vom objektiv-berichtenden über das reflexiv-interpretierende Erzählen, vom psychisch-dolmetschenden zum ironischen Erzählen, vom schildernden über das bilderschaffende Erzählen, von der erlebten Rede über Vorformen des Inneren Monologs, von der dramatischen Präsentation durch gesprochene Rede über den flexiblen Umgang mit der Zeit durch den teilweise agierenden auktorialen Erzähler – auf den kaum dreißig Seiten des *Bahnwärter Thiel* werden fast alle narrativen Modi des 19. Jahrhunderts und auch einige der für die Moderne entscheidenden verwendet.[38]

Und auch der erzählte Raum der Novelle ist ungewöhnlich. Er erinnert an das Zerfallen der beschriebenen Welt in Zolas Text, ist aber zugleich durch die religiöse Grundierung des Texts anders ausgerichtet. Wo bei Zola die Eisenbahn Zeit und Wahrnehmung codiert, ist ihr in *Bahnwärter Thiel* eine vollkommen andere Rolle zugedacht. Sie bildet mit dem durch den märkischen Wald verlaufenden Schienenstrang und den Telegraphendrähten am Bahnkörper den Ort des Industriell-Erhabenen, der in Visionen und wahrgenommenen Bildern mit der Natur verschmilzt; so in der folgenden Vorbeifahrt eines Zuges am Bahnwärter, bei der die zunächst interne Fokalisierung allmählich einer universalen, phänomenologischen Schau weicht:

> Die Sonne, welche soeben unter dem Rande mächtiger Wolken herabhing, um in das schwarzgrüne Wipfelmeer zu versinken, goß Ströme von Purpur über den Forst. Die Säulenarkaden der Kiefernstämme jenseits des Dammes entzündeten sich gleichsam von innen heraus und glühten wie Eisen.
>
> Auch die Geleise begannen zu glühen, feurigen Schlangen gleich, aber sie erloschen zuerst; und nun stieg die Glut langsam vom Erdboden in die Höhe, erst die Schäfte der Kiefern, weiter den größten Teil ihrer Kronen in kaltem Verwesungslichte zurücklassend, zuletzt nur noch den äußersten Rand der Wipfel mit einem rötlichen Schimmer streifend. Lautlos und feierlich vollzog sich das erhabene Schauspiel. Der Wärter stand noch immer regungslos an der Barriere. Endlich trat er einen Schritt vor. Ein dunkler Punkt am Horizonte, da wo die Geleise sich trafen, vergrößerte sich. Von Sekunde zu Sekunde wachsend, schien er doch auf einer Stelle zu stehen. Plötzlich bekam er Bewegung und näherte sich. Durch die Geleise ging ein Vibrieren

38 Vgl. den Forschungsüberblick bei Günther Mahal: Experiment zwischen den Geleisen. Gerhart Hauptmann: *Bahnwärter Thiel* (1888). In: Deutsche Novellen von der Klassik bis zur Gegenwart. Hg. v. Winfried Freund. München 1993, S. 199–219, hier S. 209.

und Summen, ein rhythmisches Geklirr, ein dumpfes Getöse, das, lauter und lauter werdend, zuletzt den Hufschlägen eines heranbrausenden Reitergeschwaders nicht unähnlich war.

Ein Keuchen und Brausen schwoll stoßweise fernher durch die Luft. Dann plötzlich zerriß die Stille. Ein rasendes Tosen und Toben erfüllte den Raum, die Geleise bogen sich, die Erde zitterte – ein starker Luftdruck – eine Wolke von Staub, Dampf und Qualm, und das schwarze, schnaubende Ungetüm war vorüber. So wie sie anwuchsen, starben nach und nach die Geräusche. Der Dunst verzog sich. Zum Punkte eingeschrumpft, schwand der Zug in der Ferne, und das alte heil'ge Schweigen schlug über dem Waldwinkel zusammen (CA VI, 49f.).

Der Kontrast dieser Stelle mit Zugpassagen in *La Bête humaine* könnte größer kaum sein: Wo Zola eine Wahrnehmung des phänomenologischen Blicks praktiziert, die sich bis in die Sprecher hinein artikuliert, findet sich bei Hauptmann eine präzise beobachtete, behutsam geschilderte und vor allem dicht mit Symbolen durchwebte Passage. Es fehlt die Allegorik Zolas. An ihre Stelle treten Vergleiche und Bilder, die in der literarischen Darstellung der Eisenbahnen um 1888 nicht mehr neu sind, hier aber faszinieren, weil Natur und Technik ein Schauspiel aufführen, das am Ende der Passage die Prosa in lyrisches Sprechen umschlagen lässt. Die Perspektive des Wahrnehmenden, auf die es Zola so sehr ankam, konkret die des kommunikationsgestörten, von Visionen heimgesuchten und retardierten Thiel, hat der Text da längst schon verlassen.

Benno von Wiese hat in einer meisterlichen Lektüre auf die differenzierte Symboltechnik des *Bahnwärter Thiel* hingewiesen. Ihr Kern ist die Eisenbahnstrecke, in der sich eben nicht nur die technische Moderne abbildet, sondern die zu einem „gleichnishaften Ort wird, an dem sich der Einbruch des Unsichtbaren in das Sichtbare und die Auflösung einer realen und geordneten Welt ins Geisterhafte und Chaotische vollzieht“.[39] Sie symbolisiert zugleich das Innenleben des Bahnwärters mit seinen mystischen Neigungen, dann eine dämonische und erhabene Natur und schließlich wird sie zum realen Ort einer zufälligen Katastrophe[40] – zufällig, aber im Sinne des Tragischen auch schicksalhaft. Das Tragische als Kategorie hatte Zola bewusst ausgeklammert; Hauptmann hingegen stellt es in das Zentrum seiner Geschichte, und zum Agenten des Tragischen wird die moderne Technik.

Damit umklammert das Motiv der Eisenbahnstrecke die beiden Lebenswelten des Bahnwärters, die triviale, von Demütigungen durchzogene des kleinen Dorfs und die einsame, sprachlose, erhabene des Wärterhauses, die von Visionen durchzogen ist. Beide Sphären sind durch Symbole und Metaphern miteinander verknüpft, etwa jenem „eisernen Netz“, das im ersten Teil der Novelle die Verstrickung durch

39 Benno von Wiese: Die deutsche Novelle von Goethe bis Kafka. Düsseldorf 1959, S. 271.
40 Vgl. ebd., S. 272.

die sinnliche Lene meint und im zweiten Teil den endlosen Schienenstrang. Beide Sphären fallen in den frenetischen Visionen Thiels zusammen; so, wenn die von ihm im nächtlichen Sturm auf den Gleisen gesehene Gestalt mit dem blutigen Bündel dem realen Schnellzug weicht: „Zwei rote runde Lichter durchdrangen wie die Glotzaugen eines riesigen Ungetüms die Dunkelheit. Ein blutiger Schein ging vor ihnen her, der die Regentropfen in seinem Bereich in Blutstropfen verwandelte. Es war, als fiele ein Blutregen vom Himmel" (CA VI, 53). Hauptmanns ekstatische Sprache, die in dieser Passage schon seine expressionistischen Bewunderer ahnen lässt, kommt aus einer anderen Tradition (der des Pietismus), und sie zielt auf eine andere Darstellungsabsicht als Zolas fasziniert phänomenologischer Blick: *Bahnwärter Thiel* ist ein Text, der sich in ekstatischen, synästhetischen Bildern erfährt. In ihnen fällt die Technik der Moderne zusammen mit einer überzeitlichen mythischen Verstrickung.[41]

Das, so könnte man einwenden, ist *so* weit von Zola nicht entfernt. In *La Bête humaine* war die Eisenbahn schließlich auch das Dispositiv, an dem sich das Verdrängte und Unbewusste einer Zivilisation sedimentierte. Allerdings geschah dies in aufklärerischer Absicht. Man könnte sagen, dass das Prinzip der Willensfreiheit des Individuums, das die naturalistische Theorie verneint, von Zolas Text auf subversive Weise unterlaufen wird: Denn in *La Bête humaine* kommt der Rationalität, dem Erkennen, eine Schlüsselstellung zu. Zolas Eisenbahnbilder sind mythogen und dämonisch, aber auch rationalistisch und kollektiv.[42] Anders Hauptmanns *Bahnwärter Thiel*: Obgleich der Text vor einem ähnlich wissenschaftsbezogenen Kontext entstand, liegen die Dinge hier anders. Kein Indikator zeigt dies so klar wie das zentrale Dingsymbol: die Eisenbahn. Hauptmanns Text präsentiert keinen kollektiven zivilisatorischen Mythos, sondern einen protestantischen und subjektbezogenen.[43] Thiels Erfahrung der technisierten Welt ist kein Baustein für eine physiologische oder soziale Theorie, sondern individuell, radikal subjektiv. Auch aus diesen Gründen ist Geschwindigkeit für Hauptmann kein zentrales Thema. Sie ist vielmehr ein ephemeres Phänomen, das vorbeirauscht und dem „alten heil'gen Schweigen" (CA VI, 50) doch wieder weichen muss.

---

41 Auch aus diesem Grund lässt sich bei Hauptmann, anders als bei Zola, die Lokomotive, die im Bahnwärter Thiel das Unglück bringt und symbolisiert, aus dem Text heraus nicht bestimmen. Vgl. dagegen die detaillierte Beschreibung der Mechanik der verunglückten Lokomotive bei Zola, die ja auch einen Namen hat („Lison"), in: OC IV, 1260f.; Zola selbst hat den Typ in seinen *Carnets d'enquête* festgelegt (Anm. 22), vgl. S. 528. Im *Bahnwärter Thiel* dürfte es sich um eine preußische Schnellzuglokomotive der Gattung S1 handeln, die ab 1884 die Schnellzüge von Berlin nach Breslau zogen (vgl. Lothar Spielhoff: Länderbahn-Dampflokomotiven. Stuttgart 1990, Bd. I: Preußen, Mecklenburg, Oldenburg, Sachsen und Elsaß-Lothringen, S. 37f.).

42 Thomas Borgstedt: Naturalismus und religiöse Ethik. Gerhart Hauptmanns *Die Weber* und Émile Zolas Roman *Germinal*. In: Germanisch-Romanische Monatsschrift. NF 54 (2004), S. 177–194, vgl. insbes. S. 180ff.; Borgstedts Thesen lassen sich auch auf den Vergleich der beiden hier diskutierten Werke Zolas und Hauptmanns mit Gewinn anwenden.

43 Zum Folgenden: wie Anm. 46, S. 180ff.

4 Technische Beschleunigung und ästhetische Verlangsamung?

Sowohl Émile Zola wie auch Gerhart Hauptmann stellen sich in den hier diskutierten Texten der Herausforderung der Beschleunigung. Dabei entwickeln sie bei ähnlichen poetologischen Voraussetzungen zwei ganz unterschiedliche Strategien, wie technische Beschleunigung narrativ (und weltanschaulich) zu bewältigen ist. Zola reagiert auf die Geschwindigkeit der Eisenbahn mit einer phänomenologischen *écriture*, die mit den neuesten optischen und physiologischen Erkenntnissen korrespondiert. Diese Schreibart stellt im Zusammenhang der Romane der *Rougon-Macquart* etwas ganz Neues dar – eine unerhört experimentelle Anverwandlung schneller optischer und akustischer Reize in einer ganz neuen Art des Erzählens. Auf die Akzeleration der Lebenswelt durch die moderne Technik reagiert Zola also mit einer ‚schnellen‘ Schreibart, die auf Geschwindigkeit gründet und ihren poetologischen Mehrwert aus der neuen Art der Wahrnehmung, aus ihren Unschärfen und vorbeifliehenden Eindrücken gewinnt. Am Ende dieses Prozesses steht mit *La Bête humaine* ein Roman, der sich im Projekt der *Rougon-Macquart* widerständig ausnimmt, der die experimentelle Anordnung des naturalistischen Romans zugunsten eines mit Leitmotiven durchzogenen Romans verlässt und der – vielleicht unbewusst – auch ein Roman über das Unbewusste geworden ist.

Anders Hauptmann: *Bahnwärter Thiel* ist ein Text der ästhetischen Entschleunigung. In ihm rauscht die Moderne, symbolisiert durch die vorbeibrausenden Züge, durch eine mythische, archaische, erhabene und *sub specie aeternitatis* immergleiche Natur. Konsequent schildert Hauptmann die Eisenbahn in einer stark von Symbolen geprägten Sprache und in Momenten des Erhabenen, in denen die moderne Technik ein vorüberrauschender Teil der Natur ist. Dabei gelingen ihm Bilder, die ihre ästhetische Überzeugungskraft der Auseinandersetzung mit der Geschwindigkeit verdanken. – Beiden Texten gemeinsam ist ein geschärftes ästhetisches Bewusstsein dafür, dass die Literatur der Moderne nicht nur auf die wissenschaftliche, sondern auch auf die akzeleratorische Revolution zu reagieren habe.

Rafael H. Silveira (Jena)

„Keine Zeit für ihre Zeit" · Alfred Döblins Verarbeitung der modernen Steigerungstendenz in *Berlin Alexanderplatz*

Der Erfolg von Literatur und ihre Eingliederung in einen Kanon hängen unmittelbar von der Fähigkeit der Autoren ab, ein Wiedererkennungsgefühl und somit Resonanz bei den Rezipienten zu erzeugen. Dies kann nur geschehen, wenn die Leser sich und ihr Zeitalter im Fiktiven zu erkennen vermögen. Alfred Döblin beschäftigte sich besonders intensiv mit der Zeitgemäßheit seiner Werke und stellte letztlich fest:

> Die Zeit dringt verschieden tief in unsere Poren ein. Man glaube nur nicht, daß die blanke glatte Hingabe an die Zeit die Regel und das Gewöhnliche wäre. Die wenigsten Menschen erleben ihre Zeit, das muß hart festgestellt werden, die meisten Menschen sind geschäftlich tätig und haben keine Zeit für ihre Zeit.[1]

Döblins charakteristisch scharfsinnige Pointierung von ernsten Sachverhalten berührt in diesem Zitat die zunehmend an Relevanz gewinnende Problematik der Zeit. Die Zeitvielfalt[2] erlaubt Döblins Wortspiel einerseits mit der chronometrischen Zeit, die man unterschiedlich gestalten und somit sozusagen „haben" kann, und andererseits mit Zeit als Epoche, die von vielen Zeitgenossen nicht erkannt bzw. beachtet und somit angemessen erlebt werde. Das Zeitgemäße war für Döblin eng mit seiner Lebenserfahrung in der Großstadt Berlin der Goldenen Zwanziger verbunden, wie er 1922 erkannte:

> Das Ganze hat mächtig inspiratorisch belebende Kraft. […] Ich schwindle nicht: Diese Erregung der Straßen, Läden, Wagen, das ist die Hitze, in die ich mich schlagen muß, wenn ich arbeite, das heißt: eigentlich immer. Das ist das Benzin, mit dem mein Motor läuft. […] Vierunddreißig Jahre laufe ich hier herum, immer neugierig, beobachtend, wie sich das bewegt und wie es

1 Alfred Döblin: Aufsätze zur Literatur. In: Ausgewählte Werke in Einzelbänden in Verbindung mit den Söhnen des Dichters. Hg. v. Walter Muschg. Olten u.a. 1963, S. 27.

2 Vgl. Barbara Adam: Zeitvielfalt in der Evolution aus gesellschaftstheoretischer Sicht. Vortrag im Rahmen der Akademievorlesung *Koevolution von Technik, Wirtschaft und Gesellschaft* an der Berlin-Brandenburgischen Akademie der Wissenschaften, 4. Februar 2010.

sich ruckartig entwickelte. Das zuckte durch alle, man konnte nicht still dabei bleiben, man mußte daran teilnehmen.[3]

Diese Suche nach dem Zeitgemäßen verursachte das Eindringen der Zeit in Döblins Poren im Sinne einer sowohl poetologischen als auch literarischen Reflexion über das Zeitmaß selbst. Die technische Beschleunigung spielte bei dieser Erfahrung einer neuen Zeit eine zentrale Rolle. Sie war von grundlegender Bedeutung nicht nur für die Wirtschaft und für das kollektive Raum- und Zeitverständnis,[4] sondern auch für die Entstehung einer neuen Ästhetik und Medienkultur, die die soziale Dynamisierung und die moderne Steigerungstendenz in sich trugen. Zusammen mit anderen Künsten reagiert ebenfalls die Literatur auf diese Transformationen, wie die folgende Analyse durch die Untersuchung der Beziehung zwischen Inhalt und Struktur in Döblins Roman *Berlin Alexanderplatz. Die Geschichte vom Franz Biberkopf*[5] zeigen wird. Davor sollen aber einige theoretische und kontextuelle Aspekte dieser Thematik kommentiert werden.

„Die Moderne ist sich am wenigsten gleich geblieben" – erkannte Walter Benjamin in seiner Arbeit über Charles Baudelaire und meinte dabei, dass die großen Tendenzen der modernen gesellschaftlichen Entwicklung das frühzeitige Veralten des ‚wahrhaft Neuen' mit sich brächten.[6] Den Grundgedanken dieser Erkenntnis fand er im 1848 (also noch zur Zeit Baudelaires) erschienenen *Kommunistischen Manifest*: „Die fortwährende Umwälzung der Produktion, die ununterbrochene Erschütterung aller gesellschaftlichen Zustände, die ewige Unsicherheit und Bewegung zeichnet die Bourgeoisieepoche vor allen anderen aus. […] Alles Ständische und Stehende verdampft, alles Heilige wird entweiht."[7] Die von Marx und anderen Gründervätern der Soziologie festgestellte Krise war die Geburtsstunde der Sozialwissenschaften als Reaktion auf die Modernisierung und als Reflexion über die Grundprobleme unseres Zeitalters.[8]

---

3 Alfred Döblin: Schriften zu Leben und Werk. In: Ausgewählte Werke in Einzelbänden in Verbindung mit den Söhnen des Dichters. Hg. v. Walter Muschg. Olten u.a. 1986, S. 38.

4 Vgl. dazu Wolfgang Kaschuba: Die Überwindung der Distanz. Zeit und Raum in der europäischen Moderne. Hg. v. Wolfgang Benz. Frankfurt a.M. 2004.

5 Alfred Döblin: Berlin Alexanderplatz. Die Geschichte vom Franz Biberkopf. In: ders.: Ausgewählte Werke in Einzelbänden in Verbindung mit den Söhnen des Dichters. Hg. v. Walter Muschg. Olten u.a. 1963. Im Folgenden auch als BAp abgekürzt.

6 Benjamin, Walter: Charles Baudelaire. Ein Lyriker im Zeitalter des Hochkapitalismus. Hg. und mit einem Nachwort versehen v. Rolf Tiedemann. Berlin 2013, S. 89.

7 Karl Marx; Friedrich Engels: Manifest der Kommunistischen Partei. In: dies.: Ausgewählte Werke. Moskau 1986, S. 34–63, hier S. 37f.

8 Vgl. Hartmut Rosa; David Strecker; Andrea Kottmann: Soziologische Theorien. Konstanz 2007, S. 13.

Indem er dies erkannte, machte sich der deutsche Soziologe Hartmut Rosa mit seiner „Theorie der sozialen Beschleunigung“ auf die Suche nach der ‚verlorenen‘ Zeit, die die technische Entwicklung versprochen habe: „Wir haben keine Zeit, obwohl wir sie [mithilfe der Technik] im Überfluss gewinnen.“[9] In seiner Untersuchung postuliert Rosa die soziale Beschleunigung als allgemeine Tendenz bzw. als „Grunderfahrung“ der Moderne.[10] Diese Grunderfahrung beeinflusst maßgeblich auch die moderne Literatur und eröffnet dabei aufschlussreiche analytische Perspektiven für die Kunst- und Literaturwissenschaft. Für die Literaturwissenschaft stellt sich die Frage, ob sich die Literatur überhaupt ‚beschleunigen‘ kann. Rosa selbst beschreibt keine Beschleunigung der Literatur, sondern literarische „Reaktionen auf die Beschleunigungszumutungen der Moderne“.[11] Diese Reaktionen können sich wiederum, wie im Folgenden anhand der Beispiele aus *Berlin Alexanderplatz* zu zeigen sein wird, sehr vielfältig gestalten.

Die Berücksichtigung dieser Erkenntnis erfordert jedoch eine Anpassung der soziologischen Begrifflichkeit für literaturwissenschaftliche Zwecke. Denn die Bezeichnung dieser allgemeinen Tendenz als ‚Beschleunigung‘ kann bei der Analyse ästhetischer bzw. literarischer Beispiele zu einer terminologischen Unschärfe führen. Das Grundkonzept der Rosa'schen Theorie basiert nicht auf Geschwindigkeit, sondern auf Steigerung, wie die Berücksichtigung der drei Kategorien sozialer Beschleunigung, in welche Rosa das Phänomen untergliedert, verdeutlicht: die technische Beschleunigung als intentionale und zielgerichtete Steigerung der Aufführungsgeschwindigkeit von Vorgängen durch die Technik; die Beschleunigung des gesellschaftlichen Wandels als Steigerung des Veränderungsrhythmus von sozialen Strukturen und die Beschleunigung des Lebenstempos als Verdichtung von Handlungs- und Erlebnisepisoden pro Zeiteinheit.[12] Die erste Kategorie bezeichnet Vorgänge, die sich tatsächlich beschleunigen und dementsprechend auch quantitativ bestimmt werden können. Die zweite und die dritte Kategorie bezeichnen allerdings eine Steigerung der Frequenz (des gesellschaftlichen Wandels und der Erlebnisse pro Zeiteinheit). Für die Übernahme des Konzeptes der Theorie in die Literaturwissenschaft erweist sich somit die Bezeichnung der gesamten Grunderfahrung der Moderne als eine der ‚Steigerung‘ (jeweils der technisch erzeugten Geschwindigkeit, des sozialen Wandels und der Erlebnisdichte) als angemessener und eindeutiger als diejenige einer ‚Beschleunigung‘, wie die Beispielanalyse zeigen wird.

9 Vgl. Hartmut Rosa: Beschleunigung. Die Veränderung der Zeitstrukturen in der Moderne. Frankfurt a.M. 2011, S. 11. [Anmerkung in eckigen Klammern von mir, R. H. S.]

10 Ebd., S. 71.

11 Ebd., S. 78.

12 Vgl. ausführlich ebd., jeweils S. 124, 129 und 136.

Diese vorgeschlagene Bezeichnung basiert außerdem auf Ideen einer anderen soziologischen Quelle, nämlich auf dem 1903 erschienenen Aufsatz Georg Simmels *Die Großstädte und das Geistesleben*, in dem es heißt:

> Die psychologische Grundlage, auf der der Typus großstädtischer Individualitäten sich erhebt, ist die *Steigerung des Nervenlebens*, die aus dem raschen und ununterbrochenen Wechsel äußerer und innerer Eindrücke hervorgeht. Der Mensch ist ein Unterschiedswesen, d. h., sein Bewußtsein wird durch den Unterschied des augenblicklichen Eindrucks gegen den vorhergehenden angeregt; beharrende Eindrücke, Geringfügigkeit ihrer Differenzen, gewohnte Regelmäßigkeit ihres Ablaufs und ihrer Gegensätze verbrauchen sozusagen weniger Bewußtsein, als die rasche Zusammendrängung wechselnder Bilder, der schroffe Abstand innerhalb dessen, was man mit einem Blick umfaßt, die Unerwartetheit sich aufdrängender Impressionen.[13]

Simmels Erkenntnis dieser anderen, ‚kognitiven' Wirkungsebene des Steigerungsphänomens hilft uns, es besser zu verstehen. Obwohl Großstädte mindestens seit dem antiken Rom bestehen, entfaltete sich eine Großstadtästhetik erst in der Moderne. Zwar waren Tendenzen von Wachstum und Bevölkerungsballung, Verstädterung, kritischen Lebensbedingungen, Entwurzelung etc. vor der Neuzeit nicht unbekannt, andererseits trieben die zunehmende Mechanisierung und die Technologisierung von Produktions- und Distributionswesen diese Phänomene gegen Ende des 19. Jahrhunderts zu einem nie gekannten Höhepunkt.

Die herausragende Rolle, die die technische Beschleunigung für Kunst und Literatur der Moderne spielt, wird besonders deutlich, wenn man die Auswirkungen der Einführung der Eisenbahn im 19. Jahrhundert beobachtet, die als Zeugnisse von Reaktionen auf Modernisierungserscheinungen interpretiert werden können. Turners Gemälde *Rain, Steam and Speed: The Great Western Railway*, entstanden 1844, sowie Adolph von Menzels drei Jahre später entstandenes *Die Berlin-Potsdamer Eisenbahn* gingen in die Geschichte ein als die ersten Gemälde mit der Eisenbahn als Hauptmotiv. Die bewegte und bewegende Gewalt der Natur, die Turner in anderen seiner Werke fasziniert festhielt, stammt in diesem aus der Technik, deren Erscheinung durch den Kontrast mit einem romantisch, ja fast impressionistisch entworfenen Hintergrund betont wird. Obwohl die perspektivisch und weitgehend statisch entworfene Eisenbahn stellvertretend für die Geschwindigkeit steht, wie es im Titel zu lesen ist, wird sie nicht verzerrt dargestellt. Auch Menzels Darstellung ist in Farblichkeit und Duktus gemäßigt und scheint die Expansion der Großstadt, deren emporragende Gebäude rechts im Hintergrund unter einem zunehmend ins Grau übergehenden Himmel zu erkennen sind, dokumentieren zu wollen. Diese gewagte Eingliederung

13 Georg Simmel: Die Großstädte und das Geistesleben. Frankfurt a.M. 2006, S. 8–9 [Kursivierung im Original].

des Lokomotivenbildes in die thematische Palette der bildenden Künste geschieht zeitnah zur Entstehung von Heinrich Heines Äußerungen in *Lutetia*:

> Die Eröffnung der beiden neuen Eisenbahnen, wovon die eine nach Orléans, die andere nach Rouen führt, verursacht hier eine Erschütterung, die jeder mitempfindet, wenn er nicht etwa auf einem sozialen Isolierschemel steht. Die ganze Bevölkerung von Paris bildet in diesem Augenblick gleichsam eine Kette, wo einer dem andern den elektrischen Schlag mitteilt. Während aber die große Menge verdutzt und betäubt die äußere Erscheinung der großen Bewegungsmächte anstarrt, erfaßt den Denker ein unheimliches Grauen, wie wir es immer empfinden, wenn das Ungeheuerste, das Unerhörteste geschieht, dessen Folgen unabsehbar und unberechenbar sind. Wir merken bloß, daß unsre ganze Existenz in neue Gleise fortgerissen, fortgeschleudert wird, daß neue Verhältnisse, Freuden und Drangsale uns erwarten, und das Unbekannte übt seinen schauerlichen Reiz, verlockend und zugleich beängstigend.[14]

Mehr als die Übernahme der Eisenbahn als Metapher für die Dynamisierung der menschlichen Existenz liefert Heine durch seine Bemerkungen ein Beispiel für den Zwiespalt der Reaktionen, die das sich rasch ausbreitende Verkehrsmittel mit sich brachte. Dabei lässt sich die Wichtigkeit der technischen Beschleunigung für den Entstehungsprozess eines modernen Bewusstseins erkennen. Schon Johann Wolfgang von Goethe bemerkte mit erstaunlicher Schärfe ein noch heute aktuelles, dialektisches Moment im Modernisierungsprozess:

> Reichtum und Schnelligkeit ist, was die Welt bewundert und wonach jeder strebt; Eisenbahnen, Schnellposten, Dampfschiffe und alle mögliche Fazilitäten [Erleichterungen] der Kommunikation sind es, worauf die gebildete Welt ausgeht, sich zu überbieten, zu überbilden und dadurch in der Mittelmäßigkeit zu verharren.[15]

In seiner Äußerung erkennt Goethe, dass trotz der Faszination, die die Technik ausübt, die Verwirklichung des Modernisierungspotentials stark von der Art der Nutzung der Erzeugnisse dieses Potentials abhängt. Im Grunde reagiert er dabei, wie in vielen seiner Werke, auf die schon damals immer stärker zu spürende Steigerungstendenz, deren Schattenseiten er wohl selbst aus Frankfurt am Main, Leipzig und Straßburg kannte.

---

14 Heinrich Heine: Lutetia. In: ders.: Sämtliche Schriften. Bd. 5. Hg. v. Klaus Briegleb, München 1974, S. 217–548, hier S. 448.

15 Aus einem Brief vom 6. Juni 1825 an Karl F. Zelter. Zit. nach Manfred Osten: „Alles veloziferisch" oder Goethes Entdeckung der Langsamkeit. Zur Modernität eines Klassikers im 21. Jahrhundert. Frankfurt a.M. 2003, S. 11. Interessant dazu ist auch das Kap. „Fortschritt als Zerstörungswerk der Moderne" in: Jochen Schmidt: Goethes Faust, erster und zweiter Teil. Grundlagen – Werk – Wirkung. München 2001, S. 264ff.

Die bisher angeführten Beispiele für Reaktionen auf Modernisierungserscheinungen unterscheiden sich allerdings stark von denjenigen der modernen Avantgarden. „Das 19. Jahrhundert", schreibt Andreas Braun, „verwandelte Bewegung in Geschwindigkeit."[16] Und das 20., wie es sich ergänzen lässt, verwandelte Geschwindigkeit in ästhetische Orientierung. Dies belegt die besondere Beziehung der Mehrheit aller avantgardistischen Bewegungen des beginnenden 20. Jahrhunderts zum Tempo bzw. zur Technik. In den bildenden Künsten lässt sich diese Entwicklung deutlich verfolgen: Von der verzerrten Perspektive in Vincent van Goghs *Das Nachtcafé* (1888), die als „rasend" bzw. „beschleunigt" bezeichnet wird,[17] über den Kubismus, der die Simultanitätstechnik als eine in der Zeit komprimierte räumliche Verzerrung bzw. Überwindung einer Monoperspektive entwickelt, bis zu dem kräftigen, vereinfachten Stil der Brücke-Gruppe, welcher anhand der Reduzierung der Anfertigungszeit von Bildern (in den sogenannten Viertelstundenakten) entwickelt wurde.[18] Geschwindigkeit und Technik sind dabei nicht nur noch ein Motiv, wie etwa bei Turner und Menzel, sondern auch strukturelle Vorgabe und künstlerisches Mittel.

Vor allem der italienische Futurismus führte eine selbstbewusste, programmatische Ästhetisierung der Geschwindigkeit ein. Mit dem Artikel *Le Futurisme*, der gefolgt vom *Manifest du Futurisme* am 20. Februar 1909 in der französischen Zeitung *Le Figaro* veröffentlicht wurde, verkündete Filippo Tommaso Marinetti unter anderem: „Wir erklären, daß sich die Herrlichkeit der Welt um eine neue Schönheit bereichert hat: die Schönheit der Geschwindigkeit."[19] Der fieberhaft aufgeregte, anmaßend aggressive, herausfordernde Ton der Verkündung, der die Empfindung eines revolutionären Aufbruchs verstärkt, ist in anderen Punkten des Manifests deutlicher. Der Bruch mit der Tradition wird als ästhetisches Desiderat erhoben und führt somit den Bruch mit der Form ein.

Der formale Traditionsbruch versprach eine ästhetische Neugeburt als Annäherung der Kunst an ihr Zeitalter. Diese Verheißung lockte vor allem andere Avantgardisten – darunter auch Schriftsteller wie Alfred Döblin. Die futuristischen Ideen wurden 1912 bei einer aufsehenerregenden Wanderausstellung in Paris, London, Berlin und weitere Städte verbreitet. Im selben Jahr traf Döblin Marinetti, den Vorreiter der Bewegung, im Berliner Weinlokal Dalbelli,[20] wie er etwa ein Jahr später in Herwarth

16 Andreas Braun: Tempo, Tempo! Kunst- und Kulturgeschichte der Geschwindigkeit im 19. Jahrhundert. Frankfurt a.M. 2001, S. 17.

17 Uwe M. Schneede: Die Geschichte der Kunst im 20. Jahrhundert. Von den Avantgarden bis zur Gegenwart. München 2010, S. 13.

18 Lucius Grisebach: Brücke. Aufbruch der Moderne in Dresden und Berlin. München 1991, S. 39f.

19 Hansgeorg Schmidt-Bergmann: Futurismus. Geschichte, Ästhetik, Dokumente. Hamburg 2009, S. 77.

20 Das berühmt gewordene Lokal in der damaligen Königin Augusta-Straße hieß tatsächlich Al Vesuvio und wurde nach seinem italienischen Besitzer Carlo Dalbelli benannt. Geschichtlich

Waldens Magazin *Der Sturm* im Artikel *Futuristische Worttechnik. Offener Brief an F. T. Marinetti*[21] anmerkt, und ließ sich von seiner Begeisterung anstecken. Aber diese anfängliche Begeisterung wich 1913 der Enttäuschung und der Empörung wegen der Enge und Strenge der futuristischen Konzeptionen: „Gehen Sie nicht weiter auf Herdenzüchtung aus; es gibt viel Lärm dabei und wenig Wolle. Bringen Sie Ihr Schaf ins Trockne. Pflegen Sie Ihren Futurismus. Ich pflege meinen Döblinismus.“[22] In derselben *Sturm*-Ausgabe folgten unter dem Namen *An Romanautoren und Ihre Kritiker. Berliner Programm*[23] einige seiner poetologischen Ansichten und die Betonung der Wichtigkeit des avantgardistischen Traditionsbruchs als Anpassung der Literatur an die moderne Wirklichkeit: „Die Darstellung erfordert bei der ungeheuren Menge des Geformten einen Kinostil. In höchster Gedrängtheit und Präzision hat ‚die Fülle der Gesichte‘ vorbeizuziehen.“[24] Dieses ‚Erfordernis‘ der Darstellung ist im Grunde das Mittel zur Steigerung der Dichte bzw. der Informationsfülle des Romans, um eine zeitgemäße Darstellung „der ungeheuren Menge“ an Stimuli, denen Großstädter ausgesetzt sind, ausführen zu können. Schon Döblins „Kinostil“ kann somit als Beispiel für die Verarbeitung der Steigerungstendenz gelesen werden. Bewegung, Geschwindigkeit und technische Beschleunigung spielen dabei eine wichtige Rolle.

Das ‚Vorbeiziehen‘ der Großstadtfülle nimmt nicht nur auf die Geschwindigkeit des Transports, sondern auch auf das schon damals populär gewordene Medium des Films Bezug. Neben Geschwindigkeit und Bewegung ist das Montageprinzip eine weitere wichtige Gemeinsamkeit zwischen Kinostil und Film. Nach dem filmischen Montageprinzip entsteht der Eindruck von Bewegung des Dargestellten in der ursprünglich analogen Form der Filmrolle aus der Beschleunigung einzelner, nacheinander montierter Stehbilder – ein damals wohlbekanntes Verfahren, das im ausgehenden 19. Jahrhundert in vielen Vorläufern des Kinos ausprobiert wurde. Das Medium Film benötigt ein ‚Vorbeiziehen‘ von Bildern wie das Medium Schrift das ‚Vorbeiziehen‘ von Zeichen und Wörtern. Aber anders als der Zuschauer einer Kinovorführung kann der Leser die Geschwindigkeit der eigenen Lektüre steuern.

---

interessant dazu und zur Rolle des Ehepaares Dalbelli in der Berliner Künstler- und Bohème-Szene am Anfang des 20. Jahrhunderts ist Ralf Thies: Ethnograph des dunklen Berlin. Hans Ostwald und die „Großstadt-Dokumente“ (1904–1908). Köln 2006, u.a. S. 80.

21 Alfred Döblin: Aufsätze zur Literatur. In: Ausgewählte Werke in Einzelbänden in Verbindung mit den Söhnen des Dichters. Hg. v. Walter Muschg. Olten u.a. 1963, S. 9–15. Auch als AzL abgekürzt.

22 Ebd., S. 15.

23 Ebd., S. 15–19.

24 Ebd., S. 17. Die gekennzeichnete „Fülle der Gesichte“ ist eine Anspielung auf Goethes *Faust*. Im der *Nacht*-Szene des ersten Teils bezeichnet Faust seine vom Famulus unterbrochene Auseinandersetzung mit dem Geist als „Fülle der Gesichte“. Die Wendung benutzt Döblin allerdings für das Gewühl, für den ‚Geist‘ der Großstadt. Vgl. Johann Wolfgang Goethe: Faust. Eine Tragödie. Erster Teil. In: ders.: Werke in sechs Bänden. Bd. 3. Frankfurt a.M. 1993.

In diesem Sinn ist die Behauptung der Beschleunigung eines Films nachvollziehbar, nicht aber der eines Romans. Der Kern der von Döblin in *Berliner Programm* angesprochenen „Gedrängtheit" scheint allerdings größere Affinität mit einer hohen Filmschnittgeschwindigkeit aufzuweisen. Die Unterbrechung und der Wechsel von einer Handlung zur anderen erzeugen letztendlich die „rasch wechselnden und in ihren Gegensätzen eng zusammengedrängten Nervenreize",[25] die laut Simmel eine Ursache für die Steigerung der kognitiven Aktivität der Großstadtbewohner seien. In der Erzählstruktur eines Romans wird diese wechselnde Unterbrechung der Haupthandlung durch die Montage ausgeführt. Diese führt wiederum zu einer *Steigerung der Informationsdichte* des Textes: mehr Inhalt pro Texteinheit.

Die Steigerung der Informationsdichte ist das Grundprinzip von Döblins Montagetechnik, die er im Laufe seiner literarischen Karriere reifen lässt und trotz seiner Forderungen im *Berliner Programm* selbst nicht streng programmatisch verfolgt. Der Kinostil, die Tatsachenphantasie, ja der „Döblinismus" selbst entstehen vielmehr aus einer stilistischen Notwendigkeit, aus dem geschichtlichen Kontext, „aus dem Erzählstoff", wie der Autor 1948 im Aufsatz *Epilog* bemerkt: „Ich hatte keinen ‚eigenen' Stil, den ich ein für allemal fertig als meinen [‚Der Stil ist der Mensch'] mit mir herumtrug, sondern ich ließ den Stil aus dem Stoff kommen."[26]

So ist z.B. der Stoff im Roman *Wadzeks Kampf mit der Dampfturbine* (1913 im Anschluss an das *Berliner Programm* begonnen und erst 1918 veröffentlicht) überwiegend das Menschliche hinter der Technik: Wadzeks Wunsch, die „frech und toll geworden[e]"[27] Technik zu zähmen bzw. zu moralisieren, muss vor dem für ihn existenziell bedrohlichen Konkurrenzkampf mit seinem Gegner, „Rommel", scheitern. Die Darstellungsstrategie, die Döblin dabei entwickelt, arbeitet zuweilen mit einer präzisen, verdinglichenden Beschreibung von Figuren, was zu deren Depersonalisierung beiträgt.[28] Auch hier ist die Steigerung der Informationsdichte vorhanden, allerdings noch innerhalb der Grenzen der Erzählung.

Die Geschichte von einem anderen Franz – nicht Wadzek, sondern Biberkopf – wird dagegen vom Technischen hinter den Menschen geprägt. Erst in *Berlin Alexanderplatz*

25 Simmel 2006 (wie Anm. 13), S. 19.

26 Döblin 1963 (AzL, Anm. 21), S. 390 [Ergänzung in eckigen Klammern im Original].

27 Döblin, Alfred: Wadzeks Kampf mit der Dampfturbine. Roman. In: ders.: Ausgewählte Werke in Einzelbänden. Begründet von Walter Muschg in Verbindung mit den Söhnen des Dichters. Hg. v. Anthony W. Riley. Olten und Freiburg i. Br. 1982, S. 238.

28 Vgl. z.B. die relativ lange (von „Es schlug fünf" bis „in gleichem Sinn gelöst hätten") Passage ebd., S. 186f. Dazu auch Riley in seinem Nachwort ebd., S. 363–393, insbes. S. 382.

kann sich Döblins „Depersonation"[29] durch die Montagetechnik voll entfalten. Im 1929 erschienenen Großstadtroman kombiniert der Autor unterschiedliche Erzähltechniken, die die Vielfalt der Großstadt mit ihren unterschiedlichen Schichten, Nischen, Sprachen, Rhythmen darstellen. Die Hauptfigur Biberkopf ist der Informationsfilter eines Erzählers, der die Stadt vor allem durch die Montage sozusagen ‚für sich sprechen lässt' und dabei die Grenzen der Biberkopf-Geschichte überschreitet.

Ein Versuch, das dabei entwickelte Montageprinzip systematisch zu beschreiben, führt zu einer primären Unterscheidung zwischen Zitat und Montage. Während Zitate als sinnbegleitende bzw. -ergänzende, meist graphisch gekennzeichnete Einfügungen von fremdem Text verwendet werden,[30] gehört zur Montage die Hervorhebung der ‚Montiertheit'. Diese „ist also immer von der Vorgeprägtheit, Heterogenität und Bruchstückhaftigkeit des Materials und der Schroffheit seiner Fügung gekennzeichnet".[31]

In *Berlin Alexanderplatz* entwickelt Döblin unterschiedliche Grade textueller Nähe zum Original. Viele einmontierte Elemente werden wörtlich übernommen, einige werden in einer modifizierten Form, andere nur sinngemäß wiedergegeben, einige werden dazu auch noch leitmotivisch variiert. Für die Thematik dieser Untersuchung ist allerdings vor allem die Unterscheidung von zwei Kategorien der Montage relevant: der analytischen und der synthetischen Montage.[32]

Bei der analytischen Montage haben fremde Textstellen einen direkten, leicht wiederherstellbaren Bezug zur erzählten Handlung. Diese gehören zur Handlung und können als feste Bestandteile der Biberkopf-Geschichte interpretiert werden. Ein Beispiel dafür aus dem ersten Kapitel des Romans:

> Er wanderte die Rosenthaler Straße am Warenhaus Wertheim vorbei, nach rechts bog er ein in die schmale Sophienstraße. Er dachte, diese Straße ist dunkler, wo es dunkel ist, wird es besser sein. Die Gefangenen werden in Einzelhaft, Zellenhaft und Gemeinschaftshaft untergebracht. Bei Einzelhaft wird der Gefangene bei Tag und Nacht unausgesetzt von andern Gefangenen gesondert gehalten. Bei Zellenhaft wird der Gefangene in einer Zelle untergebracht, jedoch

---

29 Vgl. „Berliner Programm", Döblin 1963 (AzL, Anm. 21), S. 18: „Entselbstung, Entäußerung des Autors, Depersonation".

30 Vgl. Rudolf Helmstetter: „Zitat". In: Reallexikon der deutschen Literaturwissenschaft. Neubearbeitung des Reallexikons der deutschen Literaturgeschichte, gemeinsam mit Harald Fricke, Klaus Grubmüller und Jan-Dirk Müller hg. v. Klaus Weimar. Berlin u. a. 2007, S. 896–899.

31 Gottfried Willems: Großstadt- und Bewußtseinspoesie. Über Realismus in der modernen Lyrik, insbesondere im lyrischen Spätwerk Gottfried Benns und in der deutschen Lyrik seit 1965. Tübingen 1981, S. 103.

32 Vgl. dazu u. a. Helmut Schwimmer: Alfred Döblin, Berlin Alexanderplatz. Interpretation. München 1975; Volker Klotz: Zitat und Montage in neuerer Literatur und Kunst. In: Literatur und bildende Kunst. Ein Handbuch zur Theorie und Praxis eines komparatistischen Grenzgebietes. Hg. v. Ulrich Weisstein. Berlin 1992, S. 180–195.

> bei Bewegung im Freien, beim Unterricht, Gottesdienst mit andern zusammengebracht. Die Wagen tobten und klingelten weiter, es rann Häuserfront neben Häuserfront ohne Aufhören hin.[33]

Unmittelbar nach der direkten (aber nicht durch Doppelpunkt und Anführungsstriche gekennzeichneten) Wiedergabe von Biberkopfs Gedanken wird in dieser Passage ein teilweise wörtlicher Auszug aus der „Dienst- und Vollzugsordnung für die Gefangenenanstalten der Justizverwaltung in Preußen" aus dem Jahr 1923 einmontiert.[34] Durch den Handlungskontext der für Biberkopf nach vier Jahren Inhaftierung traumatischen Entlassung aus dem Gefängnis lässt sich schlussfolgern, dass die Vergegenwärtigung des Amtstextes einen Bezug zur verlorenen Ordnung und Regelmäßigkeit und der strengen Gefängnisstruktur herstellt. Die Hektik des Verkehrs bzw. des Großstadtchaos, die unmittelbar im Anschluss an diese Textstelle dargestellt wird, verstärkt den Kontrast zum Inhalt der einmontierten Elemente, die einige Zeilen später erweitert werden:

> Auf entsprechendes Glockenzeichen ist sofort mit der Arbeit zu beginnen. Sie darf nur unterbrochen werden in der zum Essen, Spaziergang, Unterricht bestimmten Zeit. Beim Spaziergang haben die Gefangenen die Arme ausgestreckt zu halten und sie vor- und rückwärts zu bewegen.[35]

Der direkte Gegensatz zwischen diesen Anweisungen und den tobenden, klingenden Wagen sowie den hinrennenden Häuserfronten des vorherigen Zitats unterstreicht die Absicht einer Kontrastmontage, in welcher die Überforderung der plötzlichen Konfrontation mit der technisch beschleunigten Großstadt dargestellt wird. Der Einschub fungiert primär als Darstellung von Biberkopfs Gedankengang und der sich daraus ergebenden kognitiven Überforderung, aber strukturell betrachtet wird durch ihn auch die Informationszahl dieser Texteinheit erhöht. Dabei beschleunigt sich die Erzählstruktur nicht, sie wird komplexer. Diese Komplexität lässt sich wiederum als die Ursache zur Simmel'schen „Steigerung des Nervenlebens" erkennen, die sich im Roman häufig in der Darstellung oder Auseinandersetzung der Figuren mit Transport- und Kommunikationsmedien manifestiert.

Verkehrsmittel und Medien dienen als direkte Erzeugnisse der technischen Beschleunigung und als Vehikel der Steigerungserfahrung sowie oft als Auslöser von Darstellungsepisoden der modernen Steigerungstendenz im Roman, wie das vorherige und auch das nächste Beispiel für analytische Montage zeigen:

---

33 BAp (wie Anm. 5), S. 16f.

34 Vgl. Gabriele Sander: Erläuterungen und Dokumente. Alfred Döblin, Berlin Alexanderplatz. Stuttgart 1998, S. 6–8.

35 BAp (wie Anm. 5), S. 17.

> In seinem dreckigen dumpfen Bau – dreckiger Bau, ei warum, ei darum, dumpfer Bau, ei darum, ei bloß wegen dem Tschingdarada – sitzt Reinhold, der Kunde von der Kolonne Pums, wenn die Soldaten durch die Stadt marschieren, schauen die Mädchen aus Fenstern und Türen, liest Zeitung, links rechts, links rechts, gilt sie mir oder gilt sie dir, liest von den Olympischen Spielen, eins zwei, und daß Kürbiskerne ein Bandwurmmittel sind. Das liest er sehr langsam, laut gegen sein Stottern. Wenn er alleine ist, geht es auch gut. Er schneidet sich das aus mit dem Kürbis, wenn die Soldaten durch die Stadt marschieren, denn er hat mal einen Bandwurm gehabt, wahrscheinlich hat er noch immer einen, man muß mal das versuchen mit den Kürbiskernen, die Haut also muß man mitessen, nicht schaben. Die Häuser stehen still, der Wind weht wo er will. Skatkongreß in Altenburg, spiel ich nich. Eine Weltreise, sämtliche Unkosten nur 30 Pfennig pro Woche, nu wieder son aufgelegter Schwindel.[36]

Hier wird zunächst die Erzählstimme von der Parodie eines Volkslieds, *Wenn die Soldaten durch die Stadt marschieren,*[37] unterbrochen. Der Einschub kann in diesem Kontext als eine Verkündung von Biberkopfs darauffolgendem Antreffen bei Reinhold interpretiert werden, er wird aber auch leitmotivisch in unterschiedlichen Passagen erneut aufgegriffen. Weiter im Text wechselt die Erzählstimme zwischen Parodierung und Erzählung, zwischen dem starken Marschrhythmus, der für die damaligen Leser wohl bekannt gewesen sein muss, und der Handlung. Wie eine Art impliziter Inszenierungsanweisung eines dramatischen Textes erzeugt dieser Wechsel einen Blendungseffekt in Bezug auf die Erzählstimme. Die in dieser Passage eingefügten Informationen werden sonst keine direkte Rolle bei der weiteren Handlung spielen, sie stellen die von Döblin bewusst und systematisch praktizierte Steigerung des Informationsgehalts von Texteinheiten dar.

In Opposition zur analytischen steht nun die synthetische Montage, in welcher fremde Elemente keine handlungsergänzende Funktion haben und oft in einem weit größeren Abstand zur primären Handlungslinie stehen. Als Beispiel für die synthetische Montage verdient vor allem die Struktur des ersten Kapitels im zweiten Buch, „Franz Biberkopf betritt Berlin",[38] nähere Betrachtung. In Bezug auf die Handlung endet das erste Buch mit einer Zusammenfassung der Geschichte bis zu jenem geschilderten Punkt:

> So ist der Zementarbeiter, später Möbeltransportarbeiter Franz Biberkopf, ein grober, ungeschlachter Mann von abstoßendem Äußern, wieder nach Berlin und auf die Straße gekommen,

36 BAp (wie Anm. 5), S. 292.

37 Der Liedtext war damals wegen seiner Übernahme für politische und militärische Kontexte bekannt, stammte aber ursprünglich aus der Posse *Die Seeräuber* (1839). Vgl. Alexander Cosmar; Vinzenz Kugler; Adolphe P. Dennery: Arien und Gesänge aus: Die Seeräuber, Vaudeville-Posse in zwei Akten. Libretto. Breslau [ca. 1840]. Dazu vgl. Sander 1998 (wie Anm. 34), S. 56.

38 BAp (wie Anm. 5), S. 49.

> ein Mann, an den sich ein hübsches Mädchen einer Schlosserfamilie gehängt hatte, die er dann zur Hure machte und zuletzt bei einer Schlägerei tödlich verletzte. Er hat aller Welt und sich geschworen, anständig zu bleiben. Und solange er Geld hatte, blieb er anständig. Dann aber ging das Geld aus, welchen Augenblick er nur erwartet hatte, um einmal allen zu zeigen, was ein Kerl ist.[39]

Dieser Wissensstand der Handlung wird im Prolog zum zweiten Buch wiederholt: „Ihr werdet sehen, wie er wochenlang anständig ist. Aber das ist gewissermaßen nur eine Gnadenfrist."[40]

Kurz darauf setzt allerdings die Verarbeitung einer biblischen Passage aus der Genesis bzw. dem ersten Buch Mose ein, in welchem der Anfang des Lebens im Paradies beschrieben wird. Die Interpretation und Verknüpfung dieser Einleitung mit Biberkopfs Rückkehr in die Stadt sind also nicht textueller, sondern intertextueller Art, denn die Hauptfigur wird ausschließlich im Titel des Kapitels „Franz Biberkopf betritt Berlin" und im Prolog-Kommentar namentlich bzw. direkt erwähnt. Weitere Assoziationen müssen indirekt erfolgen, wie das mit dem unmittelbar nach dem Prolog in einem anderen Absatz zitierte Lied aus Engelbert Humperdincks Märchenoper *Hänsel und Gretel* (1891).[41] Das Lied könnte als ironische Anspielung auf Biberkopfs infantiles Verhalten bzw. auf seine Schwierigkeiten mit dem neuen Lebensanfang nach der Entlassung aus dem Gefängnis verstanden werden, aber dafür bietet der Text keine weiteren Anhaltspunkte.

Die direkten Assoziationsmöglichkeiten mit der Biberkopf-Handlung reduzieren sich an vielen Punkten, wie etwa bei der Einfügung des Berliner Wappens und der zehn Embleme der öffentlichen Verwaltungs- und Dienstleistungseinrichtungen. Von diesem textuellen Bruch an werden in die Erzählung dokumentarische Elemente einmontiert, die sich schwer mit der dargestellten Handlung verknüpfen lassen. Darunter sind u.a. die „Offenlegung eines Planes für das Grundstück An der Spandauer Brücke 10", ein Ausschnitt einer Jagdgenehmigung „auf dem Gelände des Faulen Seeparks", die Verkündung der Niederlegung eines Ehrenamtes. Ein Teil der verwendeten Originale für diese Collagen, die aus dem *Amtsblatt der Stadt Berlin* (Nr. 3 und 4 von 15. und 22. Januar 1928) stammen, liegen Döblins Handschrift im Deutschen Literaturarchiv Marbach bei.[42] Die Originale deuten vor allem darauf hin, dass Döblin sich mit bürokratischen Aspekten des Großstadtlebens intensiv beschäftigte und deren fast dadaistische Gegensätzlichkeit in den Roman zu transportieren

---

39 Ebd., S. 45.

40 Ebd., S. 47.

41 Laut Sander 1998 (wie Anm. 34), S. 14. Vgl. noch zum Kehrreim aus dem Kinderlied Pankraz Blesi: Döblin-Lektüre. Erprobung von 4 Lesehypothesen am Roman „Berlin Alexanderplatz". Univ. diss. Zürich 1978, S. 16f.

42 Vgl. Sander 1998 (wie Anm. 34), S. 14.

beabsichtigte. Dies lässt sich im Fall der in der Folge des erwähnten Romankapitels wörtlichen Auflistung von 21 Abteilungsnamen der Firma AEG Berlin nach dem Telefonbuch aus dem Jahr 1928 ebenfalls behaupten. Dabei wird die Faszination der Technik, die den *Wadzek*-Roman antrieb, wieder ersichtlich, sowie der avantgardistische, mutige Blick, der literarischen Stoff in einem Telefonbuch erkennt. In diesem Punkt ist es nicht mehr einfach die Geschichte vom Franz Biberkopf, die die Stadt sozusagen als Kulisse mitpräsentiert, sondern es ist die Präsentation der Stadt selbst, die unterschiedliche ‚Geschichten' durch dokumentarische Elemente bis zum Ende des Kapitels mit sich bringen wird. Einige der eingefügten Elemente kehren im Roman zurück, manche sogar mit leitmotivischem, vorausdeutendem Charakter, aber ihre Funktion in diesem Punkt der Erzählung ist vielmehr die Erzeugung eines Gefühls von Verfremdung und Überforderung.

Die Leseerwartung einer Fortsetzung der davor präsentierten Handlung wird durch die Einfügungen enttäuscht, zumal einige von ihnen eine handlungsarme, auflistende Struktur aufweisen, wie die Passage mit dem Fahrplan: „Die Elektrische Nr. 68 fährt über den Rosenthaler Platz, Wittenau, Nordbahnhof, Heilanstalt, Weddingplatz, Stettiner Bahnhof, Rosenthaler Platz, Alexanderplatz, Strausberger Platz, Bahnhof Frankfurter Allee, Lichtenberg, Irrenanstalt Herzberge.“[43] Hier trägt die Darstellung der Verkehrsmittelstruktur erneut zur Verdichtung von Information in einer reduzierten textuellen Einheit bei. Dies lässt sich als die ungefilterte Wahrnehmung Biberkopfs interpretieren, dem, da er vier Jahre lang inhaftiert war, alles wieder wie neu erscheint und der bei der Fahrt mit der Linie 41 über den Rosenthaler Platz mit Fahrplan und Ordnungsvorschriften der damaligen Linie 68 bombardiert wird. Die Plausibilität einer möglichen Interpretation dieser Montageelemente als Biberkopfs Erlebnisse in der Großstadt wird durch kurze Kommentare in der Form der erlebten Rede untermauert wie am Ende der darauffolgenden Passage: „Diverse Fruchtbranntweine zu Engrospreisen, Dr. Bergell, Rechtsanwalt und Notar, Lukutate, das indische Verjüngungsmittel der Elefanten, Fromms Akt, der beste Gummischwamm, wozu braucht man die vielen Gummischwämme.“[44]

Vor allem ab dem zuvor erwähnten Telefonbuch-Einschub im selben Kapitel[45] verstärkt sich die Reduzierung der Möglichkeiten einer Verknüpfung der synthetisch montierten Elemente mit der Haupthandlung, indem autonome, parallele Handlungsstränge (manchmal in verkürzter bzw. fragmentarischer Form) wiedergegeben werden. Darunter ist besonders das folgende Beispiel der Geschichte von Max Rüst aufschlussreich in Bezug auf das Verhältnis zwischen Montage und Erzähltempo:

43 BAp (wie Anm. 5), S. 52.
44 Ebd., S. 52.
45 Ebd., S. 53.

> An der Haltestelle Lothringer Straße sind eben eingestiegen in die 4 vier Leute, zwei ältliche Frauen, ein bekümmerter einfacher Mann und ein Junge mit Mütze und Ohrenklappe. [...]
>
> Der Junge, Max Rüst, wird später Klempner werden, Vater von 7 weiteren Rüst, wird sich an einer Firma Hallis und Co., Installation, Dacharbeiten bei Grünau, beteiligen, mit 52 Jahren wird er ein Viertel-Los in der Preußischen Klassenlotterie gewinnen, darauf sich zur Ruhe setzen und während eines Abfindungsprozesses mit der Firma Hallis & Co mit 55 Jahren sterben. Seine Todesanzeige wird lauten: Am 25. September verschied plötzlich an einem Herzschlag mein inniggeliebter Mann, unser lieber Vater, Sohn, Bruder, Schwager und Onkel Paul[46] Rüst im noch nicht vollendeten Alter von 55 Jahren. Dies zeigt tief betrübt an im Namen der Hinterbliebenen Marie Rüst. Die Danksagung nach der Beerdigung wird folgenden Text haben: Danksagung! Da es uns nicht möglich ist, jedem einzelnen für die Beweise usw., sprechen wir hiermit allen Verwandten, Freunden, sowie den Mietern des Hauses Kleiststraße 4 und allen Bekannten unsern herzlichsten Dank aus. Ganz besonders danken wir Herrn Deinen für seine innigen Trostworte. – Jetzt ist dieser Max Rüst 14 Jahre alt, grade aus der Gemeindeschule entlassen, soll auf dem Hinweg die Beratungsstelle für Sprachkranke, Schwerhörige, Sehschwache, Schwachbegabte, Schwererziehbare aufsuchen, wo er schon öfter war, weil er stottert, es hat sich aber schon gebessert.[47]

Während in den vorherigen Beispielen eine Anhäufung bzw. eine Komprimierung von Fakten pro Erzähleinheit vorlag, stellt das Rüst-Beispiel eine Sprungraffung dar: Ausgewählte Fakten aus einer Spanne von über vierzig Lebensjahren werden summarisch in ein paar Zeilen Erzählzeit zusammengefasst. Die anschließende, vollständige Wiedergabe seiner Todesanzeige und der Danksagung nach seiner Beerdigung ist länger als die Beschreibung seines bisherigen und zukünftigen Lebens,[48] was einen auffälligen Kontrast bei der Rückkehr von seinem zukünftigen Tod zu seinem Alter in der Erzählgegenwart erzeugt. Anders als bei den vorher präsentierten Beispielen wird in diesem nicht überwiegend die Informationsdichte pro Texteinheit erhöht, sondern die *Handlungsdichte*. Mehr erzählte Zeit wird dabei (in analeptischer und proleptischer Form) in viel weniger Erzählzeit komprimiert, die Komplexität und Informationsdichte dieser Passage wird zwar nicht textuell entfaltet, aber sie bleibt implizit im erzählten Geschehen. Teile dieser Informationen werden durch die Todesanzeige und die Danksagung offenbart, aber der abrupte Schnitt bzw. der Montageübergang zu einer vollkommen neuen, weiteren Handlung mit einem anderen Erzählrhythmus verstärkt den von der Raffung verursachten Kontrast.

46 Sic: *Paul* steht hier anstelle von *Max*, vgl. ebd., S. 54, Fn. 1.

47 Ebd., S. 53f. [Auslassungen in eckigen Klammern von mir, R. H. S].

48 Als 14-Jähriger im Jahr 1928 würde Max Rüst erst 1966 sein 52. Lebensjahr erreichen. Dass Preußen und somit seine Klassenlotterie 1945 nicht mehr existieren würden, lag wohl weit jenseits des damals Vorstellbaren.

Dabei beschleunigt sich die Rüst-Geschichte nicht, sie wird in kürzerer Form präsentiert als die anderen im Roman. Die Raffung in dieser Erzählpassage scheint vor allem die Kürze und Nichtigkeit eines einzelnen menschlichen Schicksals gegenüber der Größe und der Gewalt einer Metropole zu betonen. Sie lässt sich ebenfalls als eine weitere Form der Steigerung der Komplexität des gesamten Romans deuten, da die Entfernung zur Haupthandlung dadurch erweitert und vertieft wird.

Wie die in dieser Analyse behandelten Beispiele zeigen, kann die in Alfred Döblins Roman *Berlin Alexanderplatz* aus den vielen Montageeinbauten entstandene textuelle Komplexität als Darstellung der kognitiven Beanspruchung des modernen Großstadtlebens gedeutet werden. Die dabei vom Autor intendierte Inhaltsverdichtung lässt sich als eine Reaktion und eine literarische Verarbeitung der modernen Steigerungstendenz erfassen. *Berlin Alexanderplatz* kann sicherlich nicht einzig auf dieses Charakteristikum reduziert werden, aber die Relevanz dieses Aspektes für die fortdauernde Faszination und Aktualität des Romans ist enorm. Denn die von Döblin dabei konstruierten erzählerischen ‚Umwege' stellen sich einer schnellen, unaufmerksamen Lektüre entgegen wie eine Art literarischer Widerstand und eine Warnung gegen diejenigen, die sich keine „Zeit für ihre Zeit" nehmen: „Wach sein, wach sein, es geht was vor in der Welt."[49]

49 BAp (wie Anm. 5), S. 454.

Andreas Kramer (London)

Worte in Freiheit oder gebremste Sprache? · Beschleunigung und Verlangsamung in avantgardistischen Fluggedichten

Die Frage nach dem Verhältnis zwischen technischer Beschleunigung und ästhetischer Verlangsamung schließt stets die Frage danach ein, wie sich Technik und Kunst zueinander verhalten. In den Literatur- und Kulturwissenschaften hat man diese Frage oft dahingehend zu beantworten versucht, dass man beide Bereiche einander entgegensetzt und dann etwaige Technisierungs- und Beschleunigungsphänomene in den Künsten als Antwort bzw. Reaktion auf die technische Lebenswelt begreift. Auf der einen Seite stehen also die Welt des technischen Wandels und der enormen Dynamisierung aller Lebensverhältnisse, die sich in permanenter Tempo- und Geschwindigkeitssteigerung manifestiert; auf der anderen Seite stehen die Künste, die sich entweder von der beschleunigten technischen Welt als autonom abschotten oder aber, wenn auch langsam und mit Bedacht, auf solchen Wandel antworten, wobei sie ihrerseits auf technische Neuerungen wie z.B. die Reproduktionsmedien zurückgreifen können.[1] Dieser unterschwellige Dualismus verdeckt allerdings den Blick auf die Möglichkeit, dass die Beziehung der Künste zur beschleunigten Lebenswelt der Moderne durchaus widersprüchlich sein kann, dass sich in der vermeintlichen Antwort der Künste auf technische Beschleunigung sowohl temposteigernde als auch tempodrosselnde Tendenzen finden lassen.[2] Der folgende Beitrag sucht diese These mit Blick auf die literarischen Avantgarden des frühen 20. Jahrhunderts zu erhärten. Als Beispiel wurde dafür eine literarische Reihe avantgardistischer Fluggedichte ausgewählt, wobei das Augenmerk auf den Darstellungsformen von Geschwindigkeit – verstanden

1 Vgl. hierzu allgemein Peter Borscheid: Das Tempo-Virus. Eine Kulturgeschichte der Beschleunigung. Frankfurt a. M./New York 2004 sowie mit literarhistorischer Ambition Harro Segeberg: Literatur im technischen Zeitalter. Von der Frühzeit der deutschen Aufklärung bis zum Beginn des Ersten Weltkriegs. Darmstadt 1997 und ders.: Literatur im Medienzeitalter. Literatur, Technik und Medien seit 1914. Darmstadt 2003.

2 Dies ist die Kernthese von Sara Danius: The Senses of Modernism: Technology, Perception, Aesthetics. Ithaca/London 2002. In Kap. 1 findet sich eine grundlegende Darstellung der Theoriedebatten des 20. Jahrhunderts zum Verhältnis Kunst und Technik.

als zeitliche Beschleunigung und räumliche Bewegung – und ihren Auswirkungen auf die Sprachgestaltung liegt.[3]

Die Avantgarden des frühen 20. Jahrhunderts verstanden sich als nach vorn stürmende „Bewegungen“, die von der Kunst her Leben und Gesellschaft zu revolutionieren suchten. Bei ihrem Angriff auf die traditionelle Kunst orientierten sie sich überwiegend an der sich immer mehr beschleunigenden Lebenswelt sowie der technischen und medialen Vermitteltheit menschlicher Erfahrung. Angetrieben vom Sekundenstil des Naturalismus, stellen zahlreiche Texte des frühen 20. Jahrhunderts Tempo und Beschleunigung als Thema heraus; Beispiele aus der deutschsprachigen Prosa reichen von Heinrich Manns *Drei-Minuten-Roman* bis zu Melchior Vischers „unheimlich schnell rotierende[n] Roman“ *Sekunde durch Hirn*.[4] Zu Beginn des expressionistischen Jahrzehnts ruft Alfred Döblin die jungen Autoren zur Abkehr vom langsamen Beschreibungsrealismus des bürgerlichen Romans auf und empfiehlt einen durch Montage und Simultanität gekennzeichneten „Kinostil“.[5] In der Lyrik spannen sich die Beispiele von Ferdinand Hardekopfs *Rapidität* (in dem ein Auto- oder Motorradrennen als Antrieb des Gedichts und der dichterischen Aktivität gilt) zu Walter Mehrings Gedichtfolge *Berliner Tempo* von 1921, die bereits das grundlegende Paradox der modernen Beschleunigung benennt: Je mehr Zeit ‚gewonnen‘ wird, desto weniger Zeit hat man.[6] Franz Jung greift dieses Paradox in seinen Überlegungen *Mehr Tempo! Mehr Glück! Mehr Macht!* (1923) auf, die in ihrer bedachtsamen Mischung aus Reflexion und Fiktion neusachliche Lebenstechniken als Vorbedingung einer neuen Gesellschaftsordnung empfehlen.[7] Ungleich kritischer schätzt Carl Einstein die Auswirkung technischer und gesellschaftlicher Modernisierung auf den Einzelnen ein: „Aber der Mensch, erdrückt von der Mehrzahl und der infolge Entwicklung maschinell gesteigerten Objekte, unterlag diesen, und die Sachideologie wurde zur ‚Form‘, Ausdrucksweise ertöteter Person. Der Mensch, Motor, getrieben, beschleunigt und

---

3 Ich beschränke mich im Folgenden auf den italienischen und russischen Futurismus und den Expressionismus. Zur Geschwindigkeitsproblematik im Surrealismus s. die Hinweise von Jeremy Stubbs: Futurism and Surrealism – A Two-Speed Avant-Garde. In: International Futurism in the Arts. Hg. v. Günter Berghaus. Berlin/New York 2000, S. 305–321.

4 Heinrich Mann: Drei-Minuten-Roman (1905). In: ders.: Flöten und Dolche. München 1905. – Melchior Vischer: Sekunde durch Hirn. Ein unheimlich schnell rotierender Roman. Hannover 1920.

5 Alfred Döblin: An Romanautoren und ihre Kritiker. In: Der Sturm 4 (1913/14), H. 158/159 (Mai 1913), S. 17f.

6 Hardekopf: Rapidität. In: ders.: Gesammelte Dichtungen. Hg. v. Emmy Moor-Wittenbach. Zürich 1963, S. 43f. (zuerst in dem Band Lesestücke. Berlin 1916). – Mehring: Berliner Tempo. In: Schall und Rauch, 1. Jg., H. 6 (Februar 1921), S. 3.

7 Franz Jung: Mehr Tempo! Mehr Glück! Mehr Macht! Ein Taschenbuch für Jedermann. In: ders.: Die Technik des Glücks. Werke. Bd. 6. Hg. v. Lutz Schulenburg. Hamburg 1987, S. 85–168.

gequält. Ding-Motoren, rascher und stärker als er, wurden, o Furcht vor der Gewalt – Form seines beschleunigten, expansiven Denkens.“[8]

Die Auseinandersetzung mit dem zunehmenden Tempo der Moderne findet in den Avantgarden aber auch auf einer weiteren Ebene statt. Technisierung und Mechanisierung gaben ihnen entscheidende Impulse für radikal neue ästhetische Verfahren und Formen, mit denen sie die Kunst erneuern und ihr wieder einen Platz im Leben zuweisen wollten.[9] Inwiefern derartige ‚Impulse‘ als ‚Antwort‘ der Avantgarden auf technische Beschleunigung zu verstehen sind, muss im Einzelfall differenziert werden. Das Spektrum der avantgardistischen Positionen umfasst sowohl Technikbegeisterung (vor allem im italienischen Futurismus) als auch Technikskepsis (etwa im Expressionismus und im russischen Futurismus). In poetologischer Hinsicht allerdings werden Beschleunigung bzw. Schnelligkeit nachgerade zu einem Topos, unter dem die Avantgarden die Verfahren der Herstellung von Literatur und Poesie verändern und diese Veränderung zugleich rechtfertigen wollen. Der französische Dichter Guillaume Apollinaire rief in *L'esprit nouveau et les poètes*, einer manifestartigen Erklärung von 1917, dazu auf, die Poesie zu maschinisieren („machiner la poésie“), und zwar in dem Maße und aus demselben Grunde, wie man die Lebenswelt maschinisiert habe („comme on a machiné le monde“).[10] Mit dieser Forderung wollte Apollinaire die Poesie nicht nur technologisch auf den neusten Stand der Produktion und Verbreitung bringen, sondern ihr auch eine führende, prophetische Rolle im Zeitalter der technischen Reproduzierbarkeit zuweisen. Der Anspruch der Avantgarde, an der vordersten Front der kulturellen Entwicklung zu stehen, wird bemerkenswerterweise gerade aus dem Beschleunigungsverhalten der technischen Moderne abgeleitet. Für Apollinaire und zahlreiche andere Vertreter der Avantgarden gilt, dass die Poesie sich nicht nur mit der technisch-industriellen Revolutionierung der Lebenswelt auseinanderzusetzen habe, sondern dass ihre Modernisierung der Logik des wissenschaftlich-technischen Fortschritts unterliege: „Les arts soient au moins à la hauteur des progrès scientifiques et industriels.“[11] Mit dieser Verpflichtung auf das Modell der Wissenschaften erhält die Poesie eine neue Aufgabe, nämlich die, neue Wirklichkeiten hervorzubringen bzw. sich durch die maschinell-technische Auflösung bestehender Wirklichkeitsbegriffe und Sprachkonzepte erst zu legitimieren.[12]

---

8 Carl Einstein: Unverbindliches Schreiben (1918). In: ders.: Werke. Bd. 1: 1908–1918. Hg. v. Rolf-Peter Baacke unter Mitarb. v. Jens Kwasny. Berlin 1980, S. 489f.

9 Vgl. den Überblick bei Borscheid (wie Anm. 1), S. 301–342.

10 Apollinaire: Œuvres complètes. Hg. v. Michel Décaudin. Bd. 3, Paris 1966, S. 900–910, S. 910.

11 Ebd., Bd. 4, S. 445.

12 Vgl. Winfried Wehle: Orpheus' zerbrochene Leier. Zur ‚Poetik des Machens‘ in avantgardistischer Lyrik (Apollinaire). In: Lyrik und Malerei der Avantgarde. Hg. v. Rainer Warning u. Winfried Wehle. München 1982, S. 381–420, hier S. 387.

Wenn Apollinaire in seinem Flugblatt „L'antitradition futuriste" (1913) unter Punkt 2 *„Intuition vitesse ubiquité"* denn auch konsequent eine „langage veloce" fordert, ist das ein Indiz dafür, wie sehr die Revolutionierung der sprachlichen Ausdrucksmittel Teil des modernen Beschleunigungsphänomens ist.[13] Doch wie lässt sich eine Beschleunigung der poetischen Sprache verwirklichen? Apollinaires Antwort basiert auf einer Verbindung von Intuition, Schnelligkeit und Ubiquität, insofern als das ‚schnelle Gedicht' eine intuitive Darstellung des seinerseits beschleunigten Gegenstandes und zugleich eine kritische Durchdringung der neuen, unter dem Zeichen der Beschleunigung stehenden Wahrnehmung leisten soll, die Apollinaire andernorts auch als Simultanität bezeichnet. Apollinaires Antwort zielt damit auf eine Intensivierung der verbalen Mittel durch Reduktion (er nennt im Flugblatt u.a. das Wortspiel und den Fortfall von Adjektiven), was zu einem telegrafischen Stil („simple, rapide, avec des raccourcis"),[14] zur syntaktischen und semantischen Freigabe der Sprache durch Verweigerung von Eindeutigkeit und damit zu einer „poésie verticale ou polyphonique" führe.[15] Des Weiteren erkundet Apollinaire neue Ausdrucksmöglichkeiten einer ‚schnellen Sprache' in der Hinwendung zur Alltagssprache, die sich in Konversationsgedichten wie „Lundi rue Christine" niederschlägt und kurz darauf in den Figurengedichten der *Calligrammes*.[16] In dieser Entwicklung Apollinaires wird zugleich eine Dialektik des ästhetischen Beschleunigungsprozesses sichtbar: Die Abkehr vom konventionellen Zeichen- und Sprachgebrauch und von konventionellen Modellen subjektiver Erfahrung führt zu einer Erweiterung des Poesiebegriffs.

Die Flugdichtung der Avantgarden gestaltet das Verhältnis von technischer und ästhetischer Beschleunigung und Verlangsamung besonders komplex und spannungsreich. In der literarischen Tradition kommt dem Topos des Fliegens eine Reihe von symbolischen Bedeutungen zu, die u.a. den Aufstieg bzw. die Erhebung des Dichters bzw. der Dichtung über die Welt des Alltags und religiöse bzw. mythische Dimensionen umfassen, welche die christliche Auferstehungs- und Himmelfahrtsgeschichte, den Angelismus oder den Ikarismus variieren.[17] Diese vor der Epoche der Motorisierung etablierten Bedeutungstraditionen werden auch in den Fluggedichten der Avantgarde aufgegriffen und variiert. Gleich zu Beginn von Apollinaires Gedicht *Zone* (1912) nimmt der Paris durchstreifende Dichter ein Flugzeug über der Stadt wahr, dessen Pilot die Gestalt Christi annimmt, der umgeben von biblischen und

13 Apollinaire (wie Anm. 10), S. 876f.

14 Ebd., S. 612 (aus dem Vorwort zu Les Mamelles de Tirésias, 1917).

15 Ebd., S. 844 (‚Nos amis les futuristes', aus: Les Soirées de Paris v. 15.2.1914).

16 Vgl. hierzu Hans Robert Jauss: Die Epochenschwelle von 1912. Guillaume Apollinaires „Zone" und „Lundi Rue Christine". Heidelberg 1986.

17 Zum formal breit gestreuten Korpus dieser Literatur im frühen 20. Jahrhundert s. die umfassende Darstellung von Felix Philipp Ingold: Literatur und Aviatik. Europäische Flugdichtung 1909–1927. Frankfurt a.M. 1980.

mythologischen Figuren zum Himmel aufsteigt: „C'est le Christ qui monte au ciel mieux que les aviateurs / Il détient le record du monde par la hauteur", um gleich darauf mit Hilfe eines ‚schnellen' Bildes die akzelerierte und säkularisierte Moderne als Epoche des Traditionsverlusts und der Verwandlung zu diagnostizieren: „Pupille Christ de l'œil / Vingtième pupille des siècles il sait y faire".[18] In dem Gedicht *Les Collines* (1914) löst die Beobachtung eines Luftkampfes zwischen einem roten und einem schwarzen Flugzeug ein Nachdenken über Vergänglichkeit und die Aufgabe der Poesie in der Moderne aus.[19] In beiden Gedichten liegt der Akzent jedoch weniger auf der Schnelligkeit des Flugzeugs als der poetischen Verwandlungskraft.[20]

Der italienische Futurismus gilt als die erste Avantgardebewegung, die eigene künstlerische Mittel als Antwort auf die Technisierung und Beschleunigung der Lebenswelt entwickelt. Mehr noch: Er machte es sich zur Aufgabe, „alle lebendigen Menschen" für Geschwindigkeit und Tempo des modernen Großstadtlebens und der technischen Welt zu sensibilisieren. In dieser Ästhetik der Geschwindigkeit geben Automobile und Flugzeuge neue Maßstäbe vor, die gern mit den alten kontrastiert werden, wie in Marinettis Collage *Vitesse élégante – mots en liberté (1er récord)* (1914).

Die futuristische Kunst soll die „Schönheit der Geschwindigkeit"[21] zur Darstellung bringen und auch selber dem Prinzip der *velocitá* folgen. Dieses Prinzip umfasst mehr als die mimetische Nachahmung beschleunigter Lebens- und Erfahrungsformen; es gilt vor allem für die imaginative oder künstlerische Tätigkeit, die sich andauernd erneuert und selbst überbietet. Die Erfahrung der zunehmenden Geschwindigkeit führt, so die Argumentation der Futuristen, zu sensorischen Veränderungen des menschlichen Wahrnehmungsapparates. Daraus ergeben sich radikale ästhetische Konsequenzen, vor allem was die Wahrnehmung von Zeit und Raum angeht. Im *Technischen Manifest* der „futuristischen Malerei" (1910) heißt es: „Alles bewegt sich, alles fließt, alles vollzieht sich mit größter Geschwindigkeit. Eine Figur steht niemals unbeweglich vor uns, sondern sie erscheint und verschwindet unaufhörlich. Durch das Beharren des Bildes auf der Netzhaut vervielfältigen sich die in Bewegung befindlichen Dinge, ändern ihre Form und folgen aufeinander wie Schwingungen

18 Apollinaire: Œuvres poétiques. Hg. v. André Billy. Paris 1965, S. 39–44, hier S. 40.

19 Apolliniare: Les Collines. Ebd., S. 171–177. Weitere Fluggedichte Apollinaires sind das Marc Chagall gewidmete „A Travers l'Europe" (ebd., S. 201f.), das 1914 u.a. im *Sturm* erschien, und „Océan de Terre" (ebd., S. 268; geschrieben 1915, publ. 1918), in dem Kriegsflugzeuge sowohl Zerstörung als auch Erneuerung konnotieren.

20 Zu Apollinaires Verhältnis zum italienischen Futurismus s. Wehle: Orpheus' zerbrochene Leier, S. 393–400.

21 Marinetti: Manifest des Futurismus (1909), Zit. n. Hansgeorg Schmidt-Bergmann: Futurismus. Geschichte, Ästhetik, Dokumente. Reinbek b. Hamburg 2009, S. 75–80, hier S. 77.

im Raum".[22] Der Futurismus macht mit Nachdruck darauf aufmerksam, dass Bewegung und Geschwindigkeit ein wahrnehmungspsychologisches Substrat im Subjekt haben, deren Kraft und Energie dann dem Subjekt eine neue, noch nie dagewesene Macht verleihen soll. Der menschliche Körper wird im Prinzip als erreg- und steigerbare Wahrnehmungsmaschine angesehen, die analog zu Geschwindigkeitsmaschinen funktioniert.[23]

Auch die futuristische Literarästhetik zielt auf die thematische und formale Wiedergabe von Dynamik und Geschwindigkeit. Marinettis *Technisches Manifest der futuristischen Literatur* (1912) legt bereits vom Titel her einen äußerlichen Zugang zur Sprache nahe, der ihre grundlegende Materialität, jederzeitige Verfügbarkeit und prinzipielle Handhabbarkeit hervorhebt. Auch in der Rahmenerzählung und den inhaltlichen Postulaten unternimmt Marinetti hier den konsequenten Versuch, die sprachliche und literarische Form der Logik und dem Tempo der Maschine anzupassen. Führte im Gründungsmanifest von 1909 eine rasante Autofahrt, die nach einem Beinahezusammenstoß mit einem Radfahrer im Straßengraben endet, zu den bekannten Forderungen nach einer aggressiven Ästhetik der Geschwindigkeit, so beginnt das *Technische Manifest* programmatisch mit einem fliegerischen Inspirationserlebnis. Bei einem „im Flugzeug auf dem Benzintank" unternommenen Rundflug über die Industrieviertel von Mailand wird dem Sprecher angesichts des sich drehenden Propellers „die lächerliche Leere" der sprachlichen Konventionen deutlich und er verspürt das „stürmische Bedürfnis", „die Worte zu befreien, sie aus dem Gefängnis des lateinischen Satzbaus zu ziehen".[24] Die lebensgefährliche Position des Sprechers nahe den dröhnenden Motoren verstärkt die Intensität des in großer Höhe ablaufenden Flugerlebnisses. Exemplarisch zeigt sich hier auch, wie die Begeisterung für ein rauschhaftes Geschwindigkeitserlebnis sich mit der intellektfeindlichen Forderung nach neuartiger Wahrnehmung und ihrer Darstellung verbindet. Marinetti fordert eine radikale Dynamisierung der statischen, langsamen Sprache; man solle „beim Sprechen brutal die Syntax zerstören", „keine Zeit mehr mit dem Bau von Sätzen verlieren" und „ganz außer Atem und in Eile" die Vielzahl gleichzeitiger sinnlicher Empfindungen wiedergeben.[25] Es scheint, als habe sich die futuristische Imagination vom Auto auf das Flugzeug verlagert; Letzteres wird nun zur ihrerseits beschleunigten Metapher einer aggressiv antitraditionellen, sich stets selbst überbietenden Poetik der *velocità*.

---

22 Umberto Boccioni u.a.: Die futuristische Malerei – Technisches Manfest (1910). Zit. n. Schmidt-Bergmann, S. 307.

23 Vgl. die einleuchtende Darstellung bei Enda Duffy: The Speed Handbook: Velocity, Pleasure, Modernism. Durham 2009, S. 168–175.

24 Marinetti: Technisches Manifest der futuristischen Literatur (datiert 12.5.1912). Deutsche Erstveröff. in: Der Sturm 3 (1912), S. 133 u. 194f. Hier zit. n. Schmidt-Bergmann, S. 282.

25 Ebd., S. 282f.

Die futuristische Poetik ist zugleich antisyntaktisch; die Erhebung des Wortes über den Satz führt zum Ideal des befreiten Wortes. Rapidität und Simultanität stellen das ‚Bild' in den Vordergrund; nicht langsame Vergleiche, sondern rasche Analogien werden gefordert, um der „aviatorischen Schnelligkeit" des Eindrucks oder Erlebnisses gerecht zu werden. Auch dies wird mit der enormen Temposteigerung der frühen Aviatik begründet: „Da die Fluggeschwindigkeit unsere Kenntnis der Welt vervielfacht hat, wird die Wahrnehmung durch Analogien immer natürlicher für den Menschen."[26] Poesie wird zu einem stakkatohaften Analogismus, in dem einzig „die absolute Freiheit der Bilder oder Analogien" gilt, wobei Marinetti den Bildbegriff wohl mit Absicht recht unbestimmt verwendet, denn er kann Wahrnehmungsbild, visuelle Darstellung und poetische Metapher bedeuten. Die Vorgaben des *Technischen Manifests* lauten: Hauptwörter sollen dominieren, Verben im Infinitiv gebraucht werden; Adjektive und andere dekorative Wörter seien zu vermeiden, da sie im literarischen Text eine Art Pause, Gelegenheit zur Kontemplation bildeten, die der dynamischen Tempoauffassung des Futurismus entgegenlaufe.[27]

In Marinettis Band *ZangTumbTumb* (1914) finden sich zahlreiche Beispiele, welche die aggressive Poetik des *paroliberismo* mit der Darstellung von Kriegshandlungen verknüpfen (hier des Balkankriegs von 1912, den Marinetti als Berichterstatter miterlebte); der Futurismus hatte von Anfang an auf höchst problematische Weise den Krieg als gewaltsame Zerstörung der bürgerlichen Welt und ihrer Werte gutgeheißen. Die Kompositionen mit befreiten Worten und die innovative Druckgestalt in Marinettis Band sind einerseits Ausdruck des starken Erlebnisses von mechanisch potenzierter Gewalt, andererseits ein Indiz für die Absicht, traditionelle Gattungsgrenzen kühn zu überschreiten. Das visuelle Gedicht *Carta Sincrona* stellt den Landeanflug eines Flugzeugs in visueller Form dar.

Der senkrechte Pfeil markiert den Abstieg, ist aber von Textflächen umgeben, die Wahrnehmungen, Gefühle und Erinnerungen des Piloten, u.a. an den stattgefundenen Einsatz, wiedergeben. Die Verlangsamung des Tempos beim Landeanflug geht somit einher mit einer Beschleunigung und Vervielfältigung der gleichzeitig auftretenden Empfindungen. In Paolo Buzzis *Bombardamento aereo* (1915, das passenderweise als Flugblatt bzw. -manifest erschien) ist die Linearität des Textes zum Teil aufgehoben, seine bildliche Gestalt erscheint weniger schematisiert und dynamischer als bei Marinetti. Doch gehen Text und Bild eine ausdrucksstarke und emotive Symbiose ein, wobei innere und äußere Vorgänge, Empfindungen und Eindrücke explosionsartig dargeboten werden und dabei auch Zeit- und Raumgrenzen teilweise überschreiten.

---

26 Ebd., S. 282.

27 Ebd., S. 282f. S. auch Marinetti: Supplement zum technischen Manifest der futuristischen Literatur (1912). Ebd., S. 288–293, bes. S. 289f.

Die relativ mobile Struktur beider Gedichttexte hat wichtige Folgen für die Wahrnehmung des Lesers (diesen Konnex hatte bereits Apollinaires Beschleunigungspoetik thematisiert). Die futuristischen Freiwortkompositionen erfordern die rasche Wahrnehmung in der Gesamtschau, doch der komprimierte, analogische Telegrammstil und die Bildform laufen dieser raschen Gesamtschau zuwider, denn der Leser muss Bezüge zwischen den einzelnen Kompositionselementen herstellen. Bei dieser rezeptionsästhetischen Entschleunigung sind jedoch die Prinzipien der futuristischen Geschwindigkeits-Poetik nicht ganz aufgegeben, was sowohl für das dargestellte Erlebnis des Landeanflugs bzw. der Explosion gilt als auch für die Aktivität des Lesers. Die ‚befreiten Worte' und ihre dynamisch-visuelle Anordnung verfremden nicht nur die Sprache, sondern führen zu einem weitgehend „entpsychologisierten Perzeptionsprozess" und sprengen damit „den Erwartungshorizont des Rezipienten".[28]

Trotz der radikalen Form- und Sprachgebung und trotz rezeptionsästhetischer Anforderungen zeigen die Beispiele aus dem italienischen Futurismus eine weitere Spannung an, die der Poetik der beschleunigten, befreiten Worte eigen ist. Diese Poetik bleibt äußerlich am Geschwindigkeitsrausch orientiert, selbst wenn sie formal und sprachlich vieles, was vertraut scheint, verfremdet. Die Anordnung der Worte, die typografische Gestalt der Gedichte suggerieren eine mimetische Konzeption der Texte, selbst wenn sie eher visuell bebildern als textuell beschreiben. Eine weitere Spannung besteht in der Projektion des Maschinenmodells auf die Sprache; einerseits wird konventionelle Sprache als eine Maschine aufgefasst, welche die Erlebnis- und Ausdrucksfähigkeit des Subjekts einschränkt; andererseits soll das lyrische Subjekt im rauschhaften Erlebnis der Geschwindigkeit die Sprache radikal umformen können, wobei vor allem der Emotionalität des Dichters eine die Sprachmaschine sprengende Kraft zugeschrieben wird: „Das Ungestüm seiner [des Dichters] Dampf-Emotion wird das Rohr des Satzes zersprengen, die Ventile der Zeichensetzung und die Regulierbolzen der Adjektive."[29] Obwohl ihr ein Moment der Verlangsamung eingeschrieben ist, wird man die Poetik des italienischen Futurismus sicher eher am Pol der Beschleunigung verorten müssen; sie ist nach wie vor in abgeschwächter Form auf eine allerdings extrem dynamische Konzeption von Welt bezogen.

Obwohl die Darstellung von Tempo und Geschwindigkeit ein gemeinsames Merkmal der europäischen Avantgarde ist, fand die radikale Beschleunigungspoetik der Futuristen rasch Kritiker. Die Berliner Avantgarde im Umkreis von Herwarth Waldens *Sturm* lehnte den futuristischen Telegrammstil als „Rohheit gegen die Kunst" ab. Alfred Döblin mokierte sich: „Wir sollen einzig das Meckern, Paffen,

28 Christoph Hoch: Scrabrrrrraanng! Zu Programm und Literarästhetik des Futrismus im europäischen Kontext. In: Der Lärm der Straße. Italienischer Futurismus 1909–1918. Hg. v. Norbert Nobis. Hannover: Sprengel-Museum, 2001, S. 258–271, hier S. 264.

29 Marinetti: Zerstörung der Syntax. Drahtlose Phantasie. Befreite Worte (11. Mai 1913). Zit. n. Schmidt-Bergmann, S. 210–220, hier S. 213.

Rattern, Heulen, Näseln der irdischen Dinge imitieren, das Tempo der Realität zu erreichen suchen, und dies sollte nicht Phonographie, sondern Kunst, und nicht nur Kunst, sondern Futurismus heißen?"[30] Die Poetik der ,befreiten Worte' beruhe, so Döblin, auf einem technizistischen Sprachbegriff, die mehr oder weniger willkürliche Aneinanderreihung von Bildern und Analogien sei eine bloße „Worttechnik", die der Sprache äußerlich bleibe – ganz entgegen der von Walden propagierten Wortkunst, die durch Verzicht auf konventionelles Sprechen und Intensivierung der sprachlichen Mittel eben eine Transzendierung der Wirklichkeit ermöglichen soll. Andere Expressionisten erkannten die zentrale Rolle der Geschwindigkeit in der futuristischen Poetik. Rudolf Leonhard bezeichnete sie als „die neue Göttin, die uns berauscht" und thematische Orientierungen vorgebe: „Das Rennautomobil, das Flugzeug, der Krieg, der Anarchismus, Revolutionen und elektrisch überstrahlte Arsenale sind die Aufgaben des futuristischen Dichters."[31] Dennoch grenzt auch Leonhard eine angeblich deutsche poetische Sensibilität vom italienischen ,Telegrammstil' ab: „Sein [Marinettis] Temperament schleudert – pum pum tra tra – die Dinge, die er sagen will, gleich wertend, ohne Unterscheidungen und Stufungen heraus; wir andern aber, nenne man uns dekadent neben diesem neuen Barbaren, müssen rhythmisieren, gliedern, wollen Melos und Steigerung."[32] Hier zeigt sich ein gespanntes Verhältnis zur technisierten Moderne, zu der Leonhard auch die neuen Themen des Futurismus rechnet und die durch eine ältere Auffassung von Poesie als nichtreferentiellem Sprechen auf Distanz zu halten sei.

Die Mehrzahl der Technik- und Tempogedichte des Expressionismus lässt eine ambivalente Sicht auf die sich beschleunigende Lebenswelt und ihre Bewegungsmaschinen erkennen. In Gedichten wie Ernst Stadlers *Fahrt über die Kölner Rheinbrücke bei Nacht* wird die Wirkung der technischen Beschleunigung einerseits als zerstörerisch, andererseits als befreiend gekennzeichnet. Die Eisenbahnfahrt konnotiert hier eine radikale Aufsprengung statischer Anschauungsformen und eine Transzendierung körperlicher Grenzen.[33] Was denn nun zerstört bzw. befreit wird, ist in solchen Gedichten das Subjekt der Erfahrung, wobei Innen- und Außenwelt in- und gegeneinander gespiegelt werden, wie es sich exemplarisch in einem weiteren

30 Döblin: Offener Brief an F. T. Marinetti (wie oben), S. 151.

31 Rudolf Leonhard: [Besprechung eines Marinetti-Vortrags im Berliner Choralionsaal]. In: Die Bücherei Maiandros. Buch 4/5, Beiblatt v. 1. Mai 1913, S. 6f. Zitiert nach: Expressionismus: Aufzeichnungen und Erinnerungen der Zeitgenossen. Hg. v. Paul Raabe. Olten/Freiburg i. Br. 1965, S. 333f.

32 Ebd., S. 334. Leonhard notiert ebenfalls, dass Else Hadwigers Übersetzungen von Marinettis Gedichten z.T. die Syntax wieder herstellen, so dass die „futuristischen Dichtungen [...] manchen schönen Vers und viele starke Bilder enthalten, nur eben nicht neu und nicht zukünftig sind" (ebd.).

33 Vgl. die Lesart von Harro Segeberg (wie Anm.1) , S. 241–243.

Eisenbahngedicht, Alfred Wolfensteins *Fahrt*, zeigt: „Wie Blut von uns zerrollt der Zug, was uns umstellt / Gebirge gleiten / In Seen, – ins Meer der Schnelligkeiten".[34] Das Erlebnis der schnellen Bahnfahrt löst einerseits das herkömmliche Subjekt der Erfahrung auf, nur um es neu zu konstituieren, wobei der Expressionismus wie hier bei Wolfenstein in der Regel solche De- und Rekompositionen von Subjektivität auf die Außenwelt projiziert.

Es gibt allerdings auch expressionistische Gedichte, die am Beispiel der Technik die Dynamisierung von poetischer Sprache und lyrischer Form mitreflektieren. Ein Beispiel hierfür ist Gerrit Engelkes *Lokomotive*, wo das Fahrzeug eingangs noch durchaus konventionell als wildes, gefährliches Tier dargestellt wird. Der ungeheure Lärm dieses mechanischen Tieres wird aber dialektisch auf die menschliche Sprache bezogen: „Dein Menschenwort wie nichts in Qualm zerflittert. / Das Schnauben wächst und wächst – / Du stummer Mensch erschreckst –". Durch ein konzessives „Doch" gekennzeichnet, setzen die Schlusszeilen die Bewegung des Ungetüms mit der Bewegung des dichterischen Sprechens in eins, so dass sich das Tempo des Dargestellten dem Sprechtempo angleicht: „Ruhig gleiten und kreisen auf endloser Schiene / Die treibenden Räder hinaus auf dem blänkernden Band. / Gemessen und massig die kraftangefüllte Maschine, / Der schleppende, stampfende Rumpf hinterher – // Dahinter – ein dunkler – verschwimmender Punkt – / Darüber – zerflatternder – Qualm–".[35]

Die hier nur knapp umrissenen Temporeflexionen und -experimente von Döblin, Leonhard und Engelke deuten bereits an, dass der Expressionismus die Rolle der Sprache und das Verhältnis des einzelnen Dichters zu ihr grundsätzlich anders als der Futurismus sah. In dem Manifest *Das Wort an sich* (1921) umreißt Iwan Goll eine Lyrik, welche die Innovationen der Avantgarden aufgreift und deren Form, als „der adäquate, innerlich wie äußerlich begründete Ausdruck eines Zeitinhaltes", eben „eine Vertikale" sei: „Unsere Zeit ist steil. Wir bewegen uns nach oben. Wir sind Aeroplane." Daraus resultiert: „Steil müsste unsere Sprache sein: steil, schmal, eisern, steinern wie der Obelisk. [...] Hart. Nackt. Und vor allem eindeutig." Im Kern läuft dies auf eine Parallelisierung von Flug- und Sprachrevolution hinaus, hat jedoch ganz andere Konsequenzen als bei Marinetti. „Der gewaltigen Geschwindigkeit des Lebens, die durch die Technik hervorgerufen [...] ist", solle ein radikal „neues Gefühl, Wirken und Dichten" entsprechen; ein Dichten, das mehr ist als bloße Worttechnik und das die Modifikationen des menschlichen Wahrnehmungsvermögens durch die Technik mit Hilfe einer neuen Sprache mitreflektieren soll.[36]

---

34 Wolfenstein: Fahrt (1914). In: Das Aktionsbuch. Hg. v. Franz Pfemfert. Berlin 1917, S. 264f.

35 Engelke: Lokomotive (1912). In: ders.: Rhythmen des neuen Europa. Das Gesamtwerk. Hg. v. Hermann Blome. Hannover 1979, S. 49f.

36 Goll: Das Wort an sich. Versuch einer neuen Poetik. In: Die neue Rundschau 32 (1921), S. 1082–1085. Wiederabgedruckt in: Expressionismus. Manifeste und Dokumente zur deutschen Literatur

Selbst wenn Goll diese „steile Dichtung“ (die sicher ein Echo von Apollinaires *poésie verticale* darstellt) nicht in der Gegenwart des 20. Jahrhunderts, sondern allenfalls im vierten Jahrtausend realisiert sieht, so gibt es in der expressionistischen Avantgarde doch einzelne Gedichte, in denen sich eine expressive, dynamische Beschleunigung radikaler als bei Engelke in Sprache und Form niederschlägt.[37] Ein eindrucksvolles Beispiel stellt Johannes R. Becher dar, der den Weg vom Futurismus über den Expressionismus hin zum Bewunderer Lenins und ersten Kultusminister der DDR zurückgelegt hat. Bei Becher wird zugleich deutlich, dass die Hinwendung zur Figur des Fliegers stets eine Kritik an der bürgerlichen Lebenswelt impliziert.[38] Sein Gedicht *Die neue Syntax* von 1916 setzt die neue Sprache als dynamischen Aufflug und als revolutionäre Aktion in Szene, in der sich Technik und Natur verbinden. „Die Adjektiv-bengalischen-Schmetterlinge / Sie kreisen tönend um des Substantivs erhabenen Quaderbau. / Ein Brückenpartizip muß schwingen! schwingen!! / Derweil das kühne Verb sich klirrend Aeroplan in Höhen schraubt.“[39] Neben solchen in futuristischer Manier gestalteten Analogien aus der modernen Luftfahrt verwendet Becher Bilder und Vergleiche aus dem Bereich des Zirkus bzw. Varietés („Artikeltanz“, „Kicherrhythmen“, „eine reine Strophe“ springt „aus dem Trapez“), um die Dynamisierung der Sprache zu betonen. Der Schluss des manifestartigen Gedichts benennt den erwünschten Gesamteffekt der Art, in der „Ein junger Dichter sich Subjekte kittet“: „Imperativ // Schnellt steil empor. Phantastische Sätzelandschaft überzüngelnd. / Bläst sieben Hydratuben. Das Gewölke fällt. / Und Blaues fließt. Geharnischte Berge dringen. / So blühen wir auf in dem Glanz mailichter Überwelt.“[40] Die ‚neue Syntax‘ wird nicht nur gefordert, sondern auch praktisch vorgeführt. Einzelne Wörter sind aus der grammatischen oder syntaktischen Abfolge herausgelöst, ihre Bezüge im Vers und darüber hinaus werden somit uneindeutig; *parole in libertà* gehen hier in futuristischer Manier ungewöhnliche Analogien und Kombinationen ein. Allerdings ist kaum zu

1910–1920. Hg. v. Thomas Anz/Michael Stark. Stuttgart 1982, S. 613–617.

37 Segeberg (wie Anm.1), S. 260. Einen instruktiven Überblick über „Geschwindigkeitsphantasien im Futurismus und im Expressionismus“, der Literatur und bildende Kunst umfasst, liefert Franz Loquai in: Die Modernität des Expressionismus. Hg. v. Thomas Anz/Michael Stark. Stuttgart/Weimar 1994, S. 76–94.

38 Becher stilisiert den Flieger einerseits zum antibürgerlichen Außenseiter, andererseits – unter den Erfahrungen des Ersten Weltkriegs und nach seiner Auseinandersetzung mit dem Futurismus – zum revolutionären Sozialisten. S. z. B. die Prosatexte „De profundis domine“ (1913) und „Die Schlacht“ (1918), in: Becher: Kleine Prosa. Hg. v. Ingeborg Ortloff. Berlin/Weimar 1974, S. 131 und 283.

39 Becher: Die neue Syntax (1916). In: ders.: Gedichte. Hg. v. Günther Deicke. Berlin/Weimar [2]1976. S. 31.

40 Ebd. – Zu Bechers Verhältnis zum Futurismus s. Peter Demetz: Worte in Freiheit. Der italienische Futurismus und die deutsche literarische Avantgarde 1912–1934. München/Zürich 1990, S. 99–113.

übersehen, dass sich Becher von der asyntaktischen Poetik des Futurismus absetzt, nicht nur auf der grammatischen, sondern auch auf einer sozialen Ebene. Ganz im Sinne der Avantgarde gestaltet sich die ‚neue Syntax' im abschließenden Naturbild als eine Form neuen sozialen Zusammenlebens, eine „Überwelt" nach Maßgabe der revolutionierten Poesie.

Wenige Jahre darauf, und kurz nach Golls Forderung nach einer ‚steilen Poetik' begründet Becher seine Sprachauffassung, wobei er sich sowohl futuristischer als auch marxistischer Terminologie bedient. Ungewöhnliche Wortkombinationen sollen das zeitliche Nacheinander einer herkömmlichen Wahrnehmung „in einem dialektischen Manöver" in das „Nebeneinander [...] des Gleichzeitigen" überführen. Das Gedicht markiere „äußerlich das Expreßtempo" der Moderne, aber innerlich, von seiner sprachlichen Gestalt her rücke es „in die Sphäre des Gleichzeitigen". Das stellt sich Becher als dialektischen Prozess vor: Es gehe im Gedicht darum, „den mechanischen Charakter des Sprachlichen zu akkumulieren, und über den Akkumulationspunkt hinaus wieder in ein Ursprünglich-Lebendiges aufzulösen". Durch hyperbolische Überbietung des mechanischen Charakters der Sprache erhofft sich Becher eine Rückführung in eine verloren geglaubte Vitalität; wie viele Expressionisten ist er also nicht bereit, den technischen Charakter der Sprache anzuerkennen, wiewohl er mit futuristischen Mitteln arbeitet. Um dem dialektischen Prozess den Anschein der Logik bzw. Unausweichlichkeit zu geben, sieht er sich gezwungen, der Sprache eine autonome, aktivierende Kraft zuzuweisen: „Die Sprache selbst produziert (dann), unabhängig von ihrem Schöpfer, scheinbar unlösbare, eigengesetzliche, gegeneinander sich bewegende, anarchische, gegenseitig explosivartig sich pressende Verknotungen": „Das Gedicht wird über-dichtet."[41] Mit dieser Begründung hypostasiert Becher die Sprache und minimiert den Anteil des dichtenden Subjekts – zwei Konzepte also, die im italienischen Futurismus noch als dynamische, im rauschhaften Geschwindigkeitserlebnis ungeheuer ermächtigte Maschinen galten.

In der Lyrik des russischen Futurismus gibt es ebenfalls Bestrebungen, die Beschleunigung der modernen Lebenswelt thematisch und formal abzubilden, so in den frühen Großstadtgedichten von Vladimir Majakowskij.[42] Allerdings heben die russischen Futuristen schon früh, zeitgleich mit Marinettis technischen Manifesten die Autonomie des poetischen Wortes, seine radikale Differenz zur nichtpoetischen Sprache

41 Becher: [Brief an die Feuilletonredaktion der Frankfurter Zeitung, 1923], zit. in: Demetz: Worte in Freiheit, S. 334f. – Diese Poetik entwickelt sich bei Becher in der Auseinandersetzung mit dem Futurismus; vgl. etwa die Überlegungen zur Rolle der Sprache in „Vorworte. Zum Tagebuch des italienischen Fähnrichs Georgi Quadro" (1915). In: Kleine Prosa, S. 239–245, hier S. 244f. und ebenso in der bereits zitierten „Schlacht", ebd., S. 292 und 308ff.

42 S. den informativen Überblick bei Tim Harte: Fast Forward: The Aesthetics and Ideology of Speed in Russian Avant-Garde Culture, 1910–1930. Madison 2006, Kap. 2: The Accelerating Word, S. 67–97.

des Alltags hervor, wobei sie sich jedoch einig sind, dass beide Sprachtypen unausweichlich der Dynamik des technischen Zeitalters unterliegen. Die russischen Futuristen positionieren ihre Version der ‚schnellen Sprache' der Avantgarde in radikaler Opposition zur verfestigten, konventionalisierten Sprache des Alltags; sie gehen davon aus, dass die Sprache der Moderne, der „ungestümen Gegenwart" die „alte erstarrte Sprache vernichtet" habe[43] und dass das avantgardistische „Worteschöpfen" im Geist der beschleunigten Moderne „ein Feind der Versteinerung der Buchsprache" sei.[44]

Im Unterschied zu Becher und anderen Expressionisten lokalisieren sie Lebendigkeit und Vitalität nicht in ‚der Sprache' allgemein, sondern in einzelnen Wörtern, Wortteilen und sogar Buchstaben. Die Poesie der russischen Futuristen zielt daher darauf ab, die alltagsbedingten Verfestigungen von Sprache bereits im Vorfeld strukturell aufzulösen bzw. zu vermeiden. Damit suchen sie nicht, wie die italienischen Futuristen oder noch Becher, Elemente der Beschleunigung an thematischen bzw. referentiellen Dingen festzumachen bzw. durch schnelle Analogien hervorzuheben. Alexander Kručonych und Velimir Chlebnikov behaupten in ihrem Manifest *„Das Wort als solches"* (1913), dass dem Wort selber eine Schnelligkeit innewohne, die in der poetischen Aufmerksamkeit auf das einzelne Wort aktiviert werden könne und sodann neue Wörter und Klanganalogien hervorbringe, und zwar durch ein Zusammenspiel von schneller gedanklicher Assoziation und grammatikalisch verfremdender Verschiebung in einen anderen Wortstamm oder eine andere Wortklasse. Indem sie Wortneubildung und Lautbildlichkeit als Muster ihrer neuen Sprachgestaltung und -verwendung herausstellen, fassen die russischen Futuristen die poetische Sprache als bedeutungslöschend und kreativ auf, in dem Sinne, dass konventionalisierte Bedeutungen aufgehoben und neue generiert werden.

Ein weiterer Grund für die inhärente Rapidität der poetischen Sprache besteht für die russischen Futuristen darin, dass Intensität und Tempo des dichterischen Empfindens im Augenblick der Inspiration dem Denken und Sprechen vorgängig sind. So ist es konsequent, wenn Kručonych seine Leser auffordert: „Schneller lesen, nicht denken!"[45] Von solchen Annahmen leitet sich die Bezeichnung *zaum* – wörtlich: jenseits des Verstands – ab, mit der Chlebnikov und Kručonych ihr Konzept einer nicht im Dienste der Verständlichkeit stehenden Sprache und ihre Praxis einer transrationalen, translogischen Dichtung benennen.[46] Wie stark *zaum* selber mit Schnelligkeit

43 Kručonych/Chlebnikov: [Über Kunstwerke]. In: Chlebnikov: Werke. [Bd. 2:] Prosa, Schriften, Briefe. Hg. v. Peter Urban. Reinbek b. Hamburg 1985, S. 113.

44 Chlebnikov: Unsere Grundlage. In: ebd., S. 326f.

45 Harte (wie Anm. 42), S. 79.

46 Kručonych/Chlebnikov: Das Wort als solches. In: Chlebnikov: Werke [Bd. 2], S. 115. S. auch Wolf-Dieter Stempel: Velimir Chlebnikov oder die Grenzen der Entgrenzung. In: Lyrik und Malerei der Avantgarde (s.o.), S. 359–380.

und Aviatik assoziiert wird, zeigt ein Brief von Chlebnikov an Kručonych, der aus einer Liste *zaum*-artiger Neudefinitionen bekannter Wörter besteht, wobei u.a. der „Dichter" als „Wortflieg" bestimmt wird.[47] Weitere Neologismen als Belege einer ‚schnellen Sprache' sind ebenfalls aus den russischen Verbstämmen für ‚fliegen' *(ljet'-)* und ‚schweben' *(parit'-)* abgeleitet, etwa (in Peter Urbans Übersetzung): Flugling; Flugicht; Flugner; Fleuchte; Fliegefluss; Schwebicht.[48] Dabei ist es durchaus kein Zufall, dass Chlebnikov sich dem neu aufkommenden Luftfahrtvokabular zuwendet; er wollte einerseits der Internationalisierung dieses Vokabulars bzw. seiner Herkunft aus dem Griechischen oder Lateinischen entgegenwirken (was der nationalen Absicht der russischen Futuristen durchaus entsprach), es andererseits als Ergebnis einer der russischen Sprache und Sensibilität immanenten Beschleunigung präsentieren.[49]

Die *zaum*-Dichtung, die keine Nonsensdichtung ist, beruht konsequent auf dem Prinzip des ‚schnellen Wortes', das zudem grundsätzlich als systematisierbar angesehen wurde. Chlebnikov entwickelte ein System, das dem Wortanfang und den Binnenbestandteilen der Wörter bestimmte Bedeutungen zuschrieb, wobei die Binnenelemente auch der Beugung unterliegen sollten. Er beschrieb dieses System unter Bezug auf die Flugmetaphorik: „Wörter, die mit ein und demselben Mitlaut beginnen, vereinigen sich in ein und demselben Begriff und fliegen gleichsam von verschiedenen Seiten auf ein und denselben Punkt des Verstandes zu".[50] In dieser Betonung des autonomen, antireferentiellen Charakters der Sprache, der Worte, sogar der einzelnen Buchstaben unterscheiden sich die russischen Futuristen von der italienischen und der deutschen Avantgarde. Wie die italienischen Futuristen machen sie jedoch in ihren Arbeiten auf die intermediale Grenze zwischen Graphem und Ideogramm, Buchstaben und Bildzeichen, Verbalität und Piktorialität aufmerksam.

Radikale Autonomie der poetischen Sprache und rapide innersprachliche Kreativität gehen bei dem Flieger-Poeten Vasilij Kamenskij eine besonders ungewöhnliche Verbindung ein. Kamenskij, der u.a. das moderne russische Wort für ‚Flugzeug', *samoljet* (wörtlich Selbstflieger), prägt, verband eine internationale Karriere als Langstrecken- und Rekordflieger mit einem Engagement im russischen Futurismus.[51] Seine Dichtung ist dabei zutiefst von seinen fliegerischen Erfahrungen geprägt und sucht die neuen Geschwindigkeitswahrnehmungen des Fliegens innovativ aufzunehmen

47 Velimir Chlebnikov: Werke [Bd. 1:] Poesie. Hg. v. Peter Urban. Reinbek b. Hamburg 1985, S. 34 (Brief vom 19.8.1913).

48 Chlebnikov: Muster für Worterneuerungen in der Sprache (vor 1912). In: ebd., S. 32f.

49 S. hierzu Ingold: Literatur und Aviatik, S. 204–213.

50 Chlebnikov: Unsere Grundlage. Werke [Bd. 2], S. 326.

51 So gibt es Fotos und Postkarten aus den Jahren 1911 und 1912, die Kamenskij in Warschau und andernorts zeigen; s. Chlebnikov: Werke, Abb. 47, und Ingold: Literatur und Aviatik, Abb. 23–25 (S. 434f.).

und abzubilden.[52] Stärker als bei den *zaum*-Dichtern im engeren Sinne wird in seiner Lyrik allerdings das handelnde und erlebende Ich hervorgehoben. Exemplarisch ist dies in seinem Gedicht „Vasia Kamenskijs Flug in Warschau“ *(Polet Vasi Kamenogo na aeroplane v Varshave)* gestaltet, das aus dem kleinen Band *Tango s korowami* (*Tango mit Kühen*, 1914) stammt, dessen tyopgrafische und visuelle Gestaltung ein schönes Beispiel für die futuristische Aversion gegen die „starre Buchsprache“ bildet.[53]

Hierbei handelt es um ein auf buntem Tapetenpapier gedrucktes Figurengedicht; die pyramidenförmige Anordnung der Zeilen verweist auf das Abheben und Sich-Entfernen eines Flugzeugs. Unter dem Titel, in Klammern, ruft Kamenskij den Leser ausdrücklich dazu auf, von unten nach oben zu lesen. Der Topos von der Erhebung des Dichters und der Poesie wird hier ins technische Zeitalter übertragen. Verschiedene Drucktypen und Schriftgrößen, die nach oben kürzer werdenden Zeilen und drei vertikale Luftkorridore, die nicht mit den Wortgrenzen übereinstimmen, unterstreichen die Bilddynamik des Gedichts. Die unteren Zeilen geben Eindrücke der Situation und der Flugvorbereitungen wieder; es ist von einer Menschenmenge, von Mechanikern, später von Äckerstreifen die Rede. Doch in dem Maße, in dem das Flugzeug abhebt und sich von Betrachter bzw. Leser entfernt, wird die Bedeutung der einzelnen Verszeilen unklarer; dass sie zudem am linken und rechten Bildrand zunehmend gekappt sind, kann man als Ausdruck der verzerrenden Effekte der Beschleunigung und des Aufstiegs lesen. Die oberste Zeile, die lediglich aus einem i-Punkt zu bestehen scheint, mag auf das in der Ferne verschwindende Flugzeug verweisen.[54] An diesem Höhepunkt des Gedichts wird das minimale Zeichen zu einem Zeichen moderner Geschwindigkeit, räumlicher und spiritueller Erhebung umfunktioniert; die zunehmende Zerstörung des referentiellen Charakters der Sprache produziert im Sinne der *zaum*-Dichtung eine materielle Gestalt, die der Semiose vorgelagert ist, diese aber gleichwohl nicht ausschließt. In Kamenskijs Gedicht zeigt sich damit in verschärfter Weise eine grundlegende Spannung der im Zeichen der Beschleunigung stehenden avantgardistischen Lyrik: Die zunehmende Reduktion und Visualisierung der sprachlichen Zeichen setzt einen Prozess des Lesens und Neu-Sehens in Gang,

52 Weitere Angaben zu Leben und Werk bei Ingold: Literatur und Aviatik, S. 166–176. Vgl. auch die Interpretation des Fluggedichts bei Harte: Fast Forward, S. 93–95.

53 Eine deutsche Übersetzung des Bandes liegt meines Wissens nach nicht vor. Einzelne Seiten aus dem Band sind farbig reproduziert in: Alan Bartram: Futurist Typography and the Liberated Text. New Haven/London 2005, S. 46f. Kamenskijs Band enthält mehrere Gedichte, die eine aviatorische Vogelperspektive suggerieren.

54 Die umgekehrte Strategie, nämlich die Verjüngung nach unten hin, ist in Kamenskijs Gedicht „Ich“ (Ja, „Я“) von 1914 zu erkennen, das sich wortspielerisch von Hinweisen auf Fluggeschwindigkeit und Motorenlärm auf das Pronomen „ich“ zubewegt und so den Zusammenhang von fliegerischer Erfahrung und künstlerischer Kreativität augenfällig macht. Vgl. die knappe Interpretation dieses Gedichts bei Harte: Fast Forward, S. 65f.

der die langsame und genaue, die nicht wiedererkennende Wahrnehmung kultiviert. Das gilt selbstverständlich auch für eine Lektüre des Gedichts, das entgegen der Leseanweisung von oben nach unten verläuft. Mit ihrem aktivistischen Konzept einer schnellen Sprache machen die russischen Futuristen auf eine konstitutive Spannung zwischen Beschleunigung und Verlangsamung aufmerksam, wobei beide Pole einer radikalen ästhetischen Verfremdung unterliegen.

Die hier behandelten Fluggedichte haben Anteil an der Beschleunigungs- und Verfremdungsästhetik der europäischen Avantgarde. Sie weisen Verfahren einer Beschleunigung der poetischen Sprache auf, die ihrerseits unterschiedliche Folgen für Thema, Form und Poetik des avantgardistischen Gedichts haben. Obwohl die hier angesprochenen Gedichte zeitliche Beschleunigung und räumliche Bewegung darstellen bzw. ins Bild setzen, wohnen ihnen auch produktions- und rezeptionsästhetische Momente der Verlangsamung inne. Das Verhältnis von technischer Beschleunigung und ästhetischer Verlangsamung ist damit ein gespanntes, komplexes und zum Teil widersprüchliches. Die poetische Sprache der Gedichte orientiert sich einerseits am futuristischen Programm der ‚Worte in Freiheit', die nach wie vor eine lockere Referentialität aufweisen, aber konventionelle Alltagssprache und statische Anschauungsformen außer Kraft setzen; der Versuch, Beschleunigung und Dynamisierung in Sprache und Form wiederzugeben, führt dabei gelegentlich auch zur Auflösung der poetischen Form und zum Visuellen. Das Programm der ‚Worte in Freiheit' basiert dabei allerdings auf recht unterschiedlichen Sprachauffassungen. Die italienischen und russischen Futuristen weisen sowohl dem einzelnen Dichter als auch der Sprache bzw. dem Wort eine mechanisch-maschinelle Eigendynamik zu, wobei die Russen sich weitgehend von mimetischen Konzepten befreien, während der Expressionismus die Eigendynamik der beschleunigten Sprache als letztlich transzendierende und erlösende Kraft begreift.

Angesichts derartiger Spannungen lässt sich die poetische Sprache der Gedichte – andererseits – als „gebremste Sprache" bestimmen. Der Ausdruck „gebremste Sprache" stammt aus der deutschen Übersetzung von Viktor Šklovskijs Aufsatz *Die Kunst als Verfahren* („Iskusstvo, kak priem", 1916), worin er die Sprache der Dichtung schlechthin im radikalen Unterschied zur Alltagssprache als „gebremste, verbogene Sprache" bestimmt.[55] Dieses Bremsmanöver ist Ergebnis einer Reihe von verfremdenden Verfahren, die beim Lesen zu einer Entautomatisierung der gewohnten Wahrnehmung

55 In: Russischer Formalismus. Texte zur allgemeinen Literaturtheorie und zur Theorie der Prosa. Hg. v. Jurij Striedter. München 1981, S. 5–35, hier S. 33. Erhard Weinholz übersetzt den Ausdruck als „gebremste, verbogene Rede" (Die Erweckung des Wortes. Essays der russischen Formalen Schule. Hg. v. Fritz Mierau. Leipzig 1987, S. 11–32, hier S. 31). Im Original lautet der Ausdruck: „kak rechi zatormozhennoj, krivoj". Das erste Adjektiv leitet sich von dem Substantiv für ‚Hindernis' oder ‚Hürde' her; das zweite bedeutet ‚verzerrt'. In den Kontext von Beschleunigung und Verlangsamung jedoch ist die Übersetzung „gebremst" eine schöne Lösung.

der Dinge führt, indem sie gerade die „Schwierigkeit und die Länge der Wahrnehmung steigert".[56] Schwierigkeit und Länge der Wahrnehmung lassen sich auf zeitliche und räumliche Phänomene der Be- bzw. Entschleunigung beziehen, die sich in den avantgardistischen Fluggedichten zeigen. Im Kontext der formalistischen Poetik meint dieser Vorgang eine Störung der automatisierten referentiellen Beziehung zwischen Wörtern und den von ihnen bezeichneten Dingen. In gesteigertem Maße trifft eine solche Störung aber auch auf das avantgardistische Fluggedicht zu, das beide Pole der referentiellen Beziehung – Wörter und Dinge – radikal ‚beschleunigt', ihre Statik in radikale Dynamik überführt, was in rezeptionsästhetischer Hinsicht oft zu einer Entschleunigung führt.

Šklovskijs Gedanke von der „gebremsten Sprache" verweist auf einen weiteren rezeptionsästhetischen Effekt. Die aus der innovativen Gestaltung des Gedichts resultierende Bremsung bzw. Verlangsamung macht auf den unerwarteten Bruch zwischen alter, traditioneller Form und neuer, avantgardistischer Form und Sprache aufmerksam. Aus diesem Aspekt leiten Šklovskij und die Formalisten dann (übrigens unter engem Bezug auf die futuristische Dichtung) ihre Entdeckung struktureller Gesetzmäßigkeiten in der Entwicklung des poetischen Sprechens insgesamt ab. Die kleine literarische Reihe avantgardistischer Fluggedichte, welche die Basis dieser Überlegungen bildete, erlaubt kaum, einen derartigen systematischen Anspruch zu erheben. Resümierend ließe sich sagen, dass Verfahren der Beschleunigung und Verlangsamung konstitutive Bestandteile avantgardistischer Lyrik und Poetik sind, dass sie nicht nur zum Ausdruck oder zur Darstellung neuer lebensweltlicher Erfahrungen herangezogen, sondern auch produktiv miteinander verschränkt werden. Im Einzelfall produzieren solche Verschränkungen gewisse Spannungen, die man pointiert als *extrem beschleunigte Verlangsamung* bezeichnen könnte.

56 Ebd., S. 31.

Cornelius Mitterer (Wien)

Blickdichte · Richard Schaukals und Luigi Pirandellos narratologischer Dialog über Perspektive, Geschwindigkeit und Ästhetik

1 Parallelviten der Jahrhundertwende

Hatten der aus Brünn stammende Richard Schaukal (1874–1942) und der Sizilianer Luigi Pirandello (1867–1936), die nachweislich in keinem persönlichen Kontakt standen, Kenntnis voneinander? Die Beantwortung dieser Frage würde den spekulativen Rahmen kaum überschreiten, doch ein Wissen um die Existenz des jeweils anderen Dichters ist zumindest im literarischen Feld nicht auszuschließen. Der bibliophile Bildungsbürger Schaukal war mit der italienischen Kunst und Literatur sehr vertraut, und Pirandello, der in Bonn auf Deutsch über seinen Heimatdialekt promovierte, weist dramenästhetische Parallelen zu Arthur Schnitzler auf,[1] dessen Stil, Stoff- und Motivkreis wiederum vom jungen Schaukal bewundert, zum Teil sogar imitiert wurden.[2] Zwischen 1925 und 1930 erfolgte eine Pirandello-Mode im deutschsprachigen Raum, die sich auf das bis heute vielrezipierte Stück *Sechs Personen suchen einen Autor* zurückführen lässt und anfänglich von theaterkulturellen Missverständnissen begleitet war.[3] Karl Kraus, den Schaukal Zeit seines Lebens verehrte und an dessen ästhetische Fährte er sich heftete, schmähte das Stück als „den Schlußpunkt der Entwicklungslinie eines sich selbst verwerfenden Theaterwesens und die Eröffnung seines inneren Konkurses".[4]

Die komparatistische Analyse orientiert sich in der Folge jedoch nicht weiter an parallelbiographischen oder rezeptionsgeschichtlichen Methoden. Vielmehr soll ein

1 Vgl. Katrin Ehlers: Mimesis und Theatralität. Dramatische Reflexionen des modernen Theaters im ‚Theater auf dem Theater'. Münster u.a. 1997, S. 110–111.

2 Vgl. Reinhard Urbach (Hg.): Richard Schaukal – Arthur Schnitzler Briefwechsel (1900–1902). In: Modern Austrian Literature 8 (1975), S. 15–42.

3 Vgl. Michael Rössner: Auf der Suche nach Pirandello. In: Italienisch. Zeitschrift für italienische Sprache und Literatur in Wissenschaft und Unterricht 2 (1986), S. 22. 1924 erfolgte die deutschsprachige Erstaufführung im Wiener Raimundtheater, im selben Jahr Max Reinhardts Inszenierung in Berlin, der er zehn Jahre später eine Wiener Aufführung folgen ließ. Michael Rössner beschreibt, dass die ersten Inszenierungen eine missverständliche Dramenästhetik vermittelten. Eine fehlerhafte Übersetzung, die „schwankhafte" Dramaturgie des Raimundtheaters sowie die barocke Interpretation Reinhardts führten anfangs zu einer negativen Pirandello-Rezeption im deutschsprachigen Raum.

4 Die Fackel 697–705 (1925), S. 133.

narratologischer Dialog oder Blickwechsel auf synchroner Ebene zwischen Richard Schaukal und Luigi Pirandello gesucht werden. Der Vergleich ist analytisch typologisch[5] ausgerichtet und basiert auf dem Tertium comparationis der um 1900 als beschleunigt perzipierten Lebensweise, einer „Geschwindigkeitsrevolution“, die im Spannungsfeld von affirmativen und kritischen ästhetischen Zeitbetrachtungen lag.[6] Pirandello und Schaukal liefern einen erzähltechnisch wie inhaltlich belegbaren Beitrag zur „Ästhetik des Stillstandes“[7] und eine skeptische Reflexion über beschleunigte Lebenserfahrungen, die in ihren Novellen *Si gira* … (1915/16) und *Mathias Siebenlist* (1906) veranschaulicht werden. Die Untersuchung behandelt den prosatechnischen Umgang der Autoren mit dem „Erzählen“ und dem „Erzählten“ sowie ihre jeweilige Tempo-Auslegung.[8] Wahrnehmungen, kontemplative Betrachtungsweisen sowie flüchtig-rasches Sehen dienen dabei als Analysefäden in der Interpretation.

2 Luigi Pirandello: Expressiver und sachlicher Titel einer Novelle

Si gira …, die erste hier untersuchte Novelle, handelt vom arbeitslosen Intellektuellen Serafino Gubbio, der per Zufall Kameramann wird und in moralisch-ironisierender Weltbetrachtung seine Geschichte niederschreibt. Nachdem eine riskante Filmaufnahme mit dem Tod zweier Schauspieler endet, verliert er seine Sprache.

1925 wurde die Erzählung unter dem Titel *I quaderni di Serafino Gubbio, operatore* neu aufgelegt. Diese von Pirandello ausgehende Umbenennung verdeutlicht einen Verlangsamungsprozess, der im Abstand von zehn Jahren den szenisch-dramatischen Paratext in einen erzählenden wandelt. Der Titel *Si gira* … vermittelt noch expressiv und exklamatorisch das Bild eines Filmsettings. Die nachklingende Interpunktion versinnbildlicht beinahe zeitaufhebend die Dynamik und angespannte Stille kurz vor Drehbeginn. Im versachlichten neuen Buchtitel rückt hingegen die Subjektivität des Kameramanns in den Mittelpunkt und der Titelheld wird nun von den Bezeichnungen flankiert, die das alte und das neue Medium symbolisieren. Die Schrift in den *quaderni* (Notizhefte), Serafinos eigentlichem Ausdrucksmittel, ist dem wenig intellektuellen Beruf des *operatore*, der die Kurbel des Aufnahmegeräts zu bedienen hat, mediendialektisch zur Seite gestellt.

5 Der hier genannte Ansatz folgt Manfred Schmelings drittem Vergleichstyp, vgl. Ernst Grabovszki: Vergleichende Literaturwissenschaft für Einsteiger. Wien 2011, S. 86–96.

6 Vgl. Hartmut Rosa: Beschleunigung. Die Veränderung der Zeitstrukturen in der Moderne. Frankfurt a.M. 2005, S. 80–82.

7 Markus Schwahl: Die Ästhetik des Stillstandes: Anti-Entwicklungstexte im Literaturunterricht. Frankfurt a.M. 2010.

8 Matias Martinez/Michael Scheffel: Einführung in die Erzähltheorie. München 2005, S. 20–26.

2.1 Kamera als Chimäre und Ausgangspunkt der Wahrnehmungskrise

Serafino Gubbio wirkt von der Weltteilhabe abgeschnitten, obwohl er sich als Sender und einzig angedachter Empfänger seiner Geschichte, die mit der Gattung Tagebuch kokettiert, ihre Form jedoch unterläuft, zentral positioniert. Die im Zentrum der Novelle stehende Subjekt-Objekt-Unvereinbarkeit ist ein Wesensgedanke, der dem Ästhetizismus verwandt ist, den Pirandello aber in die ihm eigene Ästhetik der postmodern anmutenden, heterogenen Figurenzeichnung überführt. Der junge Hugo von Hofmannsthal, ein vielzitierter Kronzeuge jener zu Beginn der Wiener Moderne verbreiteten Auseinandersetzung um das spannungsreiche Verhältnis von Leben und Kunst, schrieb 1892 an Gustav Schwarzkopf:

> In einer Praterbude schaut man durch […] eine Camera obscura ohne Linse: man sieht die ganzen umliegenden Teile des Wurstelpraters […] haarscharf, aber so klein, dass einem alles gar nicht wirklich, sondern wie etwas Künstliches vorkommt: so ungefähr sehe ich mir leben zu.[9]

Die Kamera begünstigt demnach eine Teilung der Welt in einen realen und in einen illusorischen Part, wobei ihre Übergänge nicht klar zu definieren sind. Auch für Serafino Gubbio ist die Filmkamera der Fixpunkt einer ihm neuen, aufoktroyierten Betrachtungsweise. Seit er für das Unternehmen „Kosmograph" arbeitet, sieht er sich und seine Umgebung aus der Distanz[10] und gerät somit in Konflikt mit zwei ineinandergreifenden Wirkungskreisen: dem oberflächlich schillernden, in Wahrheit aber kruden Filmbusiness und seinem eigenen trostlosen Dasein. Je mehr trivialisiertes Leid und handlungsflache Eifersucht Serafino im panoptischen Treiben um sich herum wahrnimmt, desto stärker vertraut er seiner Gerätschaft die Kontrolle über den Blick an und umso deutlicher tritt er verbal, gestisch und emotional in den Hintergrund. Für Hans Blumenberg zieht der Einkapselungsvorgang, den die Technisierung seiner Meinung nach bedingt und der beim Kameramann Serafino Gubbio deutlich zutage tritt, einen kognitiven Sinnverzicht nach sich. „Der menschliche Funktionsanteil wird homogenisiert und reduziert auf das ideale Minimum des Drucks auf einen Knopf."[11] Serafinos Tätigkeitsspektrum beschränkt sich ganz im Sinne Blumenbergs auf die Kamerakurbel, den technischen Vorläufer des Druckknopfs. Gleichzeitig funktioniert die Linse aber auch als Brennglas seiner Aufnahmefähigkeit, was zur Folge hat, dass die Konflikte durch die Apparatur verstärkt auf ihn zurückdringen. In seiner Studie zum Lichtspiel – wie *Si gira …* 1916 veröffentlicht – kommt Hugo Münsterberg in eben jener Detailfokussierung, die das Film-Sehen mit sich bringt,

9 Hugo von Hofmannsthal: Briefe 1890–1901. Berlin 1935, S. 65.

10 Vgl. Luigi Pirandello: Quaderni di Serafino Gubbio, operatore. Firenze 1994, S. 70.

11 Hans Blumenberg: Lebenswelt und Technisierung unter Aspekten der Phänomenologie. In: ders.: Wirklichkeiten in denen wir leben. Stuttgart 1999/1981, S. 36f.

zu ähnlichen Schlüssen. Die Konzentration auf szenische Ausschnitte lässt die außerhalb der Sphäre des Films liegenden Eindrücke verblassen. „Sie finden in unserem Bewußtsein keinen Halt und verschwinden", so Münsterbergs Resümee.[12] Marshall McLuhan beschreibt circa ein halbes Jahrhundert später das Medium als „Ausweitung unserer eigenen Person", es beschleunige und vergrößere das „Ausmaß früherer menschlicher Funktionen",[13] womit er vor allem auf die das Sehen unterstützenden Medien (Teleskop, Mikroskop etc.) Bezug nimmt. Auch Serafino beobachtet diese Intensivierung der Wahrnehmung, erfährt die mit ihr einhergehende Medium-Subjekt-Verschmelzung aber als Schock. Er reagiert reizüberflutet, sein Ich dissoziiert sich aufgrund des dynamisierten Betrachtens und der partiellen Bewegungsdichte bei gleichzeitiger Handlungsreduktion, die sich im abgesteckten Raum vor seinem Kameraauge vollzieht. „Bei der ungeheuren Beschleunigung des Lebens", konstatiert Nietzsche, „wird Geist und Auge an ein halbes oder falsches Sehen und Urtheilen gewöhnt".[14] Das trifft ganz auf Serafino zu und bewirkt, dass er zur Schriftlichkeit zurückkehrt, also den kulturgeschichtlich rückwärtsgerichteten Medienwechsel, den Weg vom bewegten, fremderzeugten Bild zur eigenen Handschrift, von außen nach innen, vollzieht. Durch den intrinsischen Blick begibt sich Serafino in beste Gesellschaft mit den aus therapeutischen Zwecken schreibenden literarischen Figuren seiner Zeit. Ein Vergleich z.B. mit Zeno Cosini, dem neurasthenischen Raucher und scheiternden Flaneur aus Italo Svevos *La coscienza di Zeno*, liegt nahe.[15] Während Zeno einer an Ennui krankenden bourgeoisen Kulturelite angehört, bleibt Pirandellos Figur ein „operatore", und das nicht einmal in ganzer Begriffsweite. Denn obwohl Serafino durch fließbandgleiche, monotone Handbewegungen der Unterhaltungsindustrie zuarbeitet, ohne am Endprodukt und seiner Vermarktung teilzuhaben, ist er dennoch nicht der Arbeiterklasse zugehörig. Sein Dilemma besteht in der absoluten Nichtzugehörigkeit, die Pirandello in Vorgriff auf die Postmoderne ironisch aufwirft. Anhand der Figurenzeichnung wird deutlich, wie in Zeiten technischer Zivilisation, in der sich gesellschaftliche Integration bereits stark über Technologien konstituiert, sozioökonomische Grenzen sowie Räume der Ausgrenzung entstanden[16] und wie Pirandello diese satirisch zu beschreiben vermochte.

---

12 Hugo Münsterberg: Das Lichtspiel. Eine psychologische Studie (1916) und andere Schriften zum Kino. In: Texte zur Medientheorie. Hg. von Günter Helmes/Werner Köster. Stuttgart 2004, S. 132.

13 Marshall McLuhan: Die magischen Kanäle. Understanding Media. Dresden 1994, S. 22f.

14 Friedrich Nietzsche: Menschliches, Allzumenschliches (1878). In: Sämtliche Werke. Kritische Studienausgabe. Bd. II. Hg. von Giorgio Colli/Mazzino Montinari. München 1988, S. 230.

15 Veröffentlicht 1923, dt. 1928 unter dem Titel *Zeno Cosini*.

16 Vgl. Helmut Konrad: Zeitgeschichte und Moderne. Die Wiener Moderne um 1900. In: nach kakanien. Annäherung an die Moderne. Hg. von Rudolf Haller. Wien 1996, S. 35 und 47.

Serafinos anachronistischer Medienwechsel richtet sich jedoch nicht *ad personam* gegen seine Unterdrücker, sondern zielt vielmehr auf den maschinellen Apparat, der in der Dichtung des 19. Jahrhunderts eine zunehmend allegorische Darstellung erfährt und als belebtes Objekt eine noch weiter zurückreichende literarische Tradition aufweist.[17] Überlässt der Mensch seiner Maschine die Wahrnehmung und Interpretation von Ereignissen, so eröffnet sich psychopathologisch die Frage nach der „Verdoppelung des Standpunktes" und „Aufteilung der Wahrnehmung der Umwelt in das Belebte [...] und das Unbelebte, das Objekt, die Sehmaschine".[18]

Die Sichtweise auf die mythisch beladene Maschine unterscheidet Pirandello grundlegend von dem 1909 im *Figaro* publizierten *Manifesto del futurismo*, in dem Filippo Tommaso Marinetti bekanntermaßen „la bellezza della velocità"[19] rühmt und ein Hohelied auf den technisch-maschinellen Fortschritt singt. Marinetti verleiht den Maschinen kreatürliche Attribute, die Lokomotive dampft mit „geschwollener Brust" durch sein sprachradikales Manifest. Der sizilianische Schriftsteller und „Mythenstürzer"[20] greift hingegen auf die „Modern Times" einer tragisch-grotesken Industriewelt à la Charlie Chaplin voraus, in der sich die Apparatur zum Menschen verschlingenden Monstrum, zu einem nicht mehr zu bremsenden Perpetuum mobile verselbstständigt hat. Die durch eine Kurbelvorrichtung uhrwerkgleich tickende Kamera wird als gefräßige, dreibeinige Spinne und Zyklop beschrieben, der sich Seele und Leben der Individuen einverleibt und - als Aufzeichnungen komprimiert - auf Filmrollen bannt.[21]

2.2 Augenblick und Aura im Zeichen des Verlustes

Im ersten Notizheft beschreibt Serafino Gubbio, wie sein Umfeld in Hektik zergeht und dass er dieser Gesamtbewegung den Augen-Blick als für ihn tröstend-ruhende Instanz entgegensetzt. Während seiner beruflichen Tätigkeit muss er jedoch erfahren, dass diese konzentrische Methode der Verlangsamung sich durch die Kamera zu einem Schreckensszenario verselbstständigt. Bevor das Aufnahmegerät zum semiotischen Filter seiner Weltbetrachtung avanciert, sucht er noch im mechanisch ungebrochenen Blick Halt und betrachtet neugierig das absurde Treiben der Mitmenschen. Da Serafino jedoch nichts weiter als Perplexität oder gar Aggression durch den Blickkontakt

17 Vgl. Peter Borscheid: Das Tempo-Virus. Frankfurt a. M./New York 2004, S. 120.

18 Paul Virilio: Die Sehmaschine. Berlin 1989, S. 136.

19 Vgl. http://cronologia.leonardo.it/storia/a1909c.htm (13.9.2014); die Erstveröffentlichung erfolgte am 20.2.1909.

20 Michael Rössner: Pirandello Mythenstürzer. Fort vom Mythos. Mit Hilfe des Mythos. Hin zum Mythos. Wien u.a. 1980.

21 Vgl. wie Anm. 10, S. 24.

provoziert, leiht er fortan der Kamera sein Sehorgan,[22] denn durch diese Zwischeninstanz ist ihm der Augenblick vordergründig gestattet. Je nach Regievorgabe passt Serafino seinen Kurbelrhythmus der szenischen Geschwindigkeit an und wird sich durch die mechanisierte Wiederholung der immer gleichen Wahrnehmung, die das repetitive Szenenspiel vor der Kamera nach sich zieht, einer Sache vorbewusst, die Walter Benjamin zwei Jahrzehnte später auch in Bezug auf Pirandello theoretisch fasst: der technischen Reproduzierbarkeit des Kunstwerks und seines damit einhergehenden Verlusts der Aura.[23] Serafino Gubbio ist Bestandteil des sich vollziehenden kollektiven Wahrnehmungswandels, auf den sich Benjamin bezieht und der auf eine durch den Film veränderte Abbildung der Welt zurückzuführen ist. Der Kameramann begreift, dass der Augenblick in Zukunft technisch und ästhetisch einen differenten Stellenwert einnehmen wird, er zerfällt in irreale, beliebig oft wiederholbare Momente und entledigt sich dadurch seines für Serafino ruhenden Charakters. Mit Blick auf die Funktion des Films, Einzelbilder zu einem bewegten Ablauf zusammenzufassen, ist nach Meinung des Titelhelden ein Teil der entschleunigten Welt verlorengegangen. Die Widersprüchlichkeit des neuen Mediums liegt für ihn gerade in der künstlichen Nachahmung der Realität mittels illusorischer Effekte, die aber wiederum auf Scheinhaftigkeit und perspektivische Täuschung rückverweisen, weil sie unecht und maschinell sind.[24] Eine kaum zu übersehende Verismo-Kritik.

2.3 Ruhende und beschleunigte Perspektive der Erzählung

Wie bringt Pirandello die oben ausgeführten inhaltlichen Aspekte erzähltechnisch zur Geltung? Indem er Serafino in Form eines Diariums berichten lässt, erfolgt zunächst eine sukzessive Annäherung zwischen Leser und Erzähler, wodurch das Erzähltempo abnimmt und der Eindruck eines gleichmäßigen Narrationsflusses entsteht. Der Wissensstand von Rezipient und Berichterstatter deckt sich und kann als fixierte interne Fokalisierung klassifiziert werden. Die Handlung entwickelt sich linear bis auf eine Ausnahme ohne Zeitbrüche und folgt mit Rückgriff auf Genette der chronologischen Ordnung synthetischer Erzählungen, da weder Raffungen noch Prolepsen den Erzählfluss bestimmen.[25] Mit Blick auf die Struktur lassen sich auch Verfahren ausmachen, die ein akzeleriertes Erzählen zur Konsequenz haben. Im ersten Notizheft, das in sechs Abschnitte gegliedert ist, reflektiert Serafino zunächst distanziert und assoziativ aus einer Überperspektive technik- und kulturkritische

22 Vgl. ebd., S. 35–37.

23 Vgl. Walter Benjamin: Das Kunstwerk im Zeitalter seiner technischen Reproduzierbarkeit. In: ders.: Gesammelte Schriften I, 2. Hg. von Rolf Tiedemann/Hermann Schweppenhäuser. Frankfurt a.M. 1991, S. 489–490.

24 Vgl. wie Anm. 10, S. 97–98.

25 Vgl. wie Anm. 8, S. 66 und 192.

Fragestellungen, wobei die Erzählzeit die erzählte Zeit überlagert. In diesem ersten Abschnitt beschleunigt der Erzählgestus durch eine elliptisch-gebrochene Syntax. „Dio, vedete quante scatole, scatolette, scatolone, scatoline?“, galoppiert es beispielsweise durch Serafinos Aufzeichnungen in der Beschreibung der sich haushoch türmenden Filmschachteln; nicht weniger unheilvoll dröhnt das omnipräsente Surren der Telegrafenmasten, Autos, elektrischer Trams und Kinematografen: „La sentite? Un calabrone che ronza sempre, cupo, fosco, brusco, sotto, sempre.“[26] Die lyrisch anmutenden Sätze erzeugen eine ironische Allusion auf das Prosagedicht, eine während der Moderne gebräuchliche gattungsübergreifende Kurzform.[27] Dass die Kleine Prosa im Moment der technikkritischen Ausführungen aufflackert, ist als wechselseitiger Verweis zwischen Inhalt und Form, also zwischen Aussage und beschleunigtem Erzählrhythmus zu werten. Mit dem dritten Abschnitt bricht die repetitiv elliptische Schilderung ab und geht nach der Tempozäsur in den chronologisch sich ausbreitenden, verlangsamten Erzählfluss über. Serafino wechselt nach diesem Abschnitt vom Präsens ins Präteritum und nimmt eine vordergründig traditionelle Erzählerhaltung ein.

Zwei sich bedingende Beispiele aus der Handlung sollen nun Pirandellos ironisch gefärbte Auseinandersetzung mit dem Technikzeitalter veranschaulichen. Das erste Exempel betrifft die Schilderung des Großelternhauses auf dem Land, wo Serafino als Privatlehrer verkehrte und in dem die Zeit still zu stehen scheint. Der Erzähler blickt in dieser Analepse sechs Jahre zurück.[28] Die Handlung erfährt durch die Rückschau ein retardierendes Moment, denn die Erzählzeit ist deutlich länger als die erzählte Zeit, in der es schlicht um die Betrachtung des Interieurs geht. Kleinteilig wird jedes Möbelstück und Gemälde, jede Obstschale des Landhauses in den Fokus genommen. Die Erzählbilder wirken wie eine durch Zoomobjektiv vergrößerte Kameraeinstellung, ein erzähltechnischer Effekt, der filmtechnisch erst über ein Jahrzehnt später realisiert werden konnte.[29]

Biedermeierlich verlangsamt sich das Tempo in diesem detailverliebten Stillleben, und der Augenblick, der aus dem Anblick des Wohnungsinventars herrührt, fungiert als zeitdehnendes Narrationselement. Der Handlungslauf gerät dabei ins

26 Wie Anm. 10, S. 40–41. Michael Rössner übersetzt in Luigi Pirandello: Die Aufzeichnungen des Kameramanns Serafino Gubbio. Berlin 1997, S. 10–11 folgendermaßen: „[…] mein Gott, sehen Sie nur, wie viele Schachteln, kleine Schachteln, große Schachteln, winzige Schächtelchen?“ und: „Hören Sie? Eine Hummel, die unaufhörlich summt, dumpf, düster, schrill, ganz tief unten, unaufhörlich.“

27 Vgl. Dirk Göttsche: Kleine Prosa in Moderne und Gegenwart. Münster 2006.

28 Vgl. wie Anm. 10, S. 61–68.

29 Vgl. Frank Gerhard Back und Herbert Lowen: Generalized Theory of Zoomar Systems. In: Journal of the Optical Society of America 48, 3 (1958), S. 149–153.

Stocken und führt durch die ausladende Beschreibung zu einem Moment der Pause[30] und – wie bei der Zeitdehnung nicht selten – der inneren Einkehr.[31] Das narratologische Konzept unterstreicht die metaphorische Bedeutung der *casa di campagna* als Hort der Tradition und Zeitaufhebung. Die Erzählung verlässt hier den urbanen Raum, der als Chiffre gesteigerter Mobilität die Moderne schlechthin repräsentiert.[32] „Raum ist gewissermaßen ein Opfer der Beschleunigung, die als Grunderfahrung der Moderne gelten kann.“[33] Diese Auffassung wird in der Novelle symbolisch durch das anschließend auftretende Symbol technischer Geschwindigkeit realisiert, dem Kraftfahrzeug, das eine zum Landhaus konträre Raum-Zeit-Funktion präsentiert und in seiner individualistisch-autonomen Grundeigenschaft noch radikaler als die Eisenbahn den Ort mittels Tempo überwindet. Das metaphorisch-narratologische Beziehungsgeflecht zwischen dem Landhaus, in dem die Zeit nicht fließt, und dem Automobil, das die vormoderne Zeitwahrnehmung durchbricht, lässt sich auf Foucaults Auffassung übertragen, dass die Heterotopie, als welche sowohl das Haus als auch das Gefährt bezeichnet werden können, mit der Heterochronie in einem Verwandtschaftsverhältnis steht.[34]

Serafino sitzt in einer Pferdekutsche, als er von drei Schauspielerinnen in einem Staub aufwirbelnden, hupenden Fahrzeug überholt wird. Dies evoziert aus seiner Sicht eine optische Illusion: Je weiter sich das Auto entfernt, umso stärker hat er den Eindruck, nicht nur stillzustehen, sondern sich gar rückwärts zu bewegen und dass dieser Rückstoß von der Hupe des motorisierten Wagens ausgeht. Der metaphorische Gehalt ist evident, aber auch die Darstellungsebene überführt den Inhalt jener Sequenz auf eine erzähltechnische Auseinandersetzung mit Tempoelementen. Jener Vorgang des Überholens wird in einem hauptsächlich aus Substantiven bestehenden, elliptischen Satz erzählt. Der zurückgelassene Serafino ist zunächst verstört, da die drei Schauspielerinnen ihn im Geschwindigkeitsrausch auszulachen scheinen, doch tröstet ihn die Betrachtung der Alleebäume, des Pferdes und der flanierenden Passanten, wie er notiert, wobei sich das hektische Erzählen, das sogar onomatopoetisch den Klang der Hupe einbezieht, legt und Serafino den gleichmäßigen narrativen Faden wieder aufnehmen kann. Dem Satz des Überholvorgangs sind in seitenlanger Erzählzeit der gemächliche Trab der Kutsche und die Reflexionen des

30 Die Pause gehört zu den fünf Grundformen der Erzählgeschwindigkeit. Vgl. wie Anm. 8, S. 40–44.

31 Vgl. ebd., S. 44.

32 Vgl. Giuliana Bruno: Bildwissenschaft. Spatial Turns in vier Einstellungen. In: Spatial Turn. Das Raumparadigma in den Kultur- und Sozialwissenschaften. Hg. von Jörg Döring/Tristan Thielmann. Bielefeld 2008, S. 72.

33 Markus Schroer: „Bringing space back in“ – Zur Relevanz des Raums als soziologischer Kategorie. In: wie Anm. 32, S. 128.

34 Vgl. Michel Foucault: Die Heterotopien. Frankfurt a.M. 2005, S. 16.

Erzählers entgegenstellt.[35] Dieses intrinsisch-assoziative Monologisieren steht für den Rückzug auf das Seelenleben, den der Antiheld antritt, sobald sein Umfeld zu beschleunigen droht.

Introspektion eröffnet erzähltechnisch die Möglichkeit, den äußeren Erzählvorgang sowohl zu beschleunigen als auch zu verlangsamen, wie Pirandello in *Si gira …* zeigt. Diese nach innen gerichtete Perspektive steht gleichsam als Synonym für die Literatur der Moderne und lässt sich an Richard Schaukal exemplifizieren.

3 Richard Schaukal und das unrettbare Ich im neuen Kommunikationszeitalter

Richard Schaukal setzt sich in seinen Novellen, die mehrheitlich kurz nach der Jahrhundertwende publiziert wurden, erzähltechnisch ähnlich wie Pirandello mit dem Phänomen der Beschleunigung auseinander. Die Innenschau seiner Protagonisten ist an Arthur Schnitzlers Erzählungen angelehnt, auch wenn er dessen suggestiven Stil nicht erreichte. In *Mimi Lynx* (1904) hat der Hauptcharakter Heinrich auf einer Eisenbahnfahrt folgenden Sinneseindruck, eine zeitgemäße Betrachtung, die Schaukals Stellenwert als literarischen Seismografen um 1900 erzähltechnisch wie wahrnehmungsperspektivisch unterstreicht:

> Und zwischen den Speichen seiner Rede wanden sich windschnell die Gedanken, und an ihnen hielten sich die Gedanken über die Gedanken geklammert, und wenn er ein wenig die Zügel seines Monologs fallen liess, hörte er das alles mit den feinen Ohren seines Gewissens und fürchtete sich vor dem Wirrwarr seiner Seele.[36]

In dieser filmisch anmutenden Sequenz, die das „Camera eye“[37] nach innen richtet, fallen mittels hypertropher Satzstrukturen und Wortrepetitionen Form und Inhalt, die eine Beschleunigungserfahrung vermitteln, zusammen. Die Heterotopie Eisenbahn symbolisiert eine technikbedingte Selbstentfremdung des modernen Menschen, das Zugabteil steht für die von Hans Blumenberg oben erwähnte Einkapselung des Individuums in seinem Bestreben, Technik und Leben in Einklang zu bringen. Heinrichs Blick durch die Fensterscheibe lässt diesen die vorbeiziehende Landschaft gefiltert wahrnehmen und verstärkt die von den Wiener Dekadenten wahrgenommene Disharmonie von Innen und Außen, Subjekt und Objekt. Bei Leopold von Andrian (*Der Garten der Erkenntnis*, 1895), Richard Beer-Hofmann (*Der Tod Georgs*, 1900), Felix Salten (*Flucht* 1900) und Robert Musil (*Die Vollendung der Liebe*, 1911) ist das Landschaftserlebnis als Blick aus dem fahrenden Zug ein wiederkehrendes

35 Vgl. wie Anm. 10, S. 89–91.

36 Richard Schaukal: Mimi Lynx. Siegen 1999, S. 15.

37 Franz K. Stanzel: Theorie des Erzählens. Göttingen 1989, S. 160f.

Moment.[38] Wie die Protagonisten der erwähnten Novellen und wie Serafino Gubbio betrachtet auch Heinrich sein Leben aus der Distanz des Teilnahmslosen, der in „einer vollständigen Spaltung seines Wesens“[39] dem eigenen Handeln zusieht. Die Welterfahrung wird lediglich als Scheinerfahrung wahrgenommen und die durch Telegrafie, pneumatische Post etc. mitbedingte Auflösung traditioneller Kommunikationsweisen begleitet diese Auffassung. Das Ich ist, so waren sich viele Jahrhundertwendedichter gewiss, ein hybrides Konstrukt, und die von Ernst Mach postulierte, in Bahr wiederkehrende und durch Technik und Fortschritt verstärkt empfundene Sentenz von der „Unrettbarkeit des Ichs“[40] eint auch Pirandello und Schaukal.

3.1 Schiefe Optik und erotische Fotografien

Die Optik des Titelhelden Mathias Siebenlist erfolgt aus einer generell schiefen Grundhaltung heraus, denn aufgrund seines Buckels kann er die Welt lediglich aus einer gebeugten Haltung wahrnehmen. Sein „Höcker“ ist das körperliche Zeichen des niederen Standes und der sozialen Ausgrenzung, eine Metapher, die sich auch in Albert Ehrensteins Roman *Der Selbstmord eines Katers* einschreibt. Sein Protagonist bemerkt während eines Spaziergangs im Wiener Vorort Ottakring einen hohen „Prozentsatz von Buckligen und Verwachsenen [sowie] merkwürdig große Köpfe, Höcker und Ausladungen mannigfaltigster Art“.[41]

Schaukals Novelle, eine der wenigen, in der soziale Themen anklingen, handelt von den zwei einzigen Freunden, die der unterprivilegierte Sohn einer Wäscherin im Lauf seines Lebens findet. Die erste Freundschaft knüpft Mathias in Kindesalter mit dem aus reichem Hause stammenden Ralf, doch diese Verbindung löst sich während des Studiums, als sich der Kommilitone für Mathias zu schämen beginnt. Daraufhin freundet der Student sich mit dem verarmten Grafen und alten Rittmeister Ludwig Decerti an, der ihn in dessen lichte Vergangenheit, eine fantastische Parallelwelt, entführt, um sich dann „aus Mangel an anderweitiger Beschäftigung mit dem Rasiermesser die Pulsadern an beiden Armen [aufzuschneiden]“.[42]

Mathias verharrt daraufhin physisch in Decertis Wohnung, geistig in dessen verbalkonstruiertem Märchenreich, das Imago eines erotisch konnotierten Schlosses, und verfällt schließlich dem Wahnsinn. Mitausschlaggebend für den schleichenden

38 Vgl. Dirk Niefanger: Produktiver Historismus. Raum und Landschaft in der Wiener Moderne. Tübingen 1993, S. 64.

39 Wie Anm. 36, S. 11.

40 Hermann Bahr: Dialog vom Tragischen. Berlin 1904. In: ders.: Kritische Schriften IX. Hg. von Claus Pias. Weimar 2010, S. 45–47.

41 Albert Ehrenstein: Der Selbstmord eines Katers. München, Leipzig 1912, S. 70.

42 Richard Schaukal: Mathias Siebenlist. In: ders.: Eros Thanatos. Novellen. Wien/Köln 1961, S. 161.

Übertritt in die geistige Umnachtung sind die unzähligen alten Manuskripte, Briefe und Fotografien, die der Graf hinterlässt und die Mathias manisch durchforstet. Das Aufeinandertreffen von altem und neuem Medium, die Konkurrenz von Schrift und Bild, führt Mathias Siebenlist wie auch Serafino Gubbio in die Konfliktwelt aus Schein und Wahrheit. Beide Protagonisten versuchen sich über den medialen Zugang einen Überblick über ihre Weltzugehörigkeit zu ‚ersehen', Serafino, indem er schreibend die Ereignisse sammelt und ordnet, die ihn durch die Tätigkeit beim Film eine abgegrenzte Blickweise haben einnehmen lassen, Mathias, indem er sich das Vorleben des Grafen lesend und betrachtend aneignet. Bezeichnend ist auch, dass der Neuromantiker Schaukal seinen Protagonisten nachts in die Sphäre der Vergangenheit eintauchen und vor seinem inneren Auge das Schloss, die schöne Gräfin – alles vom imaginierten Mondlicht erhellt – entstehen lässt, während vor dem Fenster ein Eisenbahnzug „funkensprühend vorbeifaucht".[43]

Die vererbten Fotografien des Nachlasses zeigen Nacktbilder ehemaliger Liebschaften des Grafen, die Mathias Kante an Kante reiht und jedes Detail studiert, bis sie sich in ein Vexierbild aus Anziehung und Ekel verzerren. Vergeblich sucht er im übertragenen ödipalen Affekt nach dem Bild der schönen Gräfin Decerti-Motocka, Ludwig Decertis Mutter, die lediglich in den Briefen und Manuskripten des verstorbenen Freundes erscheint, nicht aber fotografisch. Als Mathias eines Tages im Wiener Prater glaubt, die Equipage eben dieser alten Gräfin erkannt zu haben, erlahmt sein ohnehin schon verlangsamter Lebenswandel zur Gänze. Täglich steht er daraufhin in der Parkanlage, wartet gleich einem Säulenheiligen auf ihre Wiederkehr und verfolgt jeden Wagen „mit hungrigen Blicken".[44] Um heizen zu können, verbrennt er die unzähligen Fotografien, dann auch die Briefe und Manuskriptmappen des Grafen. Er entledigt sich des Medien-Ballastes, unterscheidet nicht mehr zwischen Schrift und Bild. Nach endlosem Warten vermeint er plötzlich die Kutsche der Gräfin erblickt zu haben, worauf er sich bis zu dieser vorkämpft, in die „erloschene[n] Augen" einer alten Dame blickt, lachend zusammenbricht und in eine Nervenklinik eingewiesen wird; oder nach seiner Auffassung ins Schloss der hundert Liebhaber einkehrt.[45]

Mathias Siebenlists Wahnsinn ist also auch medial durch die erotischen Fotografien bedingt. Die Erfindung des Lichtbilds hat wie kaum eine andere technische Errungenschaft das Bewusstsein erzeugt, an der Schwelle einer Zeitenwende zu stehen.[46] Eine der Kernaussagen in Charles Baudelaires Fotografie-Essay, nämlich dass das Medium einen narzisstischen Wunsch der Menschen erfülle, ihr natürliches Abbild

43 Ebd., S. 167.
44 Ebd., S. 172.
45 Ebd., S. 174.
46 Vgl. Wolfgang Matz: 1857. Flaubert, Baudelaire, Stifter. Frankfurt a.M. 2007, S. 11.

reproduziert zu sehen,[47] kehrt hier bei Schaukal als Technik- und Ästhetizismuskritik wieder, die auch ein poetologische Statement gegen den Naturalismus impliziert. Ähnlich Narziss, der sich in sein Abbild verliebt und schließlich daran zugrunde geht, verliert sich auch Mathias in den naturnahen Frauenfotografien, die ihm ein erotisches Leben in aller Direktheit vorführen. Über die Betrachtung der Lichtbilder fällt das Subjekt in eine Zwischenwelt, für die Schaukal zwei Lesarten anbietet: das Schloss und die Irrenanstalt. Wie bedeutend der durch die Fotografie verstärkt wirkende Momentcharakter für das erzähltechnische Spiel zwischen Stillstand und Geschwindigkeit ist, soll im Folgenden anhand eines dialektischen Hauptmotivs der Wiener Moderne aufgezeigt werden.

3.2 Der Augenblick in Tod und Liebe

Mathias Siebenlist erschien in der Novellensammlung mit dem typischen Jahrhundertwendetitel *Eros Thanatos*. Liebe und Tod stellen die Grunddispositive und eine symbolische Polarität für die Be- und Entschleunigung dar. Schaukal verbindet den Tod nicht ausschließlich mit Starre oder einem Endlichkeitsgedanken. Das Ableben bedeutet für den katholisch geprägten Dichter ein Übergangsstadium, es ist beweglich und bringt keine Finalität mit sich. An seine Seite stellt Schaukal den Eros, der im Verständnis des Jugendstils auch die Aufhebung von Zeit, also den Stillstand repräsentiert, weil er ein tief empfundenes Gefühl eines einzelnen Augenblicks, eine Impression verkörpert. „Eros, holdseliger Knabe, du kannst mich nicht täuschen, ich / kenne / lang dein erlauchtes Geschlecht, nenne beim Namen dich, / Tod!",[48] dichtet Schaukal an anderer Stelle dazu passend. Auch Luigi Pirandello bedient sich in *Un'idea* (ca. 1922) einer der allgemeinen Auffassung nach gegenläufigen Tod-und-Leben-Dichotomie: In dem

> „bewährtem Gegensatz zwischen *vita* und *forma*, zwischen Bewegung und Erstarrung, nimmt [in der Novelle] interessanterweise das Element des Todes in seiner fließenden Bewegung den Platz des Lebens ein. Vielleicht lediglich im Sinne einer Befreiung, weil der namenlose Protagonist schon zu Lebzeiten in einer Todesstarre verharrt".[49]

Schaukals Novelle erzeugt in ähnlicher Weise einen im Erzähltext sich schließenden Lebenskreis, der mit dem Sterben eingeleitet wird. Die an den Tod von Mathias'

47 Vgl. Charles Baudelaire: Die Fotografie und das moderne Publikum (1859). In: wie Anm. 12, S. 110.

48 Richard Schaukal: Herbsthöhe. Paderborn 1933, S. 83.

49 Tobias Eisermann: Pirandellos späte Novellistik im Kontext des italienischen Surrealismus. In: Pirandello zwischen Avantgarde und Postmoderne. Hg. von Michael Rössner. Wilhelmsfeld 1997, S. 71.

Mutter anschließenden Jahre (erzählte Zeit) sind in fünf Sätzen (Erzählzeit) zusammengefasst. Im nächsten Kapitel prallen dann zwei unterschiedliche Chronologie- und Tempoebenen aufeinander: Erst werden der Todeskampf von Mathias' Mutter und sein stundenlanges Verharren an ihrer Seite geschildert. In diesen Abschnitt schiebt sich eine Analepseklammer, die einen wenig abwechslungsreichen Alltag beschreibt und die erzählte Zeit der Kindheit durch Raffung beschleunigt. Nach diesem zeitlichen Bruch, der Rückschau, kehrt die Geschichte ans Totenbett zurück und erfährt ein retardierendes Moment, nämlich die Epiphanie des jungen Protagonisten im Anblick oder Augenblick des Sterbens. Die tote Mutter war „sein großes Erlebnis geworden".[50] Die erzählte Zeit dieses Erkenntnismoments widersetzt sich dem Charakter der Plötzlichkeit, Mathias' Totenwache und sein Gedankenstrom erstrecken sich über mehrere Seiten, die den Erzählfluss dehnen. „Mit der Deutlichkeit einer Vision" erkennt Mathias erst langsam und reflexiv, dass er sich dem Leben stellen muss und sein sichtbares Zeichen sozialer Ausgrenzung, den „Höcker", nur „aus sich selbst" und „in sich selbst" überwinden kann, wie es im Gedankenstrom heißt.[51] Es mag paradox klingen, aber der gedehnte Todesaugenblick verleiht dem Protagonisten zunächst neuen Lebensantrieb, wenn auch nicht im Sinne von Pirandellos *Un'idea*. Mathias beschließt, Musiker zu werden und aus seinem sozialen Gefängnis auszubrechen. Dieser Vitalitätsschwung wird jedoch abrupt durch den unmittelbar im Anschluss einfallenden Eros gebremst. Im Schaufenster einer Buchhandlung betrachtet Mathias Fotografien halbnackter Frauen und stößt, in den Anblick versunken, an eine elegante Dame, deren „Lackknöpfelschuhe" er erregt und intensiv mustert. Verwirrt zieht Mathias weiter und bleibt vor einem alten, halb abgerissenen Biedermeierhaus stehen. „Die schamlos entblößten Gemächer" provozieren seinen Unmut und er vergleicht den Bauschutt mit „herausgezerrten Eingeweiden".[52] Diese beobachtungszentrierte Passage transportiert inhaltlich ein zeitkritisches Moment, das sich im Spannungsfeld von Eros und Tod konstituiert. Wie Pirandellos Protagonist im italienischen Landhaus verliert sich auch Schaukals Held in der detaillierten Betrachtung des weiblichen Körpers und des toten Gebäudes, die „unlöslich" miteinander verbunden[53] Impressionen des Erstarrens liefern. Auf der Darstellungsebene führt dies zur Zeitdehnung der Passage, die im Vorstadtgasthaus, das Mathias daraufhin aufsucht, ihren Höhepunkt und ironischen Kapitelschluss erreicht: „Das Zimmer war ungelüftet und dunkel. Mathias ließ sich eine Zeitung reichen. Sie war an einem strohgeflochtenen Halter aufgesteckt, von verschiedenen Flüssigkeiten beschmutzt. Das Fenster hatte ein breites, staubbedecktes Bord. Fliegen hingen schläfrig an den Scheiben."[54]

50 Wie Anm. 42, S. 134.
51 Ebd., S. 135.
52 Ebd., S. 140.
53 Ebd., S. 152.
54 Ebd., S. 142.

Das Zoomen von Bildausschnitten findet sich laut Dirk Niefanger in der Literatur des Wiener Fin de siècle, sobald „die modern gesehene Problematik des Wahrnehmungsvorgangs profiliert werden soll".[55] Diese fokussierte Perspektivierung, mit der auch Pirandello arbeitet und die Bewegungsabläufe abbildet, setzt sich in Mathias Siebenlist mittels detaillierter Deskriptionen des Raumes fort.

3.3 Perspektive und Beschreibung

Mathias Siebenlist wird kurz nach der Gasthausszene von Decerti in seine Wohnung eingeladen, worauf sich zwei deskriptive Teile entfalten. Der erste fokussiert das Gebäude, in dem der Rittmeister logiert: „Er wohnte im dritten Stock eines Armeleutehauses der Vorstadt. Im Erdgeschoß Laden an Laden. Gegenüber der Bahndamm. Die Straße, schien's, wurde das ganze Jahr nicht gereinigt. Der Regen rann und durchweichte den Straßenkörper."

Nachdem der Protagonist Decertis Räumlichkeiten betritt, setzt sich der personale Berichtstil, der mehr Inventurliste als Erzählung ist, fort: „Es befanden sich daselbst ein Schreibtisch, mehrere Kasten, eine Bücherstelle, eine Dantebüste, ein Schlafdiwan, einige [...] Lehnstühle."[56] Im Vordergrund steht hier nicht die bewertende, ordnende Perspektive des Erzählers, sondern die Wahrnehmung von Mathias, mit dem der Leser gleichzeitig Straße, Haus und Zimmer betritt. Das Erzähltempo ist nahezu zeitdeckend, nur die Kürze der Sätze - eine schnelle Abfolge kurzer Blicke - löst die Verlangsamung auf. Das deskriptive Verfahren, das in der Literatur der Moderne zur wesentlichen Wahrnehmungsform wird, lässt die erzählte Zeit beinahe erstarren.[57] Es entsteht über diese Art der Perspektivierung ohne Distanz ein dramatischer Erzählmodus (Genette), den Roland Barthes als Realitätseffekt beschrieben hat.[58] Diese Wirkung, die mit dem realistischen Erzählpassus korreliert, wird dann durch eine romantisierende, die Romantik sogar ironisch bespiegelnde Lebensschilderung des Grafen Decerti gebrochen, der Tschibuk rauchend von seiner Kindheit und Jugend im Schloss erzählt, außerdem von seiner wunderschönen Mutter, ihren unzähligen Geliebten und weiteren märchengleichen Gestalten. Die ästhetizismuskritische Aussage bestimmt das Finale der Novelle, weder reüssiert Mathias als Geiger, noch entkommt er dem Subproletariat. Er entsteigt in ein Fantasmogramm, das einerseits mit Blick auf Motiv und Stil an die Décadence angelehnt ist, andererseits auch eine Dekadenzkritik artikuliert:

55 Wie Anm. 38, S. 58.

56 Wie Anm. 42, S. 145f.

57 Vgl. Eberhard Lämmert: Bauformen des Erzählens. Stuttgart 1967, S. 88.

58 Wie Anm. 8, S. 50.

> Ein Schloß erstand vor des Buckligen Seele, ein Schloß mit einer Fassade von 29 Fenstern, einem Park, einer Wildbahn, einem melancholischen Weiher, Schwänen und Teichrosen. Und ein wunderbares Wesen beherrschte dieses Schloß und diesen Park, eine Dame in weißen Spitzen und weißen Schleiern, zart und fein und lieblich.[59]

Jens Rieckmann beschreibt den hier ausgetragenen Konflikt, an den Schaukal seine Hauptfigur scheitern lässt, als Grundgefühl der Jahrhundertwende: „Aus dieser Lebensangst, aus dem Gefühl des Ausgeliefertseins an eine unheimliche Macht, rettet sich eine Generation durch die Flucht aus dem Leben in einen hermetisch abgeschlossenen ästhetischen Bereich."[60]

4 Die entrückte Perspektive

Beiden Protagonisten ist die „entrückte Perspektive" eigen, wie sie Mathias Mayer in seinem gleichnamigen Essay anhand Oskar Matzeraths Wachstumsstillstand verdeutlicht und die mit Verlangsamungsprozessen in Zusammenhang steht.[61] Pirandellos Antiheld weist jene perspektivische Entrückung über weite Strecken der Erzählung auf. Als beobachtende Instanz steht er hinter der Kamera, hinter dem sich Vollziehenden. Sein Handeln ist ein scheinbares, denn während sich vor der Linse Bewegungsabläufe verdichten, verharrt er in distanzierter Passivität. Pirandello kokettiert auf einer zweiten Ebene mit der Barockgattung des Schelmenromans und seinem Picaro, der bisweilen die Funktion des kritischen Fürstenspiegels einnimmt. Serafinos soziale Froschperspektive ermöglicht ihm zwar ebenso einen pikaresken machtkritischen und kulturpessimistischen Durch-Blick, wie er beispielsweise auch Oskar Matzerath eigen ist. Doch hat er dem beobachteten Treiben nichts als seine Notizhefte entgegenzusetzen – eine verstärkt perspektivische Innenkehr, die eskapistisch anmutet und letztlich seine Ohnmachtsposition, die ihn in die Sprachverweigerung treibt, deutlich macht. Pirandello stellt den Kameramann erzähltechnisch zwar in den Mittelpunkt der Novelle, die Fäden der Handlung laufen aber nicht bei ihm zusammen, sondern an ihm vorbei, was einen unweigerlichen Komikeffekt zur Folge hat. Dem dramatischen Modus gemäß löst sich der Erzähler durch die oben geschilderten Narrationsverfahren beinahe selbst auf und der Rezipient hält, wie Serafino Gubbio, während der zeitaufhebenden deskriptiven Erzählabschnitte betrachtend inne.

Für Mathias Siebenlist spielt die Entrückung ebenfalls eine vielschichtige Rolle. Auch sein Blick erfolgt aus einer eingeschränkten Perspektive von unten, denn sein

59 Wie Anm. 42, S. 147.

60 Jens Rieckmann: Aufbruch in die Wiener Moderne. Die Anfänge des Jungen Wien: Österreichische Literatur und Kritik im fin de siècle. Königstein 1985, S. 106.

61 Vgl. Mathias Mayer: Stillstand. Entrückte Perspektive. Göttingen 2014, S. 9.

niederer Stand und die gebeugte Haltung konstituieren eine ‚geerdete' Weltsicht. Der Protagonist wechselt nie vom Patiens zum Agens, weder in erotischen Belangen noch im Tod, denn während seine Mutter und Graf Decerti im Ableben einen Ausweg finden, setzt sich Mathias' leidvolle Existenz fort, zumal er in einer Halbwelt zwischen Wahnvorstellung und Realität gefangen bleibt. Dieser finale Zustand der Unerlöstheit kündigt sich bereits in den zeitaufhebenden, beschreibenden Textpassagen an, die erzähltechnisch statisch auf ein Ende ohne Auflösung verweisen. „Ein Held, der sich wenig bewegt, seine Aktionen sind Perspektiven, Gedankengänge sein Element",[62] formuliert es Gottfried Benn in einem anderen Kontext und trifft dabei doch auch das Wesen der hier behandelten Novellen: die autoreferentielle Hemmnis im Handeln und die Ausrichtung der Hauptfiguren nach innen im Wechselverhältnis von Langsamkeit und Schnelligkeit.

5 Fazit

Darstellung und Inhalt, Erzähltechnik und Themen der beiden hier untersuchten Novellen geraten zur Auseinandersetzung mit einem Zeitthema par excellence: dem Spannungsfeld aus technischer Beschleunigung und ästhetischer Verlangsamung. Schaukal und Pirandello liefern noch zahlreiche weitere Beispiele, um den kontrovers geführten Disput zwischen Fortschrittsverfechtern und Kulturkritikern, der ein schubweise erfolgender diachroner Zeitdiskurs ist, vergleichend fortzuführen. Fakt ist, dass beide Autoren skeptisch in die Zukunft blickten, wenn auch Pirandellos Ironie sich einer rein kulturpessimistischen Interpretation verwehrt.[63] Dennoch wird in *Si gira …* ein Unbehagen gegenüber den in allen gesellschaftlichen Bereichen überhandnehmenden Maschinen deutlich. Serafinos Kampf mit der Kamera ist gleichzeitig absurd und beängstigend, divergiert zwischen Witz und Schrecken. Weniger komisch, wenn auch mit Ironie angereichert, verläuft Schaukals Schilderung seines Protagonisten, der wie Serafino Gubbio mit Dissolution und gesellschaftlicher Entfremdung letztlich aussichtslos kämpft. Die Figurenzeichnung von Mathias Siebenlist steht noch stark in der Tradition der Wiener Ästhetizismus-Auseinandersetzung und Kritik, denn neben der Zeitkritik spielt vor allem auch die Unvereinbarkeit von Kunst und Leben eine zentrale Rolle.

Beide Antihelden sind zwar keine buchstäblichen Entwicklungsverweigerer, nehmen aber im Sinne der Ästhetik des Stillstandes doch eine entrückte Perspektive ein. Neben der Figurenzeichnung und der Verwendung des Inneren Monologs sind zudem Parallelen im erzähldehnenden Verfahren ersichtlich. Die beschreibenden

62 Gottfried Benn: Roman des Phänotyp. Landsberger Fragment 1944. In: ders.: Sämtliche Werke. Bd. IV: Prosa 2. Stuttgart 1989, S. 415.

63 Vgl. Thomas Klinkert: Quaderni di Serafino Gubbio operatore. In: wie Anm. 49, S. 200.

Textpassagen und langen Augenblicke, die zwischen Langsamkeit und Schnelligkeit alterieren, ermöglichen eine Reihe intertextueller Vergleiche. Nicht zuletzt sei auf einen fast banalen, darum aber nicht weniger interessanten Umstand hingewiesen: Pirandello und Schaukal nehmen sich die Zeit für lange Prosa. Damit richten sie sich gegen die epigrammatische Lyrikprosa und Alfred Polgars Auffassung (1926), dass das Dasein angesichts der Beschleunigung aller Lebensverhältnisse zu kurz für verweilendes Schildern und lange Betrachtungen sei. Peter Altenbergs „Telegrammstil der Seele"[64] und die gängige Kurzprosa werden bewusst unterlaufen. Egon Friedell bringt die formale Verknappung in seiner Laudatio auf Altenberg auf den Punkt:

> Nur im Zeitalter der Telegraphie, der Blitzzüge und der Automobildroschken konnte ein solcher Dichter entstehen, dessen leidenschaftlichster Wunsch es ist, immer nur das Allerallernötigste zu sagen. Für nichts hat ja unsre Zeit weniger Sinn als für jenes idyllische Ausruhen und epische Verweilen bei den Gegenständen, das früher gerade für poetisch galt, und nichts ist ihr verhaßter als Langsamkeit und Breite. Wir lassen uns nicht mehr behaglich über den Dingen nieder. Unsere gesamte Zivilisation steht unter dem Grundsatze: Le minimum d'effort et le maximum d'effet! Schon in der Schule beginnt heutzutage die ‚Erziehung zum Extrakt'. [...] Die Photographie entwirft uns kondensierte Miniaturbilder der Welt. Wir reisen nicht mehr ausführlich in der Postkutsche, sondern im Schnellzug und empfangen hastige Schnellbilder der Gegenden, die wir passieren.[65]

Richard Schaukal, der Altenberg verehrte, und Luigi Pirandello sind bei weitem nicht die ersten Verfechter einer beschleunigungskritischen Kunst, und sie gelten auch nicht als die Entdecker der Langsamkeit. Der Vergleich hat vielmehr demonstriert, dass eine Ästhetik der Langsamkeit ohne Elemente der Geschwindigkeit, seien sie maschineller oder erzähltechnischer Natur, konventionell und bedeutungslos bliebe.

64 Wie Anm. 27, S. 7.

65 Egon Friedell: Peter Altenberg. Zu seinem fünfzigsten Geburtstag. In: Peter Altenberg: Bilderbögen des kleinen Lebens. Berlin 1909, S. 210.

Christophe Fricker (Bristol)

Ästhetische Beschleunigung – technische Entschleunigung? · Die Zeitlichkeit von Autorschaft und Arbeit bei Ernst Jünger

1 Ernst Jünger und die Frankfurter Schule?

„Technische Beschleunigung" und „ästhetische Entschleunigung" – die Polarität scheint sich fast zwangsläufig zu ergeben. Das Feuilleton liest „Ästhetik und Entschleunigung" so deutlich als Synonyme, dass schaurig-schöne Momente futuristischen Geschwindigkeitsrausches, rebellische Fluchtimpulse der Beat-Generation und die postmoderne Betriebsnudelei vernetzter Autoren als Ausnahmen problemlos konzediert werden können, ohne dass die Grundannahme dadurch ins Wanken geriete. „Technik und Beschleunigung" erscheinen dann automatisch als Gegenteil. Wenn man dem wohl wichtigsten Beschleunigungstheoretiker der Gegenwart glaubt, wird in der protestantisch-kapitalistisch-technisch geprägten Welt der Neuzeit aber irgendwann alles beschleunigt, wenn auch in je unterschiedlicher Art und Weise. Widerstand werde allenfalls in Diskursen artikuliert, aber kaum gelebt.[1]

Hartmut Rosa legte – freilich ohne sich direkt auf Jünger zu beziehen – in den letzten Jahren eine soziologische Analyse zahlreicher Phänomene und Tendenzen vor, die Ernst Jünger bereits in seinen Moderne-Essays *Die totale Mobilmachung* (1930), *Der Arbeiter* (1932) und *An der Zeitmauer* (1959) beschrieben hatte. Rosa und Jünger gehen davon aus, dass man aus der neuzeitlichen Welt, in der es Technik und Beschleunigung gibt, nur unter großen Schmerzen und Opfern aussteigen kann. Sie sind sich – implizit und auf einer sehr grundsätzlichen Ebene – auch einig, dass Ästhetik und Beschleunigung in der Moderne nicht im Widerspruch zueinander stehen müssen. Jünger benennt und beschreibt zahlreiche Prozesse, die insgesamt die Moderne ausmachen: Automatisierung, Spezialisierung, ein sich wandelndes Verständnis von Individualität, ein sich wandelndes Verhältnis von Politik, Wirtschaft und Militär

1 Dankbar bin ich für die großzügige Förderung dieses Projekts durch ein Intra-European Fellowship im Rahmen der Marie Curie Actions des von der Europäischen Kommission aufgelegten Seventh Framework Agreement. Für wertvolle Hinweise danke ich Robert Vilain, Rolf Goebel und Jens Beljan.
Hartmut Rosa: Beschleunigung. Die Veränderung der Zeitstrukturen in der Moderne. Frankfurt a.M. 2005, S. 81. Eine knappe Zusammenfassung seiner Beschleunigungstheorie legte Rosa vor unter dem Titel: Beschleunigung und Entfremdung. Entwurf einer kritischen Theorie spätmoderner Zeitlichkeit. Berlin 2013.

zueinander. Hartmut Rosas Theorie der sozialen Beschleunigung ermöglicht die Frage, inwiefern ihnen ein Element der Beschleunigung innewohnt oder ob sie gar insgesamt als Beschleunigung aufzufassen sind. Die seit 2007 immer wieder anders und dabei ungemindert akute globale Wirtschafts- und Finanzkrise hat Arbeits- und Verhaltensformen und dadurch fast unvermeidlich auch Wertorientierungen und Sinnannahmen auf die Probe gestellt. Rosa entwirft seine Theorie der sozialen Beschleunigung und die inzwischen daran anknüpfende Resonanztheorie als Sinnangebot zu Krisenzeiten, und sein akademischer und publizistischer Erfolg[2] zeigen, dass er damit einen Nerv trifft. Sein Name wird genannt, wenn es um die Suche nach „Auswegen aus der Krise" des heiß laufenden Kapitalismus geht.

Im Folgenden möchte ich unter Rückgriff auf Rosa als prominenten Vertreter der aktuellen Gesellschaftsanalyse *erstens* untersuchen, wo für Ernst Jünger die Grenzen der Beschleunigung verlaufen, und *zweitens* fragen, inwiefern Jünger der Transgression dieser Grenzen in Richtung auf ein entschleunigtes, beharrendes oder in anderer Weise selbstbestimmt mit den Kräften der Beschleunigung umgehendes Verhalten eine spezifisch ästhetische Qualität zuschreibt. Dabei wird der scheinbar so natürliche Konnex aus „Technik und Beschleunigung" und „Ästhetik und Entschleunigung" zu überprüfen sein. Die Lektüre eines „konservativen" Autors auf der Basis von Theorien aus der „progressiven" Frankfurter Schule ist gewagt.[3] Ich nehme sowohl Rosas emanzipatorische Ambition als auch Jüngers literarisch gestalteten Blick auf die Moderne so ernst, um zu versuchen, die Frage nach Aussichten eines ‚Ausstiegs aus den Zwängen der Gegenwart' unter Bezug auf vermeintlich inkompatible Denkwege auszuloten.

2 Hinzuweisen wäre auch auf sein Engagement bei der Deutschen Schülerakademie: Seine Theorie ist in der Lage, akute Ängste einer Vielzahl von Schülern aufzugreifen und schon dadurch Trost zu spenden – für die Arbeit eines Allgemeinen Soziologen durchaus ein Qualitätsmerkmal.

3 Etwaige gemeinsame Interessen, Ambitionen und Positionen beider „Lager" wurden bisher kaum untersucht. Anzuknüpfen wäre auch an Walter Sokels emphatische Feststellung: „Jünger's concept of the bourgeois age roughly coincides with what Jürgen Habermas has called modernity" (The „Postmodernism" of Ernst Jünger in his Proto-Fascist Stage. In: New German Critique 59.1 (1993), S. 33–40). Vgl. darüber hinaus Marcus Bullock: Walter Benjamin and Ernst Jünger: Destructive Affinities: In: German Studies Review 21.3 (1998), S. 563–581; Gunther Martens: Das Poetische heißt Sammeln: Ernst Jünger im Spiegel der enzyklopädischen Literatur (Kempowski, Littell, Kluge, Müller. In: Ernst Jünger und die Bundesrepublik: Ästhetik – Politik – Zeitgeschichte. Hg. v. Matthias Schöning und Ingo Stöckmann, Berlin 2012, S. 137–160, hier S. 148–150. – Generationenwechsel haben sowohl die Entwicklung der Frankfurter Schule als auch Richtung und Inhalte der Jünger-Forschung in den vergangenen zwei Jahrzehnten wesentlich verändert, nicht zuletzt indem sie den Blick von Diskursen auf Herausforderungen und von Netzwerken auf Werke lenkten.

Für Rosa gibt es im Wesentlichen fünf Formen der Entschleunigung bzw. Beharrung: (1) natürliche Geschwindigkeitsgrenzen, (2) Entschleunigungsoasen, (3) Entschleunigung als dysfunktionale Nebenfolge sozialer Beschleunigung, (4) funktionale Entschleunigung (also ein zeitweiliges Langsamerwerden mit dem Ziel, nachher umso stärker Gas geben zu können) und ideologisch begründete, letztlich oft vor allem nur postulierte Entschleunigung sowie (5) strukturelle und kulturelle Erstarrung.[4]

Entschleunigung ist für Jünger von zentraler Bedeutung – so die Grundthese von Jan Robert Webers Buch *Ästhetik der Entschleunigung*, einer Biografie Ernst Jüngers als Reisenden.[5] Weber fasst Jüngers zahlreiche, oft weite Reisen vor allem der 1930er- bis 1960er-Jahre als Entschleunigungsversuche auf, wobei sich seine Definition von Entschleunigung am ehesten mit Rosas zweiter oder vierter Form deckt: Weber vermutet, dass Jünger Entschleunigungsoasen aufsuchte und diese Aufenthalte intellektuell begründete und schließlich kreativ ausgestaltete.

Bei Weber fallen viele verschiedene Phänomene und Äußerungsformen unter „Entschleunigung“: Langsamkeit, Zeitlosigkeit, Ruhe, mythische Zeitauffassungen und lange historische Blickwinkel. Umgekehrt ist „Beschleunigung“ für ihn die breite Palette von Schnelligkeit und Geschäftigkeit über den planenden Umgang mit zur Verfügung stehender Zeit bis hin zu enger Gegenwartsbezogenheit. Jünger setzte sich jahrzehntelang mit all dem auseinander.[6] Er polarisiert nicht zuletzt dadurch, dass er in extrem langen Zeiträumen denkt und das vermeintlich Neue der Moderne dem historisierenden („morphologischen“) Vergleich unterwirft. Er widmete dem Zusammenhang zwischen Zeiterfahrung und Zeitmessung schließlich *Das Sanduhrbuch* (1954). Seit den 1930er-Jahren nannte er Moderne die Zeit der „totalen Mobilmachung“. Das muss nicht zwangsläufig Beschleunigung bedeuten, rückt aber zumindest die schnelle Bewegung in den Blickpunkt.

Ein sehr weit angelegter Be- und Entschleunigungsbegriff läuft Gefahr, die Komplexität von Jüngers Auseinandersetzung mit Zeitlichkeit, Arbeit und Autorschaft nicht recht zu erfassen und so „Entschleunigung“ letztlich zur Chiffre für intensives, freudiges Erleben überhaupt werden zu lassen, das sich gegenüber den Zumutungen der Betriebsamkeit behauptet. Jüngers Positionen sind aber gerade deshalb faszinierend, weil sie auf einer Diagnose beruhen, die oberflächlich betrachtet nah an der modernen Soziologie und an weit verbreiteten Erfahrungen ist, aber in eine Prognose übergehen,

4 Thesenhaft in Rosa: Beschleunigung und Entfremdung (wie Anm. 1), S. 46–54.

5 Jan Robert Weber: Ästhetik der Entschleunigung: Ernst Jüngers Reisetagebücher (1934–1960). Berlin 2011.

6 Ich knüpfe an eine Arbeit an, die in dieser Hinsicht als Fallstudie zu lesen ist, nämlich Christophe Fricker, „Machina machinarum“: Ernst Jüngers Autobahnen. In: Die Metaphorik der Autobahn. Literatur, Kunst, Film und Architektur nach 1945. Hg. v. Jan Röhnert. Köln/Weimar 2014, S. 87–104.

die sich ebenso markant von beidem abhebt. Das wird erst auf Basis einer engen Definition von Be- und Entschleunigung deutlich. Diese laute wie folgt: Be- und Entschleunigung sind die Veränderung der Geschwindigkeit, mit der ein Einzelner oder eine Gruppe von Menschen handelt oder die jeweilige Umwelt wahrnimmt. Diese Veränderung mag vorgestellt oder realisiert sein, und sie mag das Resultat bewusster Anstrengungen sein oder sich aus übergeordneten historischen Entwicklungen gleichsam zwangsläufig ergeben. Genau das bringt Jünger zwar insgesamt erstaunlich selten zur Sprache, dafür aber einige Male sehr pointiert. Die folgende Analyse stützt sich zum einen auf Jüngers zeit- und gesellschaftsphilosophische Hauptwerke *Der Arbeiter* und *An der Zeitmauer*,[7] deren spannungsreiches Verhältnis zueinander beinahe schon seit Erscheinen der *Zeitmauer* zu der Frage Anlass gegeben hat, ob Jüngers Werk in zwei Phasen einteilbar sei.[8] Zum anderen werte ich einige Reisetagebücher als mögliche Chroniken von Entschleunigungsversuchen exemplarisch aus.

2 Beschleunigung durch Technik?

In *Die totale Mobilmachung*, *Der Arbeiter* und *An der Zeitmauer* durchdenkt Jünger die geschichtlichen Entwicklungen, die das 20. Jahrhundert prägen. „Totale Mobilmachung" nennt er die „wachsende Umsetzung des Lebens in Energie" (7, 125).[9] Er weitet den Begriff der Mobilmachung über das Militärische hinaus aus, denn es gebe „keinen Unterschied zwischen Kämpfern und Nichtkämpfern mehr" (ebd., 128), dafür aber nun „Heere des Verkehrs, der Ernährung, der Rüstungsindustrie – das Heer der Arbeit überhaupt" (ebd., 126). Die Erklärung dafür allein im Technischen zu suchen, hält Jünger für einseitig und oberflächlich. Eine übergeordnete „Gesetzmäßigkeit" bestimme das Geschehen (ebd., 135), und die „*Bereitschaft* zur Mobilmachung" (ebd., 129; Hervorhebung im Original) sei so groß, dass man von einer „Kraft von kultischer Art" sprechen müsse, die „die Perspektive der Zweckmäßigkeit ins Unendliche" ausziehe (ebd., 123). Jünger beschreibt – und feiert im *Arbeiter* – eine Welt, in der Freiräume und Entscheidungsspielräume schrumpfen und Unterscheidungsmerkmale verlorengehen. Die mobilisierte Welt sei insofern einheitlich, als *eine* Perspektive,

---

7 Beide Werke sind umfangreich, schwer zu gliedern und aufgrund ihrer idiomatischen Sprache nicht leicht zugänglich, was die schleppende Rezeption besonders der *Zeitmauer* mit erklären mag. Dass Jünger dieses Werk wichtig war, zeigen beispielsweise seine Äußerungen im Gespräch mit André Müller; vgl. Ernst Jünger – André Müller, Gespräche über Schmerz, Tod und Verzweiflung. Hg. v. Christophe Fricker. Köln/Weimar 2015, S. 28, 55, 119 und 168.

8 Zu überlegen wäre, ob noch einmal dreißig Jahre später *Die Schere* und „Gestaltwandel" eine weitere Werkstufe bilden. Ich spreche mit Bezug auf Jüngers Werk nach dem *Arbeiter* vom ‚späteren' Jünger.

9 Ernst Jünger wird zitiert nach: Sämtliche Werke. 22 Bde. Stuttgart 1978–2003 (mit der Sigle SW, gefolgt von Band- und Seitenzahl).

nämlich diejenige der Zweckmäßigkeit, nun alle Lebensbereiche bestimme. Dass alternative Sichtweisen im allgemeinen Bewusstsein an Überzeugungskraft verlören, konstituiert für Jünger die „kultische" Dimension dieses Vorgangs. Technische Neuerungen seien zwar wichtige Katalysatoren, jeweils selbst aber immer schon „Symptome" eines bereits vollzogenen Wandels von Orientierungen.

Jünger beschreibt als „Mobilmachung" jene „Aktivierung", die der Akzeleration vorausgehen muss, wenn sich dasjenige, was sich beschleunigt (tatsächlich oder, sei es auch nur im Rückblick, dem subjektiven Empfinden nach), im Ruhezustand befand. Den Begriff „Aktivierung" im Sinne einer „allgemeinen gesellschaftlichen Mobilmachung" prägte jüngst in Auseinandersetzung mit Hartmut Rosa der Makrosoziologe Stephan Lessenich in seinen Untersuchungen zur Verschränkung von „Staat", „Kapitalismus" und „Demokratie". Die im ausgehenden 20. und beginnenden 21. Jahrhundert vorherrschende Handlungs- und Denkform fordert laut Lessenich immer mehr Bürger dazu auf, an der Optimierung „nationalsolidarischer Wehrhaftigkeit" mitzuwirken und diese Mitwirkung zur Schau zu stellen. Ohne dies explizit zu thematisieren, aber sicher nicht unbeabsichtigt greift Lessenich auf Jüngers dem Militärischen entlehntes Vokabular zurück, das er wie dieser auf gesellschaftliche Entwicklungen als ganze bezieht.[10] Lessenich schreibt, der Staat habe sich im Zuge der beiden Weltkriege Zugriff auf eine zuvor undenkbare Ressourcenfülle verschafft und dadurch seinen Wirkungsspielraum immer stärker ausgeweitet. Diese Einflussmöglichkeiten habe er nach 1945 nicht aufgegeben; er nehme sie inzwischen als Sozial-Staat wahr. Die Art, wie er das tut, habe sich seit den Krisen der 1970er-Jahre gewandelt: Der Sozialstaat „aktiviere" die Bürger nun und mache sie unter dem Deckmantel der „Teilhabe" zu Agenten einer immer weiter gehenden Steigerung von Arbeit und Produktivität. Lessenich beschreibt also das, was oft einseitig als ‚Privatisierung' sozialer Leistungen angesehen wird, auch als Sozialisierung des Subjekts – als die fortschreitende Vereinnahmung des Individuums für gesellschaftliche ‚Projekte' –, und er sieht den Sozialstaat zwar als Korrektiv bestimmter Marktentwicklungen, aber nicht grundsätzlich als Antagonisten des Kapitalismus. Da der „kapitalistische Staat" unausweichlich krisenhaft veranlagt sei, lasse der Druck des Staates auf die Bürger und auch auf sich selbst nie nach, möglichst „aktiv" zu werden. Weltkriege und Ölpreisschocks sind für Lessenich die Phasen, an denen sich der Komplex aus Staat, Kapitalismus und Demokratie jeweils schubweise wandelt. Zu fragen wäre, ob die Gründe für diese Kriege und Schocks durch Entwicklungen des Komplexes selbst hinreichend erklärbar sind oder ob nicht, wie Jünger es versucht, außerhalb liegende Triebfedern zu identifizieren sind, die sich dem disziplinierten Blick der Soziologie entziehen.

10 Vgl. Stephan Lessenich: Mobilität und Kontrolle: Zur Dialektik der Aktivgesellschaft. In: Klaus Dörre, Stephan Lessenich und Hartmut Rosa unter Mitarbeit von Thomas Barth: Soziologie – Kapitalismus – Kritik: Eine Debatte. Frankfurt a.M. 2009, S. 126–177.

Hilfreich sind Lessenichs Ausführungen, weil sie „Aktivierung" bzw. „Mobilmachung" als Voraussetzung von Beschleunigung profilieren. Ob die Bewegung in der zu immer größeren Teilen aktivierten Welt sich *immer schneller* vollzieht, bleibt in Jüngers Essay „Die totale Mobilmachung" offen. Auch im *Arbeiter* ist der Befund uneindeutig: Jünger spricht von einer gegenüber früheren Zeiten „gesteigerten Bewegung", vergleicht sie aber mit dem „Gang einer Uhr oder einer Mühle" – beide gingen (ziemlich) gleichmäßig, und die Mühle gehöre zu einer präindustriellen, noch kaum beschleunigten Welt. Verkehrsmittel versuchten, die „Geschwindigkeit von Geschossen zu erreichen", sich also zu beschleunigen, aber auch hier nennt Jünger als entscheidendes Veränderungsmerkmal, dass sich „die Bewegung" weiterer Wirklichkeitsbereiche bemächtige (SW 8, 102f.). Beschleunigung trete wiederum gegenüber der Aktivierung zurück. In einem Brief heißt es, Nutznießer der geschilderten Entwicklungen seien die „nihilistischen Mächte", „denen [...] an jeder *Steigerung* der Bewegung und damit des Elends gelegen" sei.[11] Die Frage nach Geschwindigkeitsverhältnissen selbst steht aber auch hier nicht im Vordergrund. Jünger geht es um Triebfedern und Interessenlagen.

Der kryptische Verweis auf „kultische Kräfte" und „nihilistische Mächte" klärt komplexe Verhältnisse nicht auf; er spricht Machtstrukturen und Einflussmöglichkeiten als komplex an. Er zeigt, dass der Einzelne Beschleunigung nicht intendieren muss, sie sogar zu vermeiden suchen kann und sie trotzdem fast unausweichlich erwirkt. Rosa nennt das nüchterner den „Akzelerationszirkel": Der moderne Mensch besitze zwar immer mehr Mittel, um Zeit zu sparen, habe aber trotzdem immer stärker den Eindruck, immer weniger Zeit zu haben. Der Grund dafür sei, dass er gewonnene Zeit nutze, um mehr von dem zu tun, was er eigentlich bereits schneller erledigt habe: E-Mails seien schneller geschrieben als Briefe, dafür schreibe man nun mehr E-Mails als früher Briefe. Im Ergebnis habe der Mensch des frühen 21. Jahrhunderts weniger Zeit.[12]

Modernes Alltagsleben ist untrennbar mit Technologien verbunden (es gibt noch Menschen, die nicht twittern, aber ein Haushalt ohne Kühlschrank oder Stromanschluss wird als moralisches Versagen des Einzelnen oder wohlfahrtsstaatlicher Organe gedeutet).[13] Im Hinblick auf Beschleunigung sind Technologien für Hartmut Rosa weder Problem noch Lösung. Er beobachtet die Verschränkung zweier gegenläufiger Entwicklungen: die Freude über die durch sie mögliche selbstbestimmte Zeiteinteilung und das Leid über den mit ihnen einhergehenden Autonomieverlust in der vernetzten Welt.[14]

11 Ernst Jünger – Gerhard Nebel. Briefe 1938–1974. Hg., komm. und mit einem Nachw. v. Ulrich Fröschle. Stuttgart 2003, hier S. 65; meine Hervorhebung.

12 Vgl. Rosa: Beschleunigung (wie Anm. 1), v. a. S. 243–255.

13 Vgl. Lessenich (wie Anm. 10), S. 165.

14 Vgl. Rosa (wie Anm. 1), S. 380.

Anzeichen der Beschleunigung überdenkt Jünger in einer Passage aus dem Tagebuch der Spitzbergen-Reise 1964 (SW 6, 454–456). Es handelt sich um eine der ausführlichsten Stellen, an denen er sich explizit mit der Beschleunigung auseinandersetzt. Jünger beginnt mit zwei Beobachtungen aus der Gastronomie. Er nennt als eine der „Vorformen" der Beschleunigung die englische Bar. Hier habe ein schon wirksamer Wille zur Beschleunigung dazu geführt, dass sich die Vorstellungen eines guten Sozialverhaltens verändert hätten; dies wiederum habe sich räumlich-architektonisch niedergeschlagen: „Man will schneller konsumieren und weniger voneinander Notiz nehmen." Das Wort Bar komme von *barre*, der Schranke, die Gäste und Wirt voneinander trenne. Inwiefern Jünger hier der Geselligkeit in einer englischen Bar gerecht wird, sei dahingestellt. Bemerkenswert ist, dass er die Beschleunigung von Dienstleistung und Konsum auf den Willen des Kunden zurückführt (man „will") und dass er auf der Suche nach frühen Formen sozialer Beschleunigung nicht an Fabriken oder Manufakturen denkt, sondern an den archetypischen Ort der Erholung. Die Freizeit gehört für Jünger zur Arbeitswelt und bildet kein beschauliches Refugium. Insofern verdeckt der Anschein von Entschleunigung, dass die gefährlichen Kräfte der Mobilisierung weiter wirksam sind: „Auf Ausflügen sterben heute mehr Menschen als bei Wettrennen" (SW 8, 429).

Das zweite Beispiel kommt Jünger auf der *Kronprins Harald* vor Augen, dem Kreuzfahrtschiff, auf dem er gerade unterwegs ist. Das Büffet auf Schiffen dieser Art müsse wachsenden Zahlen von Reisenden gerecht werden, daher müssten Vorgänge automatisiert und Zuständigkeiten „spezialisiert und zerstückt" werden. Die zunehmende Spezialisierung des Servicepersonals bedeute für den Gast, dass es schwieriger werde, zu verkosten und zu fachsimpeln, also den eigenen Geschmack zu kultivieren oder auszudifferenzieren.[15] Für den einzelnen Gast habe der Kellner immer weniger Zeit – und der Gast habe immer weniger Zeit, sich beraten zu lassen: „Die Mannigfaltigkeit des Angebots ist gewachsen, während die Zeit knapper geworden ist." Auch diese Entwicklung wird vom Kunden, nämlich dem Passagier, ausgelöst.

Dass Jünger weder Industrielle noch Technologieentwickler als Urheber der Beschleunigung benennt und Beschleunigung weder in Fabriken noch in stereotypisch ‚schnellen' Umfeldern aufweist, mag als Versuch gelesen werden, das Ubiquitäre des Trends sichtbar zu machen.

3 Entschleunigung durch Ästhetik?

Das dritte Beschleunigungsbeispiel im Spitzbergen-Tagebuch berührt die Frage nach dem Umgang mit Technik, nach Fertigkeiten oder, um Jüngers an existenzielle Fragen rührende Formulierung aufzugreifen, nach der „Bereitschaft", sich technologisch

15 Büffets gab es auf Kreuzfahrschiffen immer, allerdings nicht in der oberen bzw. obersten Klasse.

artikulierten Ansprüchen entgegenzustellen. Es stammt aus der Pädagogik: „In Braunschweig hatten wir einen Lehrer, der sich von der monotonen Wiederholung pädagogische Wirkung versprach. Zu korrigierende Wörter ließ er hundert Mal abschreiben. Wir veränderten dann die Reihenfolge, indem wir wie die Chinesen von oben nach unten schrieben, weil es schneller ging. Einer meiner Mitschüler, ich glaube, er hieß Overbeck, der besonders ungern seine Spielzeit verkürzt sah, hatte eine Vorrichtung erfunden, durch die er eine Reihe von Stahlfedern an demselben Halter befestigte. Er absolvierte das Pensum in einem Bruchteil der Zeit und wurde noch für seine Kalligraphie gelobt." Zusammenfassend beschreibt Jünger diese „geniale Lösung" des monotonen Hausaufgabenproblems so: „[N]icht Spielzeit wird gewonnen, sondern die Welt wird als Spiel begriffen".

Auch bei diesem Beispiel handelt es sich um ein klassisches Beschleunigungsphänomen: In der gleichen Zeit wird mehr produziert. Jünger lobt Overbeck, der auf eine „spezielle" Anforderung angemessen spezialisiert reagiert, sich also als durchaus moderner Mensch erwiesen habe. Was aber ist die „geniale Lösung"? Wohl kaum die Erfindung des neuen Schreibgeräts, das Overbeck seinem Ziel ja auf die beabsichtigte Art und Weise nahebringt. Und handelt es sich bei dem Blickwechsel der „genialen Lösung", der vor allem ein Wertewandel zu sein scheint und durch die Beschleunigung des Schreibvorgangs die Entschleunigung des Tagesablaufs ermöglicht, um eine ästhetische Leistung?

Ästhetik nennen wir das selbstbestimmte und bewusste Wahrnehmen, das in der Sprache Form gewinnt. Diese Definition deckt sich insofern mit Jüngers Auffassung von „Autorschaft", als es für ihn keine Ästhetik ohne Handlungsdimension gibt. Darauf deuten seine Kennzeichnung des Tagebuchs als „Gespräch" (SW 2, 13) und die emphatische Feststellung hin: „Der Dichter *ist Waldgänger*" (SW 7, 320; die erste Hervorhebung ist Jüngers, die zweite meine, C.F.), der auf Distanz zur Gesellschaft geht. Im *Arbeiter* war Jüngers Ästhetik durchaus zwiegespalten: Der Autor ist hier (nur) insofern einzigartig oder jedenfalls Teil einer herausgehobenen Elite, indem er den „Arbeiter" bereits erkennt, ihm durch die Formulierung dieser Erkenntnis (die von der Erkenntnis selbst Jünger zufolge letztlich gar nicht zu trennen ist) zur Geltung verhilft und ebenso indem er dem „Typus" Arbeiter bereits entspricht (vgl. SW 8, 45). Der Autor ist also gerade dadurch kenntlich, dass er seine Kenntlichkeit (Originalität) aufgibt. Strukturell gleicht dieser Prozess der Verwirklichung der „Gestalt des Arbeiters" in allen anderen Bereichen; indem der Arbeiter sich in allen Lebensbereichen verwirklicht und für alle Lebensbereiche zur bestimmenden Kraft wird, geht das kategorial Besondere der Ästhetik verloren. Was einen einzelnen Autor in Bezug auf die Arbeitswelt auszeichnet, ist, so lässt sich Jüngers Gedankengang zu Ende führen, nur noch die Art und Weise, wie er seine Originalität (die im bürgerlichen Zeitalter noch der Ausweis seiner Autorschaft war) aufgibt. Jüngers veränderte Einschätzung der Arbeitswelt nach 1932 drückt sich am deutlichsten in einem gewandelten Verständnis von Autorschaft aus.

Dies lässt sich an der Frage nach der ästhetischen Dimension der „genialen Lösung" aufzeigen. Wir müssen zunächst zwischen Erfinder und Autor unterscheiden: Overbeck erfindet einen Mechanismus und will sich Spielzeit verschaffen. Das ästhetisch wertvolle Schriftbild produziert er gleichsam nebenbei. Der Autor Ernst Jünger erkennt und bezeichnet die Erfindung als „geniale Lösung". Er formuliert seine sich Gehör und Geltung verschaffende Erkenntnis, und die Formulierung im Rahmen eines Werkes trägt ästhetische Züge. Das Werk lädt seine Leserinnen und Leser – und seinen Autor – zur Betrachtung der Situation aus heiterer, entschleunigter Distanz ein.

Genial im ästhetischen Sinne ist die Lösung, weil sie aus Rosas „Akzelerationszirkel" ausbricht – und zwar indem sie einen Blickwechsel vollzieht: Die Dichotomie zwischen Arbeit und Freizeit, zwischen verplanter und zu füllender Zeit wird aufgebrochen, indem die „Welt", in der beide Zeitbereiche enthalten sind, als ganze neu erscheint und gesehen wird: als Spiel. Möglich wird diese Uminterpretation gerade in der Auseinandersetzung mit einem Beschleunigungsinstrument.

Der Eindruck, Jünger sei ein „konservativer" Autor, mag auf Stellen wie diesen beruhen, denn im Gegensatz zu „progressiven" Denkwegen wie einigen aus der Frankfurter Schule, lässt er Institutionen und Strukturen unangetastet – er wird nicht zum Schulreformer. Er stellt die Schule seiner Zeit freilich in Frage, indem er versucht, dem Einzelnen einen Weg aufzuzeigen, sich aus ihrer Macht zu befreien. Dass Jünger sich auf den Einzelnen konzentriert, trägt ihm wiederum das Attribut ein, ein „elitärer" Autor zu sein. Rosas Frage nach dem „guten Leben" im Angesicht zehrender Mächte, denen gegenüber zunächst einmal jeder moderne Mensch in eine ‚Rhetorik des Müssens' verfalle, statt sich seiner von der Aufklärung erkämpften Freiheiten zu bedienen, macht jedoch deutlich, dass eine an Horkheimer und Habermas anknüpfende „kritische" Schule sich mit dem „konservativen Autor" insoweit verständigen kann, als sie beide emanzipatorische Ambitionen verfolgen. Jüngers Einzelner ist im Übrigen nicht von vornherein privilegiert, und ihm stehen durch den Blickwechsel ins Spiel keine neuen Rechte zu.

Jüngers ästhetischer Blickwechsel bei der heiteren Betrachtung des effizienten Schreibgeräts erlaubt nicht den Schluss, dass Ästhetik für Jünger grundsätzlich mit Entschleunigung einhergeht. Der Blick in ein weiteres Reisetagebuch ermöglicht es, die spezifische Zeitlichkeit seiner autorschaftlichen Wahrnehmung genauer zu untersuchen. Jünger machte 1936 seine erste interkontinentale Kreuzfahrt, nach Brasilien. Er hatte für Landausflüge nur begrenzte Zeit und empfand diese Begrenzung als ein Problem, das er einer guten Lösung zuführen konnte. Die Fülle der Natur beeindruckte ihn. Er musste daher, wie er in Anführungszeichen mitteilt, „‚schnell aufnehmen', durch Dichte ersetzen, was mir an Zeit mangelte. Ich beobachtete, daß dabei meine Bewegungen exakter werden" (SW 6, 129). Jünger muss seine Wahrnehmung beschleunigen, und er sieht das als Gewinn: Er spricht von Verdichtung, und damit ist, wie er an anderer Stelle explizit formuliert (SW 6, 159), die Konzentration im doppelten Sinne gemeint: Seine Aufmerksamkeit steigert sich, und der Inhalt seiner Wahrnehmung wird wesentlicher.

Der enge Rahmen organisierter Zeit sorgt für ein sich steigerndes Wahrnehmungstempo. Dies hat nun anlässlich eines Briefs an seinen Bruder Friedrich Georg nicht etwa zur Folge, dass sich auch die Wahrnehmung jener organisierten, messbaren Zeit selbst schärft, sondern dass „die Zeit" sich zu beschleunigen scheint: Ernst Jünger empfindet eine Erregung, „die die Fähigkeit des Auges vergeistigt und vertieft. Vor allem aber gehört dazu der Eindruck, daß die Zeit schneller zu eilen beginnt". Mit anderen Worten: Beschleunigte Wahrnehmung führt zur Wahrnehmung von Beschleunigung. Erst hier – und nicht schon beim Bedürfnis, Welt aufmerksam zu beobachten – wünscht Jünger sich, die Zeit „anhalten zu können, um den Andrang der Bilder zu bewältigen. Man möchte der Zeit Bremsen anlegen."[16] Nicht die Kürze der Zeit ist ein ästhetisches Problem, sondern der erst in der Wahrnehmung sich einstellende Eindruck ihrer Verknappung.

Jünger formulierte dieselbe Empfindung auch im veröffentlichten Tagebuch. Dort liest sie sich anders: „Auf dem Waldpfad ein Gefühl des Glückes, wie es uns so selten überfällt. Ich möchte die Zeit dann festhalten, ihr Bremsen anlegen; sie rollt zu schnell und schön. Wieder ein wenig Furcht" (SW 6, 150). Das relativ schnelle Verstreichen der Zeit selbst wird als „schön", je nach Lesart sogar als „zu schön", jedenfalls als ästhetisch empfunden – und als Problem. Das „Gefühl des Glückes" lässt die Zeit schnell und schön fließen *und* will sie nun verlangsamen, womit aber das Glück sich seiner Grundlage berauben würde. Schon die Vorahnung dieses Prozesses, schon das kontemplative Heraustreten aus dem schnellen Zeitverlauf erweckt „Furcht". Hier gehören Autorschaft und *Be*schleunigung zusammen – und Beschleunigung, gerade im Hinblick auf eine selbstbestimmte ästhetische Wahrnehmung, ist offenbar für Jünger nicht zwangsläufig etwas Schlechtes: Sie bringt dem Autor Glück. Dann erst erweckt diese komplexe Empfindung den Wunsch nach Entschleunigung. Diese ließe sich dadurch erreichen, dass man sich weniger zu sehen vornimmt – aber eine solche Bescheidung erlegt Jünger sich gerade nicht auf.

Jünger erreicht die Entschleunigung auf anderen Wegen, und er gelangt zur Erkenntnis, dass auch sie eine Quelle des Glücks sein kann. Noch auf der Brasilien-Reise, nicht einmal drei Wochen später, überdenkt er an Bord seine Wahrnehmung der vielfältige Ansprüche stellenden Großstadt Rio de Janeiro: „[M]an meint, in höchstem Laufe an den Figuren der Welt vorbeizueilen, um plötzlich zu entdecken, daß man ja stille steht und daß es die Welt ist, die sich als Film bewegt. Dann

16 Ernst Jünger: Atlantische Fahrt. „Rio: Residenz des Weltgeistes". Hg. v. Detlev Schöttker. Stuttgart 2013, S. 133. – Im Spitzbergen-Tagebuch heißt es ganz ähnlich, „daß uns im äußersten Behagen nur noch ein Wunsch bleibt: den Gang der Zeit zu hemmen, ihm Einhalt zu tun" (SW 6, 448).

überkommt uns eine Art von Ruhe, von Glück nach solch überreichem Tag" (SW 6, 174). Das ist das erfahrungspsychologische Spiegelbild des oben Geschilderten: Dort führte das beschleunigte Wahrnehmen zur Wahrnehmung von Beschleunigung, hier führt die Wahrnehmung des Stillstands zu einem entschleunigten Wahrnehmen. Wichtig ist, dass es Jünger in beiden Fällen nicht um äußere Vorgänge, sondern um seine Wahrnehmung geht. Analog zu Jüngers bekanntem Diktum über die Freiheit („Frei muß man sein, um frei zu werden"; SW 7, 363) könnte man pointieren: Still muss man sein, um still zu werden.

Mindestens ebenso sehr, wie Jünger sich auf seinen Reisen zu *ent*schleunigen versucht, stellt er also gezielt Experimente mit der Wahrnehmung an, die auf ästhetischen Gewinn aus der *Be*schleunigung abzielen. Noch der fast Hundertjährige notiert: „Bei Sonnenschein Wind in großer Höhe – leichte Wolkenschleier waren nicht nur flüchtig in der Bewegung, sondern schienen auch flüchtig in der Substanz. Manche lösen sich auf zu Archipelen, von denen eine Insel nach der anderen versank" (SW 22, 158). Jünger macht aus Wolken Inseln und überblendet kurzlebige meteorologische Erscheinungen mit äußerst langfristigen geologischen Veränderungen. Der denkende, sich erinnernde, formulierende Autor postiert sich außerhalb der Zeit und beobachtet die Vorgänge auf der Erde im Zeitraffer.

Knapp fünfzehn Jahre früher untersuchte er die Voraussetzungen dieser Beobachtung: „Die Zeit beschleunigen und moderieren, nicht die meßbare, sondern die Schicksalszeit – das ist möglich; aber auch anhalten?" (SW 5, 620) Die Frage blieb offen. Beschleunigung gehört für Jünger durchgängig zum autorschaftlichen Handwerkszeug; die Möglichkeit des Entschleunigens steht ihm als immer dringlichere Aufgabe vor Augen. Jünger vermutet, dass die Fähigkeit des Menschen, ‚schicksalhafte' Zeitabläufe zu entschleunigen, sehr weit geht. In einem späten Gespräch mit André Müller formuliert er einen radikalen Gedanken: „Friedrich Nietzsche sagt, die Zeit [...] in den letzten Augenblicken kann man Jahrbillionen erleben. Wenn ich in das Zeitlose übergehe, kann das sehr schnell gehen. Das liegt wahrscheinlich auch seiner ‚Ewigen Wiederkehr' zugrunde." Müller fragt nach, ob der Mensch diese Aussicht durch den Selbstmord zunichtemache. Jünger: „Wenn ich das umdrehe, den Selbstmord, dann kann das ja auch noch Billionen Jahre dauern, bis das Zyankali erst seine tödliche Wirkung entfaltet."[17] Für Jünger könnte es also sein, dass die Wahrnehmung, der Übergang in den Tod dauere „Jahrbillionen", eher der Wahrheit entspricht als die wissenschaftliche Messung, der zufolge nur wenige Sekunden verstreichen. Allein indem er eine solche Überlegung anstellt, entzieht sich Jünger der (kultisch-bereitschaftlichen) Logik der Beschleunigung, denn er führt sich und anderen alternative Zeitauffassungen vor Augen.

---

17 Ernst Jünger – André Müller: Gespräche (wie Anm. 7), S. 148. Jünger bezieht sich auf Nietzsches Wort von der „Verzückungsspitze der Welt" (KGA III 3, 7 [157], S. 207f.).

4 Entschleunigte Technik

Dass die „totale Mobilmachung" in Jüngers Augen mit Beschleunigung (oder jedenfalls dem Eindruck von Beschleunigung) verbunden ist, spricht er kaum direkt aus, aber es lässt sich aus seiner Vision der vollständig mobilgemachten Welt ableiten. Eine solche Vision zu formulieren sei schwierig, denn in der modernen Welt verliere das Bewusstsein „die Kontrolle über die Gesamtrichtung, während die Details schärfer hervortreten" (SW 8, 433). Ein bekannter kulturphilosophischer Topos: Wir sähen viele Details unserer gegenwärtigen Situation sehr klar, aber was im Großen und Ganzen vorgeht, sei uns nicht bewusst. Was ist die „Gesamtrichtung"? Seinen Weg, über die konkret beobachtbaren Phänomene hinauszudenken, bezeichnet Jünger selbst als „metahistoriographisch". Man könnte ihn auch „spekulativ" nennen. Seine Grundthese ist ungewöhnlich – sie koppelt Beschleunigung und Technik perspektivisch voneinander ab: Die „technische Praxis" strebe ein festes Optimum an, und diesen utopischen Zustand werde sie erreichen. Die Mobilmachung werde dann beendet sein, die Umsetzung „des Lebens in Energie" werde sich gar nicht weiter fortsetzen können, die „Werkstättenlandschaft" werde sich zur „Planlandschaft" vollendet haben. Es ergebe sich eine „Konstanz der Mittel", aus der eine neue „Beständigkeit der Lebensführung" resultiere. Das sei schon deshalb zu erwarten, weil sich das „fieberhafte Tempo" noch jeder geschichtlichen Entwicklung irgendwann beruhigt habe (SW 8, 187). Weil die moderne Technisierung so mächtig sei, werde diese Beruhigung dadurch zustande kommen, dass die Technik ihr Ziel erreicht, und nicht z. B. dadurch, dass das Ganze wie ein Kartenhaus zusammenfällt.

Die Technik dränge auf den Zustand völliger Mobilisierung zwar hin, werde in ihm aber schließlich „zurücktreten", selbstverständlich und, um es mit einem heute gebräuchlichen Ausdruck zu sagen, transparent werden (SW 8, 160). Mit der technischen Entschleunigung am Ende der modernen Mobilisierung geht laut Jünger ein ästhetischer Gewinn einher:[18] Während die technischen Revolutionen der Mobilisierungsphase die Welt hässlicher gemacht hätten, werde die Vollendung der modernen Utopie „eine höhere Befriedigung […] auch des Auges" erwirken (SW 8, 191). Es ist sicher nicht abwegig, darauf hinzuweisen, dass Ästhetik für jene Konzerne und Konsumenten, die sich heute als Speerspitzen der digitalen Gesellschaft verstehen, eine herausragende Rolle spielt.[19]

---

18 Vgl. Christophe Fricker: Anzeichen für eine Hermeneutik der Erde in Ernst Jüngers Essay *An der Zeitmauer*. In: Treibhaus 5 (2009), S. 200–218.

19 Vgl. Minu Kumar, Janell D. Townsend und Douglas W. Vorhies: Enhancing Consumers' Affection for a Brand Using Product Design. In: Journal of Product Innovation Management. Im Erscheinen (doi 10.1111/jpim.12245). – Zu untersuchen wäre ergänzend, inwiefern bestimmte Produkt-Launches religiösen (kulthaften) Ritualen gleichen. Die Präsentation etwa einer neuen iPhone-Generation könnte Jüngers Aussage bestätigen, dass allein das „Vorzeigen" von Technologien ein Mittel der Machtausübung geworden sei und der Monstranz in katholischen

Die Technik ist für Jünger nicht mehr als „die Art und Weise, in der die Gestalt des Arbeiters die Welt mobilisiert" (SW 8, 160). Diese „Gestalt" stehe – und das fasst Jünger in dem Begriff „kultisch" zusammen – jenseits von Dialektik, Entwicklung und Moral und sei daher weder direkt sichtbar noch dem Wissen zugänglich. Der „Arbeiter" und folglich auch das utopische Zielmoment neuzeitlicher Entwicklung seien Glaubensinhalte. Da die „Gestalt des Arbeiters", die sich gegenwärtig verwirkliche, dem historischen Wandel enthoben sei und sich *vollständig* realisieren lasse, würde die Beschleunigung zumindest zeitweilig zum Erliegen kommen.

Jünger spricht hierbei vom Übergang in die „ruhende Form" (SW 8, 231). Damit meint er allerdings keine Stasis. Der Schlusspunkt der Mobilisierung sei *nicht* Ausstieg aus der Technik, melancholische Rückwärtswendung oder intellektuell bewerkstelligte Zähmung. Ergebnis sei vielmehr die Verschmelzung von Mensch und Maschine in der „organischen Konstruktion", einer Lebensform, deren Vorstellungen und Handlungen „elementaren" Gesetzen gehorchten. Insofern signalisiert die ‚Ruhe' zwar vielleicht ein Ende der Beschleunigung, aber kein Ende von Bewegung. „Elementar" verweist auf Naturgesetze und zugleich auf Abläufe, die keine kritische Befragung mehr zulassen. Gemeint ist, was heute *mind/machine interfaces* heißt. Sie erlauben beispielsweise die Steuerung physischer Objekte durch neuronale Abläufe. Insofern mag man sie ‚ruhig' nennen; sie stellen aber gegenüber natürlichen Skeletten oder technischen Exoskeletten eine Geschwindigkeitssteigerung dar. Jüngers Mensch der mobilisierten Arbeitswelt kontrolliert komplexe Steuerungsprozesse (die Welt der „Zweckmäßigkeit") auf der Ebene von Neuronen, Photonen und Elektronen und macht diese so zu konstitutiven Elementen politischer, ökonomischer und sozialer Prozesse. Lenins Elektrifizierung und Tim Berners-Lees Internet sind Bausteine dieser Welt. Die Übermittlung von Informationen und die Ausführung von Aktionen brauchen kaum noch Zeit. Ruhe ist laut Jüngers *Arbeiter* das Ergebnis fortschreitender Vernetzung und Standardisierung. Im Zuge dessen werden ‚natürliche' Grenzen der Beschleunigung insofern verschoben, als elementare Vorgänge in immer mehr Lebensbereichen wirksam werden.

Dass sich Beschleunigung nicht unterbinden, unter Umständen aber aktiv einem guten Ende zuführen lässt, ist die Hoffnung einer kürzlich hervorgetretenen neomarxistischen Bewegung, des „Akzelerationismus". Ihr Manifest ruft dazu auf, die bisher waltende problematische Beschleunigung durch neue Planungsformen in „wahre" Beschleunigung zu verwandeln. Es müsse ein immer schnellerer „moderner technosozialer Organismus" geschaffen und gezielt genutzt werden, heißt es in erstaunlicher

---

Prozessionen ähnele (vgl. SW 21, 48). Vgl. dazu den Beitrag von Rahel Ziethen im vorliegenden Band.

Parallele zu Jüngers ‚organischer Konstruktion'.[20] Nick Srnicek und Alex Williams schreiben weiter: „Wir wollen den Prozess der technologischen Evolution beschleunigen. Wir kämpfen aber nicht für eine technische Utopie."[21] Die grundsätzliche Bejahung von Beschleunigungstendenzen in dem Versuch, „Plan" und „Netzwerk" auch durch „Geheimhaltung, Vertikalität und Exklusion"[22] statt durch demokratische Prozesse durchzusetzen, ist sehr viel näher an Jüngers früher protofaschistischer Phase als an seiner ‚waldgängerisch'-autorschaftlichen Suche nach Auswegen. Das Denken über Auswege kritisieren die Akzelerationisten als nostalgische Zukunftsfeindlichkeit, die sich den „titanischen" Möglichkeiten des Menschen verweigere und sich, wie die Frankfurter Schule, in einem „transzendentalen Miserabilismus" ergehe.[23] Jünger, der im *Arbeiter* von der Verwirklichung der „Planlandschaft" träumte, schreibt 1993: „Das nächste [21.] Jahrhundert gehört den Titanen; die Götter verlieren weiter an Ansehen." Er ist sich andererseits aber sicher: „Da sie [die Götter] wiederkehren werden, wie sie es immer getan haben, wird das einundzwanzigste Jahrhundert, kultisch betrachtet, ein Zwischenglied, also ein ‚Interim' sein" (SW 19, 615).

Einig sind sich die Akzelerationisten und Jünger allerdings wohl darin, dass Rosas „natürliche und anthropologische Geschwindigkeitsgrenzen" ins Wanken geraten, wenn Vorstellungen von ‚Natur' und ‚Mensch' problematisch werden. Zugespitzt: Photonen bleiben Photonen, aber dass Photonen nach unseren Maßgaben Informationen übertragen können, ist neu.

Für die Apologeten des technischen Fortschritts bleibt Jünger eine ambivalente Figur: Er feiert im *Arbeiter* sich steigernde Kollaboration, Koordination und Interaktion als unausweichlich. Er meint nicht nur, dass irgendwann keine Steigerung der Geschwindigkeit mehr möglich ist, sondern dass auch keine Verringerung der Geschwindigkeit mehr nötig sein wird. Und er sieht diese Entwicklung als die progressive Selbstentlarvung des modernen Projekts. In der total mobilisierten Gesellschaft, in der Informationen ohne Zeitverlust übermittelt werden, gehe es zu wie „bei Primitiven" (SW 8, 501) mit ihrer Telepathie. Nun vervollkommne sich der Mensch so weit, dass er sich auf den Status von Fischen reduziere, die elektrische Impulse aussenden und empfangen. Auch alles, was mit dem Erscheinungsbild des Menschen zu tun habe, also Habitus, Kleidung und sogar Physiognomie, würde immer „primitiver" (SW 8, 131).

Wenn Beschleunigung für Jünger also ephemer ist, wo liegt dann das Wesentliche und welcher Gewinn lässt sich aus der Beschäftigung mit der Beschleunigung

20 Nick Srnicek/Alex Williams: Accelerate. Manifest für eine akzelerationistische Politik. In: Armen Avanessian (Hg.): Akzeleration. Berlin 2013, S. 21–39, hier S. 30.

21 Ebd.,

22 Ebd., S. 33.

23 Nick Land: Kritik am Transzendentalen Miserabilismus. In: Avanessian: Akzeleration (wie Anm. 20), S. 16–20.

vielleicht doch ziehen? Im *Sizilischen Brief an den Mann im Mond* heißt es: „Die Ruhe ist die Ursprache der Geschwindigkeit. Durch welche Übersetzungen man auch die Geschwindigkeit steigern möge – jede dieser Steigerungen kann nur eine Übersetzung der Ursprache sein" (SW 9, 19; ähnlich SW 8, 40) Der Urtext von Jüngers ‚stereoskopischem' Sehen experimentiert mit Perspektiven. Jüngers Erzähler versetzt sich in eine Art Satellitenposition weit oberhalb der Erde, womit der Eindruck von Bewegung zum Erliegen kommt. Dieser Position setzt Jünger die „Ursprache" gleich. Beide gehörten zur menschlichen Existenz. Der Bewegung auf der Erde komme der Status von vergänglichen Symbolen zu, die auf die Ursprache verwiesen. In diesem Verweis seien sie „Zeichen, daß uns, dennoch [also trotz aller nivellierenden und verwirrenden Tendenzen des Alltagsgeschäfts], das Bewußtsein unseres Wertes gegeben ist" (SW 9, 20). Sicher sind hier ‚wir' als Menschheit überhaupt gemeint, und ‚gegeben' ist ‚uns', so könnte man präzisieren, die Möglichkeit, uns unseres Wertes bewusst zu werden. Dass diese Passagen einer *Brief*-Fiktion entstammen, also einem Genre mit besonders deutlich sichtbarer Sprecherfigur, verdeutlicht Jüngers Annahme, dass das Spiel mit Wahrnehmungen von Geschwindigkeit zentral zur Autorschaft gehört. Über den befreienden Aspekt hinaus birgt dieses Spiel für Jünger offenbar auch das Potential, die menschliche Existenz zu validieren. Mit der Frankfurter Schule könnte man nun die Frage nach den prekären „Anerkennungsverhältnissen" (Honneth) in der technischen Moderne neu stellen.

5 Fazit: Entschleunigung und Begegnung

Die Ergebnisse dieser Untersuchung zu Ernst Jüngers Perspektive auf Be- und Entschleunigung lassen sich wie folgt zusammenfassen:

1. Hartmut Rosas Theorie der sozialen Beschleunigung und verwandte Ansätze lassen sich mit Ernst Jüngers Denken der „Mobilmachung" insofern übereinbringen, als sie „Beschleunigung" als komplexes Phänomen auffassen, dessen Teilaspekte nicht auf eindeutige Ursachen zurückführbar sind, und insofern, als sie phänomenologische Sorgfalt mit dem Willen zum umfassenden Entwurf verbinden. Die gemusterten Theorien helfen dabei, „Mobilmachung" eher als – der „Akzeleration" notwendig vorausgehende, von dieser aber zu unterscheidende – „Aktivierung" kenntlich zu machen. Rosa und Jünger sind sich einig darin, technologische Veränderungen eher als Symptom und Mittel denn als Ursache von Beschleunigungsvorgängen zu bewerten.
2. Jünger spricht von der Technik als „Sprache" der Arbeitswelt. Was in dieser Sprache ausgesagt wird, ist zweitrangig. Der Autor ist, um in Jüngers Bild zu bleiben, weniger Schöpfer von Werken als ‚Sprachlehrer' – er will der „Sprache" Technik durch seine zugleich visionäre und präzise Wahrnehmung zum Durchbruch verhelfen.

3. Jünger wie Rosa fragen nach Grenzen der Beschleunigung. Für den Jünger des *Arbeiters* eröffnet sich diese Perspektive in der – für Rosa undenkbaren – Vollendung der Arbeitswelt, die der *Arbeiter* selbst mit herbeizuführen sucht. Daniel Morat hat den *Arbeiter* entsprechend als illokutionäres Propagandawerkzeug analysiert.[24] Diese Analyse kann durch den Verweis auf die Dimension der Be- und Entschleunigung präzisiert werden: Jünger setzt seinen Essay implizit als Entschleunigungsinstrument ein.
4. Der ‚spätere' Jünger geht in seiner Einschätzung deutlich weiter als die „kritische" Frankfurter Schule, dass Beschleunigung im Hinblick auf die Natur des Menschen und seine Möglichkeiten, sich (in existenzieller Hinsicht) ein selbstbestimmtes Dasein zu *erhalten*, letztlich ephemer ist. Er hält dagegen in einem engeren Sinne politische Versuche, sich ein solches Dasein zu *erkämpfen*, für wenig aussichtsreich.[25]
5. Zur autonomen Daseinsgestaltung gehört für den ‚späteren' Jünger der selbstbestimmte Umgang mit Geschwindigkeiten und Zeitmaßen. Diesen Umgang betrachtet er als „Autorschaft". Die abgewetzte Formulierung, der Mensch solle ‚zum Autor seines eigenen Schicksals' werden, ist für Jünger ab Mitte der 1930er-Jahre keine Metapher: „Jedermann ist auch Autor seines eigenen Lebenslaufes, sein Autobiograph. Er ist sein Romancier und ist sich dieser Aufgabe bewußt" (SW 19, 441f.).[26] Die Autorschaft verwirklicht der Mensch in einer Dynamik aus Abstandnahme und Immersion. Zu einer solchen „stereoskopischen" Betrachtung der Welt gehört notwendig der Aspekt der Be- und Entschleunigung. Die Arbeitswelt wird im Umkehrschluss zu einer Welt, der die Steuerungsfähigkeit ihrer Geschwindigkeit entglitten ist.
6. Jünger schreibt sich, und hier liegt ein implizit pädagogischer Anspruch, die Aufgabe zu, durch den spielerischen, vor allem im ostentativ exemplarisch anmutenden Tagebuch vorgestellten Umgang mit Zeitverläufen Auswege aus der Arbeitswelt aufzuzeigen. Sein stereoskopisches Spiel beinhaltet, das wäre gegenüber Jan Robert Weber einzuwenden, *nicht nur* Entschleunigung. Morat kennzeichnet den ‚späteren' Jünger als Exponenten der „Gelassenheit"; diese darf ebenfalls nicht einseitig als Entschleunigung oder gar Langsamkeit aufgefasst werden.

24 Daniel Morat: Von der Tat zur Gelassenheit. Konservatives Denken bei Martin Heidegger, Ernst Jünger und Friedrich Georg Jünger; 1920–1960. Göttingen 2007.

25 Vgl.: „Heut gilt es für löblich, gegen den Strom zu schwimmen, aber das sind nur Pißrinnen" (SW 22, 200).

26 Diese Thematik wäre geeignet, die oben angeschnittene Diskussion über Jünger als mutmaßlich „elitären" Autor fortzuführen.

7. Hartmut Rosa stellt einen Zusammenhang zwischen Beschleunigung und Entfremdung her. Der Ausweg aus dem „Akzelerationszirkel“ eröffnet für ihn eine Chance, bessere zwischenmenschliche Beziehungen zu gestalten. Inwiefern der spielend freie Autor-Waldgänger Ernst Jünger – im Gegensatz zum Autor der „organischen Konstruktion“ – eine Alternative zu den von Helmut Lethen expliziten „Verhaltenslehren der Kälte“ entwirft, wäre in einem weiteren Analyseschritt zu klären. Als thesenartige Überschrift könnte eine weitere Begriffskombination dienen: „Entschleunigung und Begegnung?“

Karin Herrmann (Aachen/Stuttgart)

Geschwindigkeitsrekord in Zeitlupe · Walter Kappachers Roman *Silberpfeile*

„Wo immer von Beschleunigung die Rede ist", so Aleida Assmann in ihrer 2013 erschienenen Studie *Ist die Zeit aus den Fugen?*, „sollte man […] prüfen, ob wir es bei diesem Stichwort mit der Beschreibung eines Befundes, mit einer Denkfigur oder mit der alarmistischen Beschwörung eines gängigen Topos zu tun haben".[1] Sie empfiehlt daher, „genauer zu unterscheiden zwischen einer Beschleunigung der technischen Verkehrs- und Kommunikationsmittel, einer Beschleunigung des sozio-kulturellen Wandels und der subjektiven Erfahrung zunehmender Schnelllebigkeit".[2]

Im Fokus der folgenden Überlegungen steht der Aspekt der *technischen* Beschleunigung, präziser: die Frage nach dem Spannungsverhältnis zwischen ‚technischer Beschleunigung' einerseits und ‚ästhetischer Verlangsamung' andererseits. Damit scheint zugleich, wenn auch implizit, die Frage nach dem Verhältnis von Literatur zu einer Gesellschaft berührt, die insbesondere durch Tempo, durch die Maximierung von Geschwindigkeit gekennzeichnet ist, in der Beschleunigung „als eines der signifikantesten Merkmale unserer Zeit"[3] gelten darf.

Diese – hier nur skizzenhaft umrissene – Fragestellung bildet den Hintergrund für die folgende Einzelanalyse, die sich der textnahen Untersuchung eines interessanten Fallbeispiels widmet: Gegenstand ist der Roman *Silberpfeile*[4] (2000) des österreichischen Autors Walter Kappacher, Büchner-Preisträger des Jahres 2009. Das Erkenntnisinteresse gilt insbesondere der literarischen Verfahrensweise bei der Reflexion von Geschwindigkeit bzw. Beschleunigung.

Die Handlung des Romans tritt zugunsten von Reflexionen und Erinnerungen weitgehend in den Hintergrund. Ein Motorsport-Journalist möchte für sein Buchprojekt über die ‚Silberpfeile' genannten Grand-Prix-Rennwagen der 1930er Jahre einen der damals maßgeblich an den Geschwindigkeitsrekordversuchen der Auto-Union beteiligten Ingenieure interviewen; diese Gespräche werden für den Konstrukteur zum Anlass, seine Vergangenheit zu re-konstruieren und den politisch-ideologischen Kontext der Optimierung der Rennwagen sowie seine Tätigkeit für die

---

1 Aleida Assmann: Ist die Zeit aus den Fugen? Aufstieg und Fall des Zeitregimes der Moderne. München 2013, S. 193.

2 Ebd.

3 Ralf Schnell: Einleitung. In: Zeitschrift für Literaturwissenschaft und Linguistik 123 (2001), S. 5–8, hier S. 5.

4 Walter Kappacher: Silberpfeile. München 2009.

Rüstungsindustrie zu reflektieren. Dem Roman liegen zwei Zeitebenen zugrunde: zum einen die Gegenwart – 1986 –, in der Andreas Mautner, der Motorsport-Journalist, den Ingenieur Paul Windisch interviewt, zum anderen die erinnerte Zeit der 30er und 40er Jahre, von welcher der Ingenieur erzählt.

Der Titel *Silberpfeile* verweist auf den Rennsport der 30er Jahre, eine Zeit, in der „das Automobil […] zum Inbegriff von Geschwindigkeit"[5] geworden ist; „die Autorennen", so Peter Borscheid in seiner *Kulturgeschichte der Beschleunigung*, „werden die großen dromologischen Ereignisse des 20. Jahrhunderts, welche vermehrt die Zuschauermassen anlocken. Überall an den Rennstrecken Europas und Nordamerikas zeigen sich die Menschen fasziniert und elektrisiert von den vorbeirasenden Autos."[6]

Als Kind hat der 1938 geborene Walter Kappacher solche Rennen aus nächster Nähe miterlebt; er erinnert sich: „Unser Behelfsheim war nur einen halben Kilometer von der Autobahn entfernt. Dadurch habe ich die Motorradrennen mitbekommen, die ja sehr laut waren. Jeden 1. Mai ist dafür die Autobahn gesperrt gewesen. Da bin ich natürlich hingelaufen, weil es mich sehr fasziniert hat. Und das war auch die Ursache, warum ich Mechaniker werden wollte."[7] So hat Kappacher „nach der Hauptschule Lehr- und Gesellenjahre als Motorradmechaniker"[8] absolviert; in einem Interview sagt er: „Ich war tatsächlich ganz knapp davor, Rennen zu fahren, zusammen mit einem Lehrlingskollegen. Wir waren beide ganz verrückt danach. Ich war immerhin in einer Firma, bei der zwei Staatsmeister beschäftigt waren".[9]

Dieser biographische Hintergrund ist nicht nur relevant für den Roman *Silberpfeile*, sondern auch für die beiden früheren Werke *Die Werkstatt*,[10] erstmals 1975 publiziert, sowie *Ein Amateur*[11] von 1993. Deutlich stärker als in diesen beiden Texten ist in *Silberpfeile* die literarische Verarbeitung historischer Fakten ausgeprägt; zwar handelt es sich beim Ingenieur Paul Windisch um eine fiktive Figur, aber die Ereignisse, von denen er dem Journalisten Mautner erzählt, haben einen konkreten

5 Peter Borscheid: Das Tempo-Virus. Eine Kulturgeschichte der Beschleunigung. Frankfurt a.M. 2004, S. 192.

6 Ebd., S. 198.

7 Walter Kappacher im Interview mit Manfred Mittermayer: Ich wollte immer nur in Ruhe gelassen werden. Ein biographisches Interview mit Walter Kappacher. In: Walter Kappacher. Person und Werk. Hg. v. Manfred Mittermayer/Ulrike Tanzer. Salzburg/Wien 2013, S. 9–24, hier S. 12.

8 Walter Kappacher: Stationen meines Lebens. In: Walter Kappacher. Person und Werk. Hg. v. Manfred Mittermayer/Ulrike Tanzer. Salzburg/Wien 2013, S. 25–40, hier S. 26.

9 Walter Kappacher im Interview mit Manfred Mittermayer: Ich wollte immer nur in Ruhe gelassen werden (wie Anm. 7), S. 13. Vgl. auch Walter Kappacher: Ich erinnere mich. Aus den autobiografischen Notizen. In: ders.: Die Amseln von Parsch und andere Prosa. Salzburg/Wien 2013, S. 157–184, hier S. 161–163 u. 181.

10 Walter Kappacher: Die Werkstatt. Wien 2014.

11 Walter Kappacher: Ein Amateur. München 2011.

historischen Hintergrund; Norbert Schachtsiek-Freitag spricht insofern von einem „semidokumentarische[n] Roman".[12]

Historisches Faktum ist, dass Bernd Rosemeyer, der populäre Grand-Prix-Rennfahrer der Auto-Union, beim Versuch, einen neuen Geschwindigkeitsrekord aufzustellen, am 28. Januar 1938 tödlich verunglückt. Im Roman arbeitet Windisch für die Auto-Union als Konstrukteur an der Optimierung der Rennwagen; auch an den Vorbereitungen von Rosemeyers Rekordversuch ist er beteiligt. Während des Kriegs ist Windisch dann als Ingenieur in die Entwicklung von Technik für V2-Raketen im Werk Schlier bei Zipf involviert, in dem zahlreiche Zwangsarbeiter sowie KZ-Häftlinge aus dem nahegelegenen Lager Mauthausen als Arbeitskräfte eingesetzt und ausgebeutet werden.[13] Bernhard Judex informiert:

> Die Arbeit an seinem Roman hat Kappacher keineswegs zufällig auf die Spur nach Zipf geführt, stammt doch seine Frau aus dieser Gegend im oberösterreichischen Hausruck, in der ihr Vater Bürgermeister gewesen ist. So weiß der Autor um die Ereignisse in dem Ort während des Kriegs, hat Recherchen betrieben, von denen nicht nur die Bibliographie im Anhang des Romans, sondern auch eine umfangreiche Materialsammlung im Vorlass des Autors zeugt.[14]

2014 ist eine umfangreiche Studie[15] von Martin Kukowski und Rudolf Boch über die Rolle der Auto-Union im Dritten Reich erschienen; sie gibt unter anderem Auskunft über „den immer wichtigeren Komplex des ‚Arbeitseinsatzes', die Abstellung des Arbeitskräftemangels in der deutschen Kriegswirtschaft durch Schleifung arbeitsrechtlicher Schutzbestimmungen und insbesondere die Zwangsrekrutierung von Arbeitskraft im besetzten Ausland".[16] Ebenso ist hier zu erfahren – und auch dies ist als Kontext für das Verständnis von Kappachers Roman relevant –, wie sich das Unternehmen in der letzten Kriegsphase „gar an die Verwirklichung unterirdischer Rüstungsfabriken mit aus den Konzentrationslagern rekrutierten Häftlingsheeren machte".[17] Bereits in einer früheren Publikation teilt Kukowski mit, dass die Auto-Union

12 Norbert Schachtsiek-Freitag: Walter Kappacher [Stand: 1.3.2010]. In: Kritisches Lexikon zur deutschsprachigen Gegenwartsliteratur. Munzinger Online/KLG. http://munzinger.de/document/16000000282 (zuletzt eingesehen am 12.5.2014).

13 Vgl. Walter Kappacher: Silberpfeile (wie Anm. 4), S. 155f.

14 Bernhard Judex: Sind Ingenieure Helden? Zu Walter Kappachers Roman ‚Silberpfeile'. In: Walter Kappacher. Person und Werk. Hg. v. Manfred Mittermayer/Ulrike Tanzer. Salzburg/Wien 2013, S. 95–105, hier S. 103.

15 Martin Kukowski/Rudolf Boch: Kriegswirtschaft und Arbeitseinsatz bei der Auto Union AG Chemnitz im Zweiten Weltkrieg. Stuttgart 2014.

16 Ebd., S. 17.

17 Ebd.

> im Sog des Motorisierungsbooms der Dreißiger Jahre [...] zum zweitgrößten deutschen Kraftfahrzeughersteller und bedeutendsten Industrieunternehmen Sachsens auf[stieg]. Während des Zweiten Weltkriegs ließ sich das Unternehmen von der nationalsozialistischen Rüstungsmaschinerie vereinnahmen. Mit einem ‚Heer' osteuropäischer Zwangsarbeiter fertigte es statt chromglänzender Automobile nun tarnfarbenes Kriegsgerät.[18]

Im Roman fragt Windisch den um viele Jahre jüngeren Andreas Mautner: „Sie denken doch nicht, wir seien alle Nazis gewesen? Natürlich waren wir uns bewußt, welche Bedeutung die Weltrekorde, die Siege bei Grand-Prix-Rennen für die Regierung hatten. Nach jedem Grand-Prix-Sieg von uns oder von Mercedes konnte man in den Zeitungen von der weiter gestiegenen *Weltgeltung Deutschlands* lesen."[19]

Mit Blick auf die Frage nach Schuld bleibt Windisch in seinen Erinnerungen lange ganz auf die technische Frage fixiert, ob er als Konstrukteur Verantwortung trage für den Unfall Rosemeyers.[20] Sein Interesse gilt dem technisch Machbaren; die Maximierung der Geschwindigkeit als Ziel wird absolut gesetzt; sie ist ein Ziel um ihrer selbst willen. Der angestrebte Geschwindigkeitsrekord hat keinen unmittelbaren Nutzen, wird jedoch zu Propagandazwecken vereinnahmt, wie auch das technische Know-how zunehmend in Rüstungsprojekte fließt.

Bernhard Judex schreibt zur Frage nach dem Aspekt der Schuld: „Kappachers Text bleibt insgesamt zurückhaltend, was die Frage von moralischer Schuld betrifft. Ihm geht es weniger um ein Urteil".[21] – Tatsächlich urteilt der Text selbst nicht explizit; dennoch bleibt der Roman mit Blick auf die Frage nach einer moralischen Schuld nicht indifferent: Gerade die große Sachlichkeit, mit der Windisch berichtet, ist geeignet, beim Leser Befremden auszulösen.

Auch die Reaktion Mautners mag erstaunen: Windischs Bericht empört ihn keineswegs; er ist schlicht ärgerlich, dass der Ingenieur kaum von den Grand-Prix-Rennen

---

18 Martin Kukowski: Die Chemnitzer Auto Union AG und die ‚Demokratisierung' der Wirtschaft in der Sowjetischen Besatzungszone von 1945 bis 1948. Stuttgart 2003, S. 9.

19 Walter Kappacher: Silberpfeile (wie Anm. 4), S. 94f. [Kursivierung im Original]; vgl. auch ebd., S. 19, 21 u. 67f. Vgl. auch Peter Borscheid: Das Tempo-Virus (wie Anm. 5), S. 203 sowie Martin Kukowski/Rudolf Boch: Kriegswirtschaft und Arbeitseinsatz bei der Auto Union AG Chemnitz im Zweiten Weltkrieg (wie Anm. 15), S. 52.

20 Vgl. Walter Kappacher: Silberpfeile (wie Anm. 4), S. 50–55. Hier ist auf Parallelen zu Kappachers früherem Roman *Die Werkstatt* hinzuweisen: Der Mechaniker Seeger fühlt sich verantwortlich für den Unfalltod seines Freundes und Kollegen David, auch wenn die Ursachen des Unfalls letztlich unklar bleiben (vgl. Walter Kappacher: Die Werkstatt (wie Anm. 10), S. 50f.) Die Frage nach einer potentiellen Schuld verbindet die Protagonisten beider Romane, Windisch und Seeger, wobei der historischen und politischen Dimension des Rennsports in Silberpfeile wesentlich größere Bedeutung zukommt.

21 Bernhard Judex: Sind Ingenieure Helden? (wie Anm. 14) S. 100. Vgl. auch Norbert Schachtsiek-Freitag: Walter Kappacher (wie Anm. 12).

erzählt, wegen derer er ihn interviewt: „Wenigstens hatte ich ihn unterbrochen, als er im Café damit anfing, er sei während des Krieges auch an der Entwicklung der V2-Rakete tätig gewesen, indem ich ihn fragte, ob er den italienischen Rennfahrer Tazio Nuvolari persönlich kennengelernt habe."[22] Windisch berichtet zum einen von den technischen Vorbereitungen der Geschwindigkeitsrekordversuche, zum anderen von den Raketentests in Zipf. Die Geschichte, die der Ingenieur erzählt, ist nicht die, die der Journalist hören möchte: „[...] es gelang mir nicht, mit Windisch über das Thema zu reden, dessentwegen ich hergekommen war: Bernd Rosemeyer und die Epoche der Grand-Prix-Rennen von 1935 bis 1939. Da saß ich nun neben einem Mann, der das alles aus nächster Nähe miterlebt und mitgestaltet hatte, und ich war nicht fähig, sein Reden in die richtige Bahn zu lenken."[23] Mautners Vorhaben, „das geplante Buchprojekt über die *Silberpfeile*",[24] droht zu scheitern, sein Plan geht nicht auf. Windischs Erinnerungen an Zipf stören den ganz auf die Rennen fokussierten Journalisten;[25] seinem Bedürfnis zu erzählen steht Mautners wachsende Ungeduld gegenüber.

Windischs Erinnerungen, in zwei großen Blöcken in Mautners Aufzeichnungen montiert, nehmen ziemlich genau die Hälfte des Romans ein. Wir haben es mit zwei Ich-Erzählern zu tun, und mit dem Wechsel der Erzählperspektive übernimmt jeweils auch ein anderes Zeitregime die Führung: Während es Mautner nicht schnell genug geht, lässt Windisch in aller Ruhe seine Erinnerungen aufsteigen. Bereits das als Motto fungierende Joseph-Conrad-Zitat am Beginn des Romans gibt einen Hinweis auf unterschiedliche Geschwindigkeiten: *„Man muß eins von beiden: brennen oder faulen."*[26] Mautners Ungeduld fungiert gewissermaßen als Kontrastfolie, vor der Windischs Schilderungen, in denen es paradoxerweise um Geschwindigkeitsrekordversuche und Tests zum Raketenantrieb geht, umso langatmiger wirken.

Wenn bereits die Geschwindigkeit von mehr als 400 Stundenkilometern, mit der Rosemeyer bei den Tests fährt, kaum zu fassen ist, dann gilt dies erst recht für die in Zipf getestete V2-Rakete: „Die seit Oktober 1942 von der Heeresführung der deutschen Wehrmacht vorangetriebene und unter Federführung von Wernher von Braun entwickelte Flüssigtreibstoffrakete A 4, die spätere ‚Vergeltungswaffe' V 2, rast mit einer Tonne Sprengstoff im Gefechtskopf und einer Höchstgeschwindigkeit von 5470 km/h auf ihr Ziel zu."[27] Diese auf der inhaltlich-thematischen Ebene angesprochenen Höchstgeschwindigkeiten stehen in umgekehrt-proportionalem Verhältnis zum Tempo auf der Ebene der Darstellung.

22 Walter Kappacher: Silberpfeile (wie Anm. 4), S. 32.
23 Ebd., S. 43; vgl. auch ebd., S. 12, 148 u. 153.
24 Ebd., S. 10 [Kursivierung im Original].
25 Vgl. ebd., S. 32, 117f.
26 Ebd., S. 5 [Kursivierung im Original].
27 Peter Borscheid: Das Tempo-Virus (wie Anm. 5), S. 257.

In diesem Zusammenhang ist generell auf die nichtlineare Erzähltechnik zu verweisen, die durch zahlreiche Rückblenden, Unterbrechungen und Zeitsprünge gekennzeichnet ist,[28] auf die hier nicht im Einzelnen eingegangen werden kann – ein Beispiel soll genügen: Windisch unternimmt immer neue Anläufe, von Rosemeyers Unfall zu erzählen; er berichtet von der Analyse potentieller Unfallursachen in den Wochen nach dem Unfall, und er schildert ausführlich die Vorbereitungen und Testfahrten am Morgen der Unglücksfahrt. Der eigentliche Unfall, auf den die Erzählung zuläuft, wird gewissermaßen ‚eingekreist'.[29] Dieses Verfahren dient hier jedoch gerade nicht als konventionelles Mittel, um Spannung zu erzeugen; der Eindruck, der entsteht, ist vielmehr eine gewisse Langatmigkeit. So werden die Vorbereitungen des Rekordversuchs in aller Ausführlichkeit geschildert; der Text widmet sich mit größter Sorgfalt und Genauigkeit unzähligen technischen Details zur Erzeugung von Höchstgeschwindigkeit.[30] Das Erzähltempo ist dabei alles andere als rasant. Peter Handke spricht in diesem Zusammenhang von „Autobestandteilslitaneien".[31]

Was also geschildert wird, sind die Bedingungen zur Maximierung von Geschwindigkeit; die Art und Weise, *wie* dies erzählt wird, sorgt gleichzeitig für extreme Verlangsamung. Die geschilderten technischen Details erzeugen *Geschwindigkeit*, und ihre Schilderung erzeugt gerade durch diese Detailliertheit extreme *Verlangsamung*. Cornelius Hell bemerkt dazu: „[…] man findet wohl kaum einen Autor, der so genau und intensiv das Fahrgefühl bei mehreren Hundert Stundenkilometern beschreiben kann. Das Erzähltempo steht freilich in schneidendem Kontrast zu dieser Geschwindigkeitsfaszination".[32] Das verlangsamte Erzähltempo ‚bremst' sozusagen, es stellt genau die Reibung her, die durch die windschnittige Konstruktion minimiert werden soll. Der Lesefluss wird gebremst, erfährt Widerstand; statt auf das Vorwärtsschreiten der erzählten Story wird die Aufmerksamkeit auf die Art und Weise des Erzählens selbst gelenkt. Die Erzähltechnik konterkariert die erzählte Technik. Der Roman reflektiert damit gewissermaßen die ‚Rückseite' der Geschwindigkeit. Geschwindigkeit wird also gerade nicht *inszeniert* – auch dies wäre ja denkbar –, sie wird vielmehr *dekonstruiert*. Damit reflektiert der Roman zugleich seine eigenen Voraussetzungen, nämlich die Kategorie Zeit als Möglichkeitsbedingung von Literatur.

Die im Roman geleistete Zeitreflexion ist vielgestaltig: Auf Verschiebungen im temporalen Gefüge machen bereits mehrere Hinweise ganz am Beginn des Romans

28 Vgl. Bernhard Judex: Sind Ingenieure Helden? (wie Anm. 14), S. 97.

29 Vgl. z. B. Walter Kappacher: Silberpfeile (wie Anm. 4), S. 85.

30 Vgl. z. B. ebd., S. 55f., 79f. u. 87f. Ausführliche Schilderungen technischer Details finden sich bereits in *Die Werkstatt*, vgl. z. B. Walter Kappacher: Die Werkstatt (wie Anm. 10), S. 88f.

31 Peter Handke: Prosa als Hintergrund(aus)leuchten. Rede zur Verleihung des Hermann-Lenz-Preises an Walter Kappacher. In: manuskripte 165 (2004), S. 29–32, hier S. 30.

32 Cornelius Hell: Luftschmecken und Nachdenken. Walter Kappacher zum 70. Geburtstag. In: Literatur und Kritik 427/428 (2008), S. 23–31, hier S. 24.

aufmerksam: Dort werden einige Wartesituationen geschildert,[33] Mautner wartet auf den Anruf seiner Freundin,[34] die sich derzeit in den USA befindet; auch die Zeitverschiebung, das Umrechnen der Ortszeiten wird mehrmals angesprochen.[35] Für seine Zeitschrift wird Mautner um die Vorbereitung von Nachrufen noch lebender Rennfahrer gebeten,[36] auch hier erfolgt also eine Verkehrung der Zeitlogik. Der Ingenieur, den Mautner im Altersheim besucht, sitzt im Rollstuhl;[37] er, der von den Arbeiten im Windkanal und an der Rennstrecke berichtet, braucht Hilfe bei der Fortbewegung, ist langsam und in seiner Mobilität erheblich eingeschränkt – auch hier arbeitet der Text mit dem Mittel des Kontrasts. Das Seniorenheim erscheint als eine andere Zeitzone; Windisch erklärt gegenüber Mautner: „Jedenfalls habe ich den Eindruck, in den acht Monaten hier um zehn Jahre gealtert zu sein …“[38] Gerade an diesem durch Langsamkeit und Immobilität gekennzeichneten Ort also scheint die Zeit besonders schnell zu vergehen.

Und es gibt einen weiteren solchen Ort im Roman, nämlich das dem Rennfahrer Tazio Nuvolari gewidmete Museum in Mantua, dem Heimatort Nuvolaris; hier erhält Mautner wesentliche Impulse für sein geplantes Buchprojekt. Im Museum wird der Versuch unternommen, Geschwindigkeit zu dokumentieren; Fotos und andere Ausstellungsstücke konservieren auf Dauer gestellte Momente von Bewegung mit Höchstgeschwindigkeit.[39]

In diesem Zusammenhang spielt das Mittel der Ekphrasis in *Silberpfeile* eine wichtige Rolle; es finden sich mehrere Passagen, in denen Fotografien detailliert beschrieben werden – meist handelt es sich dabei um Bilddokumente, die Szenen bei Autorennen festhalten.[40] Ein längeres Zitat soll als Beispiel dienen:

> Eine Straße im Hochgebirge: Großglockner, August 1938, mit Tintenbleistift auf der Rückseite notiert. Ein Auto-Union-Rennwagen, erkennbar am Heck, hat soeben die Rechtskurve am unteren Bildrand im power-slide durchfahren, man sieht mehrere Brems- und Schleuderspuren. Der Fahrer hat auf der ansteigenden Fahrbahn in einer Entfernung von etwa zwanzig Metern eine Linkskurve vor sich, die Strecke verschwindet hinter dem Abhang, endet in

33 Vgl. Walter Kappacher: Silberpfeile (wie Anm. 4), S. 7–9 u. 47; dies gilt auch für das Ende des Romans: Mautner und sein Vater verspäten sich bei einem Termin, weil der Vater „seit Monaten keine Uhr mehr“ (ebd., S. 213) trägt.

34 Vgl. ebd., S. 10, 13 u. 31.

35 Vgl. z.B. ebd., S. 12.

36 Vgl. ebd., S. 13.

37 Vgl. ebd., S. 95.

38 Ebd., S. 39.

39 Vgl. ebd., S. 125f. u. 128f. Ein dort gezeigter Film über Nuvolaris Leben dauert „höchstens zehn Minuten“ (ebd., S. 130).

40 Vgl. z.B. ebd., S. 14, 145 u. 146f.

> einer nach links gerichteten Spitze; die steile, von großen Steinbrocken übersäte Böschung zieht sich am linken Bildrand hinauf, mit einer breiten Mulde, der diese Linkskurve folgt. Der vorbeischleudernde Rennwagen ist von einem erhöhten Standpunkt aus fotografiert worden. Im Hintergrund verschwindet die Fahrbahn in einer weiteren Falte des steilen Geländes, einer Linkskurve, die sich um den steilen Hang herumwindet. Es sieht so aus, als falle der Hang am rechten Fahrbahnrand in eine Schlucht ab. Wo die Fahrbahn in einem nach links zeigenden spitzen Winkel endet, sieht man einen Menschen stehen, nicht viel mehr als ein Strich, der sich abhebt von einem Schneefeld jenseits einer breiten Schlucht. Ein paar Meter daneben vor dem Scheitelpunkt der Kurve ein Verkehrszeichen, die Stange kaum zu erkennen, ein Dreieck mit nach oben zeigendem Winkel. Im Hintergrund, von Nebelschwaden teilweise verdeckt, verschneite, senkrecht hochragende Bergwände und Gipfel. Rechts, den Abgründen zugewandt, ist die Strecke mit schräg herausragenden Steinen gesäumt, die aussehen wie Meilensteine, sie stehen im Abstand von einigen Metern. Der Wagen liegt in der Kurvenausfahrt quer zur Straße. Auf der Fotografie ist nicht zu erkennen, ob das Heck des Fahrzeugs nicht noch weiter nach links schleudern wird, so daß das linke Hinterrad gegen die von Steinen und schindelartigen Steinplatten gesäumte Böschung prallt, auf der da und dort Schneereste zu sehen sind.[41]

Auf dem Foto festgehalten ist ein Augenblick, in dem ein Rennwagen eine Serpentinenstraße hinaufrast und schließlich offenbar ins Schleudern kommt; es ist nicht klar, ob der Wagen gegen die Böschung prallen wird, das heißt, das Bild zeigt tatsächlich den Wagen in voller Fahrt. Die enorme Geschwindigkeit ist im Bild stillgestellt, der Wagen ist gewissermaßen fixiert; lediglich aus den Schleuderspuren lässt sich die Situation ableiten, lässt sich das Tempo rekonstruieren. Die ausführliche Schilderung zahlreicher abgebildeter Details führt dazu, dass der eingefrorene Moment nun wieder verzeitlicht wird. Doch damit nicht genug: Durch die extreme Ausführlichkeit der Schilderung des rasenden Wagens erfolgt zugleich eine enorme Zeitdehnung.

Interessant ist, dass das Foto neben der Geschwindigkeit gleichzeitig einen Moment der Gefahr dokumentiert: Der Wagen schleudert, zunächst im kontrollierten ‚powerslide', dann jedoch, wie das Ende des Zitats nahelegt, offenbar unkontrolliert; er droht, mit einem Rad gegen die Böschung zu prallen – der Ausgang der Situation ist ungewiss. Damit wird auch der potentielle Kontrollverlust aktualisiert. Im Roman *Ein Amateur* wird eine Szene geschildert, in der der Protagonist Simon die Kontrolle über sein Moped verliert:

> Am nächsten Abend, wieder genoß er das hochtourige Singen des Motors, das Ausmessen der Kurve, vom äußersten linken Fahrbahnrand in tiefer Schräglage, wobei er die rechte Tretkurbel, damit das Pedal nicht den Asphalt berührte, die Maschine womöglich aushob, automatisch hochstellte; das Hinunterschneiden zum rechten Fahrbahnrand, ein kurzes Jaulen,

41 Ebd., S. 102f.

> dann Knirschen, während das Hinterrad schon wegschmierte, dahinschlitterte, das Moped sich mit ihm in den Graben überschlug.[42]

Der Kontrollverlust wird nicht nur erzählt, indem der Sturz geschildert wird, sondern er wird auch sprachlich nachgebildet: Der Satzbau wird nicht durchgehalten – bildlich gesprochen: Es ‚trägt den Satz aus der Kurve', die Grammatik ‚kriegt die Kurve nicht mehr'.

In *Silberpfeile* begegnet der Aspekt des Kontrollverlusts auf mehreren Ebenen: Wiederholt berichtet Windisch von der Herausforderung, bei hohen Geschwindigkeiten nicht die Kontrolle über den Rennwagen zu verlieren.[43] Mautners Ohnmacht, Windischs Erzählfluss in die Richtung, die für sein Projekt relevant wäre, zu lenken, wurde bereits erwähnt. Windisch ist konfrontiert mit dem zunehmenden Verlust der Kontrolle über sein Leben, auch über seine Körperfunktionen: „Ich sollte dankbar sein, daß ich betreut werde, und doch, das Gefühl, die Dinge nicht mehr beeinflussen zu können, beunruhigt mich am meisten."[44]

Mit Blick auf den Aspekt des Kontrollverlusts ist nicht zuletzt auch der Unfall Rosemeyers zu nennen[45] sowie eine verheerende Explosion im Zipfer Stollen, in dem die Raketentests durchgeführt werden. Insbesondere diese Unfälle zeigen, dass bei allen Anstrengungen, die technischen Möglichkeiten auszuschöpfen, hundertprozentige Kontrolle und Sicherheit nicht möglich sind. Mit extremer Geschwindigkeit potentiell verbundene Allmachtsfantasien[46] werden jäh erschüttert; die Unfälle wecken Zweifel an der Beherrschbarkeit der Technik. Bei aller Sorgfalt in der Konstruktion und Planung – ein nicht planbares Restrisiko bleibt.

In ihrer 2014 erschienenen Studie *Zukunft als Katastrophe* bezeichnet Eva Horn den Unfall als „die spezifische Katastrophe der Moderne, denn er ist essentiell an einen

---

42 Walter Kappacher: Ein Amateur (wie Anm. 11), S. 84.

43 Vgl. z. B. Walter Kappacher: Silberpfeile (wie Anm. 4), S. 90–92. Auf den Aspekt der Kontrolle geht auch Bernhard Judex ein: „Die ambivalente, keineswegs unkritisch rezipierte Faszination für Technik und Motorsport ist nicht nur wesentliches Element dieses Romans, sondern bereits aus anderen Texten Kappachers bekannt. [...] Die Helden in Kappachers Motorrad-Welt sind – ähnlich wie der junge Windisch als Konstrukteur – fasziniert von der berauschenden Wirkung des Mediums der Fortbewegung, insbesondere des Motorrads, das sie in- und auswendig kennen. Nicht nur erlangen sie Zugang zu sich selbst, die Beherrschung der Maschine bedeutet gewissermaßen ein Stück Weltbeherrschung." (Bernhard Judex: Sind Ingenieure Helden? (wie Anm. 14, S. 100f.)

44 Walter Kappacher: Silberpfeile (wie Anm. 4), S. 95; vgl. auch ebd., S. 39f., 44 u. 111.

45 Rosemeyers Unfall steht auch im Zentrum von Kappachers Erzählung *Die letzte Fahrt* (Walter Kappacher: Die letzte Fahrt. In: ders.: Wer zuerst lacht. Wien/München 1997, S. 75–83).

46 Vgl. Rainer Schönhammer: Psychologie von Verkehr und Mobilität. In: Geschichte der Zukunft des Verkehrs. Verkehrskonzepte von der Frühen Neuzeit bis zum 21. Jahrhundert. Hg. v. Hans-Liudger Dienel/Helmuth Trischler. Frankfurt am Main/New York 1997, S. 59–76, hier S. 65.

fortgeschrittenen Stand der Technik gebunden."[47] Eine wichtige Rolle spielt laut Horn dabei das Auto als „das wohl mächtigste Kollektivsymbol einer höchst ambivalenten Zukünftigkeit: einerseits [ist es] Symbol einer immer weiter steigerbaren Beschleunigung und unbeschränkten räumlichen Eroberung der Welt [...]. Andererseits ist ihm immer schon der mögliche und wahrscheinliche Unfall eingeschrieben".[48]

Es ist bezeichnend, wie häufig in *Silberpfeile* technische Defekte oder sonstige Widrigkeiten erwähnt werden, sei es, dass ein Auto nicht anspringt,[49] keine Winterreifen verfügbar sind,[50] eine Panne eine Fahrtunterbrechung erzwingt,[51] die Benzinpumpe ersetzt werden muss,[52] Wagen abgeschleppt werden müssen,[53] ein gefährliches Überholmanöver beinahe einen Zusammenstoß verursacht,[54] ein Stau entsteht,[55] der Tank beinahe leer ist.[56] Während seiner Recherchen zu den Geschwindigkeitsrekordversuchen wird Mautner permanent mit dem Versagen der Technik und der eigenen Ohnmacht konfrontiert.

In diesem Zusammenhang ist es wichtig, noch einmal auf die Gegenwartsebene des Romans zurückzukommen: Mautners Aufzeichnungen, in welche die Erinnerungen des Ingenieurs hineinmontiert sind, sind auf fünf Tage datiert: 9. Juni, 31. Mai, 1. Juni, 2. Juni und 16. Juni – auch hier keine lineare Abfolge. Eine Jahreszahl ist nicht angegeben, doch das Jahr lässt sich mühelos erschließen: An mehreren Stellen wird, mehr oder weniger nebenbei, die Reaktorkatastrophe von Tschernobyl erwähnt;[57] es handelt sich also um den Frühsommer 1986.

Die Hinweise auf den atomaren Unfall verstärken die im Buch ohnehin präsente Skepsis gegenüber der Beherrschbarkeit von Technik;[58] doch darüber hinaus leisten sie noch mehr: Mit Blick auf die Dauer der radioaktiven Zerfallszeit kommt hier eine weitere Zeitdimension ins Spiel. Statt mit Sekundenbruchteilen wie beim Geschwindigkeitsrekord haben wir es mit Blick auf die langfristigen Folgen mit einem ganz anderen Zeithorizont zu tun: Der extremen Flüchtigkeit steht eine immens lange Dauer gegenüber. „Was sich in Tschernobyl zeigt, ist eine Latenzperiode der

47 Eva Horn: Zukunft als Katastrophe. Frankfurt a.M. 2014, S. 245.

48 Ebd., S. 258.

49 Vgl. Walter Kappacher: Silberpfeile (wie Anm. 4), S. 22.

50 Vgl. ebd.

51 Vgl. ebd., S. 37.

52 Vgl. ebd., S. 127.

53 Vgl. ebd., S. 107 u. 123.

54 Vgl. ebd., S. 110.

55 Vgl. ebd., S. 112.

56 Vgl. ebd., S. 113.

57 Vgl. ebd., S. 10, 20 u. 138.

58 Vgl. hierzu auch Kappachers Erzählung *Der Zauberlehrling* (Walter Kappacher: Der Zauberlehrling. In: ders.: Die irdische Liebe. Stuttgart 1979, S. 134–160).

Katastrophe, die weitergeht, wenn das sicht- und fühlbare Ereignis längst vorbei ist. Die Katastrophe wirkt unsichtbar und unabsehbar fort".[59]

Die radioaktive Bedrohung ist nicht greifbar; die menschliche Wahrnehmung ist nicht mit einem Sinn für diese Strahlung ausgestattet. Sowohl mit Blick auf extrem hohe Geschwindigkeiten, bei denen die menschliche Raum- und Zeitwahrnehmung an Grenzen gelangt, als auch mit Blick auf Radioaktivität kommt die Wahrnehmung an ein Limit. Insofern jedoch Wahrnehmung Voraussetzung des Erzählens ist, ergibt sich hier das poetologische Problem, nicht Wahrnehmbares literarisch darzustellen. Die unsichtbare Strahlung wird entsprechend durch Aussparung dargestellt; die vereinzelten Hinweise auf Tschernobyl sorgen gleichwohl dafür, dass die Bedrohung im Hintergrund im gesamten Text permanent präsent ist.

Am Ende des Romans sieht Mautner sich, das hat sich schon länger angedeutet, zu einer beruflichen Neuorientierung veranlasst; er fragt sich: „Etwas ist vorbei – aber was beginnt jetzt?"[60] Ihm wird eine Stelle im Zeitungsarchiv angeboten.[61] Mit der Tätigkeit im Archiv statt beim Motorsport-Journal verbindet sich ein anderes Zeitregime: Nicht Berichte über Höchstleistungen im Rennsport sind gefordert, sondern der Dienst am kollektiven Gedächtnis. Damit verbunden ist eine Richtungsänderung vom Interesse am ‚Vorwärts' mit seinem ‚Höher, Schneller, Weiter' hin zum Blick zurück, zur Erinnerung. Der Roman eröffnet so eine Alternative zu der „Steigerungslogik, die [...] in ihrer Steigerungsfähigkeit prinzipiell nach oben hin offen ist".[62]

Weitet man an dieser Stelle den Blick auf Kappachers Gesamtwerk, dann wäre zu fragen, ob Kappachers Werk sich als Plädoyer für Entschleunigung auffassen lässt. Die unter anderem in *Selina oder Das andere Leben*[63] von 2005 geleistete Zeitreflexion gäbe durchaus Argumente dafür her; hier wird ein entschleunigtes Leben

59 Eva Horn: Zukunft als Katastrophe (wie Anm. 47), S. 249.

60 Walter Kappacher: Silberpfeile (wie Anm. 4), S. 217. „Diese Struktur ist typisch für das kappachersche Erzählen: Eine Figur wird bei ihrer Auseinandersetzung mit sich selbst begleitet, meist sind es scheinbar unspektakuläre innere Vorgänge, die jedoch den Grundstein zu Veränderungen legen und die Figuren befähigen, [...] einen Aufbruch zu wagen, mit dem die Romane oft abschließen" (Laura Freudenthaler: Auf der Suche nach dem anderen Leben. Über das Werk von Walter Kappacher. In: Walter Kappacher. Person und Werk. Hg. v. Manfred Mittermayer/Ulrike Tanzer. Salzburg/Wien 2013, S. 54–67, hier S. 60; vgl. auch Norbert Schachtsiek-Freitag: Walter Kappacher (wie Anm. 12)).

61 Vgl. Walter Kappacher: Silberpfeile (wie Anm. 4), S. 220f.

62 Peter Borscheid: Das Tempo-Virus (wie Anm. 5), S. 11.

63 Walter Kappacher: Selina oder Das andere Leben. München [4]2010.

im Rhythmus der Natur dargestellt.[64] Auch der Roman *Land der roten Steine*[65] aus dem Jahr 2012 gibt Anhaltspunkte für eine solche Lesart. Dennoch wäre eine solche Zuschreibung dahingehend zu präzisieren, dass mit Blick auf *Silberpfeile* nicht primär *Entschleunigung*, sondern vielmehr die *Reflexion von Beschleunigung* angestrebt wird – wobei Reflexion letztlich mit Entschleunigung verbunden sein dürfte. Die Betonung des reflexiven Moments scheint auch deshalb wichtig, weil damit eine simple Opposition zwischen Beschleunigung einerseits und Entschleunigung andererseits vermieden werden kann:

> Wer Zeit ausschließlich unter dem Aspekt ihres sich steigernden Tempos untersucht, hat als mögliche Gegenbegriffe nur Verlangsamung oder Stillstand zur Verfügung. Um sich aus dieser Sackgasse zu befreien ist es jedoch wichtig, das gesellschaftliche und kulturelle Problem der Zeit nicht nur als ein Problem unterschiedlicher Geschwindigkeiten auf einem linearen Zeitstrahl zu konzipieren, sondern auch als ein qualitatives Nebeneinander unterschiedlicher Zeitgestalten.[66]

Gerade diese Frage nach der Qualität der Zeit macht ein wesentliches Moment in Kappachers Werk aus. Mehrere Texte, zumeist Erzählungen, kritisieren, oft in Form von Satire,[67] den „Wahn der unbeschränkten Mobilität"[68] und reflektieren kritisch die Bedeutung, die unsere Gesellschaft dem Auto gibt.[69] Kappachers Kritik ist dabei immer gekoppelt an die Frage nach dem ‚guten Leben'; sich der Beschleunigung zu entziehen, ist insofern kein Selbstzweck im Sinne eskapistischer Tendenzen. Viele seiner Figuren suchen nach einem anderen Leben[70] als Alternative zu den scheinba-

64 Bereits das erste Wort des Romans lautet „Langsam" (ebd., S. 7); der Protagonist Stefan, der sich während eines Sabbaticals in der Toskana aufhält, sagt, „vor allem beeindrucke ihn das völlig andere Zeitgefühl, die Zeit scheine sich zu dehnen, ihr Verlauf zu verlangsamen, nie sonst genieße er so sehr den Augenblick" (ebd., S. 70).

65 Walter Kappacher: Land der roten Steine. München 2012.

66 Aleida Assmann: Ist die Zeit aus den Fugen? (wie Anm. 1), S. 192f.

67 Vgl. Laura Freudenthaler: „Wie die Menschen leben oder nicht leben". Walter Kappacher lesen. In: Der Mongole wartet. Zeitschrift für Literatur und Kunst 21 (2011), S. 44–53, hier S. 48.

68 Walter Kappacher: Der lange Brief. Wien 2007. S. 47.

69 Vgl. etwa Walter Kappacher: Touristomania oder Die Fiktion vom aufrechten Gang. Wien 2009, S. 48f. Vgl. auch Walter Kappacher: Der lange Brief (wie Anm. 68), S. 50f., 54, 56 u. 58. Vgl. auch Walter Kappacher: Morgen. München 2010, S. 111f. Vgl. auch Walter Kappacher: Eigenes und Angeeignetes. In: ders.: Die Amseln von Parsch und andere Prosa. Salzburg/Wien 2013, S. 185–213, hier S. 194f. Vgl. auch Walter Kappacher: Die Krankheit zum Tode. In: ders.: Nur Fliegen ist schöner und andere Geschichten. Hg. v. Alfred Winter. Salzburg 1973, S. 93–96. Vgl. auch Walter Kappacher: Und trotzdem vorwärts. In: ders.: Nur Fliegen ist schöner und andere Geschichten. Hg. v. Alfred Winter. Salzburg 1973, S. 135–138.

70 Vgl. Laura Freudenthaler: Auf der Suche nach dem anderen Leben (wie Anm. 60).

ren Selbstverständlichkeiten ihrer jeweiligen Alltagswirklichkeit.[71] Auch der Akt des Erzählens selbst stellt die Ansprüche einer von Beschleunigung geprägten Welt in Frage[72] – dies gilt für Windischs Erinnerungen ebenso wie für Kappachers Roman im Ganzen.

71 Vgl. den Titel von Kappachers Roman *Selina oder Das andere Leben* (wie Anm. 63). Vgl. auch die Reflexion der Protagonistin aus Kappachers Erzählung Rosina: „War das ihr Leben? Hatte sie es alles gewollt, wie es verlaufen war? Hätte sie ein anderes Leben haben können?" (Walter Kappacher: Rosina. München 2013, S. 7). Vgl. auch Walter Kappacher: Der lange Brief (wie Anm. 68), S. 9, 28 u. 48.

72 Vgl. auch Aleida Assmann: Ist die Zeit aus den Fugen? (wie Anm. 1), S. 196.

Strategien der Verlangsamung

Carsten Rohde (Weimar)

Der zerbrochene Zusammenhang · Dichter-Bilder bei Goethe, Emerson, Hofmannsthal

1 Einleitendes

Die Essenz der folgenden Ausführungen ist denkbar einfach; gleichzeitig ist die in ihr formulierte Erkenntnis fundamental für die gesamte literarisch-ästhetische Moderne und in ihren Implikationen vielschichtiger, als es auf den ersten Blick den Anschein hat. ‚Zusammenhang'[1] bzw. ‚Zusammenhangsdenken', so lautet die These, stellt spezifische Ausformungen einer Ästhetik und Philosophie der Entschleunigung dar, welche die Künste und Geisteswissenschaften in Opposition zum Modernisierungsvektor der Beschleunigung ausgebildet haben. Erhärtet und exemplifiziert sei diese These an drei Beispielen, drei Denkern und Literaten, die in einer bestimmten Phase von Moderne, im 19. und frühen 20. Jahrhundert, Dichter- und Künstlerbilder entworfen haben, die das Zusammenhangsdenken in den Mittelpunkt stellen. Alle drei Autoren – Goethe, Emerson, Hofmannsthal – operieren dabei vom Standpunkt einer skeptischen bis radikal kulturpessimistischen Perspektive auf die makrogesellschaftlichen Modernisierungsprozesse, die auf der Ebene von Gesellschaft und

---

1 Statt von ‚Zusammenhang' wird im Folgenden gelegentlich synonym von ‚Ganzheit' (‚Totalität') und ‚Einheit' die Rede sein, da alle drei Begriffe in ideen- und begriffsgeschichtlicher Perspektive ähnliche Konzepte implizieren; trotz dieser Überschneidungen existieren jedoch selbstverständlich auch unterschiedliche Traditionen, so dass die semantischen Begriffshöfe teilweise verschieden ausfallen. Die Begriffe ‚Ganzheit' und ‚Einheit', so ließe sich diese Differenz grob umreißen, begegnen eher in metaphysisch-religiösen Kontexten, der Begriff ‚Zusammenhang' betont hingegen mehr die phänomenale, indes nichtkontingente, eben zusammenhängende Vielheit von Welt. Entsprechend wird unter ‚Zusammenhang' im Folgenden primär der Zusammenhang der Dinge in der Welt *(nexus rerum)* verstanden. In ähnlicher Weise trennt den Begriff der ‚Totalität' vom Begriff des ‚Zusammenhangs' das geschichtsphilosophische Gepräge des ersteren. Zur Relevanz der Denkfigur in der Ideengeschichte des 19. Jahrhunderts vgl. ausführlich: Walter Gebhard: „Der Zusammenhang der Dinge". Weltgleichnis und Naturverklärung im Totalitätsbewußtsein des 19. Jahrhunderts. Tübingen 1984. Gebhard untersucht hauptsächlich naturphilosophische Konzepte eines dezidiert antimechanistischen Monismus und Panpsychismus (Schopenhauer, Fechner, Lotze, Hartmann, Haeckel, Bölsche) und deren Ausstrahlungen in die Literatur der zweiten Hälfte des 19. Jahrhunderts (u.a. Fontane, Holz, Dehmel, der junge Hofmannsthal). Vgl. außerdem: Bernhard J. Dotzler: Der Zusammenhang der Dinge. Regulation und Dämonologie von Watt bis Maxwell. In: Thorsten Hahn (Hg.): Kontingenz und Steuerung. Literatur als Gesellschaftsexperiment 1750–1830. Würzburg 2004, S. 177–189.

Individuum mit bestimmten dynamischen Entwicklungen verbunden sind: Industrialisierung, Urbanisierung, Globalisierung, Differenzierung, Rationalisierung, Individualisierung und nicht zuletzt Akzeleration, sprich Beschleunigung.[2] Doch weniger Krisendiagnosen interessieren hier, sondern in erster Linie die Antworten darauf, die Entwürfe einer ästhetischen, einer intellektuellen Identität, deren Zentrum jener im Aufsatztitel benannte ‚zerbrochene Zusammenhang' ist, in dem für das Subjekt Utopie und Glück, Trauer und Melancholie unentwirrbar zusammenschießen. Die daraus resultierenden Dichter- und Künstlerbilder sind emblematisch zu lesen: als ikonische Protestgebärden im Namen des ‚schönen' Zusammenhangs, wider den unaufhaltsamen Sturz der Dinge, der sich unter der Überschrift der Moderne ereignet.

2 Goethe: Der Dichter als Inszenator panoramatischer Weltzusammenhänge

Seit den nachitalienischen Jahren (1788ff.) hat Goethe den Zusammenhang seines Schaffens zunehmend als problematisch empfunden.[3] Die sich mit der Zeit häufenden Projekte und Fragmente, die diversen Tätigkeiten in Literatur, Kunst, Naturwissenschaft und Politik warfen in der Öffentlichkeit, aber auch in Goethe selbst die Frage nach der ethisch-ästhetischen Mitte, dem künstlerischen wie gedanklichen Zusammenhang dieses heterogenen Gebildes auf. Die Frage nach dem Werkganzen ist jedoch von Beginn an gekoppelt an die Frage nach dem Weltganzen. Die teils fragmentarische Vielgestaltigkeit des eigenen Schaffens ist auch ein Spiegel der allgemeinen „Hydra der Empirie",[4] diese wiederum weist deutlich Symptome eines spezifisch modernen, beschleunigten Zeitalters auf. Die Reise in die Schweiz 1797 konfrontierte Goethe nicht allein mit der schieren Mannigfaltigkeit des Daseins, sondern mit Prozessen, die der jüngsten Zeitgeschichte geschuldet sind, den akzelerierten Transformationen in Gesellschaft und Politik, wie sie Goethe immer wieder auch mit der Französischen Revolution in Verbindung brachte. Dementsprechend ist der Zusammenhang der Dinge *(nexus rerum)* seitdem unauflöslich verknüpft mit

2 Vgl. Nina Degele/Christian Dries: Modernisierungstheorie. Eine Einführung. München 2005, (S. 154–179: „Beschleunigung"); ausführlich: Peter Borscheid: Das Tempo-Virus. Eine Kulturgeschichte der Beschleunigung. Frankfurt a. M./New York 2004; Hartmut Rosa: Beschleunigung. Die Veränderung der Zeitstrukturen in der Moderne. Frankfurt a.M. 2005; vgl. auch ders.: Beschleunigung und Entfremdung. Entwurf einer kritischen Theorie spätmoderner Zeitlichkeit. Berlin 2013, S. 16, der den Modernisierungsvektor „Beschleunigung" wie folgt genauer definiert: „eine beschleunigte Transformation der materiellen, sozialen und geistigen Welt".

3 Dazu ausführlich auch: Carsten Rohde: Spiegeln und Schweben. Goethes autobiographisches Schreiben. Göttingen 2006, S. 144ff., 214ff.

4 Brief an Friedrich Schiller vom 16./17.8.1797. In: Johann Wolfgang Goethe: Sämtliche Werke nach Epochen seines Schaffens. Münchner Ausgabe. Hg. v. Karl Richter u.a. 21 Bde. in 33 Tln. München 1985–1998, im Folgenden abgekürzt MA mit Band- und Seitenangabe, hier MA 8.1, S. 393.

den makrogesellschaftlichen Entwicklungen in Europa, die „Hydra der Empirie" wandelt sich gewissermaßen zum unabsehbaren ‚Ungeheuer der Moderne', dessen Bewegungen der späte Goethe größtenteils mit Unbehagen und einem idiosynkratischen Refus beobachtet. In neueren beschleunigungshistorischen und -kritischen Arbeiten begegnet denn auch immer wieder an prominenter Stelle der Name Goethe.[5] Er wird als früher Kronzeuge für die zur Rede stehenden Akzelerationsprozesse der Moderne in den Zeugenstand gerufen, seine kulturkritischen Ausführungen in zwei Briefen an Zelter und Nicolovius aus dem Jahre 1825 gehören zu den Standardzitaten:

> [...] alles aber, mein Teuerster, ist jetzt ultra, alles transzendiert unaufhaltsam, im Denken wie im Tun. Niemand kennt sich mehr, niemand begreift das Element worin er schwebt und wirkt, niemand den Stoff den er bearbeitet. Von reiner Einfalt kann die Rede nicht sein; einfältiges Zeug gibt es genug. Junge Leute werden viel zu früh aufgeregt und dann im Zeitstrudel fortgerissen; Reichtum und Schnelligkeit ist was die Welt bewundert und wornach jeder strebt; Eisenbahnen, Schnellposten, Dampfschiffe und alle möglichen Fazilitäten der Kommunikation sind es worauf die gebildete Welt ausgeht, sich zu überbieten, zu überbilden und dadurch in der Mittelmäßigkeit zu verharren.[6]

> Für das größte Unheil unsrer Zeit, die nichts reif werden läßt, muß ich halten daß man im nächsten Augenblick den vorhergehenden verspeist, den Tag im Tage vertut, und so immer aus der Hand in den Mund lebt, ohne irgend etwas vor sich zu bringen. Haben wir doch schon Blätter für sämtliche Tageszeiten, ein guter Kopf könnte wohl noch Eins und das Andere interpolieren. Dadurch wird alles, was ein jeder tut, treibt, dichtet, ja was er vorhat, ins Öffentliche geschleppt. Niemand darf sich freuen oder leiden, als zum Zeitvertreib der Übrigen; und so springt's von Haus zu Haus, von Stadt zu Stadt, von Reich zu Reich und zuletzt von Weltteil zu Weltteil, alles veloziferisch. [Absatz] So wenig nun die Dampfwagen zu dämpfen sind, so wenig ist dies auch im Sittlichen möglich: die Lebhaftigkeit des Handels, das Durchrauschen des Papiergeldes, das Anschwellen der Schulden, um Schulden zu bezahlen, das alles sind die ungeheuern Elemente, auf die gegenwärtig ein junger Mann gesetzt ist.[7]

---

5 Vgl. etwa Rosa 2005 (Anm. 2), S. 73, oder auch Hartmut Böhme: Wollen wir in einem posthumanen Zeitalter leben? Geschwindigkeit und Verlangsamung in unserer Kultur. In: Die Kunst der Entschleunigung. Bewegung und Ruhe in der Kunst von Caspar David Friedrich bis Ai Weiwei. Ausstellungskatalog Kunstmuseum Wolfsburg. Hg. v. Markus Brüderlin. Ostfildern 2011, Beiheft „Feuilleton. Brennpunkt Beschleunigung", S. 2–8, hier S. 3.

6 An Carl Friedrich Zelter 6.6.1825 (MA 20.1, S. 850f.).

7 An Georg Heinrich Ludwig Nicolovius November 1825. In: Johann Wolfgang Goethe: Sämtliche Werke. Briefe, Tagebücher und Gespräche. Frankfurter Ausgabe. Hg. v. Friedmar Apel u.a. 40 Bde. Frankfurt a. M./Berlin 1985–2013, im Folgenden abgekürzt FA mit Abteilungs-, Band- und Seitenangabe, hier FA II, 10, S. 333f.

Darüber hinaus wurde in der neueren Forschung verschiedentlich die *Faust*-Dichtung, insbesondere deren zweiter Teil, als modernisierungsskeptisches, akzelerationskritisches Vermächtnis des alten Goethe profiliert, nicht selten auch mit dem Hinweis auf die zitierten kulturkritischen ‚Explosionen' des späten Goethe.[8] In der Tat finden sich in *Faust II* viele Symptome einer problematisch bis inhuman beschleunigten Moderne, etwa das „Durchrauschen des Papiergeldes" in der *Lustgarten*-Szene im 1. Akt, später Fausts brutalistische Hast beim Dammbauprojekt. Gegenbildlich dazu evoziert die Idylle von Philemon und Baucis zu Beginn des 5. Akts ein traditionalistisches Zusammenhangsidyll, das sich durch Langsamkeit und Kontinuität auszeichnet und durch die hereinbrechende Gewalt jäh auseinandergerissen wird. Selbstverständlich lässt sich auch der opernhafte Schluss in diesem Sinne deuten: als Konstruktion von Zusammenhang, in welchen der Held schlussendlich aufgehoben wird – möglicherweise gar in eine allumfassende ‚Wiederbringung aller' *(apokatastasis panton)*, wie Albrecht Schöne dieses Zusammenhangsfinale eschatologisch interpretiert hat.[9]

Abseits dieser weitgehend bekannten, einschlägigen Topoi finden sich aber auch im übrigen Spätwerk Goethes Orte, an denen der Zusammenhang macht- und eindrucksvoll inszeniert wird. Zu diesen Stellen, die sich in fiktionalen Texten ebenso finden wie vor allem im kritischen und biographischen Schrifttum, gehören Dichter- und Künstlerbilder, die Auskunft geben über ethisch-ästhetische Grundmaximen des alten Goethe. Das hier zur Rede stehende Dichterbild des späten Goethe setzt sich – anders als bei Emerson und Hofmannsthal, die ihre Künstlerbilder auch zu bekenntnishaften Essaytexten gebündelt haben – aus vielen verstreuten Einzelaufnahmen zusammen. Das Folgende stellt darum ein abstrahiertes und somit automatisch auch konstruiertes Konzentrat aus einer Vielzahl von Spiegelungen dar, die der Wi(e)derspiegelungskünstler Goethe an sein Publikum adressiert hat.[10]

Briefe und andere Zeugnisse berichten in den späten Weimarer Jahren mehrfach davon, dass Goethe insbesondere im Winter oft wochen-, ja monatelang sein Haus nicht verlassen hat, ganz und gar eingesponnen in die hinteren Arbeits- und Wohnräume. Mit gutem Grund hat Dorothea Schäfer-Weiss den Brief-, Tagebuch- und Gesprächsbänden, die sich in der Frankfurter Ausgabe den Jahren 1816 bis 1822 widmen, die Überschrift *Einsam-tätiges Alter* gegeben (und so ließen sich auch die nachfolgenden Bände bis 1832 nennen). Denn der Rückzug in den *hortus conclusus* war rein äußerlich und nicht zu verwechseln mit Candide'scher Weltabkehr. Tatsächlich kommunizierte Goethe wohl niemals sonst derart in- und extensiv mit der Welt.

8 Vgl. etwa Jochen Schmidt: Goethes Faust. Erster und Zweiter Teil. Grundlagen – Werk – Wirkung. München 1999, S. 264ff.; Michael Jaeger, Fausts Kolonie. Goethes kritische Phänomenologie der Moderne. Würzburg 2004, bes. S. 59ff. sowie den Beitrag von Kevin Liggieri im vorliegenden Band.

9 Vgl. FA I, 7.2, S. 788ff.

10 Vgl. dazu auch Rohde (Anm. 3), S. 371ff.

Wie auch der Brief an Reinhard vom 6. Januar 1823 deutlich macht, handelte es sich bei dieser Einsiedelei keineswegs um einen Abschied von der Welt, sondern um eine andere Art des Verkehrs mit ihr, insbesondere mit den Freunden und wohlwollend Teilnehmenden in ihr: die Weite, in die Enge gezogen durch Goethes Schrift, sollte letztlich wieder den Weg zurück in die Welt finden, ins Publikum. „Die letzten drey Monate war ich vorzüglich beschäftigt, beyliegende Bogen [sc. Ueber Kunst und Alterthum IV 1], an meine abwesenden Freunde gedenkend, zusammenzustellen, und sende solche in der Überzeugung, daß sie zu einem Gespräch im Geiste und vielleicht auch auf Briefblättern Anlaß geben werden. [Absatz] Seit Monaten komm ich nicht aus dem Hause, kaum aus der Stube; nur bedeutende Gönner und Freunde besuchen mich; und so bin ich von der Welt abgesondert, ohne von ihr getrennt zu seyn.“[11]

Der späte Goethe in seiner „Höhle“:[12] Er gleicht einer altersweisen Monade, die sich fensterlos gegen die Zeitläufte verschließt – diese aber alle in sich spiegelt. Der Rückzug in die Einsiedelei geht einher mit dem Ausgreifen ins Universale. Wenn der alte Goethe schreibt, so tut er dies umgeben von „gränzenlosen Papiere[n]“,[13] also den zunächst in Säcken aufbewahrten und später vom Archivar Kräuter geordneten literarischen Manuskripten, Briefen, Tagebüchern etc.; nicht weniger umfangreich die Kunst- und naturkundlichen Sammlungen mit ihren abertausenden von Gesteinen, Pflanzen, Zeichnungen, in unzähligen Kästen und Schränken aufbewahrt und geordnet; dazu die weitläufige Korrespondenz, die Goethe national wie international unterhält, die zahlreichen Besucher, die als Repräsentanten der Welt nahezu täglich an ihm vorbeiziehen, sie ihm, der nicht mehr reisen kann noch möchte, durch ihre Erzählungen stellvertretend erschließen. Die vielen Begriffsschöpfungen der späten Jahre, welche die Weite der Welt bereits im Wort führen, entspringen gewissermaßen der Logik eines solchen Daseins: Weltliteratur, Weltkultur, Weltfrömmigkeit, Weltbund, Weltkind, Weltbewohner, Weltspiegel. Zurückgezogen in sein Weimarer Refugium, gräbt der alte Goethe doch imaginäre Gänge in das Weltgeschehen, in vergangene Zeitalter der Künste und Wissenschaften, in sein eigenes zurückliegendes Leben – und in seinen Schriften sind diese panoramatischen Durchblicke in die Welt gewissermaßen zurückübersetzt in Dichtung, symbolisch enggeführt, literarisch transponiert und verdichtet. Mit einem anderen Bild: Er gleicht einem Eremiten, der, umgeben von „grenzenlosen Faszikel[n]“,[14] versunken in einen weltumspannen-

11 An Carl Friedrich Reinhard 6.1.1823. In: Goethes Werke. Hg. im Auftrage der Großherzogin Sophie von Sachsen. 143 Bde. Weimar 1887–1919. Reprint München 1987. [nebst] Bd. 144–146: Nachträge und Register zur IV. Abt.: Briefe. Hg. v. Paul Raabe. Bd. 1–3. München 1990, im Folgenden abgekürzt WA mit Abteilungs-, Band- und Seitenangabe, hier WA IV, 36, S. 264.

12 Wie er sein häusliches Arbeits- und Lebensumfeld am Frauenplan in einem Brief an Reinhard vom 31.12.1809 ironisch bezeichnet (WA IV, 21, S. 154).

13 An Marianne von Willemer, 10.2.1832 (WA IV, 49, S. 232).

14 An Zelter 20.9.1820 (MA 20.1, S. 641).

den „Ocean der Betrachtungen“, der „mit den Jahren immer mehr anschwillt“,[15] aber begabt mit „panoramic ability“ (ein Attribut, für das Goethe einem englischen Kritiker „allerschönstens“ dankt),[16] die Weiten der Zeiten und Welten an den Wänden seiner Höhle vorbeiziehen sieht und diese fernen und doch nahen Bilder und Worte sozusagen als Folie benutzt für die eigenen Zusammenhangsdichtungen, die sich einschreiben in den allgemeinen *nexus rerum*. Das oft beschriebene Sich-selbst-historisch-Werden des späten Goethe meint im Grunde nichts anderes, wobei diese Haltung nicht beim Selbst bleibt, sondern es in den allgemeinen historischen Raum stellt. Das Selbst begreift und ergreift gleichsam die Welt als eine Fülle von Erscheinungen, die nicht nur synchron in die Breite gehen, sondern auch diachron in die Tiefe. Die semantischen Verästelungen, die sich daraus ergeben, konstituieren das Pluriversum der späten Texte Goethes, das reiche Spiel der Referenzen und Relationen in diesen Texten, deren ‚Wahrheit‘ „wohl einem Diamant zu vergleichen wäre, dessen Strahlen nicht nach *einer* Seiten gehen, sondern nach *vielen*“.[17] Den daraus resultierenden Zusammenhang der Dinge in der Welt empfindet etwa auch der Held von Gottfried Kellers Roman *Der grüne Heinrich*, wenn er, nach „dreißigtägigem Liegen und Lesen“ der Goethe'schen Werke, zum ersten Male wieder ins Freie tritt, die Welt mit den Augen des Dichters sieht und sein Goethe-Erlebnis in folgende Worte fasst: „Es war die hingebende Liebe an alles Gewordene und Bestehende, welche das Recht und die Bedeutung jeglichen Dinges ehrt und den Zusammenhang und die Tiefe der Welt empfindet.“[18]

3 Emerson: Der transzendentalistische Dichter als Vermittler und Bewahrer des All-Einen

Ralph Waldo Emerson steht in mancher Hinsicht als Brückenfigur zwischen Goethe und Hofmannsthal. Sein Werk ist stark beeinflusst von Goethe, dem *German Romanticism* und Deutschen Idealismus um 1800;[19] umgekehrt strahlt sein Denken in Richtung Hofmannsthal und seine Zeit aus, die Verbindungen zur deutschsprachigen

15 An Thomas Carlyle 20.7.1827 (WA IV, 42, S. 269).

16 MA 17, S. 771.

17 Zu Eckermann 11.3.1828 (MA 19, S. 613) [Kursivierungen im Original].

18 Gottfried Keller: Sämtliche Werke in sieben Bänden. Hg. v. Thomas Böning u.a. Frankfurt a.M.: 1985–1996, Bd. 2, S. 458.

19 Vgl. Emersons Porträt *Goethe, or the Writer* in der Sammlung *Representative Men* (1850); aus der neueren Forschung: Thomas Krusche: R. W. Emersons Naturauffassung und ihre philosophischen Ursprünge. Eine Interpretation des Emersonschen Denkens aus dem Blickwinkel des deutschen Idealismus. Tübingen 1987; Philipp Mehne: Bildung versus Self-Reliance? Selbstkultur bei Emerson und Goethe. Würzburg 2008.

kulturellen und literarischen Szene um 1900 sind vielfältig und in ihrer ganzen Breite und Tragweite mutmaßlich noch nicht erschöpfend erforscht.[20] Auch beschleunigungshistorisch fungiert Emerson mit seinen Lebensdaten (1803–1882) als Bindeglied zwischen dem Goethe'schen Postkutschenzeitalter und der Welt Hofmannsthals, die mit Automobil, Ozeandampfer und Passagierflugzeug bereits die charakteristischen Verkehrsmittel der fortgeschrittenen Moderne kennt. Emersons amerikanischer Hintergrund spielt dabei ohne Zweifel eine bedeutsame Rolle für die Entwicklung des transzendentalistischen Denkens. Amerika (genauer: Nordamerika, die USA), das ist der Ort, an dem Natur und Zivilisation gleichermaßen mythisch geworden sind. Die avancierte, akzelerierte Kapitalismusmoderne drängt zu Lebzeiten Emersons den Naturzusammenhang Amerika, wie ihn James Fenimore Cooper in seinen *Leatherstocking Tales* wort- und bildmächtig feiert, immer weiter nach Westen, bis zur Extermination. Parallel zur realempirischen Vernichtung des natürlichen Zusammenhangs unternimmt der Transzendentalismus den Versuch, die Einheit, den Zusammenhang von Ich und Natur wenigstens philosophisch wenn nicht zu bewahren, so doch in Erinnerung zu rufen. Das auch Emerson eigene Pathos dieses Rettungsversuchs, die Feier des Naturzusammenhangs, ist als direkte Reaktion auf die Depotenzierung bzw. Ausbeutung von Natur im Zivilisationsprozess zu verstehen.

Von der deutschen Identitätsphilosophie (Fr. W. J. Schelling) adaptiert und entwickelt der amerikanische Transzendentalismus einen Gedanken weiter, der zumal im Hinblick auf die Kategorie des Zusammenhangs im 19. Jahrhundert von wesentlicher Bedeutung ist: Natur – so lautet er – ist sichtbarer Geist, Geist unsichtbare Natur.[21] Den realgesellschaftlichen, ganz überwiegend materialistischen Entwicklungen zuwiderlaufend, wird auf diese Weise der Zusammenhang des Irdischen und des Geistigen garantiert, der intramundanen und der transzendenten Sphäre des Daseins.

20 Vgl. etwa Ernst Robert Curtius: Emerson [1924]. In: ders.: Kritische Essays zur europäischen Literatur. 2., erw. Aufl. Bern: Francke 1954, S. 189–203; Julius Simon: Ralph Waldo Emerson in Deutschland (1851–1932). Berlin 1937; Jürgen Meyer-Wendt: Zum Präexistenzbegriff eines Spätgeborenen. Hofmannsthal und Emerson. Einfluß, Berührung, Weiterwirkung. In: Joseph P. Strelka (Hg.): Wir sind aus solchem Zeug wie das zu träumen … Kritische Beiträge zu Hofmannsthals Werk. Bern u.a. 1992, S. 305–335; Helmut Kreuzer: Ralph Waldo Emerson und Herman Grimm. Zur Rezeption des Amerikaners in Deutschland und zum Amerikabild in der deutschen Literatur. In: ders.: Aufklärung über Literatur. Autoren und Texte. Ausgewählte Aufsätze. Bd. 2. Hg. v. Wolfgang Dorst u.a. Heidelberg 1993, S. 112–123.

21 Vgl. Friedrich Wilhelm Joseph Schelling: Ideen zu einer Philosophie der Natur [1797]. In: ders.: Sämmtliche Werke. Hg. v. Karl Friedrich August Schelling. Stuttgart/Augsburg: Cotta 1856–61, Abt. I, Bd. 2, S. 56: „Die Natur soll der sichtbare Geist, der Geist die unsichtbare Natur seyn. *Hier* also, in der absoluten Identität des Geistes *in* uns und der Natur *außer* uns, muß sich das Problem, wie eine Natur außer uns möglich sey, auflösen."

Einer der zentralen Promotoren und Sponsoren[22] dieser Vermittlung ist aber niemand Geringeres als der Dichter, welcher der irdischen Phänomenalität der Dinge ebenso verpflichtet ist wie den sie transzendierenden Bereichen des Geistes.

Das Programm des Transzendentalismus entrollt sich vor dem Hintergrund der gesellschaftlichen Entwicklungen im 19. Jahrhundert, in Anbetracht der Industriellen Revolution und der Etablierung einer demokratischen Massen- und Konsumgesellschaft. Emerson ebenso wie sein transzendentalistischer Mitstreiter Henry David Thoreau konfrontieren hierbei – eine, wenn nicht *die* Kernfigur moderner Kulturkritik – den materiellen Fortschritt mit den offensichtlichen Defiziten im Bereich des Immateriellen, Menschlichen. Was ist Reichtum? Etwa die Erzeugnisse einer materialistischen Massenkultur und Massenkommunikation?

> We are in great haste to construct a magnetic telegraph from Maine to Texas; but Maine and Texas, it may be, have nothing important to communicate. [...] We are eager to tunnel under the Atlantic and bring the Old World some weaks nearer to the New; but perchance the first news that will leak through into the broad, flapping American ear will be that the Princess Adelaide has the whooping cough.[23]

Statt sich den Scheinversprechen dieser akzelerierten Globalzusammenhänge hinzugeben – welche die menschlichen Bedürfnisse eher reizen, als dass sie sie erfüllen –, solle sich der Einzelne des ‚wahren' Reichtums bewusst werden, der in einer spirituellen Dimension zu finden sei, nämlich im Bewusstsein des Zusammenhangs von Immanenz und Transzendenz und in der letzten Endes göttlichen Einheit der Schöpfung. Thoreau empfiehlt seinen Zeitgenossen, diesen ‚wahren', inneren bzw. spirituellen Reichtum zu entdecken und die Entdeckungsfahrten und -taten des Columbus gewissermaßen nach innen zu wenden („be a Columbus to whole new continents and worlds within you").[24]

Dem Dichter – so wie ihn Emerson in seinem Essay *The Poet* von 1844 zeichnet – kommt dementsprechend nicht allein die Rolle des Mittlers von Geschmack („taste")[25]

---

22 Sponsoring im Sinne Sloterdijks, in Gestalt einer Infizierung des Anderen mit der Idee des Reichtums, hier genauer: der Idee potentiellen Reichtums des irdisch-transzendenten Daseins, vgl. Peter Sloterdijk: Über die Verbesserung der guten Nachricht. Nietzsches fünftes „Evangelium". Rede zum 100. Todestag von Friedrich Nietzsche, gehalten in Weimar am 25. August 2000. Frankfurt a.M. 2001, Kap III, S. 40ff.: „Totales Sponsoring".

23 Henry David Thoreau: Walden [1854]. In: The Writings of Henry David Thoreau. 20 Bde. Reprint New York 1968, Bd. 2, S. 58.

24 Ebd., S. 353.

25 Ralph Waldo Emerson: The Poet. In: The Collected Works of Ralph Waldo Emerson. 10 Bde. Hg. v. Alfred R. Ferguson u.a. Cambridge, Mass./London 1971–2013, Bd. 3, S. 1–24, hier S. 3 (Zitate im Folgenden nach dieser Ausgabe im fortlaufenden Text mit Seitenangaben in Klammern).

und Schönheit („beauty", S. 5) zu, er ist nicht nur Erfinder neuer Gedanken („the inventor, who in any form [...] has yielded us a new thought", S. 19), er ist zudem der große Vereiniger der Dinge in der Welt,[26] er macht die Einzeldinge „translucid to others" (S. 15), das heißt, die Einzeldinge verweisen auf andere, weitere und somit letzten Endes auf den Gesamtzusammenhang aller Dinge, den allgemeinen Reichtum („commonwealth", S. 4).[27] Die Dinge werden transparent,[28] mehr noch: Sie werden „translucid", ein Licht führt durch sie hindurch, das spirituelle Licht der *over-soul* (vgl. den Essay *The Over-Soul*, 1841), das alles Einzelne, Diskrete miteinander verbindende mystische Einheitsprinzip. Aus vereinzelten Objekten werden so beziehungsreiche Symbole. Im Gegensatz zu seinen Zeitgenossen, die in Dingen primär den ökonomischen Nutzwert wahrnehmen („the economical uses of things", S. 12), sieht und expliziert der Dichter kraft seiner Einsicht in diese Symbolsprache ihren gedanklich-spirituellen Beziehungsreichtum. Er ist gewissermaßen der Dolmetscher („interpreter", S. 4) des göttlich durchwirkten Weltzusammenhangs, darin der Hypertrophierung des Dichters in der *poeta-vates*-Tradition folgend: „The poet, by an ulterior intellectual perception, gives them [sc. den ‚Dingen'] a power which makes their old use forgotten, and puts eyes, and a tongue, into every dumb and inanimate object. [...] As the eyes of Lyncaeus were said to see through the earth, so the poet turns the world to glass, and shows us all things in their right series and procession. For, through that better perception, he stands one step nearer to things, and sees the flowing or metamorphosis" (S. 12). Der Dichter ist mithin dem Zusammenhang der Dinge in der Welt verpflichtet, der primär als Naturzusammenhang gedacht wird und gemäß der Identitätsphilosophie als Spiegel eines geistigen Einheitsprinzips. Trotzdem schließt Emerson die nichtnatürliche Zivilisation ausdrücklich nicht aus diesem Zusammenhang aus. Wie später bei Walt Whitman, in dessen *Leaves of Grass*

26 Dem Dichter eignet in hervorragender, privilegierter Weise, was jede menschliche Entwicklung idealiter auszeichnet, vgl. *The American Scholar* (1837): „To the young mind, every thing is individual, stands by itself. By and by, it finds how to join two things, and see in them one nature, then three, then three thousand; and so, tyrannized over by its own unifying instinct, it goes on tying things together, diminishing anomalies, discovering roots running under ground, whereby contrary and remote things cohere, and flower out from one stem." Collected Works (Anm. 25), Bd. 1, S. 54.

27 Vgl. das Emerson-Zitat, das Nietzsche als Motto der Ausgabe der *Fröhlichen Wissenschaft* von 1882 vorangestellt hat: „Dem Dichter und Denker sind alle Dinge befreundet und geweiht, alle Erlebnisse nützlich. alle Tage heilig, alle Menschen göttlich." Friedrich Nietzsche: Sämtliche Werke. Kritische Studienausgabe in 15 Bänden. Hg. v. Giorgio Colli und Mazzino Montinari. München u.a. 1988, Bd. 3, S. 343.

28 Und auch das Ich, vgl. eine vielzitierte Passage aus *Nature* (1836): „Standing on the bare ground, – my head bathed by the blithe air, and uplifted into infinite space, – all mean egotism vanishes. I become a transparent eye-ball. I am nothing. I can see all. The currents of the Universal Being circulate through me; I am part or particle of God." Collected Works (Anm. 25), Bd. 1, S. 10.

man vielfach eine literarische Einlösung des Emerson'schen *Poet* sowie der transzendentalistischen Programmatik überhaupt gesehen hat, werden die Objektivationen der modernen Zivilisation vielmehr als Teil einer göttlich durchwirkten Gesamtordnung ausgewiesen, wenn auch zunächst unter negativen Prämissen, in Analogie zu den schon immer vorhandenen, teils natürlichen, teils kulturbedingten „defects and deformities" in der Geschichte der Menschheit. Und doch: „[…] the poet, who re-attaches things to nature and the Whole, – re-attaching even artificial things, and violations of nature, to nature, by a deeper insight, – disposes very easily of the most disagreeable facts. Readers of poetry see the factory-village, and the railway, and fancy that the poetry of the landscape is broken up by these; for these works of art are not yet consecrated in their reading; but the poet sees them fall within the great Order not less than the bee-hive, or the spider's geometrical web. Nature adopts them very fast into her vital circles, and the gliding train of cars she loves like her own" (S. 11). Als Vermittler und Verknüpfer alles Einzelnen wächst dem Dichter so letzten Endes eine ethische, ja pastorale Bedeutung zu: Er wird zum Versöhner („reconciler", S. 21) aller antagonistischen Einzelkräfte.

Ralph Waldo Emerson ist insofern ein typischer Vertreter des 19. Jahrhunderts, als er den für dieses Jahrhundert charakteristischen Grundkonflikt von Ideal und Wirklichkeit, Geist und Materie in aller Schärfe abbildet: Der Herausforderung durch den Materialismus der gesellschaftlichen, technischen und wissenschaftlichen Entwicklungen begegnet sein Denken mit einem Höchstmaß an transzendentalistisch-idealistischem Vereinigungsstreben, das die realempirische Basis nicht etwa leugnet, jedoch einzubinden sucht in einen umfassenden, mystisch-religiösen Zusammenhang. Größe wie Unzeitgemäßheit dieses Gedankengebäudes (hinter denen sich letztlich Ohnmacht verbirgt) sind im Aufeinanderwirken extremer Kräfte begründet: Subtile Seelen- und Geist-Elaborate prallen in der Konstellation des Jahrhunderts auf Kraft- und Stoff-Traktate (vgl. Ludwig Büchners Jahrhundertbestseller *Kraft und Stoff* von 1855), die sehr viel mehr dem materialistisch-utilitaristischen Zeitgeist entsprechen. Doch eben im Widerspruch Emersons gegen einen materialistisch-‚seelenlosen' Zeitgeist gründet die vergleichsweise große Popularität des amerikanischen Denkers in Nordamerika, Europa und Deutschland zwischen der Mitte des 19. und dem Beginn des 20. Jahrhunderts:

> Emersons Botschaft ist nur denen zugänglich, die zur ‚geistigen Wahrnehmung' *(spiritual perception)* fähig sind. Aber liegt nicht in jedem von uns der Keim dazu? […] Emerson fordert von uns den sittlichen Mut, unserer Seele freien Ausdruck zu gewähren. Laßt sie einströmen in euer Tun – so ruft er uns zu –: in euren Verstand, so erscheint sie als Genialität; in euren Willen, so erscheint sie als Tugend; in eure Neigungen, so offenbart sie sich als Liebe.[29]

29 Curtius (Anm. 20), S. 196 [Kursivierung im Original].

In Anbetracht dieser geistig-seelischen Prävalenzen wäre zu fragen, ob Emerson und der Transzendentalismus den Zusammenhang der Dinge in der Welt nicht als rein geistiges Band konzipieren, als ein rein platonisches Reich der Ideen, und ob sie dann nicht aus der hier verfolgten Typologie eines literarästhetisch-philosophischen Zusammenhangsdenkens im Sinne phänomenaler Vielheit ausscheren. „Aber das eben ist Emersons Geheimnis: er ist vielfach und doch einfach [...]; vielfach und einfach wie die Welt;"[30] *vielfach* im Blick auf die Welt – denn neben der ‚geistigen' fordert Emerson auch die ‚sinnliche Wahrnehmung', die impressionistische Sinnlichkeit seiner poetischen Prosa springt förmlich ins Auge –, *einfach* im Dringen auf synthetisierende Ideen. Gerade darin besteht der Kern des transzendentalistischen Denkens: in der unauflöslichen Verwobenheit von irdisch-phänomenaler Vielheit und transzendental-noumenaler, ja göttlicher Einheit.

4 Hofmannsthal: Der Dichter als zusammenhangssensibler ‚Bruder der Dinge'

In einer auf Gegensätzen aufbauenden, dichotomisch strukturierten symbolisch-semantischen Ordnung geht es an vielen Knotenpunkten von Ästhetik und Poetik um Zusammenhangsfragen. Wie im Falle Goethes und Emersons wird hier unter Zusammenhang primär nicht jener des eigenen Werks verstanden oder eines einzelnen Kunstwerks (als dem Ineinander von Einheit und Mannigfaltigkeit), auch die Frage nach dem Zusammenhang von Kunst bzw. „Poesie und Leben"[31] sowie spezifischer der Zusammenhang von Leib und Seele[32] trifft nicht den Kern des Themas. Vielmehr geht es auch in diesem Abschnitt über Hugo von Hofmannsthal um den Zusammenhang der Dinge in der Welt, den Weltzusammenhang *(nexus rerum)*, mit welchem sich der Dichter als Person wie als Literaturproduzent konfrontiert sieht und der zum Gegenstand von Dichtung wird, von Denken und Sprache. Nicht zufällig beinhaltet die Erkenntniskrise in Hofmannsthals Chandos-Brief von 1902 auch eine tiefe Erschütterung des Zusammenhangs zwischen dem sprechenden/reflektierenden Ich und der erfahrenen Phänomenalität der Welt: „Mein Fall ist, in Kürze, dieser: Es ist mir völlig die Fähigkeit abhanden gekommen, über irgend etwas zusammenhängend zu denken oder zu sprechen."[33] Noch in der Disjunktion aber sind bei Hofmannsthal Ich und Welt unauflöslich aneinandergebunden: „Wollen

30 Ebd., S. 203.

31 Vgl. *Poesie und Leben* (1896), in: Hugo von Hofmannsthal: Gesammelte Werke in zehn Einzelbänden. Hg. v. Bernd Schoeller u.a. Frankfurt a.M. 1986, Bd. *Reden und Aufsätze I*, S. 13–19.

32 Dazu mit Bezug auf den jungen Hofmannsthal: Monika Fick: Sinnenwelt und Weltseele. Der psychophysische Monismus in der Literatur der Jahrhundertwende. Tübingen 1993, S. 335–353, bes. S. 347ff.

33 Hugo von Hofmannsthal: Sämtliche Werke. Kritische Ausgabe. Hg. v. Rudolf Hirsch u.a. Frankfurt a.M. 1975ff., im Folgenden abgekürzt SW, hier SW 31, S. 48.

wir uns finden, so dürfen wir nicht in unser Inneres hinabsteigen: draußen sind wir zu finden, draußen. Wie der wesenlose Regenbogen spannt sich unsere Seele über den unaufhaltsamen Sturz des Daseins."[34]

In auffälliger Weise sind die Schriften Hofmannsthals zentriert um einen Herd von Themen und Ideen, denen allen eine ganz ähnliche Vorstellung von holistischer Ordnung und Zusammenhang innewohnt. Wird in den frühen Texten oftmals ein irrational-mystisches Alleinheitsgefühl alles Lebendigen evoziert,[35] so indizieren im weiteren Werk eine Vielzahl von Begriffen dieses Zusammenhangsdenken: das allegorisch angelegte „Welttheater",[36] die „Idee" Österreich und die „Idee" Europa,[37] „Schrifttum" (bzw. ‚Geist' und „Nation"),[38] „Überlieferung",[39] Tradition überhaupt, das restaurative Streben nach „Universalität, Katholicität", nach „Humanität",[40] Ehe und Familie als zentripetale Ordnungskräfte in zahlreichen Dichtungen, schließlich der auf Zusammenhang der zersplitterten (Kultur-)Nation zielende Festspielgedanke Salzburgs. Dementsprechend tritt der Dichter bei Hofmannsthal häufig als Vermittler von Zusammenhang, Ganzheit, Einheit in Erscheinung, nicht selten auch geschieht dies mit religiösen Nebentönen, übernimmt der Dichter die Funktion des Priesters.[41]

Im Vortrag *Der Dichter und diese Zeit* aus den Jahren 1906/07[42] verknüpft Hofmannsthal die Frage nach Einheit und Zusammenhang der Dinge in der Welt mit

---

34 Hofmannsthal: Das Gespräch über Gedichte (1903). In: SW 31, S. 76.

35 Vgl. etwa das in die Kindheit projizierte Zusammenhangserlebnis Claudios in *Der Tor und der Tod* (1893): „Ein Knabe stand ich so im Frühlingsglänzen / Und meinte aufzuschweben in das All [...]. Wie waren da lebendig alle Dinge [...]. Ein lebend Glied im großen Lebensringe!" (SW 3, S. 69).

36 Vgl. die beiden Dramen *Das Kleine Welttheater* (1897) und *Das Salzburger Große Welttheater* (1922).

37 Vgl. *Die österreichische Idee* (1917; SW 34, S. 204–207) und *Über die europäische Idee* (1917; SW 34, S. 324–335).

38 Vgl. die Münchner Rede *Das Schrifttum als geistiger Raum der Nation* (1926/27).

39 Vgl. die Rede *Vermächtnis der Antike* (1926). In: Hugo von Hofmannsthal: Gesammelte Werke in zehn Einzelbänden. Hg. v. Bernd Schoeller u.a. Frankfurt a.M. 1986. Bd. Reden und Aufsätze III, im Folgenden abgekürzt RuA III, hier RuA III, S. 14.

40 So exemplarisch gebündelt in den Notizen zur Rede *Über die europäische Idee* (SW 34, S. 333).

41 Vgl. Peter Christoph Kern: Zur Gedankenwelt des späten Hofmannsthal. Die Idee einer schöpferischen Restauration. Heidelberg 1969, S. 71ff. („Der Dichter als Magier"), 75ff. („Der Dichter als Priester").

42 Als *„wichtigste Quelle"* für diesen Text nennt SW 33, S. 493, Emersons *The Poet*: *„In Hofmannsthals Bibliothek gibt es kaum ein zweites Werk, das so reichlich mit Annotationen versehen wurde wie dieser Essay."* Vgl. ebd., S. 493–496, die Wiedergabe der Annotationen und der dazugehörigen Passagen in Emersons Essay. – Aus der neueren Literatur zu den hier behandelten Fragen der Hofmannsthal-Forschung vgl. Rüdiger Nutt-Kofoth: Dichotomie als Konzept und ihre Überwindung durch den Dichter. Zu einer Grundkonstante in Hofmannsthals Reden. In: Wirkendes Wort 50 (2000), S. 214–229; Tina Weber: „Der Dichter und diese Zeit". Die Dichter-Figur in Hugo von Hofmannsthals Essayistik. Marburg 2010; Claudia Bamberg: Hofmannsthal: Der

jener nach der Rolle der Dichtung bzw. des Dichters: Welche Funktion haben Dichter und Dichtung in ‚dieser Zeit', also um 1900, in einer modernen Massengesellschaft? Hofmannsthal beschwört „die dichterische Kraft", die auch „in dieser Epoche da ist, wie sie in jeder anderen da war",[43] in einer „Zeit der wissenschaftlichen Handbücher, der Reallexika und der unzählbaren Zeitschriften, in denen für Poesie kein Raum ist" (S. 132). Die tiefere „Sehnsucht" der Leser werde durch Reallexika jedoch nicht befriedigt, sie richte sich auf etwas anderes: „Denn Dichten, das Wort steht irgendwo in Hebbels Tagebüchern, Dichten heißt die Welt wie einen Mantel um sich schlagen und sich wärmen. Und an dieser Wärme wollen sie teilhaben und darum sind es die Trümmer des Dichterischen, nach denen sie haschen" (S. 136). Darum existiert nach wie vor eine mächtige, wenngleich „versteckte Sehnsucht nach dem Dichter" (S. 135) als dem Schöpfer eines mythopoetischen Weltbildes – einer Verknüpfung mit der Welt und ihren Dingen –, in welches der Einzelne sich integriert weiß.

Die „Trümmer des Dichterischen" konfigurieren sich im weiteren Verlauf des Textes zu einem Bild, in dem Leser und Dichter gemeinsam aufgehoben sind, da sie gleichermaßen in der Figur, die beschrieben wird, gespiegelt sind:

> So ist der Dichter da, wo er nicht da zu sein scheint, und ist immer an einer anderen Stelle als er vermeint wird. Seltsam wohnt er im Haus der Zeit, unter der Stiege, wo alle an ihm vorüber müssen und keiner ihn achtet. […] Dort haust er und hört und sieht seine Frau und seine Brüder und seine Kinder, wie sie die Treppe auf und nieder steigen […] Er ist der Zuseher, nein, der versteckte Genosse, der lautlose Bruder aller Dinge […]. In ihm muß und will alles zusammenkommen. Er ist es, der in sich die Elemente der Zeit verknüpft. […] Wie der innerste Sinn aller Menschen Zeit und Raum und die Dinge der Welt um sie her schafft, so schafft er aus Vergangenheit und Gegenwart, aus Tier und Mensch und Traum und Ding, aus Groß und Klein, aus Erhabenem und Nichtigem die Welt der Bezüge (S. 136ff.).

Dies sind berühmte, vielzitierte Zeilen, die emphatisch das Erlebnis des Zusammenhangs der Dinge in der Welt beschwören, dieses indes mit der für die Moderne so typischen Außenseiterposition des Künstlers („unter der Stiege") erkaufen[44] und es

---

Dichter und die Dinge. Heidelberg 2011 (bes. S. 55–112 zu *Der Dichter und diese Zeit*, allerdings insgesamt mit Fokus auf den Ding-Diskurs der literarischen Moderne, weniger auf den hier verfolgten *Zusammenhang* der Dinge); Katharina Meiser: Fliehendes Begreifen. Hugo von Hofmannsthals Auseinandersetzung mit der Moderne. Heidelberg 2014 (bes. S. 141–162: „Zwischen Liberalität und Kritik: *Der Dichter und diese Zeit*").

43 Hugo von Hofmannsthal: Der Dichter und diese Zeit. Ein Vortrag. In: SW 33, S. 127–148, hier S. 129 (Zitate im Folgenden nach dieser Ausgabe im fortlaufenden Text mit Seitenangaben in Klammern).

44 Mathias Mayer deutet gerade diese ‚entrückte Perspektive' als eine objektivierende Entschleunigungsmaßnahme: „Nur wer unter der Treppe verborgen das Geschehen auf ihr wahrnimmt, um

zudem in deutlicher Weise als Ausnahmemoment deklarieren. Eingebettet ist das Zusammenhangserlebnis nämlich in den „unaufhaltsamen Sturz des Daseins",[45] von dem bereits im *Gespräch über Gedichte* die Rede war und an herausgehobener Stelle auch in *Der Dichter und diese Zeit*, im allerletzten Satz, der in seiner Endlosbewegung performativ die Sehnsucht nach Zusammenhang nachbildet, das Erlebnis der „Synthese", des schwebenden Stehens im Zusammenhang indes in eigenwilliger Weise paradox-katastrophisch koppelt an den „Sturz des Daseins": „[...] indem er [sc. der Einzelne] an solchem innersten Gebilde der Zeit [gemeint sind die ‚unmeßbaren' Zusammenhänge, die die Dichter dem Leser vermittelt] die Beglückung erlebt, sein Ich sich selber gleich zu fühlen und sicher zu schweben im Sturz des Daseins, entschwindet ihm der Begriff der Zeit und Zukunft geht ihm wie Vergangenheit in einzige Gegenwart über" (S. 148). Das Glück des Zusammenhangs ist möglich, doch nur augenblicksweise, im allgemeinen „Sturz des Daseins" – ein Bild, dessen katastrophische Valenzen an Walter Benjamins „Engel der Geschichte"[46] denken lassen, der „unablässig Trümmer auf Trümmer" sich in der Zeit auftürmen sieht. „Sturz des Daseins", diese Formulierung ist einmal diachron zu lesen, im Sinne einer basalen Vergänglichkeit, Zeitlichkeit der Dinge, wie sie Hofmannsthal immer wieder beschreibt und bedichtet, etwa in den *Terzinen über Vergänglichkeit*. „Sturz des Daseins" ist aber auch, auf einer synchronen Ebene, der metaphorische Titel für das ‚gestürzte', zersplitterte Ganze der Gegenwart, das Hofmannsthal in einem realgeschichtlichen Sinne sowohl auf die allgemeinen gesellschaftlichen Modernisierungsprozesse kausal zurückführt als auch, in späteren Jahren, auf den Untergang Österreich-Ungarns und die Katastrophe des Ersten Weltkriegs. Zer- und gebrochen ist der Zusammenhang der Dinge nicht zuletzt, weil er für Hofmannsthal und seine Leser nurmehr einen utopischen Charakter hat. Er ist im Wortsinne gebrochen in der Reflexion der Zeitgenossen. Autor und Leser wissen um die Nichterfüllbarkeit des Zusammenhangs. Der Zusammenhang der Dinge ist aber gerade deshalb abwesend anwesend, nicht nur, wie metaphysisch Nichtmusikalische mitunter etwas voreilig unterstellen, rein abwesend bzw. kategorial nichtexistent. Auf das Eingedenken kommt es an (ähnlich bei Rilke). Einzig so ist Totalität heute möglich – dies Hofmannsthal Argumentationsfigur –, nur so kann der Dichter für sein Werk noch Ganzheit und Zusammenhang beanspruchen: als Reflektion und Reflexion einer fragmentarischen, zerrissenen Welt. Die „höchste" „dichterische Leistung", schreibt Hofmannsthal an einer Stelle

---

den Preis des davon ausgeschlossen Bleibens, kann es in eine dauerhafte Gestalt verwandeln." Mathias Mayer: Stillstand. Entrückte Perspektive. Zur Praxis literarischer Entschleunigung. Göttingen 2014, S. 13.

45 SW 31, S. 76.

46 Walter Benjamin: Gesammelte Schriften. Unter Mitwirkung von Theodor W. Adorno und Gershom Scholem hg. v. Rolf Tiedemann/Hermann Schweppenhäuser. 7 Bde. Frankfurt a.M. 1972–1989, Bd. I.2, S. 697f.

von *Der Dichter und diese Zeit*, sei „die Synthese des Inhaltes der Zeit" (S. 141) – diese kann indes keine *scala naturae*, keine *great chain of being* sein, wie noch zu Goethes Zeiten, oder auch ein barock-katholisches Ganzes, sondern nur ein alles in allem atomisierter, chaotischer Haufen (vgl. S. 141). Eine Synthese im Sinne älterer, vor allem natürlicher und religiöser Zusammenhangs- und Totalitätsmodelle bleiben die Dichter schuldig, sie liefern nur Bruchstücke, oder aber sie wenden sich bewusst, teils resignativ, teils egozentrisch-ästhetizistisch, von der Zeit ab und fröhnen ganz ihrer Kunst (vgl. S. 142). Aber: Sie sind doch „da und sind auf eine Sache in der Welt gestellt: die Unendlichkeit der Erscheinungen leidend zu genießen" und daraus eine „Vision" zu erschaffen, „zu schaffen den Zusammenhang des Erlebten", sei dieser, so wäre zu ergänzen, auch kein harmonischer, führe er „über den Abgrund des Daseins" (S. 143). Das Wort von der „Vision" fällt gegen Ende des Vortrags immer wieder (vgl. bes. S. 146f.) – dies im Kern ist dem Dichter Eigen: die Vision, das heißt die Schau auf die Zusammenhänge der Welt, sie im Blick zu behalten, und sei dieser Blick getrübt durch einen melancholischen Schleier: Der Dichter, als der „lautlose Bruder aller Dinge", „leidet an allen Dingen, und indem er an ihnen leidet, genießt er sie" (S. 138).

Festzuhalten bleibt, dass sich Hofmannsthal, wie Goethe und Emerson, in einem dichotomisch strukturierten, kulturkritischen Argumentationsraster bewegt, dem zufolge Kräfte der Unordnung, der Auflösung, des Zerfalls, der Desintegration, Fragmentierung und der rasenden Zerstörung gegen Kräfte der Ordnung stehen, des Zusammenhalts bzw. Zusammenhangs, des langsam-evolutiven Wachstums. Was Goethe und mehr noch Hofmannsthal, mit Abstrichen auch Emerson zu restituieren suchen, ist jedoch keineswegs eine naive Form von Zusammenhang, sondern eben ein gebrochener Zusammenhang, eine reflektierte Form von Ganzheit, welche die Verluste kenntlich macht. So ist der Dichter zwar immer noch der Sachwalter der Ganzheit der Welt, aber nicht mehr im Sinne eines Durchblicks auf ein geistig-metaphysisches Einheitsprinzip, eher im Sinne einer besonderen Sensibilität für die phänomenale Vielheit der Welt. In ihr ist der Akzelerationsvektor der Moderne insofern außer Kraft gesetzt, als die Dinge nicht mehr in rasender Kontingenz und Diskontinuität dahinstürzen, sondern sie stellen sich in einer Art *nunc stans* in panoramatischen Zusammenhängen dar. Die zusammenhangsaffinen Dichter- und Künstlerbilder Goethes, Emersons und Hofmannsthals restituieren in gewisser Weise das antike Modell der Kosmosschau *(theoria)*, wie Goethe selbst es in der Figur des Lynceus in *Faust II* und im Makarie-Mythos in *Wilhelm Meisters Wanderjahre* noch einmal aktualisiert hat, ohne freilich deren tieferen, weltanschaulichen Voraussetzungen in aller Konsequenz zu teilen. Die ‚schöne Ordnung', die das antike Kosmosdenken schon dem Wort nach zur Anschauung bringt (‚Kosmos' bedeutet im Altgriechischen sowohl ‚Ordnung' als auch ‚Schmuck'), tritt nicht mehr in umfassender Weise, als ontologisch-metaphysischer Gesamtrahmen in Erscheinung, sondern konstellativ, in Form von prinzipiell kontingenten, zerbrechlichen Momentaufnahmen. Dem einzelnen Dichter kommt so nach wie vor die Rolle des Bewahrers und Vermittlers von Zusammenhang zu; doch zugleich eignet ihm der Blick auf den utopischen Charakter seiner Einlösung. „Und kein Punkt scheint weiter vom Ziel entfernt als der, von dem aus es [sc. das ‚Andere', sprich: die Utopie – hier: der Zusammenhang] sichtbar wird, aber der Weg nicht, der dahin führt."[47]

Im Falle Hofmannsthals wird gerade das ‚naive', a posteriori in die Kindheit bzw. Jugend projizierte Zusammenhangsdenken unter den Namen „Totalität", „Sein", „Praeexistenz" ausdrücklich kritisch perspektiviert: Jugendliche Helden wie Claudio in *Der Tor und der Tod* sehen „die Welt" zwar „von oben", besitzen „[g]eistige Souveränität", doch sie ignorieren in ihrem Verhältnis zur Welt das *principium individuationis*, das Prinzip der realempirischen Vereinzeltheit und Zeitlichkeit. „Nachteil: sieht nur Totalitäten [...] Bangen und Sehnsucht diesen Zustand zu verlassen: auf welchem Weg? [Absatz] Verknüpfung mit dem Leben. Durchdringen aus der Praeexistenz zur Existenz."[48] Das Zusammenhangsdenken von Hofmannsthal in seinen späteren Jahren ist demgegenüber auch insofern ein im Wortsinne gebrochenes – oder zumindest: gebrocheneres –, als es auf dieses Prinzip der Vereinzelung reflektiert: Der Dichter als ‚Bruder der Dinge' schaut auf die Dinge in ihren „Bezüge[n]" (S. 138), doch diese konstituieren keine wesenhafte Einheit, eingedenk ihrer prinzipiellen Verschiedenheit und Vereinzeltheit. Ihm eignet ein Blick, der den Dingen begegnet, nachdem die „Verknüpfung mit dem Leben" und somit mit der Kontingenz des Daseins stattgefunden hat.[49]

5 Ausblick

Die Poetik des Zusammenhangs bei Goethe – der Dichter als Inszenator eines panaromatischen Weltzusammenhangs –, bei Emerson – der Dichter als Bewahrer und Erinnerer einer irdisch-transzendenten Alleinheit, der *over-soul* – und bei Hofmannsthal – der Dichter als „Bruder aller Dinge", der unter der Stiege in reflexiver Kontemplation des Zusammenhangs und der Ganzheit der Dinge gewahr wird – lässt

47 So Cornelia Klinger: Flucht Trost Revolte. Die Moderne und ihre ästhetischen Gegenwelten. München/Wien 1995, S. 236, mit Blick auf die romantische Utopie einer Versöhnung von Mensch und Natur.

48 Hofmannsthal: Ad me ipsum. In: RuA III, S. 599f. Analog zu „Praeexistenz" und „Existenz" stehen die Begriffe „Sein" (Überzeitlichkeit) und „Werden" (Zeitlichkeit), vgl. RuA III, S. 602, 611.

49 Einige Notizen aus der Sammlung *Ad me ipsum* scheinen diese Entwicklung zu bestätigen, z.B.: „Jugendstadium: Magie. Varese. Später Gestaltung. Ferner Aufbewahrung. Erkenntnis der Zusammenhänge" (RuA III, S. 616). Oder: „Als junger Mensch sah ich die Einheit der Welt [...]. Später war es das Einzelne und die hinter der schönen Einheit wirksamen Kräfte, die ich darzustellen mich gedrungen fühlte, aber von dem Gefühl der Einheit ließ ich nie ab" (RuA III, S. 618).

sich auch verstehen als ‚entschleunigende' Reaktion auf Akzelerationsprozesse in der Moderne, die diese Autoren zumeist kulturpessimistisch beschreiben. Indem sie jedoch die politisch-gesellschaftlichen und technisch-ökonomischen Apriori nolens volens reflektieren, wandelt sich die restaurative Beschwörung von Zusammenhang in das melancholisch-sentimentalische Eingedenken eines unwiderruflich ‚zerbrochenen Zusammenhangs'.

Und heute, sprich um das Jahr 2000, rund hundert Jahre nach Hofmannsthals Entwurf des Zusammenhangsdichters auf verlorenem Posten? Im literarästhetischen wie vor allem auch im populären Schrifttum zu Fragen der Zeitlichkeit stehen Aufrufe zu Entschleunigung nach wie vor, ja mehr denn je auf der Tagesordnung. Und noch immer fügen sie sich in ein kulturkritisches Gesamtschema: Entschleunigung als Widerstand gegen die als totalitär empfundene, mittlerweile global operierende Akzelerationsmaschinerie der technisch-ökonomischen Moderne. Noch immer auch gibt es Dichter, die wider diese Entwicklung alternative Geschwindigkeits- bzw. Langsamkeitskulturen propagieren, die ein Denken und Leben in Zusammenhängen geltend machen, ob in kulturkritischen Essays oder symbolisch-fiktional in ihren Dichtungen. Peter Handke wäre als Beispiel zu nennen. Seine Ästhetik des Epischen, sein Beharren auf epischer Totalität ist im Kern nichts anderes als ein Insistieren auf Langsamkeit und Zusammenhang. Verdichtet ist diese Poetik des epischen Zusammenhangs in einer kurzen Notiz aus der *Geschichte des Bleistifts*, die sich als weiteres emblematisches Dichter- und Künstlerbild der Moderne jenen von Goethe, Emerson und Hofmannsthal entworfenen an die Seite stellen lässt: „Der epische Blick ist der, der in der großen Bahnhofshalle steht, unberührbar, und berührt von allem".[50] Der Dichter/Künstler ist mithin derjenige, der inmitten des beschleunigten Weltverkehrs von Dingen und Menschen den Blick bewahrt sowohl für jedes Einzelne wie auch für das große Ganze, die Zusammenhänge.[51] Auffällig ist, dass auch bei Handke jede Form von geschichtsphilosophischem Zusammenhang (sprich: Totalität) keine Rolle mehr spielt. Worauf Handke zielt, ist die Erzählung des ‚und' bzw. des „Undsoweiter",[52] das schöpferische, also buchstäblich poietische Heraufbeschwören des phäno-

50 Peter Handke: Die Geschichte des Bleistifts. Frankfurt a.M. 1985, S. 371. Vgl. ders.: Gestern unterwegs. Aufzeichnungen November 1987–Juli 1990. Salzburg/Wien 2005, S. 262: „Du mußt durchdrungen sein von der Welt, von jeder ihrer noch so nebensächlichen Bewegungen […], um ein Epiker zu sein".

51 Vgl. auch Christoph Bartmann: Suche nach Zusammenhang. Handkes Werk als Prozeß. Wien 1984.

52 Vgl. exemplarisch die kurze *Geschichte der Kopfbedeckungen in Skopje*, die ein „mögliches kleines Epos" formuliert, indem sie im Wesentlichen die verschiedensten Kleidungs- und Kopfbedeckungsformen an einem bestimmten Ort zu einem bestimmten Zeitpunkt aufzählt – die Erzählung endet mit den Worten: „Undsoweiter. All das schöne Undsoweiter. All das schöne Undsoweiter." Peter Handke: Noch einmal für Thukydides. München 1997, S. 35–39.

menalen Reichtums der Welt, zu dem neben den Dingen auch die Phantasie zählt, der mithin den beschriebenen Zusammenhang von Natur und Geist noch einmal ins Recht zu setzen versucht, wobei Handke ähnlich wie Emerson zur Natur auch die moderne Zivilisation rechnet.

Kevin Liggieri (Bochum)

„Am Ende hängen wir doch ab / Von Kreaturen, die wir machten“ • Goethes Homunculus als Modell der Entschleunigung

„Dem Menschenstoff gemächlich komponieren, /
In einen Kolben verlustieren / Und ihn gehörig kohobieren, /
So ist das Werk im Stillen abgetan.“

„Was man an der Natur Geheimnisvolles pries, /
Das wagen wir verständig zu probieren, /
Und was sie sonst organisieren ließ, /
Das lassen wir kristallisieren.“[1]

1 Anthropoetische Vorrausetzungen

Das 18. sowie das 19. Jahrhundert ist stark vom Materialismusdiskurs sowie von dessen Abgrenzung beherrscht. Der Mensch selbst wird hierbei zum einen als maschinelle Puppe, zum anderen aber auch als schöpferischer Puppenspieler aufgefasst.[2] In diesem Diskurs stehend beschreibt der Arzt La Mettrie, angeregt durch Descartes' Bezeichnung der Tiere als Automaten,[3] den Menschen 1748 polemisch als „vortrefflich eingerichtete Maschine“.[4] Durch die berühmten Automaten französischer wie

1 Johann Wolfgang Goethe: Goethes Werke (im Folgenden HA). Hg. v. Erich Trunz. München 1982–2008, hier Bd. 3. Dramatische Dichtungen I. Faust. Der Ausgabe liegt der Faust-Text im 12. Band der Ausgabe letzter Hand (Goethe's Werke. Stuttgart/Tübingen 1832) zugrunde.

2 Siehe Carsten Zelle: Maschinen-Metaphern in der Ästhetik des 18. Jahrhunderts (Lessing, Lenz, Schiller). In: Zeitschrift für Germanistik 3 (1997), S. 510–520.

3 Vgl. René Descartes: Philosophische Schriften in einem Band. Hamburg 1996, S. 90ff. Descartes vertrat in seinem *Discours de la Methode* (1637) die These, dass auch dem Menschen irgendwann die Konstruktion von maschinellen Tieren gelingen könnte. Der Philosoph geht sogar so weit, den Menschen als eine Art Maschine zu beschreiben. Siehe hierfür auch genauer Gunter E. Grimm: ‚Elektronische Hirne'. Zur literarischen Genese des Androiden. In: Literatur für Leser 2 (1998), S. 73–90, hier S. 78.

4 Julien Offray De La Mettrie: Der Mensch eine Maschine. Stuttgart 2007, S. 24. Zu La Mettries subtiler Maschinenterminologie siehe Kevin Liggieri: Julien Offray de La Mettrie. Mr. Machine? – Mehr als Maschine. In: ders. (Hg.): Bad Boys der Philosophie. Würzburg 2014, S. 49–76.

schweizerischer Konstrukteure (Jacques de Vaucanson: der „Flötenspieler“[5]; Uhrmacherfamilie Jaquet-Droz: der „Schreiber“, der „Zeichner“ und der „Klavierspieler“[6]) wird die schon lang gehegte Idee einer technischen Herstellung des Menschen in der Vorstellung immer realisierbar. Die Forschung und vor allem die Literatur öffnen sich damit für Mensch-Maschine-Hybride und künstliche Menschen. Es ist eine paradoxe Öffnung, die den Menschen auf der einen Seite in Opposition zum Künstlichen stellt, ihn auf der anderen Seite selbst gleichwohl künstlich und damit reproduzierbar werden lässt. Was in der Philosophie und Wissenschaft des 18. Jahrhunderts diskutiert und kommuniziert wird, erlaubt der Literatur eine besondere Art der Anschlussfähigkeit, da diese Wirklichkeits- bzw. Möglichkeitsmodelle anbietet und Proberealitäten austestet, wobei dem Menschen scheinbar nur noch Nebenschauplätze zugewiesen werden. Das Humane liefert damit eine epistemische Kontrastfolie, an der sich das Maschinell-Künstliche abarbeiten und statuieren lässt. Dass diese positive Grenze dennoch eine dialektische und pulsierende bleibt, soll sich in der Analyse eines besonderen natürlich-künstlichen Mischwesens der Literaturgeschichte zeigen.

Die Literatur entwirft, so lässt sich im Blick auf eine literarische Anthropotechnik[7] sagen, die Genese eines künstlichen Menschen, der optimierter ist als der alte.[8] Wenn der überreizte Übermensch auftritt, muss der antiquierte Mensch abtreten. Die Anthropoetik, wie ich sie im Anschluss an Carsten Zelle nennen möchte,[9] in ihrer Ausführung als literarische Optimierung oder Biotechnik ist nicht nur deswegen von zentraler Bedeutung, weil hier transhumanistische Humankonstruktionen in den Vordergrund rücken, die leistungsfähiger sind als der traditionelle Mensch und ihn

5 Vgl. Rudolf Drux (Hg.): Die Geschöpfe des Prometheus – Der künstliche Mensch von der Antike bis zur Gegenwart. Bielefeld 1994, S. 24f. sowie Peter Gendolla: Mögliche Menschen. Überlegungen zur Literatur- und Kulturgeschichte des Androiden. In: Rolf Aurich/Wolfgang Jacobson/Gabriele Jatho (Hg.): Künstliche Menschen. Manische Maschinen. Kontrollierte Körper. Berlin 2000, S. 69–72.

6 Das Vorbild für diese Automaten (bes. „Flötenspieler“) bleibt jedoch stets der menschliche Körper (vgl. Jacques de Vaucanson: Beschreibung eines mechanischen Kunst-Stucks, und Automatischen Flöten-Spielers, so denen Herren von der Königlichen Academie der Wissenschaften zu Paris durch den Herrn Vaucanson Erfinder dieser Maschine überreicht worden. Nach dem Pariser Exemplar übersetzt und gedruckt zu Augsburg 1748, S. 4).

7 Zum Begriff der Anthropotechnik, welcher von Peter Sloterdijk in den Kulturwissenschaftlichen Kontext zurückgeführt wurde, siehe Peter Sloterdijk: Menschenpark. Ein Antwortschreiben auf Heideggers Brief über den Humanismus. Frankfurt a.M. 1999 sowie Kevin Liggieri: Zur Domestikation des Menschen. Anthropotechnische und anthropoetische Optimierungsdiskurse. Münster/Wien 2014.

8 Vgl. Rudolf Drux: „Maschinenmensch“. In: Günther Butzer/Joachim Jacob (Hg.): Metzler Lexikon literarischer Symbole. Stuttgart/Weimar 2008, S. 223f.

9 Vgl. Carsten Zelle: Klopstocks Diät – das Erhabene und die Anthropologie um 1750. In: Hilliard, Kevin et al. (Hg.): Wort und Schrift – das Werk Friedrich Gottlieb Klopstocks. Tübingen 2008. S. 101–127.

ablösen könnten, sondern ebenfalls, weil drastisch aufgezeigt wird, dass das Epistem ‚Mensch' gänzlich verschwinden kann.[10] In dem progressiv technoeuphorischen Manifest *Extropische Grundsätze* von Max More klingt diese transhumane Neuerfindung des Menschen pathetisch an:

> Für uns stellt die Menschheit nur ein Übergangsstadium im Prozess der Evolution von Intelligenz dar und wir befürworten den Einsatz der Technik, um unseren Übergang vom menschlichen zum transhumanen oder posthumanen Zustand zu beschleunigen. [...] Wir wollen die traditionellen, biologischen, genetischen und intellektuellen Grenzen, die unseren Fortschritt einschränken, überwinden.[11]

Dieser Ausruf erinnert stark an den Grenzüberschreiter Faust,[12] der ebenfalls eine „Verflüssigung“[13] und „Entmythologisierung des Subjekts“ als Chance sieht.[14] Demgegenüber konstatiert sich eine Skepsis der Auflösung des Individuums. Dieses Unbehagen, etwas ‚Menschliches' zu verlieren oder gar nicht erst zu besitzen, zeigt sich besonders eindrucksvoll in der literarischen Bearbeitung der Figur des Homunculus von Goethe, da die künstlichen Menschen entweder von ihrer Selbst- oder Fremdzuschreibung her als defizitär begriffen werden. Das Charakteristikum der Unmenschlichkeit, welches sie definiert, stigmatisiert sie gleichzeitig.

Die künstlichen Menschen zeigen damit eindrucksvoll, wie prekär es um das Begriffsgerüst des „Menschlichen“, „Geistigen“ oder „Körperlichen“ steht. Diese „technologischen Objektkulturen“ (wie Homunculus) sind es, die die Souveränität des transzendentalen Subjekts immer mehr minimieren bis ganz auslöschen.[15] Doch gibt man sich nicht zu technophob? Bieten nicht vielleicht die Maschinen und künstlichen

10 Vgl. zu diesem Gedanken das wirkungsmächtige Kapitel aus Michel Foucault: Die Ordnung der Dinge. Frankfurt a.M. 1974, S. 462. Genauer dazu Rüdiger Görner: Prolegomena zu einer poetischen Kybernetik. In: ders. (Hg.): Tales from the Laboratory: Or, Homunculus Revisited. München 2005, S. 7–30.

11 Max More: Extropische Grundsätze (1998), zit. nach Martin G. Weiß: Die Auflösung der menschlichen Natur. In: ders. (Hg.): Bios und Zoë. Die menschliche Natur im Zeitalter ihrer technischen Reproduzierbarkeit. Frankfurt a.M. 2009, S. 35–54, hier S. 41.

12 Wie Anm. 1, S. 54, V. 1603–1606, V. 1760–1764.

13 Wie Anm. 11, S. 44.

14 Gotthard Günther: Maschine, Seele und Weltgeschichte. In: ders.: Beiträge zur Grundlegung einer operationsfähigen Dialektik. Bd. 3. Hamburg 1980, S. 228, zit. n. Erich Hörl: Die offene Maschine. Heidegger, Günther und Simondon über die technologische Bedingung. In: MLN 23 (2008), S. 632–655, hier S. 636.

15 Erich Hörl: Die Technologische Bedingung. Zur Einführung. In: ders. (Hg.): Die technologische Bedingung. Zur Einführung. Frankfurt a.M. 2011, S. 7–53, hier S. 12. Gerade Homunculus unterbricht im *Faust II* die menschliche Hermeneutik durch technologische Sinngebung, indem er Fausts Träume liest, also in einem Informationsraum verkehrt, der unlesbar, unwahrnehmbar sowie unbuchstabierbar für den Menschen ist. Der Mensch selbst muss dabei die Kontrolle

Menschen einen Ansatzpunkt, den Menschen eindringlicher zu begreifen und ihn, da man nun eine Kontrastfolie hat, perfekter zu gestalten? Wieso kann man von geschaffenen Geschöpfen nicht auch lernen und sich an ihnen möglicherweise sogar bilden? Liefert Goethe mit seiner literarischen Figur einer biotechnischen Beschleunigung einen Ausweg für den übereilten Menschen? Könnte man demnach, und das soll die Lesart im Folgenden sein, Mephistos Ausspruch in Bezug auf Homunculus eben nicht nur pessimistisch, sondern gerade produktiv lesbar machen: „Am Ende hängen wir doch ab / Von Kreaturen, die wir machten."[16]?

2 Homunculus als (Ent-)Wurf des Menschen

In der Szene „Laboratorium" des zweiten Aktes von *Faust II* taucht das künstlich produzierte Wesen Homunculus auf.[17] Der Name weist auf eine menschliche Beziehung hin, da *homunculus* der Diminutiv vom lateinischen Begriff *homo* ist. Schon rein sprachlich stellt sich also anscheinend ein ‚Menschlein' dar.[18] Dieser Definition wird Goethes Homunculus allerdings nur bedingt gerecht, da er zwar ein kleines, menschenartiges Wesen darstellt, aber keinesfalls einen wirklichen Menschen verkörpert.[19] Homunculus ist mehr ein künstliches Wesen – gerade ohne ‚Verkörperung' –, welches von Fausts Famulus Wagner, der am Beginn des Dramas noch ein „trockne[r] Schleicher" war,[20] aus „viel hundert Stoffen" am „Herde" ‚zusammengebraut' wurde.[21]

---

abgeben, so können Mephisto und Wagner nur noch staunend danebenstehen, während der künstliche Mensch sie decodiert.

16 Wie Anm. 1, S. 214, V. 7003ff.

17 Die Handschriften dieser Szene weisen auf den Herbst 1827 hin, siehe dafür HA, Bd. 3, S. 616. Man beachte nur wenige ausgewählte Literatur: Manfred Osten: Homunculus, die beschleunigte Zeit und Max Beckmanns Illustrationen zur Modernität Goethes. Mainz 2002; Dieter Arendt: Homunculus – der Geist ‚in der Flasche' oder: ein mephistophelisches Märchen. In: Sascha Feuchert u. a. (Hg.): Literatur und Geschichte. Festschrift für Erwin Leibfried. Frankfurt a.M. 2007, S. 35–60; Rudolf Drux: Homunculus oder Leben aus der Retorte. Zur Kulturgeschichte eines literarischen Motivs seit Goethe. In: Rüdiger Görner (Hg.): Tales from the Laboratory. München 2005, S. 91–104. Zur metrischen Gestaltung der Szene „Laboratorium" sei angemerkt, dass sie überwiegend im Madrigalvers gehalten wurde, wobei Homunculus als „höhere[s]" Wesen fünfhebige Verse gebraucht, was das „Gehoben-Ernste" sowie die erhöhte Entrückung dieses Wesen noch mehr unterstreicht (vgl. Markus Ciupke: Des Geklimpers vielverworrner Töne Rausch. Die metrische Gestaltung in Goethes Faust. Göttingen 1994, S. 112).

18 Vgl. Friederike Schmidt-Möbus/Frank Möbus: Who is Who in Goethes Faust? Leipzig 1999, S. 69.

19 Vgl. wie Anm. 1, S. 250, V. 8252.

20 Ebd., S. 24, V. 521.

21 Ebd., S. 210, V. 6849. Wieweit hierbei auch Mephisto seine Hände im Spiel hat, kann durch seinen Ausspruch: „Ich bin der Mann, das Glück ihm zu beschleunigen" (ebd., S. 205, V. 6684), nur vermutet werden. Ähnliches äußert auch Goethe gegenüber Eckermann (vgl. Johann Peter

Vorsichtig, jedoch nicht ohne Pathos, kann der nun zur experimentellen Tat gelangte Wagner mit wissenschaftlichem Impetus verkünden: „Es wird ein Mensch gemacht.“[22] Mephisto, der ebenfalls der Szene beiwohnt, ist dabei noch ganz in der klassischen Tradition der Zeugung und Natalität gefangen, wenn er naiv nachfragt: „Ein Mensch? Und welch verliebtes Paar / Habt ihr ins Rauchloch eingeschlossen?“[23] Die Technik überholt in dieser Szene „veloziferisch“ rasant selbst noch den leibhaftigen Teufel.[24]

Der traditionelle Homunculus, der in der Schrift *De generatione rerum naturalium* (1572) von Paracelsus alchemistisch und mythisch eingeführt wird,[25] scheint bei

---

Eckermann: Gespräche mit Goethe in den letzten Jahren seines Lebens. Stuttgart 1998, S. 388 (16.12.1829)).

22 Ebd., S. 209, V. 6835.

23 Ebd., S. 210, V. 6836ff.

24 Goethe prägt für die teuflische Ungeduld den Begriff des „Veloziferischen“. Hierfür verbindet der Dichter in einem Brief das lateinische Wort „Eile“ *(velocitas)* mit „Luzifer“ (vgl. Goethe an seinen Neffen Nicolovius im November 1825. In: Goethe: Sämtliche Werke. Briefe, Tagebücher und Gespräche. Frankfurter Ausgabe. Hg. v. Hendrik Birus u. a. Bd. 10. Frankfurt a. M. 1985ff., S. 333f.).

25 Vgl. Paracelsus: De generatione rerum naturalium. In: Klaus Völker (Hg.): Künstliche Menschen. Dichtungen und Dokumente über Golems, Homunculi, Androiden und liebende Statuen. München 1971, S. 43–52. Paracelsus zeigt zwei Arten der Zeugung auf: „Die Generation oder Erzeugung aller natürlichen Dinge ist eine zweiartige, eine, die ohne alle Kunst, von Natur, geschieht; die andere geschieht durch Kunst, nämlich durch alchimiam“ (ebd., S. 43). Zur Zeit des Paralesus ging man davon aus, dass der männliche Samen zur Fortpflanzung benötigt werde, die Frau dagegen nur als „Brutkasten“ diene. Nach dieser Theorie bestünde sogar die Möglichkeit einer Verleiblichung des künstlichen Wesens, eines Kindes, welches wie ein natürliches Kind sei, nur kleiner. Paracelsus selbst geht davon aus, dass Leben durch ‚Putrefaction‘ (Verwesung durch Feuchte und Wärme) entstehen könne. Mithilfe dieser Methode wäre sogar die Wiederbelebung von Totem denkbar. Auf Grundlage dieser Theorie entwickelt er seine Idee des Homunculus: „Nun ist aber auch die Generation der homunculi keineswegs zu vergessen. […] [Ob] der Natur und Kunst auch möglich sei, daß ein Mensch außerhalb des weiblichen Leibs und einer natürlichen Mutter geboren werden könnte? Darauf geb ich die Antwort, daß es der Kunst spagirica und der Natur keineswegs zuwider sondern gar wohl möglich sei. Wie aber solches zugehe und geschehen mag, ist nun sein Prozeß also: nämlich daß das sperma eines Manns im verschlossenen Cucurbiten per se mit der höchsten Putrefaction, ventre equino, auf vierzig Tag putreficiert werde, oder so lang, bis es lebendig werde und sich bewege und rege, was leicht zu bemerken ist. Nach dieser Zeit wird es einem Menschen einigermaßen gleich sehen, doch durchsichtig, ohn ein corpus. Wenn es nun nach diesem täglich gar weislich mit dem arcano sangunis humani gespeist und bis auf vierzig Wochen ernährt wird, und in steter gleicher Wärme ventris equini erhalten , wird ein recht lebendig menschlich Kind daraus, mit allen Gliedmaßen wie ein ander Kind, das von einem Weibe geboren wird, doch viel kleiner. Das selbige nennen wir ein homunculum, und es soll hernach nit anders als ein ander Kind mit großem Fleiß und Sorg aufgezogen werden, bis es zu seinen Tagen und Verstand kommt“ (ebd., S. 48–49). Es sei hier nur kurz auf die Zeitangabe von 40 Tagen verwiesen, die höchstwahrscheinlich an die gleiche Zeitspanne angelehnt ist, welche Jesus Christus brauchte, um nach

Goethe eher einen biologisch optimierenden Sinn zu haben. Auf diese Weise geht Goethe bei seiner Behandlung nicht in die paracelsische Deutungsrichtung eines „chemischen Menschen" als Produkt spätmittelalterlicher Alchemie, sondern lässt sich von neuer organisch-genetischer Forschung inspirieren.[26] Dem Chemiker Friedrich Wöhler gelingt 1828 erstmals die Umwandlung anorganischer in organische Stoffe in Gestalt der Harnstoffsynthese.[27] Wöhler sah durch sein gelungenes Experiment eine Zeit der Humantransformation aufziehen, in der organische Produkte hergestellt werden konnten, „ohne dazu Nieren oder überhaupt ein Tier, sey es Mensch oder Hund, nöthig zu haben".[28] Der Chemiker, der durch diese „künstliche Bildung von Harnstoff" aus „cyansaurem Ammoniak" für Goethe ein beeindruckendes wie erschreckendes Beispiel einer Bildung „organische[r] Substanz[en] aus unorganischen Stoffen" darstellte,[29] regte zu einem modernisierten Mythos des paracelsischen „Menschleins" an. Mit Wöhlers Synthese von Harnstoff schien der Beweis erbracht zu sein, dass auch im Laboratorium ohne die Zuhilfenahme einer „Lebenskraft" *(vis vitalis)* organische Verbindungen synthetisiert werden können.[30] Aus Alchemie wurde organische Synthesechemie. Ob nun, wie Osten behauptet, Goethe durch diesen ‚Schock' einer radikalen Emanzipation des Menschen von der Natur „postmodern[e] Züchtungsutopien" in die Homunculusfigur einfließen ließ, sei dahingestellt,[31] zutreffend ist jedoch, dass Goethe seinen Homunculus nach Wöhlers Experiment umschrieb und weitaus organisch-reproduktiver ansetzte, als es noch bei Paracelsus mit seinem „recht lebendig menschlich Kind" zu lesen war.[32] Man kann zu Recht sagen, dass die

---

seiner Wiederauferstehung zu Gott zu gelangen (von Ostersonntag bis Christi Himmelfahrt). Für die Anregung danke ich Julia Gruevska.

26 Das Labor als historische Semantik ist dabei – das kann hier nur angedeutet bleiben – ein Intertopos, der zwischen vormoderner Alchemie bzw. Apothekerwissenschaft und moderner Humangenetik oszilliert (vgl. Kevin Liggieri: Diskursive Materialität. Das Labor als Ort ästhetischer Aufschreibesysteme. In: LaborARTorium. Hg. von Anna-Sophie Jürgens u. a. Bielefeld (in Vorbereitung).

27 Vgl. Manfred Osten: „Alles veloziferisch" oder Goethes Entdeckung der Langsamkeit. Frankfurt a.M. 2003, S. 51.

28 Otto Wallach: Briefwechsel zwischen J. Berzelius und F. Wöhler im Auftrage der Königl. Gesellschaft der Wissenschaften zu Göttingen. Leipzig 1901, Bd. 1, S. 206, Brief vom 22.2.1828.

29 Ebd.

30 Vgl. Johannes Uray: Die Wöhlersche Harnstoffsynthese und das wissenschaftliche Weltbild, Analyse eines Mythos. Graz 2009. Hierbei geht Wöhler jedoch nicht weiter auf das Vitalismus-Problem ein. Er schreibt in diesem Sinne an Berzelius: „ein Naturphilosoph würde sagen, daß sowohl aus der thierischen Kohle, als auch aus den daraus gebildeten Cyanverbindungen, das Organische noch nicht verschwunden, und daher immer noch ein organischer Körper daraus wieder hervorzubringen ist" (vgl. Anm. 27, Bd. 1, S. 206). Wie weit Wöhler wirklich als Vitalist gelten kann, scheint bei derartigen Formulierungen fragwürdig.

31 Ebd., S. 53.

32 Anm. 24, S. 49.

Homunculusfigur im Kern eine künstliche Generierung des Menschen darstellt, da Homunculus als ‚Lebewesen' eben keinen „unverursachten ‚Sprung' vom Werden ins Dasein“ vollzog.[33] Die traditionelle Zeugung wird hierbei durch den Versuch Wagners zur „eitel[n] Poss[e]“ abgewertet,[34] da der Mensch, der „künftig höhern [...] Ursprung haben“ werde,[35] es nach Wagner nun nicht mehr nötig habe, sich wie das Tier zu paaren. Durch Homunculus hat der Forscher der Natur „das Geheimnis der Zeugung entrissen“[36] und es in die eigenen Hände gelegt. Der Mensch wird durch dieses neue Wissen autodemiurgisch zum Objekt seiner eigenen Modifikation.

Doch was macht diese genetisch-technologische Figur im Besonderen aus? Homunculus ist zwar ein Kompositum aus menschlichen Stoffen,[37] dennoch aber, wie erwähnt, kein Mensch, da er „nur halb zur Welt gekommen“ ist.[38] Hier liegt das maßgebliche Defizit: Homunculus ist personifizierter Geist sowie abstrakte Aktivität.[39] Als „Hirn, das trefflich denken soll“,[40] fehlt ihm das Materiell-Menschliche: der Körper. Mensch-Sein heißt Körper haben. Ohne Geburt – so die nachvollziehbare Einsicht einer vorgenetischen Epoche – gibt es keinen Körper, ohne festen Ort keine Identität (die Beschaffenheit der Phiole deutet auf eine defizitäre und fragile Existenz hin). Auf diese Weise fehlt Homunculus folglich ein „Recht auf Existenz“[41] und sein Ziel ist es, „gern im besten Sinne [zu] entstehn“.[42] Dieser Wunsch gestaltet sich allerdings schwierig, da Homunculus eine genetische Züchtung außerhalb des Mutterleibes

---

33 Nicole C. Karafyllis: Biofakte – Grundlagen, Probleme, Perspektiven. In: EWE 17 (2006), S. 547–558, hier S. 557.

34 Wie Anm. 1, S. 210, V. 6839.

35 Ebd., V. 6846ff.

36 Joachim Müller: Die Figur des Homunculus in der Faustdichtung. In: ders. (Hg.): Neue Goethe-Studien. Halle (Saale) 1969, S. 189–207, hier S. 195.

37 Wie Anm. 1, S. 210, V. 6850–6852.

38 Ebd., S. 250, V. 8248.

39 Ebd., S. 211, V. 6888ff. Zu dieser geläufigen Deutung gab Goethe selbst Anlass, wie die Aufzeichnungen Riemers (vom 30.3.1833, in: Heinrich Düntzer: Goethe's Faust. Erster und Zweiter Theil. Zum erstenmal vollständig erläutert. Leipzig 1850/51, S. 525), aber auch Eckermanns zeigen (vom 6.1.1830, in: Heinrich Hubert Houben: Johann Peter Eckermann. Sein Leben für Goethe. Leipzig 1925, Bd. 1, S. 448). Dieser Deutung folgt die Forschungsliteratur zumeist, so nennt Kommerell Homunculus „Geist schlechthin“ (Max Kommerell: Geist und Buchstabe der Dichtung. Frankfurt a.M. ³1944, S. 41ff.), Gundolf „Kopf-Mensch“ (Friedrich Gundolf: Goethe. Berlin 1916, S. 769ff.) und Hermann „unbedingte Geistigkeit“ (Helene Hermann: Faust, 2. Teil. Studien zur inneren Form. In: Zeitschrift für Ästhetik 12 (1916), S. 311–351, hier S. 316). Für eine genaue Rekapitulation der Sekundärliteratur siehe Benedikt Jeßing: Goethe. Stuttgart/Weimar 1995, S. 102ff.

40 Wie Anm. 1, S. 210, V. 6869.

41 Wie Anm. 26, S. 63, siehe auch Gernot Böhme: Faust als philosophischer Text. Reutlingen 2005, S. 104.

42 Wie Anm. 1, S. 238, V. 7830f.

darstellt, die den ‚Ballast' des Körperlichen (zwangsweise) abgeworfen hat, und schon durch die reine Präsenz organische Grenzen zur Disposition stellt, die eigentlich im 18. Jahrhundert noch als fest galten und selbst im 19. Jahrhundert nur in evolutionären Zeiträumen als veränderbar angesehen wurden. Bei dieser literarischen Figur wird der Genpool des Lebens jedoch zum Werkzeugkasten, an dessen Optimierung man „fortbasteln" kann.[43] In Anbetracht dessen ist Homunculus ein Wesen, welches keine Phylogenese durchlaufen hat, sondern vom Forscher Wagner durch einen „Kolben"[44] in die Welt geworfen wurde. Im Fokus dieser Figur stellt sich die klassische anthropologische Frage erneut: Was macht den Menschen aus? Der Körper oder der Geist? Diese ethischen, aber auch begrifflichen Fragen sind nicht rein rhetorisch, sondern zeigen die Problematik, die auch moderne Gendebatten aufwerfen.[45]

Bereits der Raum, in dem Homunculus vorgestellt wird, ist paradigmatisch für diesen neuen Blick auf den Menschen sowie dessen Reproduktion. Die Regieanweisung führt in eine Szenerie, die mit „weitläufige[n], unbehülfliche[n] Apparate[n] zu phantastischen Zwecken" bestückt ist.[46] Das Labor wird als Experimentalsystem zum neuen Ort der Geburt, Veränderung und Wiedergeburt des Menschen wie des Wissens. Rheinberger umreißt dieses raumtheoretische Denken gezielt, wenn er anmerkt, dass der „Organismus selbst [...] damit in ein Labor, einen locus technicus verwandelt [wird]".[47] Homunculus ist nicht nur in einem abgeschlossenen Raum entstanden, er lebt sogar durch seine Phiole in einem und steht damit in Distanz zur Natur. Die Phiole als Heterotopie wird zum einen die Bedingung der Möglichkeit seiner Existenz, zum anderen ist sie aber auch das Mahnmal der Künstlichkeit. „Das ist die Eigenschaft der Dinge: / Natürlichem genügt das Weltall kaum, / Was künstlich ist, verlangt geschloßnen Raum."[48] Das künstliche Menschlein ist dem-

---

43 Hans-Jörg Rheinberger/Staffan Müller-Wille: Vererbung. Geschichte und Kultur eines biologischen Konzepts. Frankfurt a.M. 2009, S. 264. Siehe dafür auch die technische Wortwahl Wagners zur Erschaffung des Homunculus: „Dem Menschenstoff gemächlich komponieren, / In einen Kolben verlustieren / Und ihn gehörig kohobieren, / So ist das Werk im Stillen abgetan" (vgl. Anm. 1, S. 210, V. 6851–6854).

44 Wie Anm. 1, S. 210, V. 6852.

45 Auf einer Metaebene im Drama richtet Wagner diese Frage des „Leib-Seele-Problems" an Homunculus, der der Frage aber ausweicht (vgl. Anm. 1, S. 211, S. 6895ff.).

46 Ebd., S. 209.

47 Hans-Jörg Rheinberger/Staffan Müller-Wille: Technische Reproduzierbarkeit organischer Natur – aus der Perspektive einer Geschichte der Molekularbiologie. In: Martin G. Weiß (Hg.): Bios und Zoe. Die menschliche Natur im Zeitalter ihrer technischen Reproduzierbarkeit. Frankfurt a.M. 2009, S. 11–33, hier S. 14. Für das Labor als Grundlage der Wissenschaften auch Bruno Latour: Wir sind nie modern gewesen, Frankfurt a.M. 2008, S. 31–36 sowie Bruno Latour/Steve Woolgar: Laboratory Life: The Construction of Scientific Facts. New Jersey 1986.

48 Wie Anm. 1, S. 211, V. 6882–6884, vgl. die häufigen Äußerungen bzgl. der Brüchigkeit der Phiole (V. 6881, V. 7832, V. 8093, V. 8236, V. 8251, V. 8472).

nach allein schon von der Topographie her Experiment und Symbol für die moderne Einschreibung des Labors in den Körper sowie für die Verwissenschaftlichung bzw. Medizinisierung der Geburt.[49] Das Labor ist nicht nur der Geburtsort des Homunculus als reinen Geists, sondern ebenfalls der Geburtsort des modernen Wissens als solchen: Homunculus bildet dabei ein „epistemisches Ding“ im wahrsten Sinne des Wortes.[50] Durch seine biotechnologische Subjektivität kann er nach vorne sowie nach hinten in die Zeit schauen und bildet so eine überzeitliche Enzyklopädie. Korff bezeichnet ihn zu Recht als „die Gescheitheit in Reinkultur“,[51] da Homunculus als „Daimon, Genius, Entelechie“[52] und wissenschaftliches Wesen nicht nur weitsichtiger als Faust, sondern sogar als der heidnische Teufel ist, dem das „freie“ Auge fehlt und der nur „im Düstern [...] zu Hause“ ist.[53] Was Homunculus an Körperlichkeit fehlt, gleicht er mit seinem Wissen aus, in dem er alle anderen übertrifft.[54] Er hat symbolisch wie programmatisch Recht, wenn er sagt: „Ich leuchte vor“,[55] und erlangt durch seine Introspektive Herrschaftswissen gegenüber Faust und Mephisto, die von seinen Informationen ausgeschlossen sind.[56] Faust und Mephisto müssen folgen und hängen damit praktisch „von Kreaturen ab, die [sie] machten“.[57]

Doch all dieses holistische Wissen hilft dem mikrogenetischen Menschlein wenig, da er „voll Ungeduld“ zum naturhaften Sein gelangen will.[58] Als reine Entelechie im präexistentiellen Zustand ist er ein „sehnsuchtsvoller Hungerleider bei voller Bewußtheit“.[59] Sein Ziel kann nichts weniger sein als die Menschwerdung mittels

---

49 Das Labor mit seinem praktischen Experiment, wie Wagner es anpreist, ist hier das Gegenbild zur Natur: „Was man an der Natur Geheimnisvolles pries, / Das wagen wir verständig zu probieren, / Und was sie sonst organisieren ließ, / Das lassen wir kristallisieren“ (wie Anm. 1, S. 210, V. 6857–6860). Zum Homunculus als Symbol siehe Dan Latiner: Homunculus as Symbol: Semantic and Dramatic Functions of the Figure in Goethe's Faust. In: Modern Language Notes 89 (1974), S. 812–820, hier S. 814.

50 Vgl. Hans-Jörg Rheinberger: Experimentalsysteme und epistemische Dinge. Eine Geschichte der Proteinsynthese im Reagenzglas. Göttingen 2001.

51 Hermann August Korff: Faustischer Glaube. Versuch über das Problem humaner Lebenshaltung. Leipzig 1938, S. 679.

52 Wilhelm Emrich. Die Symbolik von Faust II. Sinn und Vorformen. Berlin 1943, S. 257

53 Wie Anm. 1, S. 212, V. 6923–6936.

54 Er blickt in den besinnungslosen Faust und decodiert seine Träume, dabei zeigt sich eine „außerordentlich enge Verbindung von Sprache und Technologie“ (vgl. Donna Haraway: Die Biopolitik postmoderner Körper. In: dies.: Die Neuerfindung der Natur. Frankfurt a.M. 1995, S. 160–199, hier S. 170).

55 Wie Anm. 1, S. 214, V. 6987.

56 Ebd., S. 213, V. 6945–6947. Siehe auch Anm. 26, S. 59.

57 Ebd., V. 7003ff.

58 Ebd., S. 238, V. 7832.

59 Karl Kerènyi: Das Ägäische Fest. Die Meeresgötterszene in Goethes Faust II (1941). In: Werner Keller (Hg.): Aufsätze zu Goethes Faust II. Darmstadt 1992, S. 160–189, hier S. 185. Zum Bild

Verkörperung. Dabei manifestiert sich das Menschliche nicht nur am Körper, sondern besonders auch in seiner Genese. Das Wort ‚Genese' ist in diesem Kontext überaus treffend, da es (griechisch γένεσις und lateinisch *genesis*) ‚Geburt', ‚Ursprung' und ‚Entstehung' vereint. Es umfasst damit Geburt sowie Werden, eben beide Defizite Homunculus', denn „[w]er Leben sagt", so schließt der Pionier der Genforschung Jacob, „sagt Fortpflanzung".[60] Die Technisierung der Fortpflanzung nivelliert, das zeigt Goethe in seiner Figur, nicht nur Geschichte an sich, sondern auch Geschichten, im Sinne biographischer Narrative.[61] „The human being is ‚in becoming', i. e., his only mode of being is a becoming."[62] Diese anthropologische Komponente des Werdens und (Aus-)Bildens hat Homunculus nicht durchlaufen und diese muss er jetzt phylogenetisch als aktiver Handlungsakt wieder-holen. Dieses ‚Menschlein' besitzt damit die menschliche Eigenschaft der Freiheit eines Neu-Anfangens. Erst durch diesen selbstgewählten Anfang kann es aber, will man Hannah Arendt folgen, frei werden. „Die Lösung besteht nun ohne allen Rückbezug auf ein Vergangenes darin, dass man versteht, dass der Mensch für die logisch unlösbare Aufgabe, einen neuen Anfang zu setzen, gleichsam existentiell vorbestimmt ist, insofern er ja selbst einen Anfang darstellt: Insofern der Mensch in die Welt hineingeboren ist, in ihr als ein ‚Neuer' durch Geburt erscheint, ist er mit der Fähigkeit des Beginnens begabt. Weil er ein Neuer ist, kann er etwas Neues anfangen."[63] So liegt für Arendt in der Natalität, die bei Goethes Homunculus übergangen wurde, die existentielle Bedingung dafür, dass Menschen etwas Neues anfangen können. Bei Homunculus ist dieses Anfangen-Können komplex, da er zwar „menschenähnlich" ist,[64] jedoch kein vollkommener Mensch, er muss somit über Umwege zu einem *neuen* Anfang gelangen, den er jedoch frei wählt – ohne (bisher) richtig geboren worden zu sein.

Da es dem künstlichen Menschen „selbst gelüstet's, zu entstehen",[65] begibt er sich in die Antike zu zwei Vorsokratikern, Thales und Anaxagoras. Beide vertreten

des Hungerleiders siehe die Anspielung Goethes auf die Kabiren, die ebenfalls nach Gestalt streben (vgl. wie Anm. 1, S. 248, V. 8204). Zur Betrachtung Homunculus' unter dem Aspekt einer „reinen Entelechie" im präexistenziellen Zustand siehe Katharina Mommsen: Homunculus und Helena. In: Werner Keller (Hg.): Aufsätze zu Goethes Faust II, S. 138–156.

60 François Jacob: Die Maus, die Fliege und der Mensch. Über moderne Genforschung. Übers. von Gustav Roßler. München 2000, S. 32.

61 Zur Nivellierung der Geschichte durch Technisierung Hans Blumenberg: Lebenswelt und Technisierung unter Aspekten der Phänomenologie (1963). In: ders.: Wirklichkeiten, in denen wir leben. Stuttgart 1996, S. 7–64, hier 39.

62 Kasper Lysemose: The Being, the Origin and the Becoming of Man: A Presentation of Philosophical Anthropogenealogy and Some Ensuing Methodological Considerations. In: Human Studies 35 (2012), S. 115–130, hier S. 123.

63 Hannah Arendt: Über die Revolution, München 1994, S. 272.

64 Wie Anm. 1, S. 246, V. 8104.

65 Ebd., S. 238, V. 7858.

unterschiedliche philosophische Denkrichtungen. Anaxagoras geht davon aus, dass das Feuer die Grundkraft des Lebens ist, Thales dagegen sieht das Wasser als Urstoff.[66] Als sich Homunculus an Thales wendet, rät dieser ihm den evolutionären Gang zurück zum Ursprung: „Gib nach dem löblichen Verlangen, / Von vorn die Schöpfung anzufangen! / Zu raschem Wirken sei bereit! / Da regst du dich nach ewigen Normen, / Durch tausend, abertausend Formen, / Und bis zum Menschen hast du Zeit.“[67] Wagner bzw. das technische Equipment hat ein Wesen erschaffen, das, um Blumenberg zu folgen, die „Geschichte aus[ließ]“.[68] Die Wissenschaft hat demnach ein Geschöpf zu schnell entstehen lassen, so dass dieses Wesen sich selbst organisch kompensieren muss, indem es sich ‚Zeit lässt‘. Erst durch dieses Zeitlassen kann es auch an den „ewigen Normen“ partizipieren. An der Homunculusfigur wird auch Goethes Bildungsvorstellung deutlich, da dieser in seiner Naturvorstellung Evolution statt Revolution präferiert, weil ihm „jedes Gewaltsame, Sprunghafte [...] in der Seele zuwider [ist], denn es ist nicht naturgemäß“.[69]

3 Rückschritt statt Fortschritt

Am Ende muss die Frage gestellt werden, inwiefern sich in dieser literarischen Figur eine Anthropoetik, die zum Umdenken anregt, zeigt. Folgt man der Deutung Ostens, so ist Homunculus nicht nur die Form einer genetischen Neuproduktion, sondern gleichzeitig auch ein Abschied vom antiquierten Menschen und damit eine Optimierung desselben. Auch Goethe bezeichnet gegenüber Eckermann Homunculus als „geistiges Wesen“, welches den Vorzug habe, „durch eine vollkommene Menschwerdung noch nicht verdüstert und beschränkt“ zu sein.[70] Der Mensch wird damit von Goethe als defizitäres Wesen begriffen, welches zwischen „Übereilung“ und „Versäumnis“ schwankt.[71] Könnte Homunculus, dieser „sehr ernst[e] Scher[z]“,[72] vielleicht einen neuen, „vollkommenen“ Menschentypus darstellen?

Mit dem Zerschellen von Homunculus‘ Phiole am Muschelwagen der Galatea und seinem Ergießen ins Meer, welches die Evolution von neuem lostritt („Vermähle

66 Hier zeichnet sich die Differenz von Neptunismus und Vulkanismus ab, die jedoch nicht exakt festgemacht werden kann. Siehe hierfür Gernot Böhme: Faust als philosophischer Text. Reutlingen 2005, S. 133ff.

67 Wie Anm. 1, S. 252, V. 8321–8326. Bezeichnend für Goethes Ansicht ist, dass Homunculus nicht seinen Forschervater Wagner fragt, sondern den antiken Philosophen Thales.

68 Wie Anm. 59, S. 34. Blumenberg bezieht sich hier auf Husserls Theorie der Technisierung.

69 Wie Anm. 20, S. 591 (27.4.1825).

70 Ebd., S. 388 (16.12.1829).

71 Goethe: Werke. Berliner Ausgabe. Hg. von Siegfried Seidel. Berlin 1960ff., Bd. 1, S. 446.

72 Brief an Wilhelm von Humboldt vom 17.3.1832. In: Goethes Briefe. Hamburger Ausgabe. Hg. von Karl Robert Mandelkow. München [3]1988, Bd. 4, S. 481.

dich dem Ozean"),[73] geht gleichzeitig eine Optimierung des ‚Menschen' einher.[74] Im Prozess des liquiden Werdens kann Homunculus ein besserer Mensch werden und damit durch neue Schöpfung eine Erhöhung anstreben.[75] „Sein [Homunculus', K.L.] Eingehen in die hier magisch-bereinigten Elemente [...] [als] Verwirklichung in der Natur" wird zur „Voraussetzung einer *‚Verkörperlichung' seiner Möglichkeiten*."[76] Goethe verortet damit in der literarischen Gestalt einer In-vitro-Züchtung einen Gegenentwurf zur fortschrittlichen und sich übereilenden Anthropotechnik: Gegen ein analytisches Zergliedern im Laborexperiment stehen eine synthetische Symbiose und ein hegelsches „Aufheben". An Homunculus als künstlichem Objekt lässt sich mit Simondon gesprochen auch die Evolution technischer Existenzweisen an sich nachvollziehen, die auf ihre Weise zu Autonomie streben:

> Dieses [künstliche] Objekt bedurfte Anfangs eines äußeren regulierenden Milieus, des Labors oder der Werkstatt [...]; wenn es nach und nach an Konkretisation gewinnt, wird es in den Stand versetzt, ohne das künstliche Milieu auszukommen, denn seine interne Kohärenz nimmt zu, seine funktionale Systematik schließt sich, indem es sich organisiert [hier wörtlich gemeint, K.L.].[77]

In diesem Sinne vollzieht Homunculus mit seiner Evolution neben einer Humanisierung auch eine aufklärerische Selbstsozialisierung, da er sich von seinem isolierten und heteronomen Anfangsstadium befreit und zu etwas Ganzheitlichem verbindet.

Zusammenfassend lässt sich konstatieren, dass Homunculus eine Figur der Optimierung darstellt, die einen neuen, perfektionierten Menschen heraufbeschwören soll, jedoch ist die Methode *(technè)*, die dieses biotechnologische Menschlein anwendet, paradoxerweise eine Entschleunigung und damit Loslösung von menschlicher Ungeduld.[78] Die Anthropoetik ist hier im wahrsten Sinne Rückschritt statt Fort-

---

73 Wie Anm. 1, S. 252, V. 8320.

74 Ebd., S. 256, V. 8465–8486. Goethe hatte am Ende seines Lebens Vorstellungen von solchen „Verwandlungen" der Menschheit und ihrer Optimierung (vgl. Anm. 23, Bd. 12, S. 675). Erst hier, wo Homunculus beginnt, Körper zu werden und mit anderen Körpern zu agieren, herrscht „Eros", „der alles begonnen" und verbindet (Anm. 1, S. 256, V. 8477–8479).

75 Vgl. Manfred Osten: Dr. Faust – ein Auslaufmodell der Evolution? Goethes Tragödie und die Verheißungen der Lebenswissenschaften. In: Goethe-Jahrbuch 2007. Göttingen 2007, S. 161–166.

76 Victor Lange: Faust. Der Tragödie Zweiter Teil. In: Walter Hinderer (Hg.): Goethes Dramen. Neue Interpretationen. Stuttgart 1980, S. 281–312, hier S. 298 [kursiv von K.L.].

77 Gilbert Simondon: Die Existenzweise technischer Objekte. Zürich 2012, S. 43.

78 Latimer spricht bei dieser Entstehung von einem „new creation myth" (Dan Latimer: Homunculus as Symbol: Semantic and Dramatic Functions of the Figure in Goethe's Faust. In: Modern Language Notes 89 (1974), S. 812–820, hier S. 814). Dazu sei kurz angemerkt, dass Homunculus hier in den Versen vor 8327ff. auch nicht mehr im gehobenen fünfhebigen Madrigalvers spricht wie noch im Laboratorium, sondern nun zusammen mit Proteus (V. 8464–8479) jambisch-alternierende Dreiheber, also Schweifreimstrophen gebraucht und sich damit auch sprachlich

schritt. Es mutet typisch für Goethe an, dass er sich gegen die moderne, beschleunigte Naturwissenschaft wendet und fast ironisch den durch Wissenschaft gezeugten Menschen, der im Inneren selbst „Tätigkeitsdrang" verspürt,[79] langsam in der Natur wirklich zur Gestalt kommen lassen will, um ihn damit aus der Artifizialität wieder ins Leben zu entlassen. Dass diese Beziehung zwischen Lebendigkeit und Artefakt gerade bei Homunculus ins Schwanken gerät, zeigt eindrucksvoll Karafyllis' Idee des „Biofakts", welches ein semiartifizielles Lebewesen beschreibt, begrifflich gefasst als Verschmelzung von Leben (griechisch βίος) und Artefakt.[80] Das Biofakt ist eben jenes „natürlich-künstliche Mischwesen", welches zwar nach Karafyllis werden bzw. wachsen kann, aber nicht geboren, sondern geschaffen wurde. Dieses trifft am Ende auch auf die Problemstellung des Homunculus zu.[81]

Nach Goethes Maxime soll man der Natur ihr langes „Präludium" lassen.[82] Er will den Verstand, durch den der Mensch nach Blumenberg nur „leeren Intentionen"[83] und somit einer „Methode des Umwechselns und Umrechnens"[84] folgt, wieder mit Vernunft, die weitsichtig „erfüllte Intention"[85] ist, bereichern. Wie kann etwas, so die Grundfrage vom Anfang, durch hybride Technik ‚Aus-der-Welt-Gefallenes' sich wieder in die naturgemäße Harmonie eingliedern? Homunculus, der ein Symbol genau dieser transgenetischen bzw. chimären Grenzüberschreitung darstellt, wird am Ende wieder dem Kreislauf des Lebens zugeführt und stellt damit nicht durch seine fortschrittlich-beschleunigte, labortechnische Geburt eine anthropoetische Optimierungsfigur und einen Maßstab für einen ‚höheren' Menschentypus dar, sondern weil er wieder natürlich entschleunigt an den evolutionären Anfang zurückkehrt.[86] Obwohl diese Goethe'sche Entschleunigung im Bild der langsamen Leitfigur Homunculus das Vorbild für das Posthumane bildet, sollte man die Warnung der Meeresgottheit Proteus gegenüber Homunculus nicht unbeachtet lassen: „Nur strebe nicht nach

---

modifiziert (vgl. Markus Ciupke: Des Geklimpers vielverworrner Töne Rausch. Die metrische Gestaltung in Goethes „Faust". Göttingen 1994, S. 123).

79 Dorothea Holscher-Lohmeyer: Natur und Gedächtnis. Reflexionen über die klassische Walpurgisnacht. In: Jahrbuch des Freien Deutschen Hochstifts 1987, S. 85–113, hier S. 94. Damit stellt Homunculus das Gegenmodell zu Faust dar, der sich im Enhancement selbst übereilt.

80 Vgl. Nicole C. Karafyllis (Hg.): Biofakte – Versuch über den Menschen zwischen Artefakt und Lebewesen. Paderborn 2003.

81 Wie Anm. 32, S. 547.

82 Goethes Gespräche. Hg. von Woldemar Freiherr von Biedermann. Bd. 2. Leipzig 1889–1896, S. 114.

83 Wie Anm. 59, S. 35.

84 Edmund Husserl: Gesammelte Werke. Husserliana. Bd. 2. Den Haag 1950ff., S. 62, zit. n. Blumenberg: Lebenswelt und Technisierung, S. 35.

85 Ebd.

86 Vgl. Anm. 75, S. 815. Goethe ging davon aus, dass im Wasser alles Leben entstand (vgl. Anm. 1, S. 255, V. 8435–8437).

höheren Orden: / Denn bist du erst ein Mensch geworden, / Dann ist es völlig aus mit dir.“[87] Der Mensch ist selbst als posthumanes Ziel für den Gott der Liquidität noch zu starr. Im Aggregatzustand des Humanen kann es keine dynamische Optimierung mehr für Homunculus geben: Verkörperung bedeutet Kristallisieren und damit Fixierung. Homunculus dagegen ist als ein Drittes im ‚Dazwischen‘ noch vollkommen indifferent und damit nicht in binäre Codierungen, mit den die menschliche Ratio operiert, zu fassen. Dieses bemerkt auch der Philosoph Thales, wenn er sagt: „Auch scheint es mir, von andrer Seite kritisch: / Er [Homunculus, K.L.] ist, mich dünkt, hermaphroditisch.“[88] Vielleicht *kann* der verbesserte – jedoch immer noch statische – „Mensch“ das Ziel eines prozessualen Durchlaufs darstellen, die Frage stellt sich nur, ob er es auch *muss*.

87 Anm. 1, S. 251, V. 8330–8332.
88 Ebd., S. 250, V. 8255.

Burkhard Meyer-Sickendiek (Berlin)

Mit Stifter gegen Wagner · Nietzsches Ästhetik der Langsamkeit in *Menschliches, Allzumenschliches*

Nach herkömmlicher Auffassung der Nietzsche-Forschung ist die Sammlung *Menschliches, Allzumenschliches I* eine Absage Nietzsches an die noch in seiner Tragödienschrift so emphatisch gefeierte Kunst der Moderne. Nietzsches Herleitung der Kunst aus Religion und Metaphysik führe notwendig dazu, die „Abendröthe" nicht nur religiös-metaphysischer Weltbilder, sondern auch der Kunst selbst festzustellen. Die apodiktische Behauptung aus dem Aphorismus „Die Früchte nach der Jahreszeit" – „Das, was aus der Religion und in ihrer Nachbarschaft gewachsen ist, kann nicht wieder wachsen, wenn diese zerstört ist"[1] – führt Nietzsche in der Tat zu der Frage, „was von der Kunst übrig bleibt".[2] Die Antwort scheint ernüchternd: Die Kunst ist nurmehr eine „Todtenbeschwörerin", deren Funktion lediglich darin besteht, „erloschene, verblichene Vorstellungen ein wenig wieder aufzufärben", „die alte Empfindung noch einmal rege" zu machen; das „Herz" noch einmal „nach einem sonst vergessenen Tacte"[3] klopfen zu lassen. *Menschliches, Allzumenschliches I* definiert die Kunst als Erbin religiöser und metaphysischer Vorstellungen. Wenn Nietzsche zudem die „Dichter" in toto zu Epigonen erklärt, dann entspricht dies seiner Herleitung der Kunst aus den überholten Kulturphänomenen Religion und Metaphysik. Dies zeigt der 148. Aphorismus mit dem Titel *Dichter als Erleichterer des Lebens*:

> Die Dichter, insofern auch sie das Leben der Menschen erleichtern wollen, wenden den Blick entweder von der mühseligen Gegenwart ab oder verhelfen der Gegenwart durch ein Licht, das sie von der Vergangenheit herstrahlen machen, zu neuen Farben. Um diess zu können, müssen sie selbst in manchen Hinsichten rückwärts gewendete Wesen sein: so dass man sie als Brücken zu ganz fernen Zeiten und Vorstellungen, zu absterbenden oder abgestorbenen Religionen und Culturen gebrauchen kann. Sie sind eigentlich immer und nothwendig Epigonen. Es ist freilich von ihren Mitteln zur Erleichterung des Lebens einiges Ungünstige zu sagen: sie beschwichtigen und heilen nur vorläufig, nur für den Augenblick; sie halten sogar die

1 Friedrich Nietzsche: Sämtliche Werke. Kritische Studienausgabe in 15 Einzelbänden. Bd. II. Hg. v. Giorgio Colli und Mazzino Montinari. Berlin/New York 1988, S. 201. Aus der Kritischen Studienausgabe wird im Folgenden zitiert mit: Nietzsche, Bandangabe, Seitenzahl.

2 Ebd., S. 185.

3 Nietzsche II (wie Anm. 1), S. 142.

> Menschen ab, an einer wirklichen Verbesserung ihrer Zustände zu arbeiten, indem sie gerade die Leidenschaft der Unbefriedigten, die zur That drängen, aufheben und palliativisch entladen.[4]

Im Unterschied zu einem Großteil der Nietzsche-Forschung gehe ich jedoch davon aus, dass Nietzsche zu diesem Zeitpunkt bereits ein positives Verständnis von Epigonalität entwickelt hat.[5] Für eine Deutung von Nietzsches Kommentaren zur Langsamkeit ist diese Positivierung wiederum entscheidend, darum werde ich mich auf diesen ästhetiktheoretischen Kontext der Langsamkeit konzentrieren.

Gegen eine revolutionäre Poetik: Nietzsches Ästhetisierung des epigonalen Schreibens

Langsamkeit und positiv verstandene Epigonalität sind zwei elementare Prinzipien jener Poetik, welche für Nietzsche – so seine Formulierung – das Leben zu „erleichtern“ vermag. Die Erleichterung des Lebens stellt demnach ein wirkungsästhetisches Prinzip dar, welches für Nietzsche zu diesem Zeitpunkt von allerhöchstem Wert ist. Nicht jede Poesie, und auch nicht jede Musik kann auf diese Art und Weise erleichtern, im Gegenteil. Vor dem Hintergrund der im ersten Teil behaupteten spätzeitlichen Disposition der Kunst geht Nietzsche nämlich im zweiten Teil seiner Sammlung der Frage nach, warum so wenige Künstler das Leben erleichtern können. In mehrfacher Hinsicht beantwortet diese Frage der berühmte Aphorismus *Die Revolution in der Poesie*. Dieser längste Aphorismus der Sammlung *Menschliches, Allzumenschliches II* liefert eine Art Summa dessen, was in den übrigen Aphorismen gesagt wurde. Zwei grundsätzliche Aspekte der Aphorismensammlung werden hier enggeführt: zum einen die Kritik der Genie-Ästhetik, zum anderen die Frage nach dem gegenwärtigen Status der Kunst. Als eine Summa des bis dato Gesagten liest sich auch die Kategorie, auf welche hin Nietzsche die „Genie-Ästhetik“ fokussiert: das poetische Prinzip der „Revolution“. Diesem gilt hier Nietzsches Kritik, dieses Prinzip konfrontiert er mit einem dem ästhetischen Revolutionismus entgegengesetzten *Kunstideal*. Dessen grundsätzlicher Charakter wird schon durch den Rekurs auf die *tragédie classique* deutlich, denn was Nietzsche als Kunstideal formuliert, wird zugleich als Verlust historisch rekapituliert: Klassizismus. Insofern gilt der Aphorismus dem – aus dem „revolutionären“ Prinzip der Genie-Ästhetik resultierenden – Traditionsverlust klassizistischer Kunst. Für deren Tradition steht nicht der Name Johann Christian Gottsched – dessen „anerkannte Klassicität“ Nietzsche schon in der zweiten

4 Nietzsche II (wie Anm. 1), S. 143.

5 Vgl. dazu genauer Burkhard Meyer-Sickendiek: Die Ästhetik der Epigonalität. Theorie und Praxis wiederholenden Schreibens im neunzehnten Jahrhundert: Immermann – Keller – Stifter – Nietzsche. Tübingen 2001.

Unzeitgemäßen Betrachtung „unglaublich und läppisch" vorkam[6] –, sondern stehen die „französischen Dramatiker",[7] also wohl Corneille und Racine, vor allem aber Voltaire:

> Man lese nur von Zeit zu Zeit Voltaire's Mahomet, um sich klar vor die Seele zu stellen, was durch jenen Abbruch der Tradition ein für alle Mal der europäischen Cultur verloren gegangen ist. Voltaire war der letzte große Dramatiker, welcher seine vielgestaltige, auch den grössten tragischen Gewitterstürmen gewachsene Seele durch griechisches Maass bändigte.[8]

Dieses griechische „Maass" sieht Nietzsche im Regelkomplex der aristotelischen „Poetik", das heißt in der Verpflichtung auf die „Einheit der Handlung, des Ortes und der Zeit".[9] Wie der Kontrapunkt oder die Fuge in der „Entwicklung in der modernen Musik", wie die „Gorgianischen Figuren in der griechischen Beredsamkeit", so liefert dieser Regelkomplex die Voraussetzung dessen, was Nietzsche hier als Höhepunkt künstlerischen Vermögens darstellt. In den Schriften der französischen Dramatiker

> sieht man, wie Schritt vor Schritt die Fesseln lockerer werden, bis sie endlich ganz abgeworfen scheinen können: dieser Schein ist das höchste Ergebnis einer nothwendigen Entwicklung in der Kunst.[10]

Wenn Nietzsche den Ausgangspunkt für den Verlust dieser klassizistischen Tradition im Deutschland des 18. Jahrhunderts bzw. in den Schriften Lessings ansiedelt, so wird deutlich, auf welcher Frontstellung diese Diagnose basiert. Sie resultiert aus der Opposition von „Shakespeareomanie und Klassizismus".[11] Nicht nur habe Lessing „die französische Form […] zum Gespött in Deutschland" gemacht, er „verwies" zudem „auf Shakespeare" und habe somit eine Entwicklung ausgelöst, die Nietzsche offenbar bis hin zur Romantik reichen lässt: „[…] man machte einen Sprung in den Naturalismus – das heißt in die Anfänge der Kunst zurück".[12] Zwar genoss man im Zuge dieser Loslösung „eine Zeit lang die Poesien aller Völker, alles an verborgenen Stellen Aufgewachsene, Urwüchsige, Wildblühende, Wunderlich-Schöne und Riesenhaft-Unregelmäßige, vom Volksliede an bis zum ‚grossen Barbaren' Shakespeare

6 Nietzsche I (wie Anm. 1), S. 181.
7 Nietzsche II (wie Anm. 1), S. 180.
8 Ebd., S. 182.
9 Ebd., S. 180.
10 Ebd.
11 Über den „Klassizismus" Hermann Hettners informiert die Arbeit von Helmuth Widhammer: Realismus und klassizistische Tradition. Zur Theorie der Literatur in Deutschland 1848–1860. Tübingen 1972, S. 129–135, hier v.a. S. 131.
12 Nietzsche II (wie Anm. 1), S. 184.

hinauf […] – aber wie lange noch?“[13] Denn der Fokus dieser Loslösung von den „Fesseln der französisch-griechischen Kunst“ liegt für Nietzsche in der „Auflösung“ der Kunst als solcher.[14]

Wie radikal anders Nietzsche die Entwicklung der deutschen Literatur des 18. und 19. Jahrhunderts einschätzt, zeigt nicht nur diese Entwertung der Genie-Ästhetik, sondern zudem seine Ästhetisierung der Epigonalität. Diese verdeutlicht Nietzsches Identifikation dessen, was als „Goethe's gereifte künstlerische Einsicht aus der zweiten Hälfte seines Lebens“ angekündigt wird. Verläuft die erste Hälfte, Goethes Straßburger Jahre bzw. die Zeit des „Werther“, „lange Zeit in der Bahn der poetischen Revolution“,[15] so erläutert Nietzsche Goethes „spätere Umwandlung und Bekehrung“ wie folgt:

> […] sie bedeutet, dass er das tiefste Verlangen empfand, die Tradition der Kunst wiederzugewinnen und den stehen gebliebenen Trümmern und Säulengängen des Tempels mit der Phantasie des Auges wenigstens die alte Vollkommenheit und Ganzheit anzudichten, wenn die Kraft des Armes sich viel zu schwach erweisen sollte, zu bauen, wo so ungeheure Gewalten schon zum Zerstören nöthig waren. So lebte er in der Kunst als in der Erinnerung an die wahre Kunst: sein Dichten war zum Hülfsmittel der Erinnerung, des Verständnisses alter, längst entrückter Kunstzeiten geworden. Seine Forderungen waren zwar in Hinsicht auf die Kraft des neuen Zeitalters unerfüllbar; der Schmerz darüber wurde aber reichlich durch die Freude aufgewogen, dass sie einmal erfüllbar gewesen sind und dass auch wir noch an dieser Erfüllung teilnehmen können. Nicht Individuen, sondern mehr oder weniger idealische Masken; keine Wirklichkeit, sondern eine allegorische Allgemeinheit; Zeitcharaktere, Localfarben zum fast Unsichtbaren abgedämpft und mythisch gemacht; das gegenwärtige Empfinden und die Probleme der gegenwärtigen Gesellschaft auf die einfachsten Formen zusammengedrängt, ihrer reizenden, spannenden, pathologischen Eigenschaften entkleidet, in jedem anderen als dem artistischen Sinne wirkungslos gemacht; keine neuen Stoffe und Charaktere, sondern die alten, längst gewohnten in immerfort währender Neubeseelung und Umbildung: das ist die Kunst, so wie sie Goethe später verstand, so wie sie die Griechen, ja auch die Franzosen übten.[16]

13 Ebd., S. 182.

14 Ebd., S. 183.

15 Nietzsche II (wie Anm. 1), S. 184.

16 Ebd. Dass auch die griechische Kunst restaurative Züge habe, dies scheint angesichts der Definition der griechischen Tragödie durch das Zusammenspiel von Rauschhaftigkeit und Schein verwunderlich. In der Tat hat Nietzsche den Aspekt des Restaurativen in der griechischen Kunst erst nach dem Abfassen der Tragödienschrift betont. In einer Aufzeichnung vom Sommer 1875 heißt es: „Im religiösen Cultus ist ein früherer Culturgrad festgehalten, es sind ‚Überlebsel'. Die Zeiten, welche ihn feiern, sind nicht die, welche ihn erfinden. Der Gegensatz ist oft sehr bunt. Der griechische Cultus führt uns in eine vorhomerische Gesinnung und Gesittung zurück, ist fast das älteste, was wir von den Griechen wissen; älter als die Mythologie, welche die Dichter wesentlich umgebildet haben, so wie wir sie kennen. – Kann man diesen Cultus griechisch

Unschwer lässt sich erkennen, dass Nietzsche an der hier charakterisierten Kunstauffassung des späten Goethe deren anachronistische Aspekte betont: Nicht nur liest sich das „Verlangen" nach einer „wiederzugewinnenden [...] Tradition der Kunst" als Form der Restauration, zugleich steht es als „Forderung" in Opposition zur „Kraft des neuen Zeitalters". Dieser Anachronismus reicht bis in den Stil: „Zeitcharaktere, Localfarben zum fast Unsichtbaren abgedämpft und mythisch gemacht; das gegenwärtige Empfinden und die Probleme der gegenwärtigen Gesellschaft auf die einfachsten Formen zusammengedrängt".

Nietzsches Beziehung zu Adalbert Stifter

Auch Adalbert Stifter hat, ähnlich wie Goethe, für Nietzsches Ästhetik dieser mittleren Werkphase eine zentrale Funktion. Wie die Schriften Goethes, so gehört auch der *Nachsommer* zu Nietzsches „Schatz der deutschen Prosa", jener kleinen Anzahl literarischer Werke, die es gemäß dem bekannten 109. Aphorismus aus „Der Wanderer und sein Schatten" verdienten, wieder und wieder gelesen zu werden. Ihnen werden nur noch wenige Schriften hinzugefügt: „Lichtenberg's Aphorismen, das erste Buch von Jung-Stilling's Lebensgeschichte, [...] Gottfried Keller's Leute von Seldwyla, – und damit wird es einstweilen am Ende sein."[17] Hervorgehoben in dieser kleinen Zahl von Prosaschriften ist nur ein einziges Werk, sind die Schriften Goethes eben, allen voran „Goethe's Unterhaltungen mit Eckermann", das beste deutsche Buch, das es gebe.[18] Von den übrigen Werken komme nur dem Stifter'schen Roman die Ehre zu, ein zweites Mal in einem Atemzug mit Goethe genannt zu werden: „Ich habe", so schreibt Nietzsche im Oktober 1888, „den ‚Nachsommer' Adalbert Stifters mit tiefer Gewogenheit in mich aufgenommen: im Grunde das einzige deutsche Buch nach Goethe, das für mich Zauber hat."[19] Warum dies so ist, lässt ein Brief Stifters erahnen. In einem Brief an den Verleger Gustav Heckenast vom Februar 1858 charakterisiert er seinen Roman *Der Nachsommer* von 1855 folgendermaßen:

> Mein Werk ist weit entfernt von einem Goetheschen, von der Großartigkeit des Inhaltes und der schönen klaren Fassung: aber mit Goethescher Liebe zur Kunst ist es geschrieben, mit inniger

---

nennen? Ich zweifle. Sie sind Vollender, nicht Erfinder. Sie conserviren durch diese schöne Vollendung." Nietzsche VIII (wie Anm. 1), S. 83.

17 Ebd., S. 599.

18 Ebd.

19 Nietzsche XIII (wie Anm. 1), S. 634.

> Hingabe an stille, reine Schönheit ist es empfangen und gedacht worden. Das sind Dinge, welche der heutigen Dichtkunst fast abhanden kommen und nurmehr in alten Meistern zu finden sind.[20]

Die Aussage belegt die Bereitschaft Stifters, das eigene Schreiben an Vorbildern auszurichten: Die „Hingabe an ‚stille, reine Schönheit'", von der die Rede ist, geht zurück auf die Werke eines „alten Meisters": Goethe. Dies identifiziert die „Liebe zur Kunst", mit welcher der *Nachsommer* geschrieben sei, offenbar als eine bereits vorhandene, sie ist nicht Stifter'scher, sondern Goethe'scher Natur. Zwar sei der *Nachsommer* weit entfernt vom Rang der Goethe'schen Werke, dennoch aber Ausdruck des Versuches, diesem künstlerischen Vorbild – bis hin zur völligen Identifikation – so nahe wie möglich zu kommen.

Stifters Roman *Der Nachsommer*: Beispiel einer nietzscheanischen Ästhetik der Langsamkeit

Meine These ist, dass das Motiv der Langsamkeit sowohl bei Stifter wie bei Nietzsche im Zeichen einer Ästhetisierung der Epigonalität steht. Denn Langsamkeit steht in Stifters Roman *Der Nachsommer* immer im Zeichen einer bestimmten Form der Ansammlung und Bewahrung eines tradierter Kunst entstammenden Reichtums. Die Figur des alten Risach, der – so Stifter – „mitten in den Strahlen des reichsten Schönen steht",[21] ist im *Nachsommer* insofern der Träger und Vermittler dieses Reichtums, als er diesen nicht verschwendet, sondern bewahrt und tradiert. Risachs Nachfolger ist Heinrich Drendorf, der von Risach „gebildet und veredelt"[22] wird und somit den Erben des von Risach selbst schon aus der Tradition Gewonnenen darstellt. Gemäß der eigenen Aussage Stifters ist dies die grundlegende Gedankenfigur des „Nachsommers": Heinrich ist angesichts seiner anfänglichen Arbeit als Geologe „der Sinn für Kunst […] noch nicht aufgegangen […], während der alte Mann mitten in den Strahlen des reichsten Schönen steht, dem jungen Mann aber nichts aufdringt, was dieser noch nicht versteht".[23] Was Risach Heinrich im Wesentlichen vermittelt, sind die Einsichten und Erfahrungen seiner Arbeit als Restaurateur: der Sinn für „das Wesen des Überkommenen",[24] die Praxis der „Wiederherstellung alter

20 Ein Dichterleben aus dem alten Österreich. Ausgewählte Briefe Adalbert Stifters. Hg. v. Moriz Enzinger. Innsbruck 1947, S. 165. Im Folgenden zitiert als: Stifter, Briefwechsel.

21 Adalbert Stifter: Der Nachsommer. München 1977, S. 130.

22 Dies die Einschätzung von Heinrichs Vater: „‚Die schöneren Eigenschaften, die eine Zukunft gewähren', sagte mein Vater, ‚hat er von Euch gebracht, wir haben es wohl gesehen, und haben ihn darum immer mehr geliebt, Ihr habt ihn gebildet und veredelt.'" Vgl. wie Anm. 21, S. 713.

23 Briefwechsel (wie Anm. 23), S. 130.

24 Nachsommer (wie Anm. 21), S. 98.

Kunstwerke"[25] bzw. „altertümlicher Gerätschaften",[26] die Sensibilität für den „Reiz des Vergangenen und Abgeblühten";[27] eine Vermittlung, die behutsam fortschreitet, also stets orientiert ist am jeweiligen Bewusstseinsstand des Schülers.

Langsamkeit kennzeichnet in erster Linie die zahlreichen Restaurationsarbeiten, die Risach auf dem Asperhof tätigt. Die Wahrnehmung von Lebenszeit ist nämlich nicht an Risachs bzw. Heinrich Drendorfs eigenem Erleben, sondern vielmehr an den zu restaurierenden Gegenständen bzw. „Gerätschaften" orientiert: „Es ist hier noch vieles im Entstehen und Werden begriffen [...,] aber es geht langsam vorwärts."[28] Das hohe Maß an Plan, Struktur und Ritual, welches das Leben sowohl auf dem Asperhof wie auf dem Sternenhof charakterisiert, dehnt insbesondere den Lebensabend ins Angenehme aus: Seine verbliebene Lebenszeit wird *langsamer* und eben dadurch *reicher*. Die Beobachtung Heinrich Drendorfs, dass auf dem Asperhof „der Wert der Zeit sehr hoch angeschlagen, und dieses Gut sehr sorgfältig angewendet wurde",[29] bestätigt dies, nennt aber auch die relevante Strategie: „viel mehr Ordnung" an die Stelle „augenblicklicher Eindrücke" zu setzen.[30] Dies ist keine Form des Zeitgewinns, sondern der Zeitdehnung: Deren Ablauf wird durch zyklische Strukturierungen reguliert, das Ausmaß an Kontingenz also durch die Systematik der Wiederholung auf ein Minimum reduziert. Die zahlreichen Erläuterungen Risachs bezüglich seiner Arbeitsmethoden bringen dies zum Ausdruck:

> Wir haben dieses Gedeihen nur nach und nach hervorrufen können und es sind viele Fehlgriffe getan worden. Wir lernten aber, und griffen die Sache dann der Ordnung nach an.[31]

> Die Gestalten der Geräte sind nach der Art entworfen worden, die wir vom Altertum lernten [...]. Wir sind nach und nach zu dieser Ansicht gekommen, da wir sahen, daß die neuen Geräte nicht schön sind.[32]

> Nur nach sehr langen und sehr genauen Untersuchungen gaben wir uns mit Festigkeit dem Gedanken hin, daß das Standbild aus der alten Griechenzeit herrühre.[33]

25 Ebd.
26 Ebd., S. 83.
27 Ebd.
28 Nachsommer (wie Anm. 21), S. 120.
29 Ebd., S. 200.
30 Ebd.
31 Ebd., S. 125.
32 Ebd., S. 255.
33 Ebd., S. 334.

> Wir brachten Jahre mit diesem Verfahren zu, besonders da Zwischenzeiten waren, die mit anderen Arbeiten ausgefüllt werden mußten.[34]

> Anfangs zeigte sich die Lust an alten und voreIterlichen Dingen, und wie die Lust wuchs, sammelten sich nach und nach schon die Gegenstände an, die ihrer Wiederherstellung entgegen sahen.[35]

Die ausgesprochen häufig auftauchende Formulierung – „nach und nach" – bestimmt das Lebenstempo, das auf dem Asperhof vorherrscht, es ist „langsamer als gewöhnlich", da man sich hier die „Vorsicht zum Gesetze gemacht" habe, so die Beobachtung Heinrich Drendorfs.[36] Der systematischen Strukturierung von Zeitlichkeit – bezogen auf die Ekstasen Zukunft, Gegenwart, Vergangenheit – entspricht die vorherrschende Geisteshaltung der Nachsommerer: das Bemühen um Vorsicht, Sicherung und Wiederholung. Dieses Bemühen kennzeichnet jedoch nicht nur das Bewusstsein einzelner Protagonisten, sondern vielmehr den Akt des Erzählens selbst. Die konsequent durchgehaltene Form des epischen Präteritums gleicht den Erzählfluss jenem „nachsommerlichen" Lebenstempo an; zahlreiche Formen der Retardation – Wiederholungen bereits erzählter Sachverhalte; seitenlange Rezepturen aus den Bereichen der Bilder-, Blumen- und Gartenpflege; umfangreiche Beschreibungen und Erläuterungen der Räumlichkeiten etc. – verstärken diesen Effekt gezielter Langsamkeit zudem.

Daß sich gerade in dieser Form der Langsamkeit der wirkungsästhetische Effekt des „Nachsommers" einstellt, zeigt dessen eigentliches Sujet: die Erziehungsgeschichte zwischen Risach und Heinrich. Denn wenngleich die Entwicklung Heinrichs nach Einschätzung Risachs relativ schnell voranschreitet – „ich habe nicht gedacht, daß dies so bald geschehen werde",[37] heißt es bezüglich Heinrichs Hinwendung zur Kunst –, so wirkt sie dennoch ausgesprochen ereignisarm, ja geradezu steril: Psychische Konflikte, innerfamiliäre Streitigkeiten oder gar Brüche, wie diese etwa im Leben des Heinrich Lee Gottfried Kellers vorliegen, fehlen bei Heinrich Drendorf vollständig. Heinrichs Hinwendung zur Portraitmalerei, ausgelöst durch die Frage, „ob denn nicht eigentlich das menschliche Angesicht der schönste Gegenstand zum Zeichnen wäre",[38] ist im Kontext seiner Lebensgeschichte schon ein Ereignis höchsten Ranges. Und dennoch: Gerade in dieser äußerst gemächlich fortschreitenden Form einer Charakterführung realisiert sich die Stifter'sche Idee des „Reichtums": „Nach und nach änderte sich die

34 Ebd., S. 354.
35 Ebd., S. 87.
36 Ebd., S. 155.
37 Ebd., S. 339.
38 Ebd., S. 156; vgl. auch S. 267.

Zeit immer mehr und immer gewaltiger."[39] Heinrichs Rückblick auf die Entwicklung seines Weltbezuges, ausgelöst durch eine Frage Natalies, lässt dies deutlich werden:

> „Es war zu verschiedenen Zeiten verschieden", antwortete ich; „einmal war die Welt so klar und schön, ich suchte manches zu erkennen, zeichnete manches, und schrieb manches auf. Dann wurden alle Dinge schwieriger, die wissenschaftlichen Aufgaben waren nicht so leicht zu lösen, sie verwickelten sich, und wiesen auf immer neue Fragen hin. Dann kam eine andre Zeit; es war mir, als sei die Wissenschaft nicht mehr das letzte, es liege nichts daran, ob man ein Einzelnes wisse oder nicht, die Welt glänzte wie von einer innern Schönheit, die man auf ein Mal fassen soll, nicht zerstückt, ich bewunderte sie, ich liebte sie, ich suchte sie an mich zu ziehen, und ich sehnte mich nach etwas Unbekanntem und Großem, das da sein müsse."[40]

In komprimierter Form wird hier eine Lebensgeschichte rekapituliert, die der Roman zuvor auf mehreren hundert Seiten geschildert hat. Wie ereignisarm diese ist, zeigt die Abstraktheit der von Heinrich unterschiedenen Lebensabschnitte: Diese kennzeichnen sich nicht durch konkrete biographische Details bzw. Erlebnisse, sondern durch die jeweilige Form des Welt-Erlebens selbst. Das Erlebte bleibt jedoch im Unklaren, erst ist es „manches", dann „alle Dinge", dann „ein Einzelnes", schließlich „etwas Unbekanntes und Großes". Zwar korrespondiert dieses Zitat dem Bildungsgang Heinrichs, insofern sich dieser von einem eher naiven über einen wissenschaftlichen hin zu einem primär ästhetischen Weltbezug fortentwickelt, angesichts fehlender Lebenserfahrungen – sieht man einmal ab von Heinrichs überaus enger Familienbindung – bleibt jedoch nurmehr die Idee der Entwicklung selbst. Wenngleich nun keine wirklichen Ereignisse genannt werden, inszeniert dieses Zitat dennoch den Eindruck epischer Fülle. Dieser resultiert nicht aus angehäufter Lebenserfahrung, sondern aus dem Verfügen über je verschiedene „Zeiten", die in einer Variation der klassischen Formel des epischen Präteritums – dem „Es war einmal" – als solche inszeniert werden. Insofern jedoch rekapituliert dies weniger Heinrichs Geschichte als vielmehr seine *Geschichtlichkeit.*

Oktober-Sonne bis ins Geistigste hinauf: Nietzsches ästhetisches Ideal der Erleichterung

Es ist nun kein Zufall, dass Nietzsche in Goethe und Stifter zwei vergleichbar erleichternd bzw. palliativisch wirkende Schriftsteller sah:

39 Ebd., S. 198.
40 Ebd., S. 439.

> Was Goethe angeht: so war der erste Eindruck, ein sehr früher Eindruck, vollkommen entscheidend: die Löwen-Novelle, seltsamer Weise das Erste, was ich von ihm kennen lernte, gab mir ein für alle Mal meinen Begriff, meinen Geschmack „Goethe". Eine verklärt-reine Herbstlichkeit im Genießen und im Reifwerdenlassen, – im Warten, Oktober-Sonne bis ins Geistigste hinauf; etwas Goldenes und Versüßendes, etwas Mildes, nicht Marmor – das nenne ich Goethisch. Ich habe später, um dieses Begriffs „Goethe" halber, den Nachsommer Adalbert Stifters mit tiefer Gewogenheit in mich aufgenommen: im Grunde das einzige deutsche Buch nach Goethe, das für mich Zauber hat.[41]

Diese „verklärt-reine Herbstlichkeit im Genießen und im Reifwerdenlassen" steht nicht nur im Zeichen einer positiven Idee von Langsamkeit. Sie bezieht sich auch auf Nietzsches bereits erläuterte Unterscheidung zwischen einem negativen Verständnis von Genialität und einem positiven Verständnis von Epigonalität. Langsamkeit richtet sich also direkt gegen die „moderne Originalitätswuth" und deren mangelnden Sinn für künstlerische Konventionen. Sie richtet sich gegen allzu stürmische Leidenschaften und Affekte im Sinne der Shakespearomanie, aber auch gegen Kriterien wie Zeitgemäßheit und Aktualität. Insofern ist die Langsamkeit eine positive „Art von Atavismus", sie steht in unmittelbarem Bezug zur schon erläuterten Frage nach den Möglichkeiten eines antirevolutionären Kunstbegriffs. Entsprechend hat Nietzsche auch den schon an Goethes Spätwerk betonten restaurativen Charakter der Erinnerung vergangener Kunstzeiten mit der Langsamkeit assoziiert. In *Die fröhliche Wissenschaft* heißt es diesbezüglich:

> Die erhaltenden Geschlechter und Kasten eines Volkes sind es vornehmlich, in denen solche Nachschläge alter Triebe vorkommen, während keine Wahrscheinlichkeit für solchen Atavismus ist, wo Rassen, Gewohnheiten, Werthschätzungen zu rasch wechseln. Das Tempo bedeutet nämlich unter den Kräften der Entwickelung bei Völkern ebensoviel wie bei der Musik; für unseren Fall ist durchaus ein Andante der Entwickelung nothwendig, als Tempo eines leidenschaftlichen und langsamen Geistes: – und der Art ist ja der Geist conservativer Geschlechter.[42]

Dass man die Langsamkeit als genuine Spielart des epigonalen Schreibens verstehen kann und darf, zeigt bereits die Tatsache, dass Nietzsche das hier beschriebene Tempo des „langsamen Geistes" ausschließlich jenen „seltenen Menschen einer Zeit" zukommen lässt, die er „am liebsten als plötzlich auftauchende Nachschösslinge vergangener Culturen und deren Kräften" versteht: „gleichsam als den Atavismus eines Volkes und seiner Gesittung".[43] Entsprechend identisch ist daher auch der wirkungsästhe-

41 Nietzsche XIII (wie Anm. 1), S. 634.

42 Nietzsche III (wie Anm. 1), S. 382.

43 Ebd., S. 381.

tische Charakter, den Nietzsche sowohl der Langsamkeit wie auch dem epigonalen Schreiben zuerkennt: Beides hat jeweils einen heilenden, zumindest jedoch einen schmerzlindernden Effekt. Dies erklärt wiederum, weshalb Nietzsche seinen Begriff der Herbstlichkeit mit der Langsamkeit verbindet, denn jeweils sind dies Mittel der Erleichterung bzw. Ausdrucks- oder Erscheinungsformen des erleichterten Lebens. Zu den „langsamen Zeiten" im Leben des Künstlers zählt Nietzsche den Zustand

> einer gewissen herbstlichen Sonnigkeit und Milde, welche jedes Mal das Werk selbst, das Reifgewordensein eines Werks, bei seinem Urheber hinterlässt. Da verlangsamt sich das tempo des Lebens und wird dick und honigflüssig – bis zu den langen Fermaten, bis zum Glauben an die langen Fermate […].[44]

Wie die Fermate als Zeichen der musikalischen Notation eine Note oder Pause auf unbestimmte Zeit verlängert und dehnt, so dehnt sich der Gemütszustand nach der Vollendung eines Werkes: kein Ausdruck der Ermüdung, sondern ein – der „Herbstlichkeit" verwandter – Zustand der Reife, der Milde. Den Modus der Langsamkeit durchläuft auch das Werk selbst: „Gut Buch will Weile haben", das heißt, „manche Stunde muss darüber hinlaufen, manche Spinne ihr Netz daran gewoben haben",[45] erst dann – langsam also – erzielt es seine Wirkung. Jedes Buch hat zunächst „den Fehler der Neuheit", erst mit den Jahren, „unter der Pflege wachsender, dann alter, zuletzt überlieferter Verehrung" zeigt sich, was an einem Buch an „Geist, Süsse und Goldglanz" ist.[46] Dies ist mehr als die bloß realistische Einschätzung der Verzögerungen, mit denen gemeinhin literarische Neuerscheinungen honoriert und für gut befunden werden. Langsamkeit ist vielmehr – wie die Herbstlichkeit – ein Stilideal Nietzsches:

> **Der langsame Pfeil der Schönheit.** – Die edelste Art der Schönheit ist die, welche nicht auf einmal hinreisst, welche nicht stürmische und berauschende Angriffe macht (eine solche erweckt leicht Ekel), sondern jene langsam einsickernde, welche man fast unbemerkt mit sich fortträgt und die Einem im Traum einmal wiederbegegnet, endlich aber, nachdem sie lange Besitz nimmt, unser Auge mit Thränen, unser Herz mit Sehnsucht füllt.[47]

Dass dieser 149. Aphorismus in der Sammlung unmittelbar anschließt an den bereits ausführlich erörterten 148. über *Die Dichter als Erleichterer des Lebens,* verdeutlicht die assoziative Nähe, die für Nietzsche zwischen Langsamkeit und epigonalem Schreiben bestand. Langsamkeit ist demnach ein im Kontext der Stifter-Lektüre

44 Nietzsche II (wie Anm. 1), S. 628.
45 Ebd., S. 442.
46 Ebd.
47 Ebd., S. 143f.

entwickeltes Stilideal, dessen Fehlen bei Nietzsche gar Unbehagen und Abneigung auslöst. Schiller etwa ist nach Nietzsche deshalb „arm“, weil er „keine Zeit hatte und keine Zeit liess“,[48] wie überhaupt Nietzsche das Tragische, Leidenschaftliche und Pathetische in *Menschliches, Allzumenschliches I* unter anderem aus der „Unfähigkeit“ herleitet, „warten“ zu können.

Menschliches, Allzumenschliches als Bruch mit dem Frühwerk

Wie weit dieser Sinn Nietzsches für das Langsame von den ästhetiktheoretischen Überzeugungen der Tragödienschrift entfernt ist, zeigt unter anderem die Tatsache, dass nunmehr auch die sophokleische Tragödie als Ausdruck für „das Nicht-warten-Können“ gedacht wird. Der Selbstmord des sophokleischen Helden Ajax ist das von Nietzsche dafür herangezogene Beispiel:[49] Dessen tragisches Schicksal, der Streit mit Odysseus um die Rüstung des Achilleus, die geplante Rache des Ajax, nachdem die Rüstung an Odysseus ging, die aus dem eigenen Wahnsinn resultierende Verwechslung der odysseischen Truppen mit einer Schafherde, die Scham und Reue, die Ajax überkam, nachdem er fälschlicherweise diese Schafherde tötete, sowie der daran anschließende Selbstmord mit dem Schwert Hektors – all dies wird Nietzsche zum Zeichen eines „Nicht-warten-Könnens“. Denn Ajax hätte sich auch fragen können:

> Wer hat denn nicht schon, in meinem Falle, ein Schaf für einen Helden angesehen? ist es denn so etwas Ungeheures? Im Gegentheil, es ist nur etwas allgemein Menschliches: Ajax durfte sich dergestalt Trost zusprechen. Die Leidenschaft will nicht warten; das Tragische im Leben grosser Männer liegt häufig nicht in ihrem Conflicte mit der Zeit und der Niedrigkeit ihrer Mitmenschen, sondern in ihrer Unfähigkeit, ein Jahr, zwei Jahre ihr Werk zu verschieben; sie können nicht warten.[50]

Wenn Nietzsche zudem Shakespeares *Othello* auf diese Unfähigkeit, „warten“ zu können, zurückführt, dann zeigt sich darin, dass letztlich auch die Langsamkeit im Kontext der Kritik der Genie-Ästhetik anzusiedeln ist. Denn abwartend oder langsam zu schreiben heißt vor allem, auf all jene Affekte und Leidenschaften zu verzichten, die in der Genie-Ästhetik – gerade vor dem Hintergrund der Shakespeare-Rezeption – ausschlaggebend und relevant waren. Insofern ist es naheliegend, dass Nietzsche die Langsamkeit vor allem im konventionsbewussten Kunstverstand der *tragédie classique* auszumachen meinte. Was schon im Aphorismus „Die Revolution in der Poesie“ als wichtige Differenz zwischen griechisch-französischem Klassizismus und

48 Ebd., S. 483.
49 Ebd., S. 78.
50 Ebd.

modern-deutscher Genie-Ästhetik von Nietzsche betont wurde – „In der modernen Dichtkunst gab es keine so glückliche allmähliche Herauswickelung aus den selbstgelegten Fesseln“[51] –, führt er an anderer Stelle dieser Sammlung genauer aus:

> Der Fortgang von einer Stufe des Stils zur anderen muss so langsam sein, dass nicht nur die Künstler, sondern auch die Zuhörer und Zuschauer diesen Fortgang mitmachen und genau wissen, was vorgeht. Sonst entsteht auf einmal jene grosse Kluft zwischen dem Künstler, der auf abgelegener Höhe sein Werk schafft, und dem Publicum, welches nicht mehr zu jener Höhe hinaufkann und endlich missmuthig wieder tiefer hinabsteigt. Denn wenn der Künstler sein Publicum nicht mehr hebt, so sinkt es schnell abwärts, und zwar stürzt es um so tiefer und gefährlicher, je höher es ein Genius getragen hat, dem Adler vergleichbar, aus dessen Fängen die in die Wolken hinaufgetragene Schildkröte zu ihrem Unheil hinabfällt.[52]

Aussagen wie diese sind freilich überspitzt, denn die Allgemeinverständlichkeit, die Nietzsche in der hier formulierten Stillehre als Argument für Langsamkeit ins Spiel bringt, fällt spätestens in den Aphorismen aus *Morgenröthe* und der *Fröhlichen Wissenschaft* weg. Langsamkeit wird in diesen Schriften vielmehr zu jenem letztlich bedrohlichen Tempo der „grossen Gesundheit“, durch die „das Ideal eines menschlich-übermenschlichen Wohlseins- und Wohlwollens“[53] in die Welt tritt. Dieses ist jedoch Thema der „Neuen, Namenlosen“, vor allem aber „*schlechtverständlichen* Frühgeburten einer noch unbewiesenen Zukunft“, hat also mit dem breiten Publikum nichts mehr gemein. Wenn Nietzsche daher im Epilog zur *Fröhlichen Wissenschaft* die „Fragezeichen“, die er hinter die Werte der Moderne setzt, „langsam, langsam hinmalt“,[54] dann kündigt dieses Tempo bereits jene atavistische Wende an, die sich in *Also sprach Zarathustra* vollziehen wird. Relevanter für die hier verfolgte Fragestellung sind jedoch gerade jene Plädoyers für die Langsamkeit, die – werkgeschichtlich gesehen – *vor* der Langsamkeit der „grossen Gesundheit“ Zarathustras liegen. Denn sie sind genuin ästhetik-theoretischer Natur, stehen also primär im Kontext der Frage nach einem antirevolutionären Kunstbegriff. Wenngleich die Aufwertung der Langsamkeit also schon durch Stifters *Bunte Steine* vorbereitet ist, wird sie in Nietzsches Aphorismensammlung jedoch noch einmal radikalisiert. Denn Stifters Plädoyer für das Langsame basiert auf einem erkenntnistheoretischen Argument, das „sanfte Gesetz“ ist also ein Naturgesetz. Zwar orientiert sich auch Nietzsches Begriff der Langsamkeit an erkenntnistheoretischen Spekulationen – „Wahrscheinlich ist

---

51 Ebd., S. 181.

52 Ebd., S. 157.

53 Nietzsche III (wie Anm. 1), S. 635.

54 Ebd., S. 637.

die wirkliche Zeit viel langsamer als wir Menschen die Zeit empfinden"[55] –, es ist jedoch in erster Linie ein ästhetik- bzw. wertungstheoretischer.

Menschliches, Allzumenschliches als Affront gegen Wagner

Dass Richard Wagner schon den ersten Teil von *Menschliches, Allzumenschliches* als Affront empfand,[56] liegt möglicherweise auch an Nietzsches Einspruch gegen Affekt und Leidenschaft im Namen der Langsamkeit. Denn Nietzsches Plädoyer für die Langsamkeit ist nicht zuletzt ein Veto gegen Richard Wagner. Was Wagners „Barockstil" kennzeichnet – „die Beredtsamkeit der starken Affecte und Gebärden, des Hässlich-Erhabenen, der grossen Massen, überhaupt der Quantität an sich"[57] –, ist immerhin das genaue Gegenteil jenes *langsamen* „Fortgangs von einer Stufe des Stils zur andern", den Nietzsche zum Kriterium erhob. Es ist daher kein Zufall, dass schon Stifter jenes „sanfte Gesetz" einer Ästhetik entgegenhält, die gleichfalls allzu „stürmische und berauschende Angriffe macht":[58] derjenigen Friedrich Hebbels. Wenn Stifter die auf Hebbel gemünzten wirkungsästhetischen Phänomene, „das prächtig einherziehende Gewitter, den Blitz, welcher Häuser spaltet, den Sturm, der die Brandung treibt, den feuerspeienden Berg, das Erdbeben, welches Länder verschüttet", mit dem Zusatz versieht, er „halte sie für kleiner, weil sie nur Wirkungen viel höherer Gesetze sind",[59] dann werden zentrale Topoi einer Ästhetik des Erhabenen im Namen einer höheren Gesetzlichkeit des Langsamen degradiert. Dies zeigt jedoch die Nähe, die zwischen der Langsamkeit und der Epigonalität besteht. Denn wie das epigonale Schreiben, so steht auch das Interesse am Langsamen offenkundig im Zeichen einer wertungsästhetischen Disposition; beides jeweils zu bejahen, heißt daher auch bei Stifter, ästhetische Wertungskriterien „umzuwerten".

Der auf Wagner gemünzte Aphorismus *Vom Barockstile* verdeutlicht daher auch, woran sich Nietzsches Interesse für die Langsamkeit letztlich orientiert: an der „Auseinanderfaltung der Gedanken".[60] Wenn Wagner in seiner barock-überladenen

55 Nietzsche IX (wie Anm. 1), S. 513. Siehe dazu auch den Aphorismus „Langsame Curen", in welchem Nietzsche über die Langsamkeit körperlicher Genesungen reflektiert, vgl. Nietzsche III (wie Anm. 1), S. 278.

56 Dies betont Giorgio Colli im Nachwort zu *Menschliches, Allzumenschliches*: „Wagner war wütend, als er sich das Buch, das Nietzsche ihm zugesandt hatte, vornahm. Er hat es nie zu Ende gelesen, und wahrscheinlich fand in diesem Moment *sein* Bruch mit Nietzsche statt." Vgl. Nietzsche II (wie Anm. 1), S. 708. Vor allem deshalb kommt bereits im Augustheft der *Bayreuther Blätter* von 1878 eine – so Nietzsche – „bitterböse unglückliche Polemik" als Antwort Wagners auf den ersten Teil von *Menschliches, Allzumenschliches*. Vgl. Nietzsche, KGB II/5, S. 349–352.

57 Nietzsche II (wie Anm. 1.), S. 438.

58 Nietzsche II (wie Anm. 1), S. 143.

59 Stifter, Bunte Steine, S. 8.

60 Ebd., S. 437.

Musik vor allem „nach dem Rhetorischen und Dramatischen“ greift, dann liegt dies für Nietzsche primär daran, dass er sich zu dieser schwierigen Kunst gedanklicher „Auseinanderfaltungen“ „nicht geboren oder erzogen weiß“.[61] Die von Nietzsche im 149. Aphorismus aufgestellte These, nach welcher nicht die „stürmische und berauschende“, sondern vielmehr die „fast unbemerkt“, weil „langsam einsickernde“ die „edelste Art der Schönheit“ sei,[62] ist daher auch als direkter Einwand gegen die Rhetorik des Wagner'schen Musikdramas lesbar. Während Wagner von Nietzsche als dekadent kritisiert wird, da es ihm an „Maass und Mitte“ fehlt, sind Stifter und Goethe *epigonal* in einem für Nietzsche positiven Sinne.

Zwar stehen auch Goethe und Stifter im Zeichen der unhintergehbaren „Abendröthe der Kunst“, sie scheinen jedoch auf diese spätzeitliche Disposition anders zu reagieren als eben Wagner. Denn wo dieser in einem letzten Kraftakt die „früheren, vorclassischen und classischen Epochen einer Kunstart“ durch die „ihm eigenthümlichen Ersatzkünste des Ausdrucks und der Erzählung“ vergessen zu machen sucht, schließen Goethe und Stifter an eben diese „classischen Epochen“ erinnernd bzw. „fortdichtend“ an. Und während Wagner in seinen „Ersatzkünsten“ – vor allem der von Nietzsche später scharf kritisierten „unendlichen Melodie“[63] – immer schon dekadent zu werden droht, da es ihm an „Maass und Mitte“ fehlt, sind Stifter und Goethe vielmehr *epigonal* im für Nietzsche positiven Sinne. Die prägnante Notiz aus dem Nachlass der späten siebziger Jahre – „Der reiche Stil folgt auf den grossen“[64] – gibt dabei einen Hinweis auf die Frage, warum dies so ist: Definierte Nietzsche den „grossen Stil“ als Ergebnis antagonistischer Kunstprinzipien – „Der grosse Stil entsteht, wenn das Schöne den Sieg über das Ungeheure davonträgt“[65] –, so gilt ihm der „reiche Stil“ als Kunst einer kulturellen Spätzeit, die das Leben erleichtert. Auch Goethe und

61 Ebd.

62 Ebd., S. 143.

63 Diese kritisiert Nietzsche erstmals in jenem bekannten Brief an Carl Fuchs vom April 1886: „Das Wagnersche Wort ‚unendliche Melodie‘ drückt die Gefahr, den Verderb des Instinkts und den guten Glauben, das gute Gewissen dabei allerliebst aus. Die rhythmische Zweideutigkeit, so daß man nicht mehr weiß und wissen soll, ob etwas Schwanz oder Kopf ist, ist ohne allen Zweifel ein Kunstmittel, mit dem wunderbare Wirkungen erreicht werden können: der *Tristan* ist reich daran –, als Symptom einer ganzen Kunst ist und bleibt sie trotzdem das Zeichen der Auflösung. Der Theil wird Herr über das Ganze, die Phrase über die Melodie, der Augenblick über die Zeit (auch das tempo), das Pathos über das Ethos (Charakter, Stil, oder wie es heißen soll –), schließlich auch der esprit über den ‚Sinn‘“. Vgl. KGB, III/3, S. 176f.

64 Nietzsche VIII (wie Anm. 1), S. 537.

65 Nietzsche II (wie Anm. 1), S. 596. Nietzsches Idee des „grossen Stils“ bearbeitet auch der Aufsatz von Hideo Akiyama (1974), nach dessen Ausführungen anzunehmen ist, dass Nietzsche gerade im Spätwerk den „grossen Stil“ für die „klassische Kunst“ reservierte, der „reiche Stil“ also immer schon Indiz der décadence ist. Dies festzustellen ist vor allem deshalb wichtig, weil dadurch einmal mehr deutlich wird, inwiefern Nietzsche im Spätwerk im Grunde plakativ wird. Denn in *Menschliches, Allzumenschliches* sind ja sowohl der „klassische“ Goethe als auch der

Stifter verfügen über einen „reichen Stil", der „auf den grossen" folgt, ihr Reichtum steht jedoch nicht im Zeichen der *décadence*, sondern der *Epigonalität*. Dies also gilt es zu unterscheiden: die Dekadenzästhetik Wagners sowie die Epigonalitätsästhetik Stifters und Goethes.[66]

Langsamkeit als Stilprinzip einer *Ästhetik der Epigonalität*

Obwohl sowohl Stifter und Goethe als auch Wagner unter dem gleichen spätzeitlichen Vorzeichen einer *Abendröthe der Kunst* diskutiert werden, sind sie jedoch gerade hinsichtlich dieser Stillage grundsätzlich unterschieden. Denn während die herbstliche Milde des Goethe'schen Spätwerkes aus der „Erinnerung an die wahre Kunst" resultiert, ist der barock-überladene Stil des Wagner'schen Musikdramas Ausdruck des konträren Versuches, diese Tradition der „wahren Kunst" noch einmal zu überbieten. Dass Nietzsche in seiner mittleren Phase der Goethe'schen Lösung nicht nur weitaus gewogener war, sondern ihr zudem auch theoretisch zuarbeitete, dürfte hinsichtlich der bisherigen Ausführungen zu *Menschliches, Allzumenschliches* deutlich geworden sein. Dass die Wagner'sche Überbietungsstrategie jedoch nicht vollkommen irrelevant geworden ist, davon zeugt allein die Definition des „Barockstils" selbst, war Nietzsche doch der erste Theoretiker, der dieses Stilphänomen unter positiven Vorzeichen diskutierte: „nur die Schlechtunterrichteten und Anmaassenden werden übrigens bei diesem Worte sogleich eine abschätzige Empfindung haben",[67] so heißt es in „Vermischte Meinungen und Sprüche". Dennoch aber ist das Votum unverkennbar, denn was dem Barockstil letztlich fehlt, ist eben jener „erleichternde" bzw.

„dekadente" Wagner Repräsentanten des „reichen Stils", das binäre Schema der späten Werke liegt in den ästhetik-theoretischen Reflexionen der mittleren Phase also noch gar nicht vor.

66 Wenn Nietzsche im Spätwerk dazu übergeht, zwischen Klassik und *décadence* zu unterscheiden, das heißt im Sinne der Goethe'schen Romantik-Kritik das Erstere als das Gesunde, das Zweitere als das Kranke zu bezeichnen, dann greift er zwar auf eben diese Differenz von Epigonalität und *décadence* zurück, die Nuanciertheit der Reflexionen aus *Menschliches, Allzumenschliches* geht dabei jedoch erkennbar verloren. Denn der eigentliche Clou der Aphorismensammlung besteht ja darin, dass *beide* Parteien, sowohl Goethe und Stifter als auch Wagner, einer spätzeitlichen Disposition – der „Abendröthe der Kunst" – ausgesetzt sind. Es ist meines Erachtens das Manko der Arbeit Helmut Pfotenhauers, diese komplexere Vorgeschichte der Nietzsche'schen Unterscheidung von Klassik und *décadence* nicht berücksichtigt zu haben. Pfotenhauer reformuliert vielmehr die plakativen Thesen der späten Schriften Nietzsches: „‚Es giebt eine décadence-Aesthetik, es giebt eine klassische Aesthetik' – so lautet die bündige Formel, die der zeitgenössischen Kunst und Kunsttheorie den Kampf und die Gegenbewegung verkündet." Vgl. Helmut Pfotenhauer: Die Kunst als Physiologie. Nietzsches ästhetische Theorie und literarische Produktion. Stuttgart 1985, S. 123.

67 Ebd., S. 437f. Dies bestätigt auch die Arbeit von Wilfried Barner: Barockrhetorik. Untersuchungen zu ihren geschichtlichen Grundlagen. Tübingen 1970, S. 3ff.

„palliativische“ Effekt, der nach Nietzsche die wirkungsästhetische Qualität Goethes, aber auch Adalbert Stifters ausmacht.

Vor diesem Hintergrund ließen sich neben dem Prinzip der Langsamkeit noch weitere Anhaltspunkte ermitteln, um Nietzsches „Ästhetik der Epigonalität“ auf einer stiltheoretischen Ebene genauer darzulegen. Anhaltspunkt sind dafür jene Mittel zur „Erleichterung des Lebens“, zu denen im Wesentlichen sechs Varianten zu zählen sind: der spätzeitlich bedingte *Reichtum* eines künstlerischen Werkes; die *Langsamkeit* des Stils bzw. seiner Wirkung; die *Langeweile*, die Nietzsche wie auch die *Konventionalität* als Gestaltungs- bzw. Kompositionsprinzip begreift; die „heroisch-antike“ *Idyllik* der Naturdarstellung sowie der *herbstlich und nicht barock* wirkende Umgang mit dem kulturellen Erbe. Dabei sei darauf verwiesen, dass Nietzsche die hier als Stilideale einer „Ästhetik der Epigonalität“ aufgeführten Phänomene jeweils mit Blick auf verschiedene Künstler und Schriftsteller expliziert hat: Den Wert des Idyllischen etwa entdeckte Nietzsche erstmalig über die Bilder Claude Lorrains bzw. Nicolas Poussins, „Herbstlichkeit“ bezieht sich vornehmlich auf Stifter und Goethe, „Langsamkeit“ ist ein Stilmerkmal orientalischer Kunst, „Konventionalität“ wird vor allem anhand von Chopin, aber auch Voltaire erläutert, „barock“ dagegen ist der Stil der Wagner'schen Musik. Auch die Tatsache, dass in all jenen Reflexionen „die Griechen“ eine Rolle spielen, dass auch diese sich auf das „Heroisch-Idyllische“, auf die „Langsamkeit“, die „künstlerische Convention“, aber selbst schon auf den „Barockstil“ „verstanden“, lässt dieses begriffliche Feld nicht wirklich homogen erscheinen. Dennoch aber stimmen all diese Phänomene in einem entscheidenden Punkt überein: Sie werden durchweg – wie die Epigonalität – von Nietzsche „gross gedacht“, sind also Gegenstand einer axiologischen Umwertung, Ergebnisse eines ästhetiktheoretischen Paradigmenwechsels. Dies lässt sich bis in die jeweilige Definition verfolgen: Fast immer findet sich der Hinweis darauf, dass das Phänomen bis dato – entweder von den Zeitgenossen oder von Nietzsche selbst – nicht erkannt wurde, dass sich nur wenige darauf „verstehen“. Insofern verweisen sie immer auf Nietzsches „unzeitgemäßen Geschmack“. Und noch eine weitere Gemeinsamkeit lässt sich bezüglich dieser Begriffe feststellen: Sie alle haben – wie die Epigonalität – „etwas Palliativisches“, sie geben „vorläufige Beruhigungen“, sind „Mittel gegen Schmerz“ und dienen somit der „Erleichterung“ – mit Ausnahme des Wagner'schen „Barockstils“ eben.

Marc Kleine (Münster)

Stillstand · Adornos Theorie der Kunst im Zeitalter der Beschleunigung

„Fast könnte man sagen, daß vom Tempo,
der Geduld und Ausdauer des
Verweilens beim Einzelnen,
Wahrheit selber abhängt." (Adorno)

Die Frage, ob Literatur auf technische, ökonomische, soziale oder kulturelle Prozesse der gesellschaftlichen Beschleunigung mit Entschleunigung reagieren sollte, beantwortet Adornos Werk nicht eindeutig. Dies liegt zum einen daran, dass sein Werk keine systematische Untersuchung zum Thema Beschleunigung enthält, wenngleich das Phänomen in zahlreichen Schriften, vor allem in den Aphorismen der *Minima Moralia*, auftaucht. Zum anderen scheinen seine beiden für diese Frage relevanten Schriften, die *Ästhetische Theorie* und die Literaturessays der *Noten zur Literatur*, dazu eine äußerst widersprüchliche Haltung einzunehmen. So rühmt etwa seine *Ästhetische Theorie* den „Gestus des Auf der Stelle Tretens" und die „endlosen Wiederholungen" in den Dramen und Romanen Samuel Becketts,[1] nennt aber zugleich das Feuerwerk als prototypisch für moderne Kunst (vgl. ÄT, 125). Auch verschiedene Äußerungen zu Franz Kafka scheinen eher gegen eine Entschleunigung der Kunst zu sprechen – so, wenn er in seinem Essay *Standort des Erzählers* die literarischen „Schocks" der Prosa Kafkas hervorhebt, die dem Leser die „kontemplative Geborgenheit vorm Gelesenen"[2] zerschlügen und diese an anderer Stelle als „Explosion ihrer Erscheinung" (ÄT, 131) bezeichnet. Dieses Changieren zwischen Dynamik (Feuerwerk, Schock, Explosion) und Statik, das für Adorno augenscheinlich konstitutiv für moderne Kunst ist, wirft zunächst die Frage auf, wie sich der Widerspruch begreifen lässt und ob er aufzulösen ist. Dafür aber muss eine zweite Frage geklärt werden, nämlich inwiefern Statik und Dynamik als Beschreibungsmerkmale von Kunst sich bei Adorno überhaupt auf Prozesse der Beschleunigung übertragen lassen oder, anders gefragt, wie das innere Tempo der Kunstwerke mit dem in der Welt außerhalb vermittelt ist. Denn

1 Theodor W. Adorno: Ästhetische Theorie. Frankfurt am Main 1970, S. 333 (im Folgenden abgekürzt im Text als ÄT zitiert). Die *Ästhetische Theorie* konnte Adorno zu Lebzeiten nicht beenden. Sie wurde 1970 postum veröffentlicht.

2 Theodor W. Adorno: Standort des Erzählers im zeitgenössischen Roman. In: ders.: Noten zur Literatur. Frankfurt a.M. 1974, S. 46.

die Bilderwelt der *Ästhetischen Theorie*, die sich semantisch auf das Tempo von Kunst bezieht, lässt sich nicht ohne Weiteres auf gesellschaftliche Beschleunigungsprozesse beziehen. Oftmals nämlich sind sie in Adornos Interpretationen eher geschichtsphilosophische Chiffren.

Um diese Fragen zu beantworten, sollen zunächst einige Aphorismen aus den *Minima Moralia* herangezogen werden, in denen Adorno wohl am ausführlichsten in seinem Werk eine Kritik an gesellschaftlicher Beschleunigung als Kulturkritik entwickelt hat. Die kleinen Stücke enthalten Alltagsbeobachtungen und Polemiken, die technische Beschleunigungsinstrumente – vor allem Verkehrsmittel wie das Automobil, die Eisenbahn oder das Düsenflugzeug, den Zweiten Weltkrieg und die Kulturindustrie – in den Blick nehmen und dabei deren gewaltvollen Charakter herausstellen. Deutlich ist ihnen anzusehen, dass sie unter dem Eindruck der Katastrophe des Holocaust geschrieben sind und somit, dem Untertitel des Buches entsprechend, „Reflexionen aus dem beschädigten Leben" darstellen. Das heißt, in dieser Kulturkritik werden Tempo, Geschwindigkeit und Beschleunigung unter dem Blickwinkel kritisiert, dass – in Adornos Worten – „nach Auschwitz alle Kultur, samt der dringlichen Kritik daran, […] Müll" ist.[3] Auch um der Gefahr entgegenzuwirken, dass Kulturkritik nicht in „selbstgenügsamer Kontemplation"[4] bei sich bleibt, werden die Erkenntnisse in einer oftmals apodiktischen und übertreibenden Form formuliert, die nur vor dem Hintergrund des Nationalsozialismus verständlich ist. Gleichwohl reichen die mitgeteilten Erkenntnisse weit über den unmittelbaren historischen Kontext hinaus, so wie dieser als Zivilisationsbruch alles Denken und Leben vor und nach ihm affiziert.

Deutlich wird dies im Aphorismus *Nicht anklopfen,* dem ersten, der sich explizit dem Thema Beschleunigung widmet. Er beginnt mit folgender These: „Die Technisierung macht einstweilen die Gesten präzis und roh und damit die Menschen. Sie treibt aus den Gebärden alles Zögern aus, allen Bedacht, alle Gesittung. Sie unterstellt sie den unversöhnlichen, gleichsam geschichtslosen Anforderungen der Dinge."[5] Beschleunigung wird hier thematisch in der Beschreibung der Reaktionen des Menschen auf die Technisierung. Diese beschleunige menschliches Handeln, indem es weniger zögerlich, weniger bedächtig vonstattengehe. Deutlich wird, dass Adorno Beschleunigung vor allem im Verhältnis von Mensch und Technik kritisiert. Seine These belegt er sodann durch die Beispiele von Haus-, Auto- und Kühlschranktüren, die sich allesamt nicht mehr leise und behutsam schließen ließen, und steigert diese Beispiele bis zum Fall des Autofahrers: „Welchen Chauffierenden hätten nicht schon

3 Theodor W. Adorno: Negative Dialektik. Frankfurt a.M. 1977, S. 359.

4 Theodor W. Adorno: Kulturkritik und Gesellschaft. In: ders.: Kulturkritik und Gesellschaft I. Frankfurt a.M. 1977, S. 11–30, S. 30.

5 Theodor W. Adorno: Minima Moralia. Reflexionen aus dem beschädigten Leben. Frankfurt a.M. 1951, S. 42 (Im Folgenden abgekürzt als MM im Text zitiert).

die Kräfte seines Motors in Versuchung geführt, das Ungeziefer der Straße, Passanten, Kinder und Radfahrer zuschanden zu fahren?" (MM, 42) Die Provokation, die von dieser polemischen Übertreibung ausgeht, erinnert durchaus an den „Schock", von dem Adorno mit Blick auf Kafka sprach. Die Bezeichnung der Nichtchauffierenden als „Ungeziefer" und der Kontrast zwischen aggressivem Chauffeur und hilflosem Opfer machen die latente Gewalt im Verhältnis zwischen Mensch und Maschine drastisch sichtbar. Im Falle des Autos soll sie nach Adorno darin bestehen, dass der Einzelne „seiner" Maschine ausgeliefert scheint. Die „Kräfte des Motors" bestimmen offensichtlich sein Handeln und führen dazu, dass das technisch Unterlegene zum „Ungeziefer" herabgewürdigt wird, weil es als Opfer billigend in Kauf genommen wird oder zumindest in der Phantasie als Opfer antizipiert wird. Die Reaktion des Subjekts reduziert sich dabei auf die durch die Maschine vermittelte Machtposition: Die Aggressionen, die das Beschleunigungsinstrument begünstigt, werden unreflektiert ausgelebt. Eben dieser Ausfall der Reflexion im Umgang mit den technischen Apparaten verbindet das Zuwerfen von Türen mit den Gewaltphantasien des Autofahrers.

Und diese Aggressionen, die zum Leitbild der beschleunigten Gesellschaft werden, beobachtet Adorno in vielfältigen Alltagshandlungen und Gesten wie etwa dem „Grinsen über einen Alten, der in die automatischen Türen der Straßenbahn eingeklemmt ist", das er als Rationalisierung von Gewalt deutet.[6] In der Reaktion des Grinsens zeigt sich für Adorno, dass in einer Gesellschaft, die das Tempo zum „Signum gesellschaftlichen Fortschritts" erkläre, derjenige, der nicht mitkommt, verspottet bzw. „der Zögernde als Deserteur verfemt" und die Erinnerungen an die alte liberale Gesellschaft verfälscht würden: Früher sei man mit „vorweltliche[n] Benzmodellen" gefahren, mit denen man ständig Pannen erlitten habe, „anstatt raketenschnell von dort, wo man ohnehin ist, dahin zu gelangen, wo es nicht anders ist".[7] Die Fetischisierung der Geschwindigkeit und der zugrunde liegenden Kräfte der Maschine führten danach unweigerlich zur Abwertung oder gar zum Hass auf die Langsamen, den vermeintlich Schwächeren. Es scheint bei Adorno allerdings schon der Vollzug der Bedienung des Gerätes zu sein, der die Bedienenden deformiert, noch bevor sie überhaupt ihre Handlungen reflektieren. Deutlich zeigt dies Adornos Resümee, das die bisherigen Übertreibungen noch einmal überbietet:

> In den Bewegungen, welche die Maschinen von den sie Bedienenden verlangen, liegt schon das Gewaltsame, Zuschlagende, stoßweis Unaufhörliche der faschistischen Mißhandlungen. Am Absterben der Erfahrung trägt Schuld nicht zum letzten, daß die Dinge unterm Gesetz ihrer reinen Zweckmäßigkeit eine Form annehmen, die den Umgang mit ihnen auf bloße

6 Theodor W. Adorno: Anmerkungen zum sozialen Konflikt heute. In: ders.: Soziologische Schriften I. Frankfurt a.M. 1972, S. 192.

7 Theodor W. Adorno/Max Horkheimer: Dialektik der Aufklärung. Frankfurt a.M. 1977, S. 172.

> Handhabung beschränkt, ohne einen Überschuß, sei's an Freiheit des Verhaltens, sei's an Selbständigkeit des Dinges zu dulden, der als Erfahrungskern überlebt, weil er nicht verzehrt wird vom Augenblick der Aktion (MM, 43).

Spätestens hier wird deutlich, dass Adorno jedoch nicht von einer unmittelbaren Wirkung des einzelnen technischen Instruments ausgeht, sondern eher von einer Sphäre der Technik und dabei den Blick auf Begriffe der Vermittlung richtet wie denen der Erfahrung, der Erinnerung oder der Reflexion. In ihrem Zerfall liegt für ihn die Gefahr der faschistischen Gewalt. Keinesfalls zufällig wählt Adorno daher das Beispiel des Zweiten Weltkriegs, um das „Absterben der Erfahrung" zu verdeutlichen.

> Der Zweite Krieg [...] ist der Erfahrung schon so völlig entzogen wie der Gang einer Maschine den Regungen des Körpers, der erst in Krankheitszuständen jenem sich anähnelt. [...] Überall hat er den Reizschutz durchbrochen, unter dem Erfahrung, die Dauer zwischen heilsamem Vergessen und heilsamem Erinnern sich bildet. Das Leben hat sich in eine zeitlose Folge von Schocks verwandelt, zwischen denen Löcher, paralysierte Zwischenräume klaffen. Nichts aber ist vielleicht verhängnisvoller für die Zukunft, als daß im wörtlichen Sinn bald keiner mehr wird daran denken können, denn jedes Trauma, jeder unbewältigte Schock der Zurückkehrenden ist ein Ferment kommender Destruktion (MM, 63).

Man mag derartige Formen der Übertreibung ‚kurzschlüssig' nennen. Und zweifelsohne kann man darüber streiten, ob Zuspitzungen dieser Art wirklich eine große Erklärungskraft für politische Gewalt besitzen und ob der Mangel an Differenziertheit hier nicht den eigenen Anspruch konterkariert, eben weil zu direkt, ohne Zögern formuliert wird. Sieht man einmal von der tatsächlich etwas kurzschlüssigen Analogiebildung zwischen der bloßen Technik und Herrschaft hinweg, wird jedoch deutlich, wie sehr Adornos übertreibender Blick das Problem wahrnimmt, dass die beschleunigte Moderne dem Denken und Handeln den Spielraum nimmt, der nötig wäre, um sinnvoll noch von der Autonomie des Subjekts zu sprechen. Dafür nämlich müsste es Erfahrungen machen können, die nicht durch den eigenen Herrschaftsanspruch oder den der Objektivität deformiert würden. Gesellschaftliche Beschleunigung verengt diesen Spielraum des Subjekts nach Adorno noch weiter, verschärft das „Absterben der Erfahrung". Und diese fortschreitende Zerstörung der Vermittlungsformen in der Dialektik von Subjekt und Objekt zeigt sich dabei auch in der Gestik und der Sprache des Menschen.

In der einleitenden These des Aphorismus *Nicht anklopfen* schreibt Adorno, dass die „Technisierung" die Gesten und damit die Menschen „präzis und roh" mache, aus den Gebärden „alles Zögern" und „allen Bedacht" austreibe. Bezüglich der Sprache beobachtet Adorno Ähnliches. Sie verkomme auch in demokratischen Staaten immer mehr zu einer Kommunikation von Befehl und Gehorsam: „Das direkte Wort, das ohne Weiterungen, ohne Zögern, ohne Reflexion dem andern die Sache ins Gesicht sagt", habe „bereits Form und Klang des Kommandos, das im Faschismus von Stummen an Schweigende ergeht" (MM, 45). Diese Form von Kommunikation, Adornos Gegenbegriff zur Sprache, werde insbesondere in der Kulturindustrie kultiviert, deren Produkte vom Rezipienten „Promptheit, Beobachtungsgabe [und] Versiertheit" verlangten, und durch die Angst, die man davor haben müsse, „die vorbeihuschenden Fakten" zu versäumen, werde jede „denkende Aktivität" verhindert.[8]

Die logische Schlussfolgerung daraus ist, dass Vermittlung, die die Autonomie des Subjekts respektiert, auf Entschleunigung angewiesen ist. Es verwundert daher nicht, dass Adorno den Begriff der Wahrheit an den der Entschleunigung bindet. In dem Aphorismus *Für Anatol France* aus den *Minima Moralia* wird dieser für Adornos Werk bedeutende Zusammenhang in einem zentralen Satz zusammengefasst: „Fast könnte man sagen, daß vom Tempo, der Geduld und Ausdauer des Verweilens beim Einzelnen, Wahrheit selber abhängt; was darüber hinausgeht, ohne sich ganz verloren zu haben, was zum Urteil fortschreitet, ohne der Ungerechtigkeit der Anschauung erst sich schuldig gemacht zu haben, verliert sich am Ende im Leeren" (MM, 94). Und als Beispiel einer durch Beschleunigung entfremdeten Beziehung zwischen den Menschen dient ihm der Verfall des Begrüßens: „Daß sie, anstatt den Hut zu ziehen, mit dem Hallo der vertrauten Gleichgültigkeit sich begrüßen, daß sie anstatt von Briefen sich anrede- und unterschiedslos Inter office communications schicken, sind beliebige Symptome einer Erkrankung des Kontakts" (MM, 44).

Resümiert man diese Kritik an der gesellschaftlichen Beschleunigung, so fällt auf, dass sie sich vom älteren marxistischen Verständnis von Entfremdung und Verdinglichung ebenso abhebt wie von der neueren soziologischen Forschung, die in Person Hartmut Rosas Beschleunigung in eine Kritik gesellschaftlicher Entfremdung einbindet.

Gegenüber historischen Gewährsleuten wie Marx, der die Situation der Lohnarbeiter als „Anhängsel der Maschine" beschreibt, oder Georg Lukács, der den Begriff der Verdinglichung entwickelt, ist die Absetzungsbewegung bei weitreichenden Parallelen recht deutlich. Beider Theorien werden radikalisiert. Denn nach den Erfahrungen des 20. Jahrhunderts ist für Adorno die Hoffnung im Prinzip gestorben, dass aus dem Widerspruch zwischen technischen und menschlichen Produktivkräften und sie fesselnden Produktionsverhältnissen ein Kampf zwischen besitzender und besitzloser Klasse entstehen könnte, der zur Abschaffung der Eigentums- und Herrschaftsform führte. Die Kategorien der Kritik der politischen Ökonomie wie die der „organischen Zusammensetzung des Kapitals" wandelt er daher grundlegend. Meinte „organische Zusammensetzung" bei Marx noch das Verhältnis von Produktionsmitteln und der sie belebenden Arbeitskraft, so heißt es bei Adorno: „Es wächst die organische

8 Adorno/Horkheimer: Dialektik der Aufklärung (wie Anm. 7), S. 148.

Zusammensetzung des Menschen an. Das, wodurch die Menschen in sich selber als Produktionsmittel und nicht als lebende Zwecke bestimmt sind, steigt wie der Anteil der Menschen gegenüber dem variablen Kapital" (MM, 307). Die Metapher der „organischen Zusammensetzung des Menschen" versucht dabei einzuholen, dass der Begriff der Gewalt mittlerweile wichtiger geworden ist als etwa die Kategorie des Klassenantagonismus, um die Struktur der modernen Gesellschaft zu kennzeichnen.

Die neuere Soziologie löst ihre Kritik ebenfalls aus dem Rahmen der marxistischen Geschichtsphilosophie und versteht unter Entfremdung einen „Zustand", „in welchem Subjekte Ziele verfolgen oder Praktiken ausüben, die ihnen einerseits nicht [...] aufgezwungen wurden, welche sie aber andererseits nicht ‚wirklich' wollen oder unterstützen".[9] Wie schwierig es ist, einen derart allgemeinen Sachverhalt im entfremdeten Alltagshandeln aufzuspüren, zeigen Rosas Beispiele wie das der Bildungsreform, die „wir" zwar durchführen, aber nicht „‚wirklich' gutheißen". Die Adjektive „wirklich", „eigentlich" und „authentisch" dienen ihm dabei dazu, das Korrektiv zu beschreiben, das heißt, als nicht entfremdet könne also das gelten, was wir „eigentlich" wollen oder gern wären.[10] Adornos Kritik der Verdinglichung widerspricht diesem Konstrukt. Zum einen geht er nicht davon aus, dass es einen ‚unentfremdeten Rest' im Handeln oder der Identität von Menschen gibt, welcher der Entfremdung simpel gegenübergestellt werden kann, und zweitens verknüpft er den Begriff der Verdinglichung stärker mit gesellschaftlicher Herrschaft und spürt ihn subtil im Alltagshandeln der Menschen, manchmal in bloßen Nuancen, auf. Dabei spielt Verdinglichung als individuelle Reflexionsform allerdings eine untergeordnete Rolle, vielmehr postuliert Adorno die Macht der Objektivität: „Das Unheil liegt in den Verhältnissen, welche die Menschen zur Ohnmacht und Apathie verdammen [...], nicht primär in den Menschen und der Weise, wie die Verhältnisse ihnen erscheinen."[11] Angesichts dieser Radikalisierung der Verdinglichungskritik stellt sich die Frage, wie denn angesichts einer so unmittelbar wirkenden Herrschaft der Dinge sich überhaupt noch Kritik äußern kann.

In den *Minima Moralia* bilden tatsächlich Fortbewegungsarten, die nicht durch eine Maschine vermittelt werden und gegenüber der motorisierten Fortbewegung entschleunigt sind, den Kontrapunkt zur Beschleunigung durch Technisierung. So plädiert Adorno im Aphorismus „Immer langsam voran" für das „bürgerliche Gehen":

> Die Gewohnheit des Leibes ans Gehen als das Normale stammt aus der guten alten Zeit. Es war die bürgerliche Weise, von der Stelle zu kommen: [...] frei vom Bann des hieratischen Schreitens, der obdachlosen Wanderschaft, der atemlosen Flucht. Menschenwürde bestand

9 Harmut Rosa: Beschleunigung und Entfremdung. Berlin 2013, S. 120.

10 Ebd., S. 135.

11 Theodor W. Adorno: Negative Dialektik (wie Anm. 3), S. 191.

> auf dem Recht zum Gang, einem Rhythmus, der nicht dem Leib von Befehl oder Schrecken abgerungen wird. Spaziergang, Flanieren waren Zeitvertreib des Privaten, Erbschaft des feudalen Lustwandelns im neunzehnten Jahrhundert. Mit dem liberalen Zeitalter stirbt das Gehen ab, selbst wo nicht Auto gefahren wird (MM, 212f.).

Und der Aphorismus *Sur l'eau* demonstriert, dass es über das würdevolle Gehen des Bürgers hinaus noch entschleunigter zugehen kann – und zwar im bloßen Liegen als Stillstand jenseits der Betriebsamkeit: „Rien faire comme une bête, auf dem Wasser liegen und friedlich in den Himmel schauen, ‚sein, sonst nichts, ohne alle weitere Bestimmung und Erfüllung', könnten an Stelle von Prozeß, Tun und Erfüllen treten" (MM, 208). Das Liegen nutzt Adorno hier als Geste des Glücks, mit der er der sozialdemokratischen Verabsolutierung des Begriffs der Dynamik entgegentritt. Der „Vorstellung vom fessellosen Tun", der „blinde[n] Wut des Machens", dem „irren Zwang auf fremde Sterne einzustürmen", hält er die Freiheit entgegen, „Möglichkeiten ungenützt" zu lassen (MM, 207). Und genau in dieser Freiheit steckt ein Entscheidendes. Denn gemeinsam ist dem Gehen und Liegen bei Adorno, dass sie sich den Zwecken der Gesellschaft entziehen. Und genau darin liegt die Verbindung zur Kunst, die sich Adorno zufolge jenseits gesellschaftlicher Zweckbindung als autonom konstituiert: „Das Asoziale der Kunst ist bestimmte Negation der bestimmten Gesellschaft", heißt es in der *Ästhetischen Theorie* (ÄT, 335). Und schon der ihr zugrunde liegende „ästhetische Verstehensbegriff"[12] kalkuliert einen Rezipienten ein, der sich von keinen Zwecken als jenen, welche das einzelne Werk vorgibt, leiten lässt. Denn anders als zeitintensiv und abgekapselt vom Alltag ist der Akt der Rezeption nicht vorstellbar, wenn Adorno schreibt, man verstehe ein Kunstwerk erst, „sobald man in seiner immanenten Bewegung darin ist; fast möchte man sagen, sobald es vom Ohr seiner je eigenen Logik nach nochmals komponiert, vom Auge gemalt, vom sprachlichen Sensorium mitgesprochen wurde."[13] Gilt aber dieser Anspruch an die Erfahrung ästhetischer Gegenstände auch für diese selbst? Muss Kunst selbst auch langsam und vorsichtig sein?

Folgt man der Darstellungsweise in den *Minima Moralia*, ihren Übertreibungen und Kurzschlüssen, die selbst von atemberaubendem Tempo sind, so sind Zweifel angebracht. Der Philosoph Alexander Garcia Düttmann verweist zu Recht auf die „rasanten Genealogien" in den *Minima Moralia* und argumentiert, dass deren Überzeugungskraft gerade „an der Überschallgeschwindigkeit hängt, mit der sie vor- und rückwärts schnellen".[14] Folgt man aber Adornos Anspruch, „daß vom Tempo, der Geduld und Ausdauer des Verweilens beim Einzelnen, Wahrheit selber abhängt",

---

12 Theodor W. Adorno: Voraussetzungen. In: Noten zur Literatur (wie Anm. 2), S. 433.

13 Ebd.

14 Alexander Garcia Düttmann: So ist es. Frankfurt a.M. 2004, S. 30.

und er in der *Ästhetischen Theorie* zugleich formuliert, dass heute vielleicht sogar nur noch Kunst in der Lage sei, Wahres auszudrücken, weil sie, anders als die begriffliche Sprache, ein feineres Sensorium für das „Bewusstsein von Nöten" biete, so müsste die Antwort auf obige Frage „Ja" lauten.

Und an Belegen für die letztere Variante mangelt es wahrlich nicht. Zunächst wird der Kunst als Ort der Wahrheit nur ein Platz außerhalb der Gesellschaft zugewiesen. So heißt es etwa in der *Negativen Dialektik*: „Reflektierte Menschen, und Künstler, haben nicht selten ein Gefühl des nicht ganz Dabeiseins, nicht Mitspielens aufgezeichnet; als ob sie gar nicht sie selber wären, sondern eine Art Zuschauer."[15] In der *Ästhetischen Theorie* sieht Adorno die Aufgabe der Kunst in der „Flucht ins Niemandsland" (ÄT, 334). Doch die theoretische Prämisse ist nicht davor gefeit, von der Realität der Kunst widerlegt zu werden, und die Abstinenz von der Gesellschaft verbürgt noch keine Entschleunigung. Sieht man sich jedoch Adornos Essays zur Literatur, vor allem zu Eichendorff und Beckett an, so scheinen Exterritorialität und Entschleunigung miteinander zu koinzidieren.

So betont er etwa die „angestrengte Passivität" der Anfangszeilen von Eichendorffs „Mondnacht" und hebt in vielfältigen Metaphern das entschleunigte Wesen authentischer Kunst hervor: Eichendorffs Dichtung wird als Nachahmung von „Rauschen"[16] und „Ausatmen"[17] beschrieben und mit dem plätschernden Wasser verglichen: „Das weiche Wasser in Bewegung: das ist das Gefälle der Sprache".[18] Weniger poetisch und noch entschleunigter wird Beckett gedeutet: In Becketts *Endspiel* etwa werde das falsche Leben als „negative Ewigkeit" dargestellt;[19] daher der Vergleich des Stücks mit der Hölle, „in der Zeit gänzlich in den Raum gebannt ist".[20] Diese dargestellte „unendliche Katastrophe", die sich in der „Starre" der Figuren und ihrer Dialoge zeige, lasse die Hoffnung aus der Welt „kriech[en]" und kenne nur noch „stoischen" Trost.[21] „Geschichte wird ausgespart", die „Kraft zur Erinnerung" schwindet.[22] Die Folge ist: „Das Drama verstummt zum Gestus, erstarrt mitten in den Dialogen."[23] Adorno verteidigt Becketts „Wiederholung seiner Konzeption":

15 Theodor W. Adorno. Negative Dialektik (wie Anm. 3), S. 356.

16 Theodor W. Adorno: Zum Gedächtnis Eichendorffs. In: Noten zur Literatur (wie Anm. 2), S. 83.

17 Ebd.

18 Ebd., S. 84.

19 Theodor W. Adorno: Versuch, das Endspiel zu verstehen. In: Noten zur Literatur (wie Anm. 2), S. 287.

20 Ebd., S. 321.

21 Ebd., S. 319f.

22 Ebd., S. 288.

23 Ebd.

> Sein Bewußtsein dabei war richtig, das der Nötigung zur Fortbewegung ebenso wie das von deren Unmöglichkeit. Der Gestus des Auf der Stelle Tretens am Ende des Godotstücks, Grundfigur seines gesamten œuvres, reagiert präzis auf die Situation. Er antwortet mit kategorischer Gewalt. Sein Werk ist Extrapolation des negativen χαιρός. Die Fülle des Augenblicks verkehrt sich in endlose Wiederholung, konvergierend mit dem Nichts (ÄT, 52).

Diese Formen des zeitlichen Stillstands durch das Mittel der Wiederholung durchbrechen ihre Negativität allein als Ausdruck. Adorno spricht an einer Stelle des *Endspiels* von dem „Schauer des keine Eile Habens".[24] Schon hier allerdings wird ein entscheidender Unterschied zu Eichendorff sichtbar. Denn die Entschleunigung als Ausdruck des Kunstwerks ist keineswegs mehr in der Lage, die Realität zu transzendieren, gar utopische Bilder zu kreieren, vielmehr scheint das Utopische dem negativen Zustand nur allzu sehr zu ähneln. Woran liegt das?

Adornos *Ästhetische Theorie* verhält sich gegenüber Prozessen der Beschleunigung tatsächlich höchst widersprüchlich. Denn nach Adorno muss Kunst Avantgarde sein, das heißt vom am weitesten fortgeschrittenen Bewusstsein zeugen, also den avanciertesten Stand des Materials, der künstlerischen Verfahrensweisen zum Ausdruck bringen. Das aber heißt, dass auch gesellschaftliche Entfremdungsverhältnisse in den Kunstwerken aufgegriffen werden müssen. „Moderne ist Kunst durch Mimesis ans Verhärtete und Entfremdete" (ÄT, 39), lautet eine dementsprechende plakative Forderung. Bezieht man dies auf Phänomene der Beschleunigung, so stellt sich damit die Frage, ob die Forderung, diese Phänomene nachahmend aufzunehmen, nicht direkt zur Apologie technischer Beschleunigung führt, wie sie etwa den Futurismus auszeichnet. Und tatsächlich sind es die realistische und engagierte Literatur, die Adornos Hauptangriffspunkte bilden und als „ästhetische Regression" begriffen werden (ÄT, 377), während er noch den elitären Ästhetizismus entschuldet durch die Borniertheit der Massen. Und doch verklärt Adornos ästhetische Theorie keineswegs, wie noch die Manifeste Marinettis, Technik und Krieg als rauschhaftes Glück in der Kunst – ganz im Gegenteil. Den Expressionismus etwa deutet er trotz seiner Formerneuerung als Rückfall hinter den Jugendstil, weil er die drastischeren Erfahrungen in einer „drastischere[n] Formenwelt" undifferenzierter, gröber und primitiver ausgedruckt habe.[25]

Das Lob der Beschleunigung, das er Kafka und Beckett spendet, ist von der Zertrümmerung der Syntax, um den rasenden Tempo zum Ausdruck zu verhelfen, dann auch ziemlich weit entfernt. Wenn sich die Leser Kafkas so fühlten, als käme das Erzählte „auf ihn los wie Lokomotiven aufs Publikum in der jüngsten,

24 Ebd., S. 298.

25 Theodor W. Adorno: Zur Lehre von der Geschichte und von der Freiheit. Frankfurt a.M. 2006, S. 220.

dreidimensionalen Filmtechnik",[26] oder es in der *Ästhetischen Theorie* heißt: „Die Schocks, welche die jüngsten Kunstwerke austeilen, sind die Explosion ihrer Erscheinung" (ÄT, 13f.), dann ist ihr Tempo das von der Gesellschaft aufgezwungene und zugleich negierte.

Entscheidend ist dabei Adornos Konzept von Kunstwerken als „ihrer selbst unbewußte Geschichtsschreibung ihrer Epoche" (ÄT, 272), wonach Kunstwerke so unversöhnt wie die Welt sein müssen. So sind die „Schocks und Verfremdungsgesten der zeitgenössischen Kunst" (ÄT, 273) für ihn Spiegel, welche die Entfremdung aus der Realität aufnehmen und nicht mehr zu versöhnen wissen. Der Stillstand im Kunstwerk ist somit ein Zustand äußerster Spannung zwischen Statik und Dynamik. Auch „Gebilde von beruhigter Gestik" seien „Entladungen [...] der in ihnen sich befehdenden Kräfte" (ÄT, 131). Das Kunstwerk sei ein „Kraftfeld ihrer Antagonismen", aber die „Bewegung muss stillstehen und durch ihren Stillstand sichtbar werden" (ÄT, 264).

26 Theodor W. Adorno: Aufzeichnungen zu Kafka. In: ders.: Kulturkritik und Gesellschaft I (wie Anm. 4). S. 256.

Nikolas Immer (Trier)

Wallfahrt als Spurensuche. W. G. Sebalds Apologie der Langsamkeit

Es ist kein Geheimnis, dass sich eine Wallfahrt nicht dazu eignet, um sich eilfertig durch die Landschaft zu bewegen. Vielmehr zielt der mitunter recht beschwerliche Freizeitsport auf die Absolvierung einer ausgedehnten Wanderroute in moderatem Tempo. Gleichzeitig ist eine solche Pilgerreise nicht frei von spirituellen Implikationen, geht es dem Wallfahrer doch gemeinhin darum, „Buße zu tun und Vergebung für seine Sünden zu erlangen".[1] Im Anschluss an die Publikation seines Reisebuchs *Die Ringe des Saturn. Eine englische Wallfahrt* (1995) hat sich der Schriftsteller W. G. Sebald allerdings gegen diese spirituellen Implikationen ausgesprochen und sein Konzept einer ‚weltlichen Wallfahrt' skizziert:[2] Dabei gehe es „nicht primär ums Ankommen, sondern darum, einen langen Weg zu machen und dabei gewisse Stationen zu absolvieren, wobei das Ganze eine kontemplative Übung ist".[3] Zeichenhaft konzentriert sich diese Aufgabe, „einen langen Weg zu machen", im Bild des Rucksacks, der jedoch erst in Sebalds Roman *Austerlitz* (2001) fotografisch abgebildet wird.[4]

Nun liegt es nahe, einen Text, der mit ‚Wallfahrt' überschrieben ist, als einen Reisebericht oder zumindest als ein Reisebuch zu qualifizieren.[5] Diese jedoch nicht unproblematische Gattungszuweisung ist in der Forschung mehrfach diskutiert worden, so dass Uwe Schütte den Vorschlag gemacht hat, den Text dem Genre der „literarische[n] Psychogeografie" zuzuordnen.[6] Tatsächlich erweisen sich die *Ringe des Saturn* als eine Durchwanderung von abgründigen Seelenlandschaften, die von einer Vielzahl kunst- und kulturhistorischer sowie autobiografischer Exkurse und Assoziationen durchsetzt sind. Aus diesem überbordenden Reservoir an intertextuellen, intermedialen und interdiskursiven Anspielungen erwächst ein verschlungenes, ohne

1 Claudia Albes: Die Erkundung der Leere. Anmerkungen zu W. G. Sebalds ‚englischer Wallfahrt' *Die Ringe des Saturn*. In: Jahrbuch der Deutschen Schillergesellschaft 46 (2002), S. 279–305, hier S. 285.

2 Vgl. Weltliche Wallfahrten. Auf der Spur des Realen. Hg. v. Stefan Börnchen/Georg Mein. Paderborn 2010.

3 W. G. Sebald: Eine Trauerhaltung lernen. Gespräch mit Sven Boedecker (1995). In: ders.: „Auf ungeheuer dünnem Eis". Gespräche 1971 bis 2001. Hg. v. Torsten Hoffmann. Frankfurt a.M. [3]2012, S. 111–121, hier S. 112.

4 Vgl. W. G. Sebald: Austerlitz. Frankfurt a.M. 2003, S. 63.

5 Zu Sebalds Reisepoetik vgl. umfassend: The Undiscover'd Country: W. G. Sebald and the Poetics of Travel. Hg. v. Markus Zisselsberger. Rochester (NY) 2010.

6 Uwe Schütte: W. G. Sebald. Einführung in Leben und Werk. Göttingen 2011, S. 124.

Zentrum wucherndes und zugleich sich selbst kommentierendes Verweisnetz, das an die rhizomatische Struktur postmoderner Wissensorganisation erinnert.[7] Darüber hinaus steht die gesamte Wallfahrt im Zeichen der Melancholie, wie schon der titelgebende Saturn kenntlich macht, der in der Astrologie als Schwermutsplanet gilt.[8] In diesem Horizont kann die Wanderung auch als Heilmittel gegen die ausgeprägte melancholische Veranlagung des Erzählers eingestuft werden. Allerdings darf der therapeutische Nutzen einer solchen Pilgerreise durch das Ostengland des Jahres 1992 durchaus bezweifelt werden, wenn der Erzähler über den „Zerfall ganzer Städte und Systeme" reflektiert und in der Außenwelt nahezu permanent Zeichen einer allgemeinen „Erosion" und „Dissolution" wahrzunehmen meint.[9]

Trotz dieses vielschichtigen Gehalts sind die *Ringe des Saturn* aber auch ein Reisebericht. Das wiederum heißt zum einen, dass sich eine genaue Reiseroute bestimmen lässt, die der Erzähler verfolgt.[10] Zum anderen wird mit der Annahme der nichtfiktionalen Gattung des Reiseberichts die Identität von Autor und Erzähler vorausgesetzt. Dabei ist wiederum zu beobachten, dass sich der Erzähler Sebald mehrfach in ein erlebendes und ein erzählendes Ich aufspaltet, indem nicht nur Wanderschaft und Niederschrift zeitlich voneinander separiert werden, sondern auch wiederholt persönliche Erinnerungen an frühere Aufenthalte in dieser Region mit einfließen. Da es kaum eine geeignetere Reiseform als die der Wallfahrt gibt, um technische Beschleunigung ästhetisch verlangsamt zu betrachten, werden im Folgenden drei für diese Fragestellung repräsentative Pilgerstationen behandelt.

1 Das Landschloss von Somerleyton

Sebalds Reise beginnt in Norwich, von wo aus er im „Dieseltriebwagen"[11] (RS 41) in südöstlicher Richtung gen Lowestoft unterwegs ist.[12] Die beschleunigte Bewegung korrespondiert zunächst mit dem hohen Erzähltempo, mit dem die Außenbezirke von Norwich geschildert werden: „an Hinterhöfen und Schrebergartenkolonien und Schutthalden und Lagerplätzen [ging es] vorbei in das vor der östlichen Vorstadt sich ausdehnende Marschland hinaus" (RS 41). Diese polysyndetische Bündelung

7 Vgl. genauer Albes: Erkundung der Leere (Anm. 1), S. 291.

8 Vgl. Schütte: Sebald (Anm. 6), S. 126.

9 Sebald: Trauerhaltung lernen (Anm. 3), S. 114.

10 Vgl. die rekonstruierte Reiseroute bei Albes: Erkundung der Leere (Anm. 1), S. 287f.

11 W. G. Sebalds *Die Ringe des Saturn* werden im Folgenden mit der Sigle RS samt dem Nachweis der Seitenzahl nach der Ausgabe zitiert: W. G. Sebald: Die Ringe des Saturn. Eine englische Wallfahrt. Frankfurt a.M. [11]2011.

12 Diese Zugfahrt lässt sich auch anhand einer mitgefilmten Reise von Norwich zu Lowestoft nachvollziehen. Vgl. https://www.youtube.com/watch?v=3Xolgod3smA; Zugriff: 6. Dezember 2014. Für diesen Hinweis danke ich Cord-Friedrich Berghahn (TU Braunschweig) herzlich.

1

reflexhaft wahrgenommener Außenräume mündet sogleich in die Aufzählung der nächstfolgenden Reisestationen, wobei hinter Reedham „eine südostwärts bis an das Ufer des Meers sich erstreckende Ebene" (RS 42) sichtbar wird. Hier weitet sich die Perspektive und gibt den Blick auf eine verlassene, scheinbar nachzivilisatorische Landschaft frei, wie sie die beigefügte Fotografie vergegenwärtigt (Abbildung 1).

> Nichts ist hier zu sehen als ab und zu ein einsames Flurwächterhaus, als Gras und wogendes Schilf, ein paar niedergesunkene Weidenbäume und zerfallende, wie Mahnmale einer zugrundegegangenen Zivilisation sich ausnehmende Ziegelkegel, die Überreste der ungezählten Windpumpen und Windmühlen, deren weiße Segel sich gedreht haben über den Marschwiesen […], bis sie, in den Jahrzehnten nach dem Ersten Weltkrieg, eine um die andere stillgelegt wurden. Wir können uns kaum mehr denken, so sagte mir einer, dessen Kindheit zurückreichte in die Windmühlenzeit, daß einst in der Landschaft eine jede Mühle gewesen ist wie ein Glanzlicht in einem gemalten Auge. Als diese Glanzlichter verblaßten, verblaßte mit ihnen gewissermaßen die gesamte Umgegend. Manchmal meine ich, wenn ich hinschaue, es sei alles schon tot (RS 42 f.).

Der in dieser Passage thematisierten Windmühle kann eine dreifache Funktion zugewiesen werden: Zunächst erscheint sie als Zeichen einer ursprünglichen Progression, da sie mit Blick auf die ländliche Energieversorgung den technischen Fortschritt des 19. Jahrhunderts symbolisiert.[13] Des Weiteren präsentiert sie der Erzähler

13 Zur Verbreitung der Windmühle im England und Wales des 19. Jahrhunderts vgl. Harold H. Schobert: Energy and Society: An Introduction. New York 2002, S. 108.

als Zeichen seiner rückblickenden Affirmation, indem er sie mit einem ‚Glanzlicht im gemalten Auge vergleicht' und sie folglich mit einem Terminus technicus der Malerei zu einem Objekt der Verlebendigung stilisiert. Demgegenüber erweist sich die Windmühle schließlich als Zeichen der gegenwärtigen Regression, da sie ihre funktionale Qualität eingebüßt hat und nur noch als verfallendes Denkmal an die einstige ‚Windmühlenzeit' erinnert. Wie Thomas von Steinaecker betont hat, müsse Sebalds Beschreibung im Horizont seiner ontologischen Diagnose des „langsame[n] Sichhineindrehen[s] der Welt in die Dunkelheit" (RS 97) gesehen werden.[14] Dabei ist freilich zu berücksichtigen, dass Sebald eine tendenziell vereinseitigte Beobachtung präsentiert. Denn während er suggeriert, die Windmühlen seien inzwischen fast vollständig aus dem Landschaftsbild verschwunden, hätte er in Reedham durchaus *Polkey's drainage mill* besuchen können, an der schon 1988 erste Renovierungsmaßnahmen unternommen wurden.[15]

Die Evokation dieser einsamen und verlassenen Landschaft bereitet überdies den narrativen Übergang zur Bahnstation von Somerleyton vor, an der Sebald aussteigt. Denn auch dort, wo es nicht einmal einen Bahnhof gibt, läuft der Erzähler den „leeren Perron" entlang und konstatiert, dass „[n]irgends ein Mensch" (RS 43) unterwegs ist. Dieser Akt des solitären Wanderns wird wiederum doppelt profiliert: Zum einen kennzeichnet Sebald den gewählten Reisemodus als bewusst verlangsamte Mobilitätsform gegenüber der gesellschaftlich üblichen Fortbewegungspraxis: „Heute wird Somerleyton wie die meisten bedeutenden Häuser des Landadels während der Sommermonate dem zahlenden Publikum zugänglich gemacht. Aber diese Leute kommen nicht mit dem Dieseltriebwagen, sondern sie fahren beim Hauptportal herein im eigenen Automobil" (RS 44). Zum anderen wird das ohnehin gemächliche Reisetempo durch die eingeschalteten Reflexionen auch ästhetisch verlangsamt. Die Stillstellung der Gegenwart erfolgt dabei über eine historische Imagination, die das Bahnhofsgelände in seiner einstigen Belebtheit und Geschäftigkeit vergegenwärtigt:

> Früher, dachte ich mir, […] wird das anders gewesen sein, denn gewiß langte früher fast alles, was man in einem Haus wie Somerleyton brauchte zur Vervollständigung des Besitzes und was man von auswärts anschaffen mußte, […] hier an dieser Station an – Ausstattungsgegenstände jeder Art, das neue Piano, Vorhänge und Portieren, die italienischen Kacheln und die Armaturen für die Badezimmer, die Dampfkessel und Rohrleitungen für die Gewächshäuser, die Lieferungen der Handelsgärtnereien, kistenweise Rheinwein und Bordeaux, Rasenmähmaschinen und große Schachteln mit fischbeinverstrebten Miedern und Krinolinen aus London (43 f.).

14 Vgl. Thomas von Steinaecker: Literarische Foto-Texte. Zur Funktion der Fotografien in den Texten Rolf Dieter Brinkmanns, Alexander Kluges und W. G. Sebalds. Bielefeld 2007, S. 277.

15 Vgl. http://www.norfolkmills.co.uk/WindmillsD/reedham-polkeys-drainage.html; Zugriff: 6. Dezember 2014. Die eigentliche Instandsetzung erfolgte allerdings erst zwischen 1999 und 2006, so dass ihr heutiges Erscheinungsbild einen direkten Gegensatz zu Sebalds Befund bildet.

2

Auch wenn die einleitende Wendung „dachte ich mir" den imaginativen Charakter der Schilderung ausdrücklich anzeigt, gewinnt sie im Kontext der geschichtlichen Ausführungen über Somerleyton Hall eine quasihistorische Dignität. Sebald avanciert somit zum Augenzeugen einer virtuellen Vergangenheit, die sich sowohl aus fiktionaler Imagination als auch aus faktualer Rekonstruktion speist. In historischer Perspektive werden zunächst die wechselnden Besitzer des Landschlosses summarisch genannt, bis zur Übernahme des Anwesens durch den Unternehmer Samuel Morton Peto in der Mitte des 19. Jahrhunderts.

Sebald interessiert sich vor allem für die Zeit zwischen 1843 und 1862, als Peto „seinen Aufstieg in die obersten Gesellschaftsklassen krönen mußte durch die Errichtung einer an Komfort und Extravaganz alles bisher Dagewesene in den Schatten stellenden Residenz auf dem Land" (RS 45). Tatsächlich entwickelt sich Somerleyton Hall unter seiner Leitung schon bald zu einem „Prinzenpalast" (RS 46), der – so Sebalds Angabe – 1852 in den *Illustrated London News* gepriesen werde. Doch demgegenüber liefert eine Suche in den *Gale Digital Collections* keinen Treffer für das Jahr 1852, sondern erst für den 10. Januar 1857.[16] An diesem Tag erscheint in den *Illustrated London News* tatsächlich ein gut zweiseitiger Artikel über Somerleyton Hall, in dem der große Speisesaal und der Wintergarten mit zwei großformatigen Kupferstichen abgebildet werden (Abbildung 2 und 3).[17]

Mit der Nennung der *Illustrated London News* suggeriert Sebald, sich unmittelbar auf den entsprechenden Artikel aus dieser Zeitschrift zu beziehen. Und tatsächlich scheint die Würdigung des nächtlich erleuchteten Wintergartens – „quite a scene of enchantment" – Sebalds Rede von einer ‚zauberhaften Szene' (RS 47) zu antizipieren.[18]

16 Vgl. http://gdc.gale.com/products/illustrated-london-news-historical-archive-online-1842–2003/; Zugriff: 6. Dezember 2014.

17 Vgl. [Anonym:] Somerleyton Hall. In: The Illustrated London News (10. Januar 1857), S. 24–26.

18 Ebd., S. 25.

3

Allerdings spricht er im Vorfeld dieser Schilderung nur vage von „einer der zeitgenössischen Beschreibungen" (RS 46) und unterstreicht die prunkvolle Wirkung des illuminierten Wintergartens mit einem intertextuellen Verweis auf Samuel Coleridges Gedicht *Kubla Khan* (1816), der wiederum im genannten Artikel fehlt. Mit Blick auf die „schwerelos wirkenden Glashäuser" schreibt Sebald: „Nicht einmal Coleridge hätte im Opiumschlummer eine zauberhaftere Szene sich ausmalen können für seinen mongolischen Fürsten Kubla Khan" (RS 47). Doch dieser Verweis, der einmal mehr die Gelehrtheit Sebalds zu unterstreichen scheint, stammt ursprünglich gar nicht von ihm. Vielmehr wird diese Parallele bereits in John Greaves Nalls 1866 publiziertem *Handbook for Visitors and Residents* über Great Yarmouth und Lowestoft gezogen, in dem es heißt:

> It requires but little effort for the imagination to picture the surpassing beauty of this winter garden, when illuminated, and in the balmy air of a midsummer night. […] Coleridge may have seen it, when in his charmed opium slumber, he dreamed of the Abyssinian maid and the palace of Kubla Khan.[19]

Daraus ist erkennbar, dass Nall als jener namenlose „Berichterstatter" (RS 47) identifiziert werden kann, auf den sich Sebald im Folgesatz bezieht. Das Problem dabei ist nur, dass die Folgebeschreibung, die Nall zugewiesen wird, nicht in seinem *Handbook* zu finden ist, sondern offenbar von Sebald selbst stammt. Demnach ist es Sebald, der die entscheidende Passage zur ästhetischen Vergegenwärtigung von Somerleyton

19 John Greaves Nall: Great Yarmouth and Lowestoft: A Handbook for Visitors and Residents […]. London 1866, S. 217.

Hall liefert: Wird die Anlage des Hauses zunächst im Präteritum geschildert, folgt in Anlehnung an jenen vermeintlichen „Berichterstatter" die direkte Aufforderung: „Und jetzt stellen Sie sich vor …" (RS 47). Die Szenerie, die dem Leser danach vor Augen geführt wird, präsentiert Sebald schließlich im Indikativ Präsens und erzeugt auf diese Weise größtmögliche Unmittelbarkeit:

> Eine Brise trägt den betäubenden Duft der Lindenblüten von der großen Allee zu Ihnen herauf. Sie sehen unter sich die steil abfallenden, mit dunkelblauem Schiefer gedeckten Dächer und im Widerschein der schimmernden Glashäuser die ebenmäßig schwarzen Flächen des Rasens. Weiter draußen im Park treiben die Schatten der libanesischen Zedern, im Hirschgarten schlafen mit einem offenen Auge die scheuen Tiere, und jenseits der äußersten Einfriedung, gegen den Horizont hin, dehnt das Marschland sich aus und schlagen die Segel der Mühlen im Wind (RS 47 f.).

Das Erlebnis der Abendlandschaft wird von Sebald poetisch virtuos gestaltet. Die Beschreibung enthält nicht nur mehrere schmückende Attribute, sondern eröffnet überdies einen anthropomorphen Naturraum mit „treibenden Schatten", sich „dehnendem Marschland" und „schlagenden Mühlensegeln". In diesem Moment ist die faktuale Reisegegenwart vollkommen stillgestellt und durch die nahezu kontemplativ erlebte, fiktionalisierte Vergangenheit ersetzt. Das Landschloss Somerleyton hat sich, wie Sebald selbst schreibt, in einen „extraterritorialen Ort" (RS 49) verwandelt. Damit wird seine Geschichtsimagination nicht nur als Form ästhetischer Verlangsamung, sondern auch als dichterisches Verfahren historischer Entgrenzung kenntlich.

2 Das Hotel von Lowestoft

Die Ankunft im nahgelegenen Lowestoft ist einerseits der Ankunft in Somerleyton vergleichbar: Als Sebald dort gegen Abend nach einer Fußwanderung ankommt, „zeigte sich keine lebende Seele" (RS 56). Andererseits ist ihm der Küstenort bereits vertraut, da er vor 15 Jahren – also um 1975 herum – Lowestoft zuletzt besucht hat. Der Vergleich zwischen der individuellen Erinnerung und der aktuellen Wahrnehmung mündet sogleich in eine veritable Opposition: War ihm die Küstenstadt einst „sehr freundlich" (RS 56) vorgekommen, erscheint sie ihm nun als ein Ort wirtschaftlicher „Trostlosigkeit" (RS 57). Als eindrücklichstes Zeichen dieser Verelendung erweist sich das bei Sebald nicht abgebildete Promenadenhotel Victoria, das in seinem Führer, der noch aus der Zeit der Jahrhundertwende stammt, als erstklassiges Etablissement beschrieben wird. Doch als Sebald im Spätsommer 1992 dort eintrifft, findet er nur eine Reihe „völlig verlassene[r] Räume" (RS 57) vor. Kurz darauf begegnet er allerdings einer „verschreckte[n] jungen Frau", die „nach der Mode der dreißiger Jahre gekleidet" (RS 57 f.) ist und die sich um den Hotelgast kümmert. Das Abendessen, das sie

4

ihm zubereitet, wird jedoch als grotesk unappetitlich beschrieben. Nach dem Abschluss der Mahlzeit taucht die Gastwirtin wieder auf, während Sebald von einer zeitlichen Konfusion befallen wird: „Vielleicht kam sie, sowie ich das Besteck beiseite legte, vielleicht erst nach einer Stunde“ (RS 58). Dieses sukzessive Hinausgleiten aus den realen Zeitbezügen, das sich zunächst in der unzeitgemäßen Kleidung der Gastwirtin andeutet und in der temporalen Desorientierung des Erzählers seine Fortsetzung findet, kulminiert in dem sich anschließenden Fensterblick (Abbildung 4).

„Draußen erstreckte sich der Meeresstrand, irgendwo zwischen dunkel und hell, und es bewegte sich nichts, weder in der Luft noch am Land, noch am Wasser. Selbst die schneeweiß in der Bucht auflaufenden Wellen, so schien es mir, standen still“ (RS 59). In diesem Moment absoluter zeitlicher Stillstellung hat die ästhetische Verlangsamung bei Sebald ihren Höhepunkt erreicht. In Analogie zum ‚extraterritorialen Ort‘, den das Landschloss Somerleyton darstellt, ist das Hotel Victoria gleichsam zu einem ‚extratemporalen‘ Ort geworden.

Diese Passage bietet Sebald gleichzeitig die Gelegenheit, um die Opposition zur technisch beschleunigten Moderne anzudeuten. Im unmittelbaren Anschluss an die leblos wirkende Strandaufnahme schildert er, wie er am nächsten Morgen seine Wanderung fortsetzt: „Vorbei an dem Hafenbecken, in dem Dutzende von ausgedienten und arbeitslosen Kuttern vertäut lagen, ging ich nach Süden zu durch die untertags ständig vom Autoverkehr verstopften und von blauem Benzindampf erfüllten Straßen der Stadt“ (RS 59). Während die ausrangierten Boote an jene Tage erinnern, an denen noch der Fischfang florierte, zeugt der anhaltende Autoverkehr von einer zwar beschleunigten, aber in ihrer Beschleunigung bereits kollabierten Gegenwart. Zwar ermöglicht der Autoverkehr eine Erhöhung des Reisetempos, doch heben die Masse der Fahrzeuge und die daraus resultierenden Straßenstaus den Beschleunigungseffekt wieder auf. Wie zur Beglaubigung präsentiert Sebald auf der Folgeseite eine Fotografie dieser dicht befahrenen Straßen (Abbildung 5) und thematisiert den im Zentrum abgebildeten Leichenwagen. Dabei wird die Fahrgeschwindigkeit des Leichenwagens insofern bewusst verlangsamt, als Sebald dessen Innenraum mit zeitdehnender Detailliertheit schildert: „Drinnen saßen […] zwei Angestellte des Beerdigungsinstituts,

5

[…] und hinter ihnen […] ruhte in seinem Sarg, wie man annehmen mußte, irgendein unlängst aus dem Leben geschiedener Mensch, im Sonntagsanzug, den Kopf auf einem kleinen Kissen, die Augenlider geschlossen, die Hände gefaltet und die Spitzen der Schuhe nach oben zeigend" (RS 60). Die ausdrückliche Fokussierung auf den Verstorbenen erscheint wie ein barockes Memento mori, das im Kontext der vorangehenden Passage allegorisch auf den Verfall verweist, der der beschleunigten Moderne längst eingeschrieben ist.

Der Leichenwagen fungiert darüber hinaus als Impulsgeber für Sebalds erneut einsetzende Imaginationstätigkeit. Hatte er mit der Wendung, „wie man annehmen mußte", schon die Aktivierung der Einbildungskraft kenntlich gemacht, übernimmt der Erzähler nun die Funktion eines Mediums, das kulturelle Gedächtnisräume assoziativ öffnet. So werden kurz hintereinander sowohl die „Geschichte" (RS 61) eines Handwerksburschen als auch die Erinnerung an den einstigen Wohlstand Lowestofts unter Führung des bereits genannten Unternehmers Morton Peto präsentiert. Die zunächst abwegig wirkende „Geschichte" hat folgenden Wortlaut:

> Indem ich dem Leichenwagen nachschaute, kam mir der Handwerksbursche aus Tuttlingen in den Sinn, der sich in Amsterdam vor vielen Jahren dem Trauerzug eines anscheinend allseits bekannten Handelsherrn angeschlossen und bei der Beisetzung mit Andacht und Rührung der holländischen Leichenpredigt gelauscht hat, von der er kein Wort verstand. Hatte er zuvor neidselig die wundervollen Tulipanen, Levkojen und Sternblumen in den Fenstern bestaunt […], so dachte er von jetzt an, wenn er sich bisweilen fragte, warum er es mit seiner Wanderung durch die Welt zu fast gar nichts brachte, immer an den Amsterdamer Handelsherrn, […] an sein großes Haus, an sein reiches Schiff und sein enges Grab (RS 61).

Wie in der Sebald-Forschung bereits festgestellt wurde, handelt es sich bei dieser Passage um eine Verknappung von Johann Peter Hebels Erzählung *Kannitverstan* aus seiner Sammlung *Schatzkästlein des Rheinischen Hausfreunds* (1811).[20] Dabei lehnt sich Sebald fast wörtlich an die Schlusspassage in Hebels Erzählung an, in der es heißt:

20 Vgl. Mark R. McCulloh: Understandig W. G. Sebald. South Carolina 2003, S. 63 f.

„[...] und wenn es ihm [dem Handwerksburschen] wieder einmal schwerfallen wollte, daß so viele Leute in der Welt so reich seien und er so arm, so dachte er nur an den Herrn Kannitverstan in Amsterdam, an sein großes Haus, an sein reiches Schiff und an sein enges Grab."[21] Es fällt auf, dass sich bei Sebald ein bemerkenswerter Zusatz findet, den er eher beiläufig in seine teilweise wörtliche Zusammenfassung einflicht: „[...] warum er es mit seiner Wanderung durch die Welt zu fast gar nichts brachte [...]". Angesichts des Umstands, dass Sebald im direkten Anschluss an diese Geschichte ‚seinen Weg nimmt' (RS 61) und sofort auf Morton Peto zu sprechen kommt, drängt sich die Analogie zwischen ihm und Hebels Handwerksburschen sowie zwischen Peto und Hebels Herr Kannitverstan unmittelbar auf. Das wiederum lässt erkennen, dass die bisherigen darstellungsästhetischen Momente der Rekonstruktion und Imagination um den Aspekt der – wenngleich indirekten – Immersion erweitert werden. Indem sich Sebald als Wiedergänger von Hebels fiktivem Handwerksburschen inszeniert, vermag er die gleiche Bewunderung für den einstigen Wohlstand Lowestofts aufzubringen wie jener für den Reichtum des Amsterdamer Handelsherrn.[22]

3 Die Militäranlage von Orford Ness

Nach zahlreichen weiteren Reisestationen kommt der Wanderer gegen Ende des achten Kapitels in der Küstenstadt Orford an, die er bereits 1972 besucht hatte. Damals hatte man es ihm verwehrt, auf die vor Orford gelegene Halbinsel Orford Ness vorzudringen, „weil das Verteidigungsministerium", wie Sebald schreibt, „während der Ära des Kalten Kriegs an der Küste von Suffolk weiterhin sogenannte Secret Weapon Research Establishments in Betrieb hatte" (RS 276). Ebenso wie im zweiten Kapitel Somerleyton Hall als „extraterritoriale[r] Ort" (RS 49) bezeichnet wird, ist nun von der „extraterritorialen Landzunge von Orfordness" (RS 278) die Rede. Diese Zuschreibung bezieht sich nicht nur auf das ehemalige militärische Sperrgebiet, sondern auch auf die besondere geografische Lage der Halbinsel, die mit einer Fläche von ca. neun Quadratkilometern die größte bewachsene Nehrung Europas

21 Johann Peter Hebel: Kannitverstan. In: ders.: Hebels Werke in einem Band. Ausgewählt und eingeleitet von Dieter Pilling. Berlin/Weimar 1969, S. 127–129, hier S. 129.

22 Zu bedenken ist allerdings auch, was Sebald verschweigt: In Hebels Erzählung geht es im Grunde um ein anhaltendes Missverständnis, denn jede Frage, die der Handwerksbursche an die Holländer richtet, wird mit einem „Kannitverstan" – das heißt mit der Phrase „Ich kann Euch nicht verstehn" (ebd., S. 127) – beantwortet. Die Einschätzung des Handwerksburschen, dass ein reicher Herr Kannitverstan gestorben sei, ist daher vollkommen abwegig. Heißt das aber nun für Sebald, dass seine Beobachtungen, sofern er als Nachfolger von Hebels Wanderer begriffen wird, nicht auch das Resultat beständiger Fehldeutungen sind?

bildet.[23] Als Sebald zu Beginn der 1990er Jahre erneut den Blick auf die Halbinsel richtet, ist sie inzwischen für Besucher freigegeben. Er lässt sich übersetzen, klettert über einen Damm und passiert eine teilweise überwucherte Asphaltbahn: „Es war ein trüber, beklemmender Tag und so windstill, daß nicht einmal die Ähren des haarfeinen Steppengrases sich regten. […] Mit jedem Schritt, den ich tat, wurde die Leere in mir und die Leere um mich herum größer und die Stille tiefer" (RS 279). Wie schon in Lowestoft macht Sebald auch auf Orford Ness die Erfahrung des absoluten Stillstands.[24] Dieses Erlebnis wird allerdings durch die plötzliche Begegnung mit einem Hasen nochmals gesteigert:

> Mit unverminderter, ja mit einer über mein Begriffsvermögen gehenden Deutlichkeit sehe ich nach wie vor, was in diesem, kaum den Bruchteil einer Sekunde ausmachenden Schreckensmoment sich ereignete. Ich sehe den Rand des grauen Asphalts, jeden einzelnen Grashalm, sehe den Hasen, wie er hervorspringt aus seinem Versteck, mit zurückgelegten Ohren und einem vor Entsetzen starren, irgendwie gespaltenen, seltsam menschlichen Gesicht, und ich sehe, in seinem im Fliehen rückwärtsgewandten, vor Furcht fast aus dem Kopf sich herausdrehenden Auge, mich selber, eins geworden mit ihm (RS 280).

Die extreme Verlangsamung der Zeit führt zu einer derart intensivierten Wahrnehmung, dass der Erzähler „jeden einzelnen Grashalm" zu unterscheiden vermag. Gleichzeitig wird über die viermal wiederholte Wendung „ich sehe" sein geschärfter Blick akzentuiert, der in dem furchtsam verdrehten Auge des Hasen sein optisches Echo findet. Dabei wird die verängstigte Kreatur zu einem ‚Leidensgenossen' stilisiert, mit dem Sebald über die visuelle Korrespondenz emphatisch zu verschmelzen glaubt.[25] Der Hase mit dem „irgendwie gespaltenen, seltsam menschlichen Gesicht" verweist schließlich auch auf den Lyriker Ernst Herbeck, den Sebald 1992 in einem Essay porträtiert hatte.[26] Herbeck, der mit einer ‚Hasenscharte' geboren wurde, verfasste als Patient des Psychiaters Leo Navratil eine Reihe von Gedichten, von denen

23 Zur Kritik an Sebalds Begriff des ‚Extraterritorialen' vgl. Helmut Lethen: Sebalds Raster. Überlegungen zur ontologischen Unruhe in Sebalds *Die Ringe das Saturn*. In: W. G. Sebald. Politische Archäologie und melancholische Bastelei. Hg. v. Michael Niehaus/Claudia Öhlschläger. Berlin 2006, S. 13–30, hier S. 29.

24 Zur Landschaftsbeschreibung von Orford Ness vgl. Anne Fuchs: „Ein Hauptkapitel der Geschichte der Unterwerfung". Representations of Nature in W. G. Sebald's *Die Ringe des Saturn*. In: W. G. Sebald and the Writing of History. Hg. v. Anne Fuchs/J. J. Long. Würzburg 2007, S. 121–138, hier S. 135.

25 Vgl. Christian Moser: Sebald and the Peripatetic Mode of Traveling. In: Zisselsberger: Undiscover'd Country (Anm. 5), S. 37–62, hier S. 56.

26 Vgl. W. G. Sebald: Des Häschens Kind, der kleine Has. Über das Totemtier des Lyrikers Ernst Herbeck [1992]. In: ders.: Campo Santo. Hg. v. Sven Meyer. Frankfurt a.M. 2006, S. 171–178. Diesen Hinweis hat bereits Uwe Schütte geliefert. Vgl. Schütte: Sebald (Anm. 6), S. 197, Anm. 15.

eine Auswahl jüngst in der Sammlung *Der Hase!!!!* publiziert worden ist.[27] Sebald nun rekurriert in seinem Essay auf eine „These von Claude Lévi-Strauss, wonach die Hasenscharte in den amerikanischen Indianermythen als der Ansatz zu einer nicht vollendeten Zwillingsgeburt gilt".[28] Übertragen auf die Situation in Orford Ness kann daraus abgeleitet werden, dass sich Sebald als Zwillingskreatur des verängstigten Hasen inszeniert. Womöglich nimmt er auch für sich in Anspruch, was Herbeck über die Hasenfigur geschrieben hat:

Der Hase!!!!

Der Hase ist ein kühnes Tier!
Er läuft bis ihm die Strappen
fassen. Die Ohren spitzgestellt; er
lauscht. Für ihn – – – – ist keine Zeit
zum rasten. Lauf läuft läuft.
armer Hase![29]

Wie Herbecks Hase ist auch der Wanderer Sebald unterwegs, indem er „läuft" und „läuft". Doch welche „Strappen" drohen ihn zu „fassen" bzw. – weniger dialektal ausgedrückt – welche Schlinge ist für ihn ausgelegt? Eine Antwort könnte lauten, dass es die technische Moderne ist, gegen die Sebald anschreibt, indem er rekonstruktiv und imaginativ jene Vergangenheit zu bewahren versucht, die nur noch in Form rudimentärer Denkmäler in die Gegenwart ragt. Dass wiederum der technische Fortschritt selbst zu solchen Denkmälern werden kann, verdeutlicht er anhand der verlassenen militärischen Anlagen von Orford Ness (Abbildung 6):

„Wie einem nachgeborenen Fremden [...] war es auch mir ein Rätsel, was für Wesen hier einstmals gelebt und gearbeitet hatten und wozu die primitiven Anlagen im Innern der Bunker, die Eisenschienen unter den Decken, die Haken an den zum Teil noch gekachelten Wänden [...] gedient haben mochten" (RS 282f.). Angesichts dieser verstörenden Fremdheitserfahrung muss Sebald schließlich feststellen: „Wo und in welcher Zeit ich an jenem Tag auf Orfordness in Wahrheit gewesen bin, das kann ich auch jetzt [...] nicht sagen"[30] (RS 283). Damit ist die Halbinsel sowohl zum ‚extraterritorialen' als auch zum ‚extratemporalen' Ort geworden. Aus diesem utopischen Raum richtet Sebald schließlich seinen Blick auf das gegenüberliegende Orford: „Dort, dachte ich, war ich einmal zu Hause, und dann, in dem immer blendender

---

Vgl. auch Uwe Schütte: Ernst Herbeck – Literatur & Wahnsinn. In: ders.: Die Poetik des Extremen. Ausschreitungen einer Sprache des Radikalen. Göttingen 2006, S. 338–379.

27 Vgl. Ernst Herbeck: Der Hase!!!! Ausgewählte Texte. Salzburg 2013.

28 Sebald: Des Häschens Kind (Anm. 26), S. 177.

29 Zit. nach ebd.

30 Zur Orientierungslosigkeit des Erzählers vgl. Albes: Erkundung der Leere (Anm. 1), S. 289.

werdenden Gegenlicht, schien es mir auf einmal, als drehten sich hier und da […] die Flügel der längst verschwundenen Mühlen mit schweren Schlägen im Wind" (RS 283). Sebald erlebt die verloren geglaubte „Windmühlenzeit" (RS 42) in Form einer epiphanischen Erscheinung, die sich erst an einem außerräumlichen und außerzeitlichen Ort einzustellen vermag. Damit erweist sich die wiederholt beschworene Vergangenheit als eine Projektion, die nur über die Vorstellungskraft zurückgewonnen werden kann.

6

4 Kurzer Ausblick aus dem Ballon

Im Verlauf seiner Wallfahrt muss der Erzähler Sebald wiederholt die Erfahrung machen, dass Landschaft „heute nicht mehr nur Landschaft [ist], sondern […] schon Zeichen der Zerstörung" in sich trägt.[31] Diese Zerstörung sei vor allem ein Resultat des technischen Fortschritts, der sich insbesondere in der Agrikultur oder der Errichtung von Atomkraftwerken zeige. Ohne die Dynamik historischer Progression akzeptieren zu wollen, insistiert Sebald auf der Erinnerung an eine idealisierte Vormoderne. Während er den Fortgang der Geschichte als beständige Verlusterfahrung beschreibt, zielt seine kulturhistorische Spurensuche wiederholt auf einstige zivilisatorische Blütezeiten. In bewusster Opposition zur beschleunigten und technisierten Moderne nutzt er verschiedene Verfahren der ästhetischen Verlangsamung, um die Vergangenheit poetisch zu restituieren. Dabei geht es ihm nicht um die authentische Rekonstruktion faktual belegbarer Ereignisse, sondern um die fiktionale Überhöhung des Dargestellten vermittels imaginativer und immersiver Effekte. Fast scheint es, als werde Sebald dabei, wie er im ersten Kapitel der *Ringe des Saturn* über den Philosophen Thomas Browne schreibt, „auf den Kreisen seiner Prosa höher und höher getragen […] wie ein Segler auf den warmen Strömungen der Luft" (RS 30). Diese „Levitation" (RS 30), wie Sebald jene Form der geistigen Erhebung bezeichnet, lässt sich überdies mit dem Ende seines Essays über Robert Walser in Verbindung bringen. Dort schildert Sebald, wie Walser einst eine Ballonfahrt unternommen habe, und perspektiviert deren semantischen Gehalt poetologisch auf Walsers Werke. Im

31 Sebald: Trauerhaltung lernen (Anm. 3), S. 113.

Horizont der bisherigen Überlegungen meint man schließlich, Sebald über sich selbst reden zu hören: „Immer, in all seinen Prosastücken, will er über das schwere Erdenleben hinaus, will sacht und leise entschweben in ein freieres Reich.“[32]

32 W. G. Sebald: Le promeneur solitaire. Zur Erinnerung an Robert Walser. In: ders.: Logis in einem Landhaus. Über Gottfried Keller, Johann Peter Hebel, Robert Walser und andere. Frankfurt a.M. ^{4}2003, S. 127–168, hier S. 166.

Oliver Völker (Frankfurt am Main)

„Freeze this frame" · Zeitlicher Stillstand in Lehrs *42* und McCarthys *The Road*

Thomas Lehrs Roman *42* und Cormac McCarthys Roman *The Road* lassen sich als Texte lesen, die eine Katastrophe zum Gegenstand haben. Während in *The Road* das Ende der menschlichen Geschichte, ja des Lebens auf der Erde eingetreten zu sein scheint, bleibt in *42* schlichtweg die Zeit stehen. Wenngleich es sich hierbei um unterschiedliche Ereignisse handelt, deren genaue Ursache jeweils nicht geklärt wird, lassen sich in beiden Fällen doch ganz ähnliche Folgen beobachten: Zu Fuß wandern die verbliebenen Figuren beider Romane durch eine Welt, die arretiert, erstarrt und tot wirkt.

Vor diesem Hintergrund sollen im folgenden Aufsatz zwei Fragen erläutert werden. Erstens ist zu klären, welche unterschiedlichen ästhetischen und narrativen Strategien der Darstellung mit Formen der Verlangsamung und Stillstellung einhergehen. Wie geht das Medium der Erzählung, das traditionellerweise eher durch zeitliche Kategorien bestimmt und untersucht wurde, mit der Außerkraftsetzung des zeitlichen Verlaufs um? Zweitens ist zu fragen, in welcher Form der Stillstand von Zeit innerhalb der Romane zu einer verstärkten Thematisierung des Raums und der Landschaft führt.

1 Die Welt als Aschelandschaft

Cormac McCarthys Roman *The Road* wird oftmals in das Genre der Postapocalyptic Novel eingeordnet. Nach einer im Roman nicht erläuterten Katastrophe durchläuft die Natur einen scheinbar irreversiblen Prozess der Zerstörung. Es herrscht eine ungewöhnliche Kälte, gewaltige Brände überziehen das Land. Während die gesamte Tierwelt bereits seit Jahren ausgestorben zu sein scheint, stürzen tote und verkohlte Wälder nach und nach in sich zusammen. Vor diesem Hintergrund entwickelt der Roman die Geschichte eines namenlosen Vaters, der gemeinsam mit seinem Sohn durch ein verbranntes und lebloses Amerika wandert, um an die Ostküste zu gelangen. Von Beginn an wird der Leser daher mit den allgegenwärtigen Auswirkungen eines katastrophalen Ereignisses konfrontiert, das jedoch kaum erklärt oder auch nur angesprochen wird. An einer der wenigen Textstellen, an denen dies dennoch geschieht, wird der entscheidende Umschlag als ein Stillstand der Zeit beschrieben. „The clocks stopped at 1:17."[1] Durch die Verwendung des Plurals entsteht eine Unge-

1 Cormac McCarthy: The Road. New York 2006, S. 54.

wissheit in Bezug auf die Referenz dieser Aussage. „The clocks" scheint als Synekdoche auf einen Stillstand der Zeit insgesamt zu verweisen, wobei in diesem Fall Zeit zunächst als eine soziale Institution zu verstehen wäre, durch die gesellschaftliche Prozesse homogenisiert und normiert werden. Berücksichtigt man die lebensfeindlichen Bedingungen dieser Romanwelt, so lässt sich der Stillstand der Uhren schließlich sogar als Endpunkt der menschlichen Geschichte, ja des Lebens auf der Erde verstehen. Die zeitliche Position der Figuren wird durch den Vater deshalb schlichtweg als „später" angegeben: „There is no later, this is later."[2] „Später" bezieht sich in alltäglichen Kommunikationssituationen auf einen unbestimmten Zeitpunkt in der noch ausstehenden Zukunft. „Ich werde das später machen." Wenn wir uns Zeit als eine Linie vorstellen, auf der sich einzelne Subjekte „aus" der Vergangenheit „in" eine offene Zukunft fortbewegen, so bezieht sich „später" stets auf diesen noch ausstehenden Raum des Zukünftigen. Insofern wird durch die Behauptung „There is no later" ein Zusammenbruch des gesamten linearen Zeitkonzepts impliziert. Obschon Weg und Straße eine Grundmetapher für die Situierung von Subjekten im Verhältnis zu Vergangenheit und Zukunft bilden, befinden sich die Figuren von *The Road* jenseits eines Punktes, von dem aus auf eine ausstehende Zukunft noch Bezug genommen werden könnte. Die daraus resultierende Aufhebung von normalen Vorstellungen des geschichtlichen Verlaufs wurde durch Grace Hallyer prägnant zusammengefasst: „*The Road* represents a world that has uncannily continued to exist beyond its own death, beyond the state of its own history."[3] Die Handlung des Romans erscheint als „uncanny", insofern die hier dargestellte Welt einer zeitlichen Logik des Gespensts untersteht: Sie existiert nach ihrem Ende, über das Maß der ihr zugefallenen Zeit hinaus.

Die Rede von einem Stillstand der Zeit in Bezug auf eine Erzählung ist jedoch erläuterungsbedürftig. Wenngleich der Text tatsächlich ein Narrativ jenseits der menschlichen Geschichte zu entwerfen scheint, ist er weiterhin durch zeitliche Abfolgen und Prozesse strukturiert. Die Figuren hungern und essen, sie wachen und schlafen im Rhythmus des Wechsels von Tag zur Nacht. Trotz dieser für einen Roman letztlich unvermeidlichen Zeitlichkeit kann jedoch gezeigt werden, dass der Text den Eindruck der Verlangsamung oder gar Stillstellung auch über seine sprachliche Beschaffenheit umsetzt. Dies zeigt sich vor allem mit Blick auf Textstellen, in denen die leblose Umgebung der beiden Protagonisten beschrieben wird: „The city was mostly burned. No sign of life. Cars in the streets caked with ash and dust. Fossil tracks in the dried sludge. A corpse in a doorway dried to leather."[4]

---

2 Ebd., S. 56.

3 Grace Hellyer: Spring Has Lost Its Scent: Allegory, Ruination, and Suicidal Melancholia in *The Road*. In: Julian Murphet, Mark Steven (Hg.): Styles of Extinction: Cormac McCarthy's *The Road*. London/New York 2012, S. 45–62, S. 53 [Kursivierung im Original].

4 Wie Anm. 1, S. 11.

Das Zitat besteht aus fünf Sätzen, von denen vier insofern grammatisch unvollständig sind, als sie keine Verben aufweisen. Die Sätze selbst erscheinen als parataktisch aneinandergereiht, ohne in ein logisches, kausales oder temporales Verhältnis zueinander gesetzt zu werden. Die Leblosigkeit der Szenerie findet demnach ihre sprachliche Entsprechung in einer kühlen, sachlich registrierenden Beschreibung. Die sinnlich zu erfassenden Spuren der Zerstörung werden aufgelistet, verbinden sich jedoch nicht zu einem kohärenten Ganzen.

Auffällig ist zudem die häufige Verwendung des Past Participle in Form von „burned", „caked", „dried" und wiederum „dried". Es scheint, als seien alle Handlungen und zeitlichen Prozesse bereits vergangen und abgeschlossen. Das Verfahren der parataktischen Aneinanderreihung erzeugt darüber hinaus den Eindruck, die äußere Welt könne nur noch protokolliert und in Listen aufgeführt werden. Ein solches Verfahren der Reihung ist keineswegs die Ausnahme, sondern bildet eine narrative Grundeigenschaft des gesamten Romans, wie das folgende Zitat illustriert:

> He came upon the barn from the hill above it, stopping to watch and listen. He made his way down through the ruins of an old apple orchard, black and gnarly stumps, dead grass to his knees. He stood in the door of the barn and listened. Pale slatted light. He walked along the dusty stalls. He stood in the center of the barn bay and listened but there was nothing. He climbed the ladder to the loft and he was so weak he wasn't sure he was going to make it to the top. He walked down to the end of the loft and looked out the high gable window at the country below, the pierced land dead and gray, the fence, the road.[5]

Eine bemerkenswerte Eigenschaft der zitierten Textstelle besteht in ihrem relativ monotonen Rhythmus. Sieben der acht Sätze beginnen mit dem Pronomen „He" („He came", „He made", „He stood", „He walked", „He stood", „He climbed" und „He walked") und folgen dem gleichen syntaktischen Schema. Tatsächlich handelt es sich hierbei um den Beginn eines Abschnitts von vier Seiten, in welchem insgesamt 39 Sätze dem gleichen syntaktischen Muster folgen. Wiederum erscheinen die einzelnen Sätze unverbunden und beschränken sich inhaltlich auf das nüchterne Registrieren von Oberflächen und Handlungen. Dies hat einen doppelten Effekt: Erstens wird das Handeln des Mannes sprachlich in eine Vielzahl unterschiedlicher Körperbewegungen und Gesten aufgespalten, sodass sich die Erzählzeit dehnt. Zweitens lässt die monotone Wiederholung der immer gleichen Satzstruktur eine Gleichförmigkeit des sprachlichen Rhythmus entstehen, sodass die zeitliche Dauer, die den Handlungen ja immer noch eignet, undeutlich wird. Die exakte Reihenfolge der Handlungen innerhalb der fiktiven Welt scheint der Position des jeweiligen Satzes innerhalb des Abschnitts zu entsprechen. Da die einzelnen Sätze jedoch in keinen zeitlichen Bezug

5 Wie Anm. 1, S. 125.

zueinander gesetzt werden und zudem in ihrer syntaktischen Struktur identisch sind, wird der Eindruck einer sukzessiven Abfolge und Entwicklung der Romanhandlung verunsichert. Die sprachliche Gleichförmigkeit löst den einzelnen Satz aus seinem Zusammenhang innerhalb des Textes und lässt ihn für sich stehen. Als Effekt dieser sprachlichen Strukturierung und Rhythmisierung stellt sich der Eindruck von Zeitlosigkeit ein. Nicht allein die Uhren der fiktiven Welt sind demnach stehen geblieben, der Text selbst besteht an verschiedenen Stellen aus Reihungen und Auflistungen, die den Fortgang der Narration verzögern oder gänzlich der Zeit entheben. In seiner sprachlichen Beschaffenheit realisiert der Roman somit eine eigenständige Ästhetik der Verlangsamung.

Diese Form der Verlangsamung von Bewegung gilt jedoch nicht allein für die Darstellung einzelner Handlungsabläufe, sie manifestiert sich ebenso in der grundlegenden und das gesamte Romangeschehen bestimmenden Bewegungsform des Wanderns und Gehens. Unter normalen Bedingungen wird die Straße eher als eine Funktion denn als tatsächlicher Ort erlebt. Sie ist das Mittel, um sich von einem Ort fortzubewegen, eine eigene Bedeutung wird ihr meist nur innerhalb dieser Funktion zugeschrieben. Über die verlangsamte Form des Gehens wird nun jedoch nicht allein die Straße selbst zum Gegenstand der Aufmerksamkeit. Auch die umliegende Landschaft tritt deutlich aus ihrer Rolle als bloßer Hintergrund hervor. An mehreren Stellen des Romans begeben sich die Hauptfiguren auf Anhöhen, um ihre Umgebung mit einem Fernglas zu betrachten:

> Just beyond the high gap in the mountains they stood and looked out over the great gulf to the south where the country as far as they could see was burned away, the blackened shapes of rock standing out of the shoals of ash and billows of ash rising up and blowing down-country through the waste.[6]

Der Text inszeniert an diesen und ähnlichen Stellen den Blick auf eine gleichbleibend unbewegte und tote Landschaft, die ihren Betrachtern keinen räumlichen oder landschaftlichen Orientierungspunkt zu bieten vermag. Die allgegenwärtige Asche wird durch eine maritime Metaphorik beschrieben, nämlich durch die Begriffe der Untiefe („shoal") und der Welle („billow"). Über die metaphorische Koppelung zwischen fester Erde und Meer büßt die Welt ihre Gegenständlichkeit ein. Sie geht in das Element über, das seiner Natur nach keine Spuren menschlicher Kultur tragen und aufnehmen kann.[7] Daraus entsteht eine ambivalente Wahrnehmungssituation:

6 Wie Anm. 1, S. 13.

7 Vgl. Robert Pogue Harrisson: The Dominion of the Dead. Chicago 2003, S. 12: „There are no gravestones on the sea. History and memory ground themselves on inscription, but this element is uninscribable."

Zwar blicken die beiden Figuren nach wie vor auf eine Welt und vergegenwärtigen deren sinnliche Erscheinungsform, zugleich droht diese Welt allmählich ihre Gestalt zu verlieren. Sie scheint in einem Prozess der allmählichen Auflösung und des Verschwindens begriffen zu sein.

Ein solcher Umstand wirkt besonders bemerkenswert, ist doch die Theorie zur Ästhetik der Landschaft meist vom Gegenteil, nämlich vom Paradigma des Erscheinens ausgegangen. Nach Joachim Ritter kam der sich im Laufe des 18. Jahrhunderts entwickelnden Ästhetisierung von Natur die Funktion zu, eine aus der zunehmenden technischen Entwicklung resultierende Entfremdung zwischen Mensch und Natur zu kompensieren. Da die Natur aus der Lebenswelt des Menschen immer mehr zurückgedrängt wurde, hatte nun die Kunst dafür zu sorgen, „ein sonst nicht mehr Gesagtes und Gesehenes zum Scheinen zu bringen, es zu vergegenwärtigen“.[8] In *The Road* ist diese Form der kontemplativen Wiederaneignung von Natur nicht mehr möglich. Zwar wird im Zuge der verlangsamten Fortbewegung mehrfach auf den literarischen Topos der Landschaftsbetrachtung angespielt. Zugleich kann die umliegende Landschaft nur noch als etwas vergegenwärtigt werden, das seine Gegenwart bereits überdauert hat; das zwar erscheint, zugleich jedoch ein bereits erfolgtes Verschwinden markiert.

2 Die Welt als Fototapete

Wenn in McCarthys Roman die Landschaften als leblos und, bis auf den Flug der Asche, als bewegungsarm erscheinen, so wird diese Eigenschaft in Thomas Lehrs Roman *42* nochmals radikalisiert. Nach einem Besuch des Genfer Forschungszentrums CERN stellt eine Gruppe von siebzig Wissenschaftlern, Touristen und Journalisten fest, dass um sie herum die Welt zum Stillstand gekommen ist. Die Umwelt verharrt in eben der räumlichen Konfiguration, die sie um 11 Uhr, 47 Minuten und 42 Sekunden eingenommen hat. Die Bewegung der übrigen Menschen ist ebenso eingefroren wie das Spiel der Blätter im Wind. Vögel und Flugzeuge stehen regungslos am wolkenlosen Augusthimmel, es ist heiß. Da unter den siebzig „Überlebenden“ auch zahlreiche Physiker sind, entstehen bald eine ganze Reihe unterschiedlicher Theorien über die möglichen physikalischen Ursachen und Auswirkungen des zeitlichen Stillstandes. Da jedoch keiner dieser Ansätze zu einer auch nur ansatzweisen Erklärung der Geschehnisse führt, wird der Erzähler immer wieder auf ein rhetorisches

8 Joachim Ritter: Landschaft. Zur Funktion des Ästhetischen in der modernen Gesellschaft. In: ders.: Subjektivität. Sechs Aufsätze. Frankfurt a.M. 1974, S. 141–163, S. 155.

Mittel verwiesen, dessen Attraktivität angesichts eines unklaren Bezugsgegenstands nur gesteigert wird: die Metapher.[9]

Die arretierte Welt des Romans wird recht schnell mit dem Medium der Fotografie in Verbindung gebracht. „Sind sie fotografiert worden?",[10] so fragt ein besonders hellsichtiges Kind in den ersten verwirrenden Momenten nach dem Einsetzen der „Nullzeit". Der über die Frage des Kindes angeregte Vergleich mit der Fotografie wird schnell zur einer zentralen Metapher im Text: Die nicht endende Erstarrung der äußeren Landschaft wird als überdimensionierte Fototapete, die Welt insgesamt als „Fixierbad"[11] bezeichnet.

Obschon das Medium der Fotografie die literarische Fiktion einer andauernden, nicht mehr vergehenden Gegenwart unterstreicht, findet sich innerhalb des Romans zugleich ein starker Bezug auf den Begriff des Todes. Dies geschieht einerseits durch diejenige Sekunde, die auch den Titel des Romans bildet. Das japanische Wort für 42, so erfährt der Leser des Romans, kann zugleich auch „Tod" bedeuten.[12] Zudem konstituiert der Begriff des Todes ein weiteres semantisches Feld, aus dem der Text seine Metaphern bezieht. So ist von den „Leichentüchern von Warschau, Budapest, Zagreb [und] Athen" ebenso die Rede wie von den der „vollkommen waagrecht verlaufende[n] Herz-Oszillographenlinie für Mailand, Rom [und] Florenz".[13] Auch die Physiker der Gruppe bezeichnen ihre wissenschaftlichen Erklärungsversuche unter den veränderten zeitlichen Bedingungen schließlich als „Nekrologische Physik".[14] In der logischen Konsequenz dieser allgegenwärtigen Todesmetaphorik verwandelt sich die sommerliche, mitten im Leben, mitten in Bewegung angehaltene Welt des Romans schlagartig in eine beklemmende Geisterwelt. Der Erzähler bezeichnet sich als „Geistergeher auf einer blechstarrenden toten Autobahn"[15] und die übrigen Romanfiguren erscheinen ihm als „Zeitgespenster"[16] einer nicht endenden „Geisterstunde"[17].

Eine solche Engführung zwischen Fotografie und Tod lässt sich nicht allein in Lehrs Roman finden. „Tod" ist zugleich derjenige Schlüsselbegriff, mit dem bereits Roland Barthes in *Die helle Kammer* das Wesen der Fotografie zu bestimmen versuchte:

9 Eine grundsätzliche Leistung der Metapher scheint darin zu bestehen, nicht materielle Phänomene wie „Liebe" oder „Leben" sprachlich bezeichnen zu können. Vgl. George Lakoff/Mark Johnson: Metaphors We Live by. Chicago 1980.

10 Thomas Lehr: 42. München 2013, S. 33.

11 Wie Anm. 10, S. 33.

12 Ebd., S. 36.

13 Ebd, S. 167.

14 Ebd., S. 54.

15 Ebd., S. 205.

16 Ebd., S. 170.

17 Ebd., S. 15.

„[...] wenn ich mich auf dem aus dieser Operation hervorgegangenen Gebilde erblicke, so sehe ich, dass ich Ganz und Gar Bild geworden bin, das heißt der Tod in Person“.[18] Und an anderer Stelle heißt es ergänzend: „[...] ich erfahre dabei im kleinen das Ereignis des Todes [...]: ich werde wirklich zum Gespenst.“[19] Der Tod eignet der Fotografie, insofern sie einerseits arretiert und objektiviert, damit zugleich aber eine feste Gestalt verleiht und somit sichtbar macht.

Nimmt man diese Bestimmung der Fotografie wörtlich, so ergibt sich ein direkter Bezug zum geschichtlichen Endpunkt von *The Road*. Beide Texte konstituieren Welten, die durch die Eigenschaften des Todes und des Gespenstes bestimmt werden und somit außerhalb einer Logik der zeitlichen Sukzession stehen. Hierdurch realisiert sich in den jeweiligen Protagonisten eine ebenso irreale wie interessante Perspektive: Sie betrachten ihre Umgebung nicht aus der Perspektive eines Teilnehmers, sondern aus der eines Nachgeborenen, ja eines Archäologen.

Vor diesem Hintergrund eines offenbar globalen Zustands der Stille und des Stillstands treten in 42 Praktiken der Fortbewegung besonders deutlich in den Vordergrund. Als klar wird, dass „kein Flugzeug, kein Auto, kein Motorrad, keine Vespa, kein Fahrrad, kein Tretroller und noch nicht einmal Rollschuhe“[20] ihren gewöhnlichen Dienst verrichten, bleibt ausschließlich die Fortbewegung zu Fuß übrig. Die bloße Idee eines erstarrten, sich schier endlos dehnenden Raums bereitet den Figuren des Romans dabei einen regelrechten Horror Vacui. So hält der Erzähler fest, dass ihn „die Vorstellung eines wochenlangen Fußmarsches – über Basel, zunächst dem Rhein folgend, bei Frankfurt mich östlich haltend, die Rhön durchquerend, an der Saale entlang ins Havelland, über Berlin und Mecklenburg zur Küste – in die Knie zwang und nach Luft schnappen ließ“.[21]

Trotz dieses anfänglichen Grauens wandert der Erzähler im anhaltenden Mittagslicht immerhin zweimal von Genf nach Berlin, wo er den vermeintlichen Urlaubsort seiner Ehefrau an der Ostsee herauszufinden sucht und zudem nach Florenz, ihrem tatsächlichen Aufenthaltsort, wo sie eine endlose Sekunde der postkoitalen Tristesse mit ihrem Liebhaber verbringt.

Lehrs Ich-Erzähler ist demnach ein Fernwanderer, wie er in der realen Gegenwart kaum mehr existieren mag. Die damit einhergehende quälende Verlangsamung der Fortbewegung hat einen besonderen Effekt: Die für die Moderne immer wieder konstatierte „Kompression des Raums“[22] erfährt einen explosionsartigen Umschlag. Im Gegensatz zu einer Vorstellung von Mobilität, in der die subjektive Erfahrung

18 Roland Barthes: Die helle Kammer, Frankfurt a.M. 1989, S. 23.
19 Ebd., S. 22.
20 Wie Anm. 10, S. 104.
21 Ebd., S. 107.
22 Hartmut Rosa: Beschleunigung. Die Veränderung der Zeitstrukturen in der Moderne. Frankfurt a.M. 2005, S. 62.

räumlicher Distanz immer irrealer und geringer werden soll und es auch wird, scheint sich nun eine schwindelerregende Ausdehnung des Raums zu vollziehen. Besonders deutlich zeigt sich diese Wendung, als die Figuren des Romans zum Genfer Flughafen wandern, um dort verstört auf die als „Fluchtplan“[23] bezeichnete Anzeigetafel mit den Abflug- und Landezeiten zu starren. Im Geflecht der darauf notierten Flugverbindungen entsteht eine kartographische Repräsentation von möglichen Reiserouten, die nunmehr aber jegliche Realität und Aktualität eingebüßt haben. Gegenüber diesem nostalgischen Ort beinahe unbegrenzter Mobilität und Potentialität wird den Darstellungen der nur allzu realen Straßen und Autobahnen, die den Protagonisten oftmals als Wanderweg dienen, auch narrativ ein größeres Gewicht eingeräumt:

> Wir müssen über das Glacis, durch die Vor- und Ausläufer, durch das Marode, Werktägliche, Zerfranste, Putzwollhässlichste der Städte. Autobahnkreuze liegen wie die unbeweglich gewordenen Gelenke erschlagener Riesen im Sommergras. Reifenlager, Schrottplätze, Tankstellen, Abstellflächen für Gebrauchtwagenmärkte folgen, um uns höhnisch an die einstige Mobilität zu erinnern. Seit langem schon erregt uns nichts mehr als das Fahren, die Idee müheloser Fortbewegung. In einer negativen Erregungsphase konnte man mich auf der Autobahn beobachten, in sinnloser Wut und Eifersucht über das sonnenerhitzte Blech steigend, um besser treten zu können und den Anblick der zerspringenden Windschutzscheiben zu genießen. [...] Wir irren entlang der Rohrtrassenwüsten von Chemiefabriken und Raffinerien, über das Stahlnetz der Güterbahnhöfe, an Schlachthäusern, Baustoffdepots, Kieswerken, sauberen Fabrikhallen und ölverschmierten Werkstätten vorbei, die nur die Totenstille eint.[24]

Die Begriffe des Autobahnkreuzes und der Rohrtrassenwüste erzeugen das Bild einer Welt, die als ein sich stetig verdichtendes und ausbreitendes Netzwerk unzähliger Verkehrs- und Kommunikationslinien erscheint. Straße und Autobahn nehmen in diesem Zusammenhang eine rein instrumentelle Bedeutung ein. Es sind nahezu hypothetische Orte, werden sie doch meist nur betreten, um an einen anderen Ort zu gelangen. Ähnlich wie in *The Road* werden demgegenüber an der zitierten Stelle eben diejenigen Orte und Dinge in den Vordergrund gerückt, die unsere Mobilität ermöglichen, von dieser mobilen Perspektive selbst aber nicht mehr in den Blick genommen werden können. Hierbei ist auch zu beachten, dass die narrative Darstellung dieser Orte nicht etwa an den zeitlichen Verlauf des Wanderns gebunden ist, sondern eher durch die atemporale Form der Auflistung verhandelt wird. Die zitierte Aufzählung von Autobahn, Reifenlager, Schrottplatz, Tankstelle, Abstellfläche, Chemiefabrik, Raffinerie, Güterbahnhof, Schlachthaus, Baustoffdepot, Kieswerk, Fabrikhalle und Werkstatt erscheint nicht so sehr als ein narrativer Text, der

23 Wie Anm. 10, S. 84.
24 Wie Anm. 10, S. 136.

einen zeitlichen Verlauf rekonstruiert, sondern wie ein topographischer Katalog der modernen Industrielandschaft. Die Bewegung des wochen- und monatelangen Wanderns verdichtet sich auf der Ebene des Textes zu einer Liste, einem Katalog von Orten bzw. Nicht-Orten der urbanen Peripherie. Folgerichtig bezeichnet sich der Ich-Erzähler als „Enzyklopädisten der Unzeit".[25] Über den Begriff der Enzyklopädie verweist er auf eine Textform, die nicht durch eine zeitliche Ordnung der linearen Abfolge bestimmt wird, wohl aber den Anspruch erhebt, eine geordnete, möglichst sogar vollständige Form des Weltwissens zu präsentieren.[26] Im Verhältnis zum Akt des Schreibens gewinnt der gespenstische Stillstand der Zeit somit auch eine positive und ermöglichende Funktion. Ähnlich wie in Roland Barthes' Bestimmung der Fotografie geht dem Akt der Stillstellung auch eine Objektivierung und Sichtbarmachung einer ansonsten zu flüchtigen, sich dem Blick entziehenden Realität einher. Dies lässt sich auch als poetologische Bemerkung verstehen: durch die allgegenwärtige und einende „Totenstille" können die einzelnen Orte auch im literarischen Text verknüpft und somit lesbar gemacht werden.

3 Das Aufleuchten der Welt

In beiden Texten geht der Stillstand bzw. die Verlangsamung der Bewegung mit einer starken Vergegenwärtigung des Raums und der sich darin ansiedelnden Orte und Dinge einher. Was jedoch die phänomenale Gestalt der dabei in den Blick tretenden Welt anbelangt, zeigen sich wichtige Unterschiede: Cormac McCarthys Landschaften bieten das von einem gleichbleibenden Grau bestimmte Bild einer zerstörten und schwindenden Welt. Auch das für diesen Prozess kausal ursächliche Ereignis ist bereits vergangen, verbleibt im Dunkeln der traumatischen Erfahrung und wird an keiner Stelle des Romans explizit vergegenwärtigt. Lehr hingegen rückt die Rahmenbedingungen von Mobilität in den Blick, wie sie genau jetzt existieren. Demnach erscheint *42* stärker als literarisches und metafiktionales Experiment mit Bezug auf die Frage, was es heißen kann, von eben dieser Gegenwart zu schreiben. Ein solches unfreiwilliges Studium der Gegenwart führt die Romanfiguren zuweilen aber auch in eine Bibliothek. So berichtet der japanische Physiker von einem Aufenthalt in Freiburg: „Man kann auch studieren, endlich in Ruhe. Ich las High-Decker in Frai-Bu."[27] Heidegger fungiert jedoch nicht allein als Studiengegenstand innerhalb des Romans, sondern könnte zudem auf eine mögliche Annäherungsform zu Lehrs Roman verweisen. Die durch den Zeitstillstand verfremdende Form der Darstellung

25 Ebd., S. 273.

26 Vgl. Waltraud Wiethölter, Frauke Berndt und Stephan Kammer: Zum Doppelleben der Enzyklopädik – eine historisch-systematische Skizze. In: dies.: Vom Weltbuch bis zum World Wide Web – Enzyklopädische Literaturen. Heidelberg 2005, S. 1–52.

27 Wie Anm. 10, S. 270.

scheint auf ein Phänomen zu verweisen, das in *Sein und Zeit* unter dem Begriff der Aufdringlichkeit erläutert wird:

> Das Zuhandende kommt im Bemerken von Unzuhandendem in den Modus der *Aufdringlichkeit*. Je dringlicher das Fehlende gebraucht wird, je eigentlicher es in seiner Unzuhandenheit begegnet, um so aufdringlicher wird das Zuhandene, so zwar, dass es den Charakter der Zuhandenheit zu verlieren scheint.[28]

Innerhalb von *Sein und Zeit* steht der Begriff des Zuhandenen für die vertraute, materiell-dingliche Umwelt, in der wir uns bewegen und in alltägliche Verrichtungen und Gebrauchszusammenhänge eingebunden sind. Die Selbstverständlichkeit im Umgang mit dieser materiellen Welt hat nach Heidegger den Effekt, dass die Dinge in Zusammenhängen des Gebrauchs „verschwinden", also in ihrer eigenständigen phänomenalen Gestalt nicht mehr wahrgenommen werden. Eine solche Selbstverständlichkeit wird in dem Moment erschüttert, in dem Gegenstände beispielsweise kaputtgehen und der automatische Vollzug des Gebrauchs dadurch fehlgeht. Erst dann tritt uns beispielsweise ein Hammer als etwas entgegen, dessen Erscheinung nicht innerhalb eingespielter Praktiken und gewohnter Handlungsabläufe aufgeht. In eben dieser Form werden in Lehrs Roman Orte wie Schrottplatz und Transportwege wie Autobahnkreuz und Rohrtrasse in ihrer Dysfunktionalität gegenwärtig. Um eine andere Formulierung Heideggers zu verwenden, beginnen sie, im schattenlosen Mittagslicht des Romans „aufzuleuchten".[29] Im Diskussionszusammenhang von *Sein und Zeit* bedeutet dies jedoch nicht, dass allein einzelne Gegenstände wieder in den Vordergrund treten. Vielmehr wird ausgehend vom Scheitern des einzelnen Vollzugs dessen Kontext, dessen allgemeiner Verwendungshintergrund oder Zusammenhang überhaupt erst wahrnehmbar. *À la limite* handelt es sich bei diesem Zusammenhang um nichts anderes als die Welt.

> In einer Störung der Verweisung – in der Unverwendbarkeit für ... wird aber die Verweisung ausdrücklich. [...] Mit diesem umsichtigen Wecken der Verweisung auf das jeweilige Dazu kommt dieses selbst und mit ihm der Werkzusammenhang, die ganze „Werkstatt", und zwar als das, worin sich das Besorgen immer schon aufhält, in die Sicht. Der Zeugzusammenhang leuchtet auf nicht als ein noch nie gesehenes, sondern in der Umsicht ständig schon im vorhinein gesichtetes Ganzes. Mit diesem Ganzen aber meldet sich die Welt.[30]

---

28 Martin Heidegger: Sein und Zeit. Tübingen 2006 [1927], S. 73 [Kursivierung im Original].
29 Wie Anm. 28, S. 75.
30 Wie Anm. 28, S. 75.

Eine „Störung der Verweisung“ liegt dann vor, wenn ein Gegenstand nicht mehr problemlos als Mittel gebraucht werden kann, um einen bestimmten Zweck (das „Dazu“) zu erreichen. Indem nun die Figuren der beiden Romane meist auf zerstörte oder zumindest unbrauchbare Gegenstände treffen, entsteht dadurch eine erhöhte Aufmerksamkeit für die materielle Umwelt einer modernen Industriegesellschaft. Die nicht ablassende Helligkeit von *42* kann damit auch als poetologisches Prinzip verstanden werden: Es geht darum, die Welt auszuleuchten oder, mit Joachim Ritter gesprochen, zu vergegenwärtigen. Anders als im Rahmen von Ritters These der Kompensation dreht es sich jedoch nicht um die Wiederaneignung einer im Laufe der Modernisierung verlorenen Natur, über die zugleich deren Unterwerfung perpetuiert wird. Der Text macht gerade nicht das vermeintlich andere der Zivilisation zum Gegenstand, sondern deren materielle Infrastruktur. Der Vorgang des Schreibens wird hier als Möglichkeit verstanden, eine durch die Metaphern der Erstarrung, der Vereisung und des Todes bezeichnete Welt anzueignen und erfahrbar zu machen. Obschon also beide Texte völlig konträre Beleuchtungsverhältnisse verwenden, liegt doch beiden eine Form des Schreibens zugrunde, das eine extrem konzentrierte, bisweilen schmerzhafte Form der Aufmerksamkeit auf die in ihnen dargestellte Wirklichkeit ermöglicht. „Freeze this frame“[31] ist damit nicht allein eine Wendung, die der Vater in *The Road* in Bezug auf eine distinkte Erinnerung an seine tote Ehefrau gebraucht, sie lässt sich auch als poetologisches Prinzip der beiden untersuchten Texte verstehen.

31 Wie Anm. 1, S. 18.

die letzte amsel und das rattern der züge – Lyrische Echos der Gegenwart

Björn Kuhligk

In der Propellermaschine. Gedichte

IN DER PROPELLERMASCHINE

Die Leere dröhnt, es dröhnt die Leere
ich sitze hier und wache bloßgelegt
die Erde schiebt sich aus dem Blick

ich schlafe mit den Schamkäfern
draußen die Erde, die Krümmung
wie sich die Erde krümmt

ich wache, Herz, so viele Atemstöße
von den deinen fern, die Stille dröhnt
es dröhnt die Stille, ich wache und warte

Erschöpfung und Schlaf, zucke, drifte
hindurch, so viele Atemstöße
von den deinen fern

Björn Kuhligk

IM NORDEN

Das dunkle Aquarium, im Wasser
standen die Fische, ein sanftes spätes Licht
wir waren ruhig, in der Kälte verharrten
die in den Wind gestellten Pferde, die Siele
froren zu, der Duft, als die Amaryllis
sich öffnete, leise wie Schnee

IN DEN BERGEN

Die Wolken, als brenne das Tal
Regen, die Geräusche des Regens
der Himmel hält die Erde fest

fünf Kälbchen, das dritte liegt
seit Tagen tot, die Augen
wurden eingedrückt

der Morgen kühl, am Dorfrand ist der Bach
aufgestanden, die Wiesen schäumen
die Berge, die Tannen, das Holz

auf der Weide zieht der Mann das Kälbchen
aus der Kuh, steht auf, wischt die Hände
am Gras ab, geht zurück in den Stall

Björn Kuhligk

DER AFFE SPRICHT

Churchill hat uns nachgeholt, ich bin
Großbritanniens Garantie, ich bin
legal, meine Heimat: auf der anderen
Seite, ich bin für keinen Feind
eroberbar, ich bin der Weltschmerz
auf dem Fels, ich bin, woraus ihr
kommt, ich laufe über eure Autos
ich bin der Spott, der Hohn, und hocke
auf dem Fels, ich sehe die Schmuggler
Flugzeuge starten und landen, das Geld
das sich von ganz allein bewegt, ich bin
eure Zumutung, das Wrack, das ihr
streicheln wollt, ich sitze auf dem Fels
und seh Besitz und hör die Kontinente driften

DAS GEDICHT GEHT DURCH EINEN KÖRPER UND GRÜSST NICHT MAL

1

Wenn man durch ein Land reist, ist das Land eine Reise wert.
Wenn man eine Siedlung verlässt, erreicht man eine andere.
Wenn man ein Gedicht geschrieben hat, schreibt man ein nächstes.
Wenn das eine Freude ist, ist das eine Freude.
Wenn man ein Bier trinkt, trinkt man ein Bier.
Wenn das schön ist, ist es schön.
Wenn ich das so weiter mache, mache ich so weiter damit.
Wenn ich einen Wurstsalat esse, esse ich einen Wurstsalat.
Wenn das eine Freude ist, dann ist das eine Freude.
Wenn man das eigene Leben als Material benutzt, dann ist das so.
Wenn man eine neue Grammatik erfinden möchte, kann man das tun.
Wenn man eine neue Wahrnehmung erzeugen möchte, kann man das tun.
Wenn man etwas zertrümmern möchte, möchte man etwas zertrümmern.
Wenn man etwas tun möchte, möchte man etwas tun.
Wenn man das jetzt so weitermacht, dann macht man so weiter damit.
Wenn eine Kartoffel was zur anderen sagt, dann sagt sie: Ich möchte nicht gegessen werden.
    Wenn sie noch was sagen kann, dann kann sie sagen: In der Erde war es besser.
Wenn man das jetzt so weiter macht, dann macht man so weiter.

Björn Kuhligk

2

Fährt man von der Quelle zu den Leuchttürmen, fährt man nicht von den Leuchttürmen zur Quelle.
Rede ich über Brackwasser, rede ich nicht über Hochseefischerei.
Rede ich über Algebra, was ich nie mache, rede ich über etwas, von dem ich nichts verstehe.
Rede ich über das Wetter, kann ich darüber reden.
Rede ich über Fotografie, habe ich eine Ahnung davon.
Rede ich über Theater, weiß ich zu wenig, um darüber reden zu können.
Rede ich über Gedichte, denke ich, ich sollte nicht darüber reden.
Schreibe ich Gedichte, schreibe ich Gedichte.
Schreibt man Gedichte, genügt das.
Fährt man von der Quelle zu den Leuchttürmen, dann macht man das.
Wird man pathetisch, dann muss die Heide brennen.
Wird man leise, wird man leise.
Stellt man sich eine Schreibaufgabe, hat man eine Schreibkrise.
Hat man eine Schreibkrise, sollte man seine Zeit mit anderem verbringen.
Sagt man Krise, sollte ein Land brennen.
Schreibt man ein Gedicht, dann schreibt man es.
Schreibt man keins, dann schreibt man keins.
Sagt man immer wieder man, weiß irgendwann niemand mehr, wer gemeint ist.
Sagt man immer wieder man, meint man nur sich selbst.
Sagt man immer wieder man, sind alle gemeint.
Sage ich immer wieder wir, sagt irgendwann jemand, ich bin nicht dein wir,
mein Großvater wollte niemals auf eine DGB-Demo schießen.
Fährt man von der Quelle zu den Leuchttürmen, schwimmen Lachse mit.
Fährt man von den Leuchttürmen zur Quelle, schwimmen Lachse mit.

3

Ich weiß, dass Kunst nur die traurige Zusammenballung aller Defizite ist.
Ich weiß, dass mir dieser Gedanke sehr logisch erscheint.
Ich weiß, dass ich mit diesem Gedanken Gedichte schreibe.
Ich weiß, dass ich Menschen, die Gedichte schreiben und sich öffentlich
über Gedichte im Allgemeinen äußern, merkwürdig finde.
Ich weiß, dass ich haupt- oder nebenberufliche Kritiker von Gedichten merkwürdig
finde, weil sie eine Vorstellung von dem haben, was ein Gedicht sein soll.
Ich habe mal in einem französischen Film eine Strandszene gesehen, in
der ein Mann einer Frau sagte: „Madame, ich möchte mit ihrer Tochter
schlafen. Es soll wie ein Gedicht sein, was ich ihnen widme."
Ich weiß nicht, was ein Gedicht ist.
Ich weiß, dass jemand, der sich für einen großen oder wichtigen Dichter hält, einen Knall hat.
Ich weiß, dass jedes größere Kind ein Gedicht schreiben kann.
Ich weiß, dass Jugendliche Gedichte schreiben.
Ich weiß, dass ich erwachsen bin und immer noch Gedichte schreibe.
Ich weiß, dass jedes Gedicht die Ballung aller Defizite ist.
Ich habe mal geschrieben, dass ich das mit „Bier" betitelte Gedicht von Karl Mickel
über die Alpen tragen würde, um den Fortbestand dieses Gedichts zu sichern.
Ich weiß, dass ich die Alpen falsch einschätze.
Ich weiß, dass jedes Gedicht traurig ist.
Ich weiß, dass ich keine Traurigkeit über die Alpen tragen möchte.
Ich weiß, dass ich Gedichte schreibe, weil ich Gedichte schreiben will.
Ich weiß, dass diese Logik bahnbrechend ist.

Björn Kuhligk

4

Das Gedicht grenzt im Westen an die Vereinigten Staaten der Zwecklosigkeit.
Das Gedicht grenzt im Osten an eine freiwillige Feuerwehr.
Das Gedicht grenzt im Süden an eine Tüte Bio-Mehl.
Das Gedicht grenzt im Norden an subventionierte Kinderbetreuung.
Das Gedicht grenzt, wenn es Grenzen hat, an seine Selbstgefälligkeit.
Das Gedicht geht durch einen Körper.
Das Gedicht geht durch meinen Körper.
Das Gedicht geht durch meinen Körper und grüßt nicht mal.
Das Gedicht holt sich, was es braucht.
Das Gedicht braucht Jahre, zwei Minuten.
Das Gedicht wird manchmal richtig scheiße.
Das Gedicht wird dann gelöscht.
Das Gedicht ist so dämlich wie der, der darüber redet, darüber schreibt.
Das Gedicht ist so klug wie der, der ins Museum geht.
Das Gedicht braucht keine Schlaumeierei, keine Milchmädchenrechnung.
Das Gedicht braucht kein Schreiben über das Gedicht.
Das Gedicht will geschrieben, will gemacht werden.
Das Gedicht will nicht geschrieben, will nicht gemacht werden.
Das Gedicht ist ein Hüttenkäse.
Das Gedicht will sagen: Lasst mich in Ruhe, wenn ich fertig bin.
Das Gedicht will sagen: In der Ziege war es besser.
Das Gedicht will sagen: Woher weißt du, was ich will und warum kann ich überhaupt reden.

5

Ich schreibe, wenn etwas kommt.
Ich schreibe, wenn etwas nicht kommt.
Ich schreibe, wenn etwas ankommt
Ich schreibe, wenn etwas nicht ankommt.
Ich schreibe, wenn die Defizite.
Ich schreibe, wenn auf einem T-Shirt steht „I'm a muslim, not a bomb".
Ich schreibe, wenn die Tiefe, die Höhe, das Dazwischen.
Ich schreibe, wenn die Apnoe-Taucher, die Speedclimber.
Ich schreibe, wenn diese verdammten Schmerztiere.
Ich schreibe, wenn diese Verwahrlosung.
Ich schreibe, wenn dieses Dieses.
Ich schreibe, wenn die Schönheit eines Feldes.
Ich schreibe, wenn das Schweigen, die Stille.
Ich schreibe, wenn die Defizite.
Ich schreibe, wenn das gefrostete Stück Wiese vor einem Familienhaus.
Ich schreibe, wenn die Heide brennt.
Ich schreibe, wenn das Land brennt.
Ich schreibe, wenn die Hochstuhlrocker, die Badewannenwasser-Kapitäne.
Ich schreibe, wenn die Liebe, der Hass, die Leere undsoweiter.
Ich schreibe, wenn der von Schnee bedeckte, an der Ampel
wartende Hund und seine Ahnungslosigkeit.
Ich schreibe, wenn größere Aufmerksamkeit versprochen wird.
Ich schreibe, wenn Geld geboten wird

Björn Kuhligk

6

Ich antworte, ich schreibe sie mit den Händen.
Ich antworte, ich lebe zeitweise und teilweise davon und damit und gut und danke.
Ich antworte, dass ich darauf nicht antworten werde, Sie fragen doch auch
    keinen Roman-Autor, warum er keine Gedichte schreibt.
Ich antworte, dass jedes Hoch- oder Flachhaus mehr Erotik hat.
Ich antworte, dass jedes geschlossene Gewässer mehr von allem hat.
Ich antworte, dass ein Feuerwehrfest in Posemuckel mehr Menschen erfreut.
Ich antworte, dass diese Tätigkeit mehr Lächerlichkeit hat als ein Feuerwehrfest in Posemuckel.
Ich antworte, dass diese Tätigkeit mehr Ernsthaftigkeit hat als ein Feuerwehrfest in Posemuckel.
Ich antworte, dass ich etwas mache, was Jugendliche tun.
Ich antworte, dass das eine Fehlschaltung ist.
Ich antworte, dass es ein Handwerk ist.
Ich antworte, ich bin manchmal glücklich dabei.
Ich antworte, ich schreibe sie mit den Händen.

Bettina Hartz

MOABIT MON HABIT

1

*** (GOOD YEAR)

Bio-Diesel unter 1 Euro
u. Erdgas gibt's auch
bei **WESTFEHLING**
Autovermietung

GOOD YEAR!

(weiß) (bunt) (schwarz) **WÄSCHE**

schlapp hängende Fahnen
unter denen die Taxis
tanken

die Schornsteine **VATTENFALL**
nach wie vor streng
aufragende Schlüssel-
bärte

2010-08-16

Bettina Hartz

*** (-trompeter)

der Trompeter (im Haus gegenüber)

als hätte sich die Welt gedreht
Frühling Sommer Herbst
im Gelenk
schiene die Sonne nun von der *anderen* Seite
an Spinnweben aufgehängt

2010-09-22

*** (-häfen)

Schiff Oberon
auf dem Nordkapkanal
trägt satte Rostschutzfarbe
Schneeballlumpen von denen einer *plötzlich* Flügel breitet
als Möwe entschwebt

(Nacht)

Schiff Heinrich
im Westhafendock
lädt Kohle ab
rhythmisch piepts beim Zurückfahren des Krans
mit der Schaufel

2010-11-03

Bettina Hartz

*** (gelbe E-Lok)

heute früh eine
kleine gelbe E-Lok
ganz allein auf den Schienen
in Spielzeugbahnentempo
der Stromabnehmer
ein heller Segelschatten unter dem
Kabelwind

2010-10-25

*** (-heide)

Jungen mit Fahrrädern am Bahndamm
graben mit den Händen den Sand
stürmen die Trampelpfade hinunter
sind fort

----

der gelbe Becher neben der Böschung
bleibt liegen
hütet

die Stimmen

die sich
immer mehr
entfernen

fort sind

2010-05-09

Bettina Hartz

*** (moabiter -schlosskino)

schneeverwöhnt
schneeverweht

2010-12-09

*** (42 -waggons)

die schwer kämpfende Diesellok
mit den 42 Schüttgutwaggons
sie legt sich ins Zeug

es geht vorüber das Brummen
die Stille danach
hat schwärzeren Geschmack
ordnet die allmählich einfallenden Geräusche nach Größe

2010-10-25

Bettina Hartz

*** (-wasch)

über der Spüle der 5-Liter-Boiler
Abwasch wie damals an der Pumpe
mit Heißwasser aus dem dunkelroten Emailletopf
man musste planen sparen brauchte Vorräte
das saubere Geschirr jetzt stapelt sich ebenso
kann aber nicht ins Haus getragen werden
in der Schüssel ist schon im Haus
träumt vor sich hin zuckelt trocknet

2011-04-05

*** (rotes Sweatshirt)

der Morgen begann schon verheißungsvoll
mit Sonnenstreifenerglühen der
Wand, und jetzt flattert ein
rotes (!) Sweatshirt am
Fenster gegenüber,
wehen winkende
Ärmel eine Be-
wegung wie
beseelt

2011-04-01

Bettina Hartz

*** (Räumfahrzeuge)

das ganze Jahr warten sie auf ihren Einsatz
(der Winter ist nicht das Jahr, der Winter gehört zum Jahr nicht dazu?)
ihr Tigerorange
jault unter den aufgesteckten wehenden Fahnen, dem wild flackernden Sirenenlicht
Leuchtturmfeuer
vor den Motorenschultern aufragend Schaufeln, Besen
(das Schneebesteck)

die Menschen sind konzentriert
aufs Gehen
durchsichtig
in ihrer fallängstlichen Meditation

2010-02-12

2

***

die Straße. die Wohnung. leer.
unbeschrieben. aber mehr (oder weniger) als das.
reine Potentialität. Scheu vor der Festlegung. (mich einzurichten. die Wände zu berühren.)
weniger ein Schiff als ein Floß an den Rändern offen (wovon es
    wegtreibt. eine sich stetig ändernde Form. keine Kontur.)
eine Wohnung fürs Barfußgehen. bloße Füße auf dem Holz. Sandalen.

der Bleistift. Zeichen. die zugleich Auslöschung der Zeichen sind.

2011-03-30

Bettina Hartz

***

die neue Wohnung (m)ein in die Lüfte erhobener schwebender Garten
dasselbe Gefühl wie früher im Gartenhäuschen (in B.)
derselbe süße Atem

(Raum)

dieselbe Einfachheit (Unvollkommenheit) der Dinge
(quietschen klappern knarren tropfen beben klemmen)

Geruch von Quark (Magerstufe) mit Erdbeeren angerührt
Trockenheit der Masse reines Eiweiß

dasselbe durch die Baumblätter sickernde
schräg einfallende
Licht

2011-04-05

*** (Zelttage)

wippende Kastanienzweige
mit den Blatttatüs
Blattpalmröckchen
klopfen schon an die Fenster

in meine eigene kleine Verrücktheit gehen

das Zelt (das Zimmer) vorn offen
weit
geblähtes Segel große Ausfahrt

hinter mir geräumige Kammer
mit dem Lager der Dinge (Wunderkammer)
den Meisen der Amsel der Elster

Eintritt aus dem sonnigen Garten ins schattige (nicht dämmrige) Haus
alle Fenster offen *weit weit*
so dass die Bäume Blätter berühren von innen

so

abgedreht
weggedreht

verbunden mit dem Regen dem Himmel dem Licht

2011-04-05

Tom Schulz

Mexikanische Strophen

para Daniel Bencomo/
für Daniel Bencomo

Tacuba

Der Mond berührte die Schulter der Sonne im Schlaf. Waren wir Sonnen- und Mondpolizisten, die auf uns selbst zielten? Die Gegend erlag. Wer hatte die Ausläufer der Stadt in konkreten Beton verwandelt? Farbige Wäsche flatterte, in die wir hinein passten mit den Extremitäten von Groucho Marx. Dann stiegen wir ein, die blaue Linie AB REVOLUCION.

Tom Schulz

Bellas Arte

Kirchen standen im öffentlichen Raum. Wurden auf Ruinen gebaut. Beutesteine und welche Fälschung war echt? Das vergoldete Ei, so hart wie der Schlaf der Kolonisatoren. Wie das Auge zuwächst. Hispanischer Ketzer. SONNE UND MOND wie Geschlechtsteile. Polizei mit bärtigen Äxten. Auf den Mauern Flaschenhälse. Darüber tanzte der Wind. Flocken, Gerinnsel. Wir mussten eine Straße queren aus tausendfachem Blech. Dann hieß es die Paniksicherung lockern und das Gelände. Vor lauter lichtdurchwirkten Drogenteppichen.

San Juan de los Lagos

Von Dächern bellen Hunde den Tag an. Schließ drei Mal ab. Die Vorgärten
bis an die Zähne bewaffnet mit Karabinern. Der Tag, an dem das Gras
elektrisch sang. Eklektisches Schmerzzentrum. Weiter drinnen die steinernen
Schamschützer. Wir kriechen auf Knien und Thrombosestrümpfen. Bis zur alten
Monstranz. Fünfzig Meter oder mehr. Mit Geburtsbändchen an den Handgelenken.
Wir verlieren die Jungfrau an den Marmor, schürfen an Wänden. SCHWARZES
MOOS. Niemand vom Mond ruft an. Dunkelnde Sonne. Nachts geht alles
durch das Blut.

Tom Schulz

Der Heuschreckenhügel

Sie nahmen einen Aussichtspunkt ein. Mit Erfrischungsgetränken an ihrer Seite. Blickten über Cuauhtémocs Wüste. Das alte Lied vom Gringo mit der Peitschenlampe und Krokodilsgewehr. Dreh den Spieß um: AMERICA VS. TIGERS.
Sie behalten einen Helm auf, keinen Tropenhelm. Einen Helm in Form einer eisernen Maske. Bis in die Sümpfe folgen die Krokodile. Dann kauen sie die Sprache. Der Lauf der Sonne in die Berge. Wir müssen uns zurück ziehen, die Plateaus bevölkern mit den Urgestalten. Die Urgewalt ausgraben. Ihre Städte zittern im Auge. Bis ins Weiße kann man sehen. Spanische Reiter am Horizont, hinter dem eine Grenze liegt. Einige Arten leben. Anderes schlummert.

Die Seekriegsfahrer

Kolumbus, der Neger. Kolumbus, der Indianer. Die Seekriegsfahrer kamen über die Meere. Verbrannten Heiden und Stroh. Nur so zum Verständnis. Ein negrider, indianischer Eroberer reitet in Madrid oder Porto ein. Sie prügelten auf Stock und Stein ein. Mit einem Bajonett und dem Kreuz. Zwangen die Tempel in die Knie. Schändeten das Orakel. Lehrten das Wort nach dem Mord. GOTT, DU ALLMÄCHTIGER. Die unberührten Inseln und die Rechte an den Ölvorkommen. Körnige Asche. Ein Riss im Sonnensystem. Darunter die Berge, die Flüsse, denen man befehligen wollte, hinauf und entlang zu führen. Die Seekriegsfahrer kommen über die Meere. Hinein in die Hoheitsgebiete der Lachse, der Krebse, des Red Snapper. Körnige Asche. Aus der verkokelten Erde wächst ein Schlangenbaum. Die Frucht der Erbitterung. Die Schrift jetzt zu zerreißen. Nur so zum Verständnis. Das Geschlecht des tropischen Waldes drängt gewaltsam in die Städte der ersten Welt. Etwas bleibt unbegradigt, führt in schwindelerregende Höhe. Das ewige Trockeneis der Wüste. Eine Indio Frau wäscht aus dem Reis den steinernen Samen.

Tom Schulz

Lied vom Esel und der Eselin

O Mond. Romance de la Luna, Luna. Wer hat ihn angezündet. Dabei schreibt man ihr Brüste zu. Mann oder Frau. Dabei meint man die Ebenen brennen zu sehen. Über uns der Mond. Darunter dieser Marktplatz. Mehrere Hallen, in denen Würste hängen. Es ist schon Nacht und Mittag. Du rollst es in den Fladen. Ich blättere in den Scheinen. Uns gehört das Land. Die Plantagen. Die Wüsten auch. Wir gehören den Bergen, dem Land ebenso. Glaubst du, ich sei dumm? Eselchen. Doña Burrita. Sagst du ja, schenke ich dir Himmel, Mond und das Meer. Die Geräusche kommen näher. Eine Raum-und-Zeitpatrouille. Was sind das für bewaffnete Männer in Uniformen, die den Mond verhaften wollen? Warum weichen sie nicht mehr von unserer Seite? Du kennst das Lied. In einer Zeile Traum und Olivenbaum. Los Gitanos. Die Gebückten hocken am Straßenhang. Wir fressen ihnen aus der hohlen Hand. Denn sie sind arm. Die Finger greifen nach dem verbrannten Maisblatt. In einer Zeile weinen sie und schreien. Eselchen, DICH REITEN BLITZE. Rühr dich nicht, bleib auf der Stelle. Eselin, du bist gescheiter als Pferd und Reiter.

Tag der Toten

Hier sind die Toten am totesten. Töter noch als der Himmel, der tot ist. Von der Sonne ein Abstich. Hier backen sie die Wüste aus Mais. Und tragen einen Knoten in der Lunge. Die Toten waschen jeden Tag das Blut. Die Windschutzscheibe einer verdunkelten Limousine. Die Toten backen das Brot aus Gebeinen am Rand der Wüste. Tragen den Tod in der Lunge voll Knoten. Am totesten sind die Berge und das Meer. Töter noch der Himmel. Jeder Hafen hat Selbstmord begangen. Sie fahren das Brot mit einem Jeep in die Wüste. Gebein um Gebein auf der Ladefläche. Anämisch und eine Lache Eselsblut. Die Toten erwürgen ein flaches Brot aus Mais. Immer männliche Tote, immer Gliedmaßen. Immer das steife Ding. Halte den SCHLAF DUNKEL. Das neue Licht tötet den Mann. Das erwürgte Brot und der Eselskot. Wir geben den Toten ein Trinkgeld und pinkeln in die Luft.

Tom Schulz

Gottes Finger

Schreibt am Himmel. Die Schwinge von einem fliegenden Tier. Was wenn die Schrift ins Blut über ginge? Ein Auto vorbei fahren würde. Jemand stiege aus oder bliebe hinter getönten Scheiben. Es ist fünf Uhr am Morgen. Der Mensch ohne Kopf buchstabiert. Von Nord nach Süd. SCHREIBT GOTTES FINGER.

Ein halbes Stadion singt. Nicht alle können lesen, aber Kreuzworträtsel lösen. Wie ein Kopf so spricht. Alle toten Patrioten mit dem Munitionsgürtel. Leere Hülsen. Sein Wesen ist schimmernd, unstofflich. Wenn er nicht schreibt, ruft er zum Diktat. Da kommt so ein Kerl die Straße runter und rammt dir das

Spruchband in die Rippen. Das halbe Stadion singt. Recht hat er. Wäre es ein freies Land, träumte es. Einzig und allein. Der Kopf ohne Mensch blickt auf den hohen Berg. In ihm wohnt die schreckliche Gewissheit. Niemand, der bleibt, schreibt. Niemand, der schreibt, hört es aus der Mitte schweigen. Bloß eine Adlerschwinge kreist am Himmel.

Buñuel in D.F.

Es stimmt nicht, dass er um die Mauern seines Hauses eine zweite Mauer errichten ließ. Im Garten saßen seine Freunde und tranken eine Mischung aus GIN, WERMUT UND EIS. Es stimmt nicht, dass Buñuel und seine Freunde die falschen Bücher verbrannten, als sie Trivialliteratur auf den Grill warfen. Es stimmt nicht, dass die meisten Mexikaner komische Hüte tragen. Es stimmt nicht, dass man über alles Limettensaft kippt und Salz streut über tote Hunde. Es stimmt nicht, dass die Zensur den Zipfel von der Wurst abschneidet. Es stimmt nicht, dass Buñuel den Reichen Geld gab, damit sie die Stadt verwüsten. Es stimmt nicht, dass die Sonnenpolizisten auch auf Mondpolizisten schießen. Es stimmt nicht, dass aus der Asche ein Vogel aufsteigen wird. Es stimmt nicht, dass die Hl. Jungfrau von Guadalupe in jeder Nacht dem Verzweifelten erscheint. Es stimmt nicht, dass hierzulande alle drei Stunden eine Frau ermordet wird. Aber sie werden getötet. Es stimmt nicht, dass die, die geboren werden, die Vergessenen sind.

Tom Schulz

Über den Meeresspiegel

An wie viele Meere grenzt es? Damit die Ausuferungen gesungen werden.
Eine Träne vom Pazifik. Die sie fortwährend weint. Um Meer zu sein, muss
sich etwas verbinden. Das Weiße und Schwarze unter dem Nagel. Die rasende
Woge. Das schlafende Gras. Ein Bündnis der Meere. Cuauhtémocs Küste
bewässert die Wüste. Ein Ritter von prächtiger Gestalt. Umpflügt die brüllenden
Steinhaufen. Blühende Fantasien und Mangroven. DAMIT DAS AUSUFERNDE
tragen kann, fällt das erste Licht ein wie ein Messer. Die Boote sind in die Fang-
gebiete ausgefahren. Abends kehren die Fischer mit Fässern nach Hause.
Unter dem Meer fließt es. Der Mann in Gummistiefeln spricht von leeren
Gewässern. Unter den Ozeanen rumort es. Die Konzerne drehen den Strom ab
für Stunden und Tage. Bezahlt wird mit Knochen. In einigen Vierteln stehen
Regentonnen auf den Dächern. Alles bleibt weiter im Dunkeln. Wie das Meer
entgrenzen? Wie das Ausufernde anrufen? Die Wellen brechen. Dieser Strand
heißt nicht „Surfers Paradise". Bei den Unterströmungen. Der einen Träne
vom Pazifik.

Das Drogenwaschen

In einer „Casa di Cambio“ tauschten wir. Avocado, von den Tempelrittern bewacht. Unter Schutz gestellt. Ein Bauer bestellt das Feld und die Ernte wird gut in Michoacán. Wir tauschten Avocado gegen kleine Scheine. Gestrecktes Pulver gegen das Porträt von George Washington. Eine Plaza durch die alles hindurch muss. Lastwagen voll Wagnis und Gewinn. Die Tempelritter sagen, wann die Früchte reif sind. Ein Bauer kann getötet werden wie Vieh getötet wird. Beides kann man kaufen und töten, töten und kaufen. Es bleibt sich gleich. Nuevo Laredo. Wir schälen die Avocado. Sehen die Sterne am Firmament von PEMEX. Ein Dach über dem Verbrechen, irdisch. Wir waschen aus der Avocado Erdöl und Blut. Tauschen das Gesicht gegen die Maske. Eine Plaza, durch die alles Blut hindurch muss. Man kann die Pflanzen töten, die Bäume, das Vieh. Töten und verkaufen. Kaufen, Mensch und Vieh. Wir tauschen Erdöl gegen Datenströme auf die Krokodils-Inseln. Transaktionen von Blut und Vieh, Avocado. Frisches Pulver. Wir stehen vor der Wechselstube mit den Fäusten in den Taschen. Und waschen die Früchte der TEMPELRITTER.

Tom Schulz

Sor Juana und das Licht

Aus Bast und aus Knospen. Der Korb mit der Schlange. Das Züngeln nach einem entzündeten Docht. Als sie die Treppen hinunter steigt, blüht da plötzlich ein Lorbeerbusch. Oder Lavendel, todesblau. Gebeine vom Mond. Als sie erratisch im Klostergarten sitzt, wächst Efeu und Wein. Die Mutter heißt Kirche. Der Vater, namenlos. Aus dem Korb entflicht sich der Faden. Nicht von Geduld und Gnaden. Ariadne. Und der Verzicht auf die Herrschaft des Mannes in den Zeiten der Pest. Verknüpfungen von Bast und Blüte. Johanna, zwischen den Zweigen der Bäume, in den Zeiten des Monsun. Die Mauern sind echt. Hier haben seltene Meisen gezwitschert. DIE SCHRIFT AUS LICHT oder Milch. Jedes Palimpsest. Geöffnet die Briefe vor dem Verfassen der möglichen Wahrheit. Vanitas, Schlange und Traum. Tantra und die geschlossenen Adern.

Ein anderes Rio (El otro Rio)

Wenn es geschähe. Wenn es geschähe, dass die Fieberkurve konstant bliebe. Die Kurve mit dem Gebär-, mit dem Schrei-, mit dem Weinkrampf. Sie, die die mexikanische Flagge trinkt. ROT der Hass. Wenn es geschähe, dass die Quecksilbersäule ansteigt. Ein Felsvorsprung, das Höhlensystem. Entkernte Städte, deren Zubringer schreien. Nicht mehr Hass. Rot der Hahnenschrei. Aus der Mundhöhle graben: Kassiber vom Fieber. Konstante Kurve, steigende Säule. WEISS die Demut. Die fleischfressenden Bäume. Ein großzügiger Körper, der sich hingibt. Landschaft mit groben Öffnungen. Wenn es geschähe. Trink die Flagge. Schluck die Gesetze. Öffnet sich eine Halbwüste, wachsende Ressource. Sie, die wundstämmig, den Boden spaltet. Rissig, der Schnitt durch den Nabel. Raubvogelgeschrei und das Rot in den Pupillen. Wenn es geschähe dass beide Küsten heran schieben. GRÜN der Aufruhr.

Tom Schulz

Hotel Garage

Wir waren einander Hunde. Erinnere dich an das Bad mit der Grube. Du wolltest
den Knochen. Erzähl nichts von Liebe. Schnelle Nummer mit Absprung und Latex-
Laken. Zum hinterher abwischen. Komm im Mund. Vienna-Motel. Highway zur
    Himmelsneige. Die steilen Brüste. Erinnere dich an die Garderobe mit den Haken
zum Aufhängen der Identität. Erinnere dich an das Bidet und den gelben Ausfluss.
    Nimm zwei oder drei Finger. Immerhin fließt du. Nimm alles. Erinnere dich
an die Palmzwergin, an die verströmende Linie der Coca-Pflanzen. Die wilden
Agaven. Erinnere dich an den Hanf der Hände. Komm noch einmal. Hinter den
Fenstern der Steinschlag. Erinnere dich an das Kleid mit Tupfern von Mohn.
Die Grube, der Kalk, die Kernseife. Die Brandflecken an den Handtüchern.
Wenn du kommst, denke ich an fallende Meteoriten. Die Hunde, die billigen
STUNDEN, DIE HOTELS mit Namen Garage.

Jan Wagner

Zwei Gedichte

klatschmohn

man kann sehr lange stehen, sich gedulden,
sofern es klatschmohn gibt, seinen barocken
überschwang und jene viergeteilten
blüten zwischen weizen oder roggen,

die uns am hellsten mittag plötzlich wecken,
mit allen sinnen scharf durchatmen lassen,
ein augensalmiak; kann auf den wegen
sehr lange stehen und den schatten lauschen, kann
die landschaft wie zum allerersten mal erfassen,

bis alles schatten ist und juniwärme,
nurmehr der mohn sich auf die felder legt,
in leuchtkugeln herabbrennt (in der ferne

die letzte amsel und das rattern, rattern
der güterzüge), überm abend schwebt:
hier unten sind wir. niemand muß uns retten.

Jan Wagner

schaf, hahn, ente

19. September 1783

versailles, sein park, noch alles halb im schlaf,
als der ballon sich von der erdenbahn
entfernt. so sagen es die dokumente.

nur volk, kein pöbel, keine parlamente –
und seine majestät, umringt von graf
und gräfin, der mätresse, dem galan

mit rohr, in dem konvex oder konkav
die linse schwebt. ein strick, den man durchtrennte,
der nie mehr ganz wird – sollte es ein mahn-

mal sein, was dort am kalten wetterhahn
vorbeizieht, eine art von epitaph?
ein ball aus seide längs der windtangente,

verschwindend über einem spleiß von kahn,
die untertanen schaf und hahn und ente
in ihrem korb kaum hörbar, seltsam brav

in gottes blauem himmel, nur pigmente,
nicht mehr, und gerade eben noch der hahn,
die ente, und zuguterletzt das schaf.

Bildnachweis

Schleich, „Fitter, Happier, More Productive

1 http://en.wikipedia.org/wiki/OK_Computer (letzter Zugriff: 3. Juni 2015)

Röhnert, „Präsident im Käfer"

1 https://latuffcartoons.wordpress.com/tag/maconha/ (letzter Zugriff: 3. Juni 2015)

Ziethen, „Glaube, Hoffnung, Apple…"

1 http://revoseek.com/apple/apple-golden-ratio-golden-rectangle-fibonacci-sequence-design/ (letzter Zugriff: 15.2.2015)

Berghahn, „‚Une apparition en coup de foudre'"

1 Daniel Wildenstein: Monet. Bd. I: Monet oder der Triumph des Impressionismus/Bde. II–IV: Catalogue raisonnée. Abb. nach Kat. Nr. 440 (Bd. II, S. 178)

2 Émile Zola. Photograph. Eine Autobiografie in 480 Bildern. Übertragen von Ulrike Bergweiler. München 1979, S. 40.

3 Cord-Friedrich Berghahn: Émile Zola. Leben in Bildern. Berlin/München 2013, S. 36.

4 Émile Zola. Photograph. Eine Autobiografie in 480 Bildern. Übertragen von Ulrike Bergweiler. München 1979, S. 41.

5 Émile Zola: *La Bête humaine.* Hg. von Gisèle Séginger . Paris 1997, S. 348.

Immer, „Wallfahrt als Spurensuche"

1 W.G. Sebald: Die Ringe des Saturn. Eine englische Wallfahrt. Frankfurt a.M. 2011, S. 42.

2 The Great Dining-Hall at Somerleyton Hall. In: The Illustrated London News (10. Januar 1857), S. 24.

3 The Winter Garden, at Somerleyton. In: The Illustrated London News (10. Januar 1857), S. 25.

4 W.G. Sebald: Die Ringe des Saturn. Eine englische Wallfahrt. Frankfurt a.M. 2011, S. 59.

5 W.G. Sebald: Die Ringe des Saturn. Eine englische Wallfahrt. Frankfurt a.M. 2011, S. 60.

6 W.G. Sebald: Die Ringe des Saturn. Eine englische Wallfahrt. Frankfurt a.M. 2011, S. 282.

Autorinnen und Autoren

Cord-Friedrich Berghahn, Prof. Dr. phil., geb. 1969 in Detmold, derzeit Gastprofessor für Neuere deutsche Literatur an der TU Darmstadt und wissenschaftlicher Mitarbeiter am Institut für Germanistik der TU Braunschweig, Präsident der Lessing-Akademie Wolfenbüttel, lebt in Braunschweig. Forschungsschwerpunkte: Deutsch-jüdische Aufklärung; Literatur und Kultur der Goethezeit; Realismus und Naturalismus in Europa; Ästhetik und Poetik der Moderne. Letzte Schriften: *Das Wagnis der Autonomie. Studien zu Karl Philipp Moritz, Wilhelm von Humboldt, Heinrich Gentz, Friedrich Gilly und Ludwig Tieck.* Heidelberg: Universitätsverlag Winter 2012; *Émile Zola. Leben in Bildern.* Berlin/München: Deutscher Kunst Verlag 2013. Herausgaben: in Zusammenarbeit mit Renate Stauf: *Wechselwirkungen: Die Herausforderung der Künste durch die Wissenschaften.* Heidelberg: Winter 2014; in Zusammenarbeit mit Till Kinzel: *Edward Gibbon im deutschen Sprachraum. Bausteine einer Rezeptionsgeschichte.* Heidelberg: Winter 2015.

Dietmar Elflein, Dr. phil., geb. 1964 in Coburg, wissenschaftlicher Mitarbeiter für die Geschichte und Systematik populärer Musik am Institut für Musik und ihre Vermittlung der TU Braunschweig. Aktuelle Forschungsschwerpunkte: Geschichte populärer Musik in Deutschland, Gender und populäre Musik, Netzwerktheorien und populäre Musik. Publikationen: *Allein gegen den Rest der Welt. Repräsentationen von Männlichkeit im Deutsch Rock bei Westernhagen und den Böhsen Onkelz.* In: Typisch Deutsch (Beiträge zur Popularmusikforschung 41). Bielefeld: transcript 2014. *Popular actor-networks: You've got the Power.* In: Ethnomusikologie und Popularmusikforschung (Grazer Beiträge zur Ethnomusikologie 25). Aachen: Shaker 2013. *Schwermetallanalysen. Zur musikalischen Sprache des Heavy Metal.* Bielefeld: transcript 2010.

Stefan Elit, Dr. phil., geb. 1972 in Rinteln/Weser, Akademischer Oberrat im Fach Neuere deutsche Literaturwissenschaft am Institut für Germanistik und Vergleichende Literaturwissenschaft der Universität Paderborn. Arbeitsgebiete: Literarische Antikerezeption und Übersetzung, Poetik und Sprachpatriotismus in der Frühen Neuzeit, Erzählliteratur und Spielfilm in der DDR, deutschsprachige Gegenwartslyrik. Neuere Buchpublikationen: *Antike – Lyrik – Heute. Griechisch-römische Antike in deutschsprachiger Lyrik und Altphilologie der Gegenwart* (herausgegeben mit Kai Bremer und Friederike Reents) (2010); Herausgeber: *„ notwendig und schön zu wissen, auf welchem Boden man geht". Arbeitsbuch Uwe Kolbe* (2012); *Zeitschrift für deutsche Philologie, Sonderheft 2012: Deutschsprachige Literatur(en) seit 1989* (herausgegeben mit N. O. Eke). Herausgeber der Buchreihe: *Die Antike und ihr Weiterleben.*

Christophe Fricker, Dr. phil., geb. 1978 in Wiesbaden, ist der Autor von *Stefan George: Gedichte für Dich* (Berlin: Matthes & Seitz, 2011) und Herausgeber der Gespräche zwischen Ernst Jünger und André Müller (Köln/Weimar: Böhlau, 2015) sowie Herausgeber des Briefwechsels zwischen Friedrich Gundolf und Friedrich Wolters (ebd., 2009). Er lehrt deutsche Literatur, Wirtschaftskultur und Geschichte sowie Politik in Bristol und leitet den Leipziger Wissensdienstleister nimirum. Weitere Informationen unter www.aufenthalte.info.

Bettina Hartz, M. A., geb. 1974 in Berlin, studierte dort Germanistik sowie Musik- und Theaterwissenschaften. Seit 1999 freie Autorin und Journalistin, veröffentlicht in Print- und Onlinemagazinen und überregionalen Wochen- und Tageszeitungen. Sie schreibt Prosa, Lyrik und Drehbücher; bisher sind ein Band über Italien (Berlin: Lunardi, 2006), eine Erzählung (Berlin: Lunardi, 2007) und eine Poetik des Radfahrens (München: DVA, 2012) erschienen.

Rüdiger Heinze, Dr. phil., geb. 1972 in Xanten, lebt in Braunschweig. Professor für Amerikanistische Literatur- und Kulturwissenschaft am Englischen Seminar der TU Braunschweig. Autor einer Monographie zum Thema Ethik und literarische Form *(Ethics of Literary Forms)* und einer weiteren zu Kindern von Einwanderern in der US-amerikanischen Literatur *(Children of Immigrants in American Literature)*. Er hat, neben Aufsätzen in diversen Zeitschriften und Sammelbänden, eine Reihe von Büchern herausgegeben, zuletzt *Remakes & Remaking* (mit Lucia Krämer); ebenso Herausgeber. der Reihe *Kultur- und Naturwissenschaften im Dialog* (mit Kerstin Müller). Seine gegenwärtigen Forschungsinteressen liegen im Bereich der US-amerikanischen Kulturgeschichte, der transmedialen Narratologie sowie der dystopischen und apokalyptischen Literatur.

Karin Herrmann, Dr. phil., geb. 1975 in Fürth; Literaturwissenschaftlerin und Coach, lebt derzeit in Stuttgart. Literaturwissenschaftliche Forschungsschwerpunkte: Textgenese und Schreibprozesse, Editionswissenschaft, Lyrik des 20. Jahrhunderts, Intertextualität, kulturelles Gedächtnis, literarische Zeitreflexion, Literatur und Kognition. Wichtige Publikationen: *Poetologie des Erinnerns. Ernst Meisters lyrisches Spätwerk.* Göttingen: Wallstein 2008; in Zusammenarbeit mit Stephanie Jordans: *Ernst Meister – Perspektiven auf Werk, Nachlaß und Textgenese.* Göttingen: Wallstein 2009; in Zusammenarbeit mit Axel Gellhaus: *‚Qualitativer Wechsel'. Textgenese bei Paul Celan* Würzburg: Königshausen & Neumann 2010.

Nikolas Immer, Dr. phil., geb. 1978 in Berlin, Promotion an der Friedrich-Schiller-Universität Jena mit der Arbeit *Der inszenierte Held. Schillers dramenpoetische Anthropologie* (2008). Seit 2009 wissenschaftlicher Assistent an der Universität Trier und Beschäftigung mit dem Habilitationsprojekt *Mnemopoetik. Konzeptualisierungen von Erinnerung und Gedächtnis in der Lyrik des 19. Jahrhunderts.* – Forschungsschwerpunkte: Literarische Anthropologie, Erinnerungspoetik, Editionsphilologie, Kultur- und Medienästhetik. – Publikationen (Auswahl): *Friedrich Schiller: Werke. Nationalausgabe. Bd. 9.1 N: Maria Stuart* (Hg.); *Ästhetischer Heroismus. Konzeptionelle und figurative Paradigmen des Helden.* Herausgegeben von Nikolas

Immer und Mareen van Marwyck. Bielefeld: transcript 2013; *Gotthold Ephraim Lessing: Das Theater des Herrn Diderot. Zweisprachige, synoptische Edition der Diderot-Übersetzung von 1760*. Herausgegeben von Nikolas Immer und Olaf Müller. St. Ingbert: Röhrig 2014.

Marc Kleine, Dr. phil., geb. 1975 in Bad Segeberg, derzeit tätig als Gymnasiallehrer in Lünen, Veröffentlichungen zur Literatur und Ästhetik des 20. Jahrhunderts in *Zeitschrift für kritische Theorie, Zeitschrift für deutsche Philologie* u.a. Monographie: Marc Kleine: *Ob es überhaupt noch möglich ist. Literatur nach Auschwitz in Adornos ästhetischer Theorie*. Bielefeld: Aisthesis 2011.

Andreas Kramer, Dr. phil., geb. 1963 in Dülmen, Reader in German and Comparative Literature, Goldsmiths College, University of London. Promotion 1991 mit einer Arbeit über Gertrude Stein, danach DAAD-Lektor in Oxford und seitdem als Germanist und Komparatist in London tätig. Arbeitsschwerpunkte: deutsche Literatur der Moderne, v.a. Expressionismus und Dadaismus; literarische Avantgarden im europäischen Kontext; Literatur und Film. Ausgewählte Buchveröffentlichungen: *Regionalismus und Moderne: Studien zur deutschen Literatur 1900–1933* (Berlin: Weidler, 2006), *Die endlose Ausdehnung von Zelluloid. 100 Jahre Film und Kino im Gedicht* (herausgegeben mit Jan Röhnert) Dresden: Edition Azur 2009), *Carl Einstein und die europäischen Avantgarden* (herausgegeben mit Nicola Creighton, Berlin/New York: de Gruyter 2012); in Vorbereitung: *Inventing Maps. Geographies of the European Avantgarde* (Edinburgh University Press).

Björn Kuhligk, geb. 1975 in Berlin, lebt dort als Lyriker, Autor, Herausgeber, Buchhändler. Zuletzt erschienen: *Die Stille zwischen null und eins. Gedichte*. Berlin: Hanser Berlin 2013; (mit Tom Schulz) *Wir sind jetzt hier – Neue Wanderungen durch die Mark Brandenburg*. Berlin: Hanser Berlin 2014; *Großraumtaxi – Berliner Szenen*. Berlin: Verbrecher Verlag 2014.

Kevin Liggieri, M. A., geb. 1986, seit 2013 Doktorand der Mercator Research Group *Spaces of Anthropological Knowledge* in der Arbeitsgruppe 1 *Geschichte der Lebenswissenschaften* an der Ruhr-Universität Bochum. Stipendiat der Friedrich-Ebert-Stiftung. Forschungsschwerpunkte: Optimierungen der Episteme *Mensch* im Zeitraum des frühen bis mittleren 20. Jahrhunderts, Begriffsgeschichte der *Anthropotechnik*, Mensch-Maschine-Interaktion in der Arbeitswissenschaft um 1960. Schnittstelle Literatur und Wissen. Publikationen: *Zur Domestikation des Menschen – Anthropotechnische und anthropoetische Optimierungsdiskurse*. Münster/Wien: Lit 2014; *Mensch-Maschine-Systeme. Das Wesen der Technik im arbeitswissenschaftlichen Milieu*. In: M. Grandt/S. Schmerwitz (Hg.): Der Mensch zwischen Automatisierung, Kompetenz und Verantwortung. Bonn: Deutsche Gesellschaft für Luft- und Raumfahrt 2014; *Julien Offray de La Mettrie. Mr. Machine!? – Mehr als Maschine*. In: Kevin Liggieri (Hg.): *„Bad Boys" der Philosophie. Eine Kritik stereotypisierter Philosophenbilder von Heraklit bis Sartre*. Würzburg: Königshausen und Neumann 2014.

Burkhard Meyer-Sickendiek, PD Dr. phil., geb. 1968 in Osnabrück, studierte an den Universitäten von Bielefeld und Münster und promovierte an der Universität Tübingen. Er arbeitete als Postdoktorand und wissenschaftlicher Koordinator an der LMU München, bekam 2005 den Bayerischen Habilitationsförderpreis und forscht seit 2010 als Heisenberg-Stipendiat an der Freien Universität Berlin. Monographien zur *Ästhetik der Epigonalität* (Dissertation, 2001), zur *Affektpoetik* (2005), zum *literarischen Sarkasmus* (Habilitation, 2009), zum literarischen Motiv der *Tiefe* (2010), zum *Lyrischen Gespür* (2012) sowie zur Kulturgeschichte der *Zärtlichkeit* (2015).

Cornelius Mitterer, MMag., geb. 1983 in Schongau/Oberbayern, zurzeit wissenschaftlicher Mitarbeiter am Ludwig Boltzmann Institut für Geschichte und Theorie der Biografie in Wien. Zu seinen Forschungsschwerpunkten und Interessengebieten zählen der italienische Modernismo, die österreichische Moderne und das Junge Wien, italienische und deutschsprachige Komödien des ausgehenden 18. Jahrhunderts, Geschichte und Theorie der Biografie, darunter vor allem kollektivbiographische Fragestellungen, zudem soziale Netzwerkanalyse und Systemtheorie. Publikationen: *Frühgealtert und spätgeboren. Richard Schaukals Dialog mit dem Dichterkreis des Jungen Wien*. In: Studia theodisca XXI (2014); *Tradition in der Wiener Moderne*. Hg. v. Wilhelm Hemecker, Cornelius Mitterer und David Österle. Berlin: De Gruyter 2015; *Phönix aus der Asche. Richard Schaukal und die Renaissance*. In: ebd.

Carsten Rohde, PD Dr. phil., geb. 1971 in Bremen, lebt in Berlin und Weimar. Wissenschaftlicher Mitarbeiter im Projekt *Text und Rahmen: Präsentationsmodi kanonischer Werke* im Forschungsverbund Marbach Weimar Wolfenbüttel; Forschungsschwerpunkte: Literatur und Kultur vom 18. bis 21. Jahrhundert; letzte Publikationen: *Doppelte Vernunft. Lessings reflexive Moderne*. Hannover: Wehrhahn 2013; *Die Unendlichkeit des Erzählens. Der Roman in der deutschsprachigen Gegenwartsliteratur seit 1989*. Hg. mit Hansgeorg Schmidt-Bergmann. Bielefeld: Aisthesis 2013; *Das kulturelle Imaginäre*. Hg. mit Annette Simonis. Heidelberg: Winter 2014.

Jan Röhnert, PD Dr. phil., geb. 1976 in Gera, lebt in Braunschweig. Heyne-Juniorprofessor für neuere und neueste Literatur in der technisch-wissenschaftlichen Welt am Institut für Germanistik der TU Braunschweig. Arbeits- und Forschungsschwerpunkte: Gegenwartsliteratur; Autobiografie; Reiseliteratur; Lyrik; Internationale Kultur- und Literaturgeschichte seit 1800; Literatur und Film. Letzte Monographien: *Selbstbehauptung. Autobiographisches Schreiben vom Krieg bei Goethe, Heine, Fontane, Benn, Jünger, Handke*. Frankfurt a.M.: Klostermann 2014. *„Springende Gedanken und flackernde Bilder". Lyrik im Zeitalter der Kinematographie. Cendrars Ashbery Brinkmann*. Göttingen: Wallstein 2007; *„Nord liegt so nah wie West". Kleine Poetik der Himmelsrichtungen*. Göttingen: Wallstein 2014; letzte Herausgeberschaft: *Die Metaphorik der Autobahn*. Wien/Köln/Weimar: Böhlau 2014.

Markus Schleich, M. A., geb. 1985 in Oldenburg, zurzeit wissenschaftlicher Mitarbeiter am Lehrstuhl für Allgemeine und Vergleichende Literaturwissenschaft an der Universität des Saarlandes. Zu seinen Forschungsschwerpunkten zählen die Komparatistik, TV-Studies, Popularmusikstudien und Serielle Narration. Publikationen: *The Literary Potential of Pop Songs.* In Sung-Whon Cho (Hrsg): *Expanding the Frontiers of Literature. Towards an Age of Tolerance.* Seoul: Chung-Ang University Press 2013, *‚This Song Isn't Mine Anymore' – Vom Covern in der Popmusik.* In: Michael Fisch und Ute Seiderer (Hrsg.): *Haut und Hülle. Umschlag und Verpackung.* Berlin: Rotbuch 2014, und in Zusammenarbeit mit Jonas Nesselhauf: *‚Watching Too Much Television'– 21 Überlegungen zum Quality-TV im 21. Jahrhundert.* In: Dies. (Hrsg.): *Quality-Television: Die narrative Spielwiese des 21. Jahrhunderts.* Berlin/Münster: Lit Verlag 2014.

Tom Schulz, geb. 1970 in der Oberlausitz, lebt als freier Autor und Herausgeber in Berlin. Derzeit ist er Dozent für Kreatives Schreiben und leitet seit 2011 die Schreibwerkstatt „open poems" an der Literaturwerkstatt Berlin. Neueste Veröffentlichungen sind *Lichtveränderung.* Gedichte. Berlin: Hanser 2015; *Wir sind jetzt hier. Neue Wanderungen durch die Mark Brandenburg* (zusammen mit Björn Kuhligk). Berlin: Hanser 2014; *Innere Musik.* Gedichte. Berlin Verlag 2012; *Kanon vor dem Verschwinden.* Gedichte. Berlin Verlag, 2009. Er ist Herausgeber der Anthologien: *Alles außer Tiernahrung* – Neue Politische Gedichte. Rotbuch Verlag: Berlin 2009; *Liebesgedichte – von Nicolas Born.* Insel Verlag: Berlin 2011 und Mitherausgeber der Anthologien *Trakl und wir – Fünfzig Blicke in einen Opal.* Stiftung Lyrik-Kabinett: München 2014 und *Venedig-Gedichte,* Schöffling & Co: Frankfurt a.M. 2015.

Rafael H. Silveira, M. A., geb. 1984 in Belo Horizonte (Brasilien), studierte Germanistik, Deutsch als Fremdsprache und Soziologie an der Friedrich-Schiller-Universität Jena. Arbeitet derzeit an einem Promotionsprojekt zum Zusammenhang von Zeitkonzepten und Erzählstrukturen in der deutschsprachigen Literatur der Moderne. Publikationen (Auswahl): *Um clássico da Modernidade clássica: Alfred Döblin e sua construção poetológica.* In: Em Tese. Aspectos formais do texto literário. Vol. 19, n. 2. Belo Horizonte: Pós-Lit Maio-Ago 2013; *Modernização e alienação: O centenário 1914–2014.* In: LARA n. 1. Belo Horizonte: D'Plácido 2014; Rezension von Hartmut Rosas *Beschleunigung und Entfremdung: Entwurf einer kritischen Theorie.* In: Menna-Barreto, Luiz u.a. (Hg.): Dossiê Temporalidades. Revista de Estudos Culturais do Programa de Pós-graduação em Estudos Culturais da EACH/USP. São Paulo: EACH/USP 2015.

Christian Stein, Dr. phil., geb. 1981 in Gifhorn, hat an der TU Braunschweig Literaturwissenschaft, Linguistik und Informatik studiert. Promotion zu: *Primat der Sprache – Leitmotivik und Topologie des Subjekts bei Arno Schmidt* (Heidelberg: Winter 2012). Parallel tätig im Grenzbereich von Linguistik, Informatik und Ingenieurwissenschaften zu Terminologiemanagement und Fachsprachenmodellierung. Bestimmend für seine Arbeit ist die Modellierung von Wissen und Sprache in interdisziplinären Kontexten. In diesem Bereich seit 2012 am Exzellenzcluster *Bild*

Wissen Gestaltung der Humboldt-Universität zu Berlin im Projekt *Architekturen des Wissens*. Publikationen (Auswahl): *Literatur-Werkzeuge. Über den sinnvollen Einsatz von Computertechnologien in der Literaturwissenschaft*. In: Zs. f. Literaturwissenschaft und Linguistik 2010, H. 157; *Interdisziplinäre Terminologie – Über die Konzeption einer Ontologie für den Exzellenzcluster* Bild Wissen Gestaltung. In: eDITion – Fachzeitschrift für Terminologie 2/2013.

Jan Urbich, Dr. phil., geb. 1978 in Gera, Literaturwissenschaftler und Philosoph an der TU Braunschweig. Promotion 2010 mit einer Arbeit zur Erkenntnis- und Darstellungstheorie Walter Benjamins. Forschungsschwerpunkte: Verbindungen zwischen Literatur und Philosophie, Literatur und Erkenntnis; Theorie der Darstellung; Deutscher Idealismus; Kritische Theorie; Frühromantik; Hölderlin. Wichtige Veröffentlichungen: *Darstellung bei Walter Benjamin. Die „Erkenntniskritische Vorrede" im Kontext ästhetischer Darstellungstheorien der Moderne*. Berlin: de Gruyter 2011; *Literarische Ästhetik*. Wien/Köln/Weimar: Böhlau 2011; Herausgegeben mit Alexander Löck: *Der Begriff der Literatur. Transdisziplinäre Perspektiven*. Berlin: de Gruyter 2010; demnächst: Herausgegeben mit Helmut Hühn und Uwe Steiner: *Benjamins Wahlverwandtschaften. Zur Kritik einer programmatischen Interpretation*. Berlin: Suhrkamp 2015.

Oliver Völker, M. A., geb. 1983 in Langen, seit 2012 Wissenschaftlicher Mitarbeiter am Institut für Allgemeine und Vergleichende Literaturwissenschaft, Johann-Wolfgang-Goethe-Universität Frankfurt am Main; Forschungsschwerpunkte: Ecocriticism, Ästhetik der Natur.

Jan Wagner, M. A., geb. 1971 in Hamburg, lebt in Berlin. Übersetzer englischsprachiger Lyrik, freier Literaturkritiker und bis 2003 Mitherausgeber der internationalen Literaturschachtel *DIE AUSSENSEITE DES ELEMENTES*. Neben sechs Gedichtbänden – *Probebohrung im Himmel* (2001), *Guerickes Sperling* (2004), *Achtzehn Pasteten* (2007), *Australien* (2010, alle Berlin Verlag), *Die Eulenhasser in den Hallenhäusern. Drei Verborgene* (2012) und *Regentonnenvariationen* (2014, beide Hanser Berlin) sowie der Essaysammlung *Die Sandale des Propheten. Beiläufige Prosa* (Berlin Verlag 2011) veröffentlichte er mit Björn Kuhligk die Anthologien *Lyrik von Jetzt* (2003) und *Lyrik von Jetzt zwei* (2008) sowie das Buch *Der Wald im Zimmer* (2007). 2015 für *Regentonnenvariationen* mit dem Preis der Leipziger Buchmesse ausgezeichnet.

Rahel Ziethen, Dr. phil., geb. 1972 in Göttingen. Promotion (2010) mit der Arbeit *Kunstkommentare im Spiegel der Fotografie. Re-Auratisierung – Ver-Klärung – Nicht-kontingente Experimente*. Bielefeld: Aisthesis 2013. Letzte Aufsätze: *„Das Lied von der Schwermuth". Oder: Ist es „schlimm", nicht über Sprache nachzudenken? Zur Aktualität der Sprachkritik Friedrich Nietzsches*. In: v. Bernstorff/Tholen/Mönnighof (Hg.): *Literatur und die anderen Künste*. Hildesheim: Olms 2014. *Bildungsziel: Mediale Mehrsprachigkeit*. In: Kolb/Meyer (Hg.): *What's Next? Art Education. Ein Reader*. München: Iudicum 2015.

Personenverzeichnis

V

W

Y

Z